水利职业教育改革与发展40年

中国水利教育协会　编

·北京·

内 容 提 要

本书详细搜集了相关史料，全面回顾了改革开放 40 年来水利职业教育发展历程、成功经验和取得的成就，系统梳理了 40 年来水利职业教育发生的重要历史事件，集中展示了在改革开放的大背景下，中国水利职业教育开拓进取的精神风貌和创新发展的建设成效。

本书为广大水利教育与人才培养工作者了解研究水利职业教育改革发展提供了扎实可靠的基础资料，具有重要的存史和研究价值。

图书在版编目（CIP）数据

水利职业教育改革与发展40年 / 中国水利教育协会编. -- 北京 : 中国水利水电出版社, 2020.11
ISBN 978-7-5170-8370-2

Ⅰ. ①水… Ⅱ. ①中… Ⅲ. ①水利建设－职业教育－教育改革－研究－中国 Ⅳ. ①TV-4

中国版本图书馆CIP数据核字(2019)第299852号

书　　名	水利职业教育改革与发展 40 年 SHUILI ZHIYE JIAOYU GAIGE YU FAZHAN 40 NIAN
作　　者	中国水利教育协会　编
出版发行	中国水利水电出版社 （北京市海淀区玉渊潭南路 1 号 D 座　100038） 网址：www. waterpub. com. cn E - mail：sales@waterpub. com. cn 电话：(010) 68367658（营销中心）
经　　售	北京科水图书销售中心（零售） 电话：(010) 88383994、63202643、68545874 全国各地新华书店和相关出版物销售网点
排　　版	中国水利水电出版社微机排版中心
印　　刷	天津嘉恒印务有限公司
规　　格	184mm×260mm　16 开本　28.5 印张　694 千字
版　　次	2020 年 11 月第 1 版　2020 年 11 月第 1 次印刷
定　　价	**168.00** 元

本书编委会

前　言

党的十一届三中全会作出把全党工作重点转移到社会主义现代化建设上来的重大历史决策，拉开了中国改革开放的时代序幕。改革开放40年来，我国经济社会发生翻天覆地的变化，教育事业发展取得历史性成就，职业教育也得到了迅猛发展，为经济社会快速发展提供了强有力的人才支撑。中国水利职业教育正是伴随着我国改革开放的步伐，在水利建设大规模展开、水利保障经济社会发展能力和水平跨越式提升的大背景下迅速发展的。40年来，水利职业院校始终坚持社会主义办学方向，时刻牢记服务水利事业大局的使命，持续推进水利职业教育教学改革，不断提高人才培养质量，为水利行业培养了大批水利水电技术技能人才和管理人才，在水利基础设施网络建设、生态调蓄水工程、水土保持生态修复工程、灌区建设与节水改造、水利设施维修加固与安全运行、农田水利基本建设、农村饮水安全等方面发挥了重要作用。

中国水利教育协会组织编写的《水利职业教育改革与发展40年》，全面回顾了改革开放40年来水利职业教育栉风沐雨、砥砺前行的发展历程，系统总结了水利职业院校改革发展、锐意进取的成功经验，集中展现了水利职业院校立足水利、服务社会的辉煌成就，系统梳理了改革开放40年水利职业教育重大历史事件，从一个侧面反映出在改革开放的大背景下，中国水利职业教育与时俱进、披荆斩棘、自强不息、开拓创新的精神风貌。该书全面总结了水利职业院校立德树人、体制机制改革、基础条件建设、产教融合与校企合作、专业与课程建设、师资队伍建设、信息化建设、社会服务、国际交流、“三全育人”等方面的典型经验，详细记载了改革开放40年这一重要历史阶段水利职业教育改革发展的重要历程，对于研究中国水利职业教育改革发展有着重要的存史和研究价值。本书在水利部人事司的大力支持下得以顺利完成。在编撰过程中，得到了中国水利教育协会原会长周保志、彭建明的倾心关怀和指导，得到了各水利职业院校领导和老师们全力支持和配合。黄河水利职业技术学院、浙江同济科技职业学院、广东水利电力职业技术学院、杨凌职业技术学院、山东水利职业学院、安徽水利水电职业技术学院、重庆水利电力职业技术学院、吉林水利电力职业学院分别编撰了特色成就篇，黄河水利职业技术学院编撰了综述篇和大事记篇。在此，向关怀、支持、参与本书编撰的领导、参与院校及人员致以衷心感谢！

进入新时代，随着经济社会高速发展，水资源短缺、水生态损害、水环境污染等问题日趋严峻，我国治水的主要矛盾发生了深刻变化，从人民群众对除水害、兴水利的需求与水利工程能力不足的矛盾，转化为人民群众对水资源、水生态、水环境的需求与水利行业监管能力不足的矛盾。水利部党组基于治水矛盾的转变，提出了当前和今后一个时期“水利工程补短板，水利行业强监管”的水利改革发展总基调。面对国家职业教育和水利事业发展新要求，水利职业院校要以习近平新时代中国特色社会主义思想为指导，深入贯彻落实党的十九大精神，不忘初心，牢记使命，进一步深化教育教学改革，续写水利职业教育新篇章，为新时代水利事业发展提供强有力的人才支撑，为推动经济社会持续健康发展、全面建设小康社会、加快推进社会主义现代化建设做出新的更大贡献！

编者

2019 年 9 月

目录 CONTENTS

综述篇

一、水利职业教育40年发展历程

改革开放40年来，我国职业教育发展波澜壮阔、稳步前行。我国的职业教育事业在党和政府的坚强领导下，实施具有中国特色和鲜明时代特点的重大政策和举措，指引中国职教改革的方向，推动职业教育健康有序发展。我国水利职业教育伴随着中国职业教育改革的步伐，经历了“文化大革命”后的恢复调整、改革推进、快速发展到全面提升的几个阶段，由中等职业教育为主逐步发展为以高等职业教育为主，院校和专业内涵建设水平不断提高，服务社会能力不断增强，为水利事业发展提供了强有力的技术技能人才支撑。

我国水利职业教育改革开放40年发展历程，大体上可划分为四个阶段。

（一）恢复调整期（1978—1984年）

1977年高考制度恢复以后，“文化大革命”期间整建制保留下来的水利水电类中等专业学校迅速恢复办学并相继开始招生，“文化大革命”期间由于关、停、并、转或被迫迁移校址的中等专业学校也在各省水利（电）厅局的支持下，纷纷恢复学校建制。这一阶段，根据党中央“拨乱反正”的统一部署，各水利水电中等专业学校积极落实新时期党的干部政策和知识分子政策，鼓励和支持广大干部和教师重新走上工作岗位，为迅速恢复正规办学奠定了基础。水电部为推进恢复教育教学秩序，于1978年1月召开高等学校、中等专业学校专业建设和教材建设规划座谈会，会上提出中等专业学校“水利工程建筑”“发电厂及电力系统”两个专业的教学计划编审意见和23门课程教材编审规划，同时提出组织拟定其他专业教学计划、教材规划的意见。新教学计划的制订与新教材的编审，促使水利水电中专教育很快步入正轨。

1978年党的十一届三中全会确立了以经济建设为中心实行改革开放的方针，我国社会主义经济建设进入了新的历史时期。1978年4月，教育部在北京召开全国教育工作会议，做出大力发展职业技术教育的战略部署。为贯彻这一战略部署，同年7月，原水电部在北京召开教育工作会议，组织制定《水利电力部关于认真办好中等专业学校的几点意见》及《关于1978—1985年中等专业学校专业规划》，水利水电中等专业学校逐步走上正常办学的轨道。据统计，1978年恢复招生的水利中等专业学校已达到26所，招生人数5186人，在校生数达到11914人。

在学校数量、在校生数量增加的同时，水利职业教育结构也得到了进一步优化。在普通中等专业教育发展的基础上，水利水电职工大学和职工中专学校也迅速发展。“三三〇职工大学”“丹江口职工大学”“长江职工大学”“黄河职工大学”等行业内管理的职工大学相继成立，同时，全国还成立了黄河水利职工中专、长江水文职工中专、丹江口枢纽管理局职工中专、松辽委职工中专等14所水利水电职工中专学校，其中属于原水电部直接管理的有4所，其余学校由相应水电工程局管理，极大地满足了行业内职工在职学习的强烈需求。根据水利事业发展需要，在原水电部和各省的支持下，江西水利水电学校、黑龙江水利工程学校、扬州水利学校、山东省水利学校、浙江水利水电学校、东北水利水电学校先后升格为专科学校，开始招收专科生。人才培养层次的提升，在一定程度上缓解了基层水利人才匮乏的困境，有力地支持了水利建设发展的需要。

这一时期，随着水利建设事业的快速发展，水利职业教育得到了迅速恢复，形成了以中等教育为重点，技工教育、中等教育、高等教育协同发展，普通教育与职工教育相互补充的办学格局，水利职业教育办学质量得到了显著提升，社会影响力逐步扩大。在1980年教育部公布的全国重点中等专业学校名单中，水利系统有12所学校入选，分别是：成都水力发电学校、四川省水利电力学校、陕西省水利学校、黄河水利学校、湖南省水利学校、广西水电学校、扬州水利学校、安徽省水利电力学校、福建水利电力学校、山东省水利学校、辽宁省水利学校、东北水利水电学校。

（二）改革推进期（1985—1992年）

1985年，《中共中央关于教育体制改革的决定》（以下简称《决定》）发布。这是新中国教育史，特别是新中国职业教育史上具有里程碑意义的划时代纲领性文献。《决定》提出“以中等职业技术教育为重点，逐步建立从初级到高级，行业配套、结构合理，与普通教育相沟通的职业技术教育体系”的发展目标。《决定》发布后，各级各类职业教育围绕招生、就业、人事工资、学生工作、后勤服务及行政管理等方面的体制问题，不断进行改革和探索，特别是为适应市场经济和我国加入WTO之后出现的新形势，在世纪之交前后的十多年时间里，逐步实行职业教育体制改革的整体转型。这一阶段重点的改革任务主要有三项，一是继续推进中专教育管理体制改革，大力支持中等专业学校广泛开展联合办学，尽可能挖掘办学潜力，扩大学校的服务面向；二是认真研究和试验招生及分配制度改革，促进学生学习的积极性和用人单位选择用人的积极性；三是把加强实践教学作为教学改革的突破口，推动教学内容和教学方法的全面改革。

伴随着职业教育的改革大潮，水利行业各中专院校主动适应社会主义市场经济发展的要求，遵循“立足行业，面向社会，面向市场，按需办学”的指导思想，采取多形式、多规格的开放办学，使中专教育得到迅速发展。其特点主要表现在开设专业更加多样化，就业分配双向选择更趋灵活性，计划生、委培生、定向生等培养模式更加多样，普通教育、在职教育协同发展，学历教育、短期培训互为补充。这一时期，在学校校舍、设备、专业规模有了较大发展的同时，学校办学也面临许多问题，诸如办学规模扩大带来办学经费不足；原有体制机制尚未适应市场经济转型的需要；新建专业多，教学基本建设跟不上，教学管理相对弱化；教师队伍数量不足、队伍不稳、骨干教师出现断层，影响教学质量；市场经济产生的负面影响导致领导、教师对教学工作的投入不足等。

面对新形势出现的新问题，水利职业教育遵照教育“三个面向”的要求，以经济建设和社会发展为导向，遵循中专教育规律，逐步建立与社会主义市场经济体制相适应、具有竞争活力的教学制度，着重学生应用能力和素质的培养，全面提高教育质量。根据社会需求，调整专业结构，优化专业设置；设计教学计划，优化教学过程；强化目标管理，加强课程建设；发展多种形式的产学合作，实现教学、技术服务、生产经营三结合机制。

1991—1993年间，全国开展了普通中专教育评估。由于国家的重视、社会主义现代化建设的发展和市场经济体制的确立，推动了职业技术教育的发展。在主管部门的关心支持下，全国水利水电中专学校积极参与教育评估，极大改善了学校的办学条件，加强了教学管理、学生管理、后勤管理，提高了办学效益和办学水平，促进了水利水电中专学校的发展，创建了一批全国示范性学校。在1994年国家教育委员会（简称“国家教委”）公布的国家级重点普通中等专业学校名单中，水利系统有8所学校入选，分别是辽宁省水利学校、陕西省水利学校、黄河水利学校、郑州水利学校、广西水电学校、成都水力发电学校、山东省水利学校、福建水利电力学校。1994 年，山东省淄博水利技工学校（山东水利技师学院前身）被劳动部评定为国家级重点技工学校。

经过这一时段的发展，水利人才总量净增 16 万名，中专毕业以上职工的比例从 15% 上升到 24%，水利人才数量和结构状况得到了很大的改善，职工队伍整体素质明显提高，水利特色更加鲜明，教育培训体系更加健全，行业管理更加规范，制度建设更趋完善，人才培养能力和教育质量得到提高，成为水利事业健康发展的重要支撑力量，对保证和推动水利事业持续、健康、快速发展起到了积极作用。

（三）快速发展期（1993—2005 年）

1993 年 2 月，中共中央、国务院印发《中国教育改革和发展纲要》（中发〔1993〕3 号），制定了我国教育事业 20 世纪 90 年代发展的战略、目标和指导方针，强调职业教育是现代教育的重要组成部分，明确了职业教育的发展要求，开启了职业教育发展的崭新阶段。在这一时期，为适应社会经济改革发展需要，党中央、国务院于 1994 年、1999 年两次召开全国教育工作会议，国务院于 1994 年、2002 年分别发布《中国教育改革和发展纲要实施意见》（国发〔1994〕39 号）、《关于大力推进职业教育改革与发展的决定》（国发〔2002〕16 号），职业教育改革发展得到大力推进，初等、中等、高等职业“教育系列”逐步形成，并与普通教育共同发展、相互衔接。

1998 年，教育部根据党中央和国务院的决策，对高职教育的多种办学形式提出了“三教统筹”的管理思路，并从管理体制上初步实现对职业技术学院（含职业大学、举办高职的民办高校和五年制高职）、高等专科学校和成人高等学校的资源整合，共同探索培养高等职业技术应用型人才的目标、规格和模式。这一年，国家教委批准在黄河水利学校、黄河职工大学的基础上建立黄河水利职业技术学院，这既是“三教统筹”管理思路下全国新类型下的第一批高职，亦是全国水利行业第一所高等职业技术学院。

1999 年第三次全国教育工作，把高等职业教育的院校设置权、专业审批权和招生权下放到省级教育管理部门，各地高等职业院校如雨后春笋般迅速发展起来。1999 年，在广东省水利电力学校基础上建立广东水利电力职业技术学院，在陕西省水利学校等 3 所学校合并基础上组建杨凌职业技术学院。2000 年，在安徽水利电力学校基础上组建安徽水利水电职业技术学院。此后，水利高等职业院校设置显著加快，开办涉水专业的高职院校规模明显扩大，水利高等职业教育实现了跨越式发展，进入快速发展期。至 2004 年，全国已有 12 所水利高职院校以各种不同形式成规模地举办了水利高职教育。

进入 21 世纪以来，水利部提出对水利教育要建立“三个机制”（约束机制、激励机制、发展机制），完善“四个体系”（管理体系、教育培训网络体系、教育保障体系、水利教育与人才开发理论研究体系），健全“五项制度”（任职资格培训制度、继续教育制度、办学资质评价管理制度、“考学”制度、评估督导制度），把教育与用人结合起来推进水利教育改革和发展，为水利事业发展提供强有力的人才支持。为适应高职教育发展的需要，2000 年 7 月在山东蓬莱成立全国水利水电高等职业技术教育研究会（以下简称“高职教研会”），围绕专业教学计划研讨、课程教学大纲修订、组织编写高职教材、交流研讨办学经验。水利高职教学研究组织的建立开创了水利水电职业教育研究的新篇章，对促进水利水电高职院校科学发展发挥了重要作用。

高职教育快速发展的同时，水利中等职业院校遇到了前所未有的挑战，尤其是招生就业制度的改革和高等学校扩大招生对中等职业教育冲击很大。面对严峻的形势，水利中职院校在中国水利教育协会职业技术教育分会的指导下，积极开展体制机制改革，不断加强内涵建设，利用水利事业发展的大好形势，以及水利部持续实施“科教兴水战略”和“水利人才开发战略”的有利时机，取得了突出的办学成绩，在全国中等职业学校中保持着较强的办学实力和社会影响力。2000—2005 年教育部相继公布的国家级重点中等职业学校名单中，广西水电学校、山东省水利学校、山西省水利学校、湖北省水利水电学校、福建水利电力学校、四川省水利电力学校、长江水利水电学校、浙江水利水电学校、郑州水利学校、辽宁省水利学校、贵州省水利电力学校、四川省水利电力机械工程学校、甘肃省水利水电学校、河南省水利水电学校、新疆水利水电学校、北京水利水电学校、重庆市三峡水利电力学校、四川省绵阳水利电力学校、葛洲坝水利水电学校、成都水力发电学校榜上有名。

（四）全面提升期（2006 年至今）

2005 年 10 月，国务院印发《关于大力发展职业教育的决定》（国发〔2005〕16 号），全面部署加快发展职业教育，提出“到 2020 年，形成适应发展需要、产教深度融合、中职高职衔接、职业教育与普通教育相互沟通，具有中国特色、世界水平的现代职业教育体系”。在党中央、国务院的直接推动下，通过若干具有中国特色和鲜明时代特点的重大决策和举措，引导职业教育的改革发展方向。2006 年和 2010 年，教育部、财政部相继发布《关于实施国家示范性高等职业院校建设计划，加快高等职业教育改革与发展的意见》和《关于进一步推进“国家示范性高等职业院校建设计划”实施工作的通知》，启动了示范性高职院校和骨干高职院校建设项目。这种以“项目制”的措施、竞争的方式、通过投入大量公共财政资金支持高等职业教育发展，引领和带动了地方政府、行业企业对职业教育进行更大的资金投入和政策支持，对高职院校改善办学条件、推进体制机制改革、深化产教融合与校企合作、加强内涵建设、提升办学水平和质量等起到了巨大的推动作用。在国家示范、骨干院校建设期间，水利行业院校突出办学特色，显示出较强的办学实力和竞争力，在全国 1000 余所高职院校参与的竞争中，2006 年，黄河水利职业技术学院、杨凌职业技术学院成为首批 28 所国家示范性高职院校建设单位，2007 年，安徽水利水电职业技术学院列入第二批国家示范高职院校，广东水利电力职业技术学院、广西水利电力职业技术学院先后被列入国家骨干高职院校建设行列，内蒙古机电职业技术学院、兰州资源环境职业技术学院也先后被教育部、财政部确定为国家骨干高职院校。

在国家推动示范高职院校建设期间，水利部积极发挥行业引导作用，印发《关于公布全国水利职业教育示范院校建设单位和示范专业建设点的通知》（办人事〔2009〕144 号）等 3 个文件，指导中国水利教育协会组织行业内职业院校开展示范院校与示范专业建设，引导、推动和促进水利行业职业教育整体发展。前后共有 18 所院校和 61 个专业纳入水利职业教育示范院校和示范专业建设，发挥了行业独特的资源优势和行业对特色专业指导的无可替代的作用，对实施水利人才战略，大力提升水利职业院校高素质技能人才培养能力，推动水利职业院校办出特色、提高教学质量和办学水平发挥了极其重要的作用。从立项建设的示范院校和示范专业三年的建设实践来看，由行业推动的示范院校和示范专业建设，为职业院校争取到了主管部门以及地方政府的资金支持和政策支持，对学校坚持特色发展，提升服务能力起到了十分关键的作用。例如，浙江同济科技职业学院被列入水利部“水利行业示范院校建设单位”后，浙江省给予了全国水利示范院校与省内国家示范、国家骨干高职院校同等的财政待遇和资金支持，于 2014 年起按普通本科院校生均拨款标准安排财政预算，每年增加经费 2000 万元左右，对学校的建设发展起到了极大的支持作用；湖南水利水电职业技术学院被列为“水利行业示范院校建设单位”后，湖南省水利厅先后安排建设经费 8000 万元，建立骨干教师到厅机关处室和企业挂职锻炼长效机制，签订特色专业订单班，安排培训项目支持学校特色发展；省教育厅将“水利示范”建设的四个重点专业等同于省级精品专业对待，学费上浮 10%。这些有力的措施，促进了水利示范立项建设院校教学条件全面改善，办学环境明显优化，办学特色更加鲜明，产教融合日益深入，育人质量稳步提升。

中国水利教育协会和全国水利职业教育教学指导委员会在职业教育发展极为关键的时期，发挥了重要的组织、协调、指导和服务职能。2006 年，在浙江省水利水电学校举办的首届全国水利中等职业学校职业技能竞赛、2007 年在黄河水利职业技术学院举办的首届高职院校“黄河杯”技能大赛，开创了举办全国行业职业教育技能竞赛的先河，具有重要的创新和奠基意义。从 2006 年中职院校职业技能竞赛到高职院校竞赛，经过十多年的发展，水利行业职业技能竞赛已经成为水利职业教育的一大盛事和靓丽品牌，“黄河杯”“杨凌杯”“楚天杯”“南粤杯”“钱江杯”“江淮杯”“齐鲁杯”“红水河杯”“闽水杯”“浙江围海杯”“蜀水杯”“鲁水杯”这具有显著水利行业特色和极富感染力的大赛冠名，犹如一座座历史的丰碑，镌刻下行业支持、协会组织、院校参与的水利职业院校技能大赛一个个突出成就，真实地记载下水利职业教育快速发展的历史轨迹，同时，也从一个侧面反映出水利人团结进取的团队精神、求真务实的工作作风，彰显出水利人“忠诚、干净、担当，科学、求实、创新”的水利精神。

2015 年 10 月，教育部印发《高等职业教育创新发展行动计划（2015—2018 年）》（教职成〔2015〕9 号），中国水利教育协会与全国水利职业教育教学指导委员会共同组织水利高职院校申报了 6 项创新发展任务、6 个建设项目。经过 3 年建设，教育部发布了《关于公布〈高等职业教育创新发展行动计划（2015—2018 年）〉项目认定结果的通知》（教职成函〔2019〕10 号），其中，200 所优质专科高等职业院校中有黄河水利职业技术学院、杨凌职业技术学院、安徽水利水电职业技术学院、广东水利电力职业技术学院、福建水利电力职业技术学院等 12 个会员单位，山东水利职业学院、四川水利职业技术学院、浙江同济科技职业学院等院校申报的水利类专业认定为骨干专业，另有多家会员单位申报的生产性实训基地、优质专科高等职业院校、“双师型”教师培养培训基地、虚拟仿真实训中心、协同创新中心、技能大师工作室等项目进入名单。

为深入贯彻落实党的十九大精神和中央加快职业教育改革发展决策部署，推动水利职业教育与水利事业同步发展，在水利部人事司指导下，中国水利教育协会于 2018 年 1 月组织开展优质水利高等职业院校及优质水利专业建设工作。经过初审，有 16 所院校和 20 所院校的 54 个专业符合申报条件。通过网络评审、会议评审，水利部办公厅发文公布 16

所院校为全国优质水利高等职业院校建设单位、40个专业为优质水利专业建设点。2018年12月，中国水利教育协会指导开展水利高职院校水利工程与管理类专业评估，对17所院校的35个专业进行评估，推进各院校以评促建、以评促改。

2006—2009年，教育部相继公布的国家级重点中等职业学校名单中，江西省水利水电学校、云南省水利水电学校、黑龙江省水利水电学校、宁夏水利学校、宜昌市水利电力学校、成都水电工程学校榜上有名。

二、水利职业教育40年发展成果

（一）水利职业院校发展壮大

40年来，经过持续不断的改革和发展，特别是进入21世纪以来，以高等职业院校的全面发展、中高等职业教育协调推进为特征的跨越式改革发展，水利职业院校逐步壮大，办学实力、人才培养水平得到了很大提升，赢得了良好的社会声誉。在这一历史进步的巨大洪流中，水利职业教育乘势而起、顺势而为，满载着广大教职员工的勇气、智慧和顽强意志，谱写了浓墨重彩的教育华章。其显著标志是：

（1）办学条件显著增强。据统计，40年来，随着政府逐年增加对水利职业教育的经费的投入力度，一半以上的水利职业院校校区进行扩建或新建。占地面积、建筑面积、教学仪器设备总值成数倍增长，生均拨款显著增加。各水利职业院校总占地面积从98.5hm^2增加到1146hm^2，生均54.52m^2；办学经费从1000万元增加到36多亿元；固定资产从1956万元增加到80多亿元；馆藏图书从49.6万册增加到1435.93万册。水利职业学校办学条件不断改善，有效提升了办学实力。

（2）办学水平得到全面提升。以1998年黄河水利职业技术学院的诞生为标志，水利高等职业教育不仅实现了从无到有的零的突破，而且迅速发展壮大，形成蔚为壮观的强大阵容。其中，一些优秀院校业已进入全国同类院校的先进行列，先后有黄河水利职业技术学院、杨凌职业技术学院、安徽水利水电职业技术学院3所学校跻身国家示范性高职院校行列；有广东水利电力职业技术学院、广西水利电力职业技术学院2所学校跻身国家骨干高职院校行列；有山东水利职业学院、山西水利职业技术学院、湖北水利水电职业技术学院、浙江同济科技职业学院、四川水利职业技术学院、重庆水利电力职业技术学院、长江工程职业技术学院、福建水利电力职业技术学院8所学校跻身省部级示范性高职院校行列。

在全国性示范建设的基础上，2008年，水利专业教育领域也启动了水利职业教育示范建设工作。按照“以评促建、以评促改”的原则，经层层评估、考察、评审，由水利部批准并发文公布18所示范院校建设单位、61个示范专业建设点名单，而后引导并督促示范建设单位认真按照任务书和建设方案所确定的目标、任务进行建设，建设期满，组织专家按严格程序进行验收。截至2014年12月，示范院校建设单位和示范专业建设点已全部通过验收。该项工作促进了水利职业院校更新办学理念、提高办学能力，建设成果的推广应用进一步促进了相关院校示范引领、辐射帮助作用的发挥，带动了水利职业教育整体水平的提升，形成了良性循环、螺旋上升的良好发展态势。

（二）专业建设成绩喜人

40 年来，水利职业院校始终追随水利行业专业技术的发展脚步，专业设置不断丰富，充分体现了技术进步、专业细化的发展态势。但是，鉴于所开设专业有大小型、长短线、培养周期和市场需求的不同，有时也会出现专业设置与相关人才市场需求不适应的情况。为了更好地适应经济社会发展和行业技术进步对水利职业教育人才培养的需求，近年来，中国水利教育协会协同全国水利职业教育教学指导委员会，对水利类专业的建设工作进行研究、咨询、指导和服务。各水利职业院校紧跟国家职业教育改革发展的步伐，坚持适用性原则，普遍建立了与行业发展相联系的专业建设动态调整机制，实现了人才培养和行业需求间的动态平衡和良性互动；坚持前瞻性原则，适度超前部署现代水利、生态水利、民生水利等急需的相关专业，使专业设置和专业培养目标始终与行业发展需求保持动态平衡，较好地实现了产教融合。目前已建成国家级重点专业 16 个，省部级重点专业 87 个。部分院校通过建立专业质量评价模型，设定“预警专业”“黄牌专业”“红牌专业”“绿牌专业”的条件，对不同等级专业的培养规模进行调控，逐步淘汰、调整和改造“红牌专业”“黄牌专业”，重点支持发展“绿牌专业”。这些举措收到了良好的效果。从相关反馈结果来看，水利行业单位对所培养水利类专业人才总体评价良好，对其职业素养和核心能力认可度较高，说明水利职业院校及相关院校水利类专业的培养目标、课程体系、实践能力培养体系基本符合水利行业的发展需求。

在专业建设的基础上，水利职业教育的课程建设也是成就斐然。目前，水利职业院校及相关院校水利专业的建设均遵循以下程序：以行业企业和社会调研为基础，确定毕业生的业务范围、任职要求或技术领域，研究分析行业职业资格标准，确定专业培养目标、职业关键能力，从而确定专业核心课程及相关支撑课程，形成符合技术技能人才培养要求的课程体系。坚持核心课程教学内容与职业标准有效衔接，有计划、有步骤地推行“理实一体化”课程建设和课程教学，充分发挥教师的主导作用和学生的主体作用，在专业课程教学中，通过讲授、演示、参观、实操等方法，使理论教学与实践教学同步进行，师生双方边教、边学、边做，突出学生专业技能的培养和职业素养的养成。截止到 2018 年，水利职业院校及相关院校水利专业已建成国家级精品课程 27 门，省部级精品课程 154 门。

教材建设是课程建设的基础，水利职业教育课程建设的成果也体现在教材建设方面。截至目前，水利职业院校及相关院校水利专业共组织出版高职高专水利水电课程国家规划教材 46 种，全国中等职业教育农业水利工程类精品教材 15 种，积极回应了教育教学改革的迫切需要，取得了优异的成果。

专业建设、课程建设的最终落脚点是人才培养。40 年来，水利职业教育的人才培养成果丰硕。修订了中职、高职专业目录，制（修）定了 5 个中职专业教学标准、12 个高职专业教学标准，开发了 11 个水利职业教育主干专业新的人才培养方案；拟定了 5 个职业教育水利类核心专业的人才培养标准、人才培养指导方案和专业设置标准，构建较为完备的、适应水利改革发展要求的水利职业教育专业教学标准体系。

2015 年以来，全国高职院校水利类专业招生数和在校生数整体平稳，稳中有进；而中职水利类专业招生数和在校生数呈下降趋势。高职院校水利类专业毕业生数、对口率稳中有升，就业率基本稳定；中职院校水利类专业毕业生数逐年下降，就业率和专业对口率基本稳定。这与我国高等教育大众化、普及化的趋势是相适应的。参照《普通高等学校高等职业教育（专科）专业目录（2015）》，从全国范围看，在2015年、2016年和2017年开办水利类专业的高职院校分别为63所、65所和67所，覆盖北京、山西、内蒙古、辽宁、吉林、黑龙江、江苏、浙江、安徽、福建、江西、山东、河南、湖北、湖南、广东、广西、重庆、四川、贵州、云南、西藏、陕西、甘肃、宁夏、新疆等26个省（自治区、直辖市）；专业领域涵盖水文与水资源工程、水文测报技术、水政水资源管理、水利工程、水利水电工程技术、水利水电工程管理、水利水电建筑工程、机电排灌工程技术、港口航道与治河工程、水务管理、水电站动力设备、水电站电气设备、水电站运行与管理、水利机电设备运行与管理、水土保持技术、水环境监测与治理等水利大类的全部16个专业。

参照《中等职业学校专业目录（2010年修订）》，从全国范围看，在2015年、2016年和2017年开办水利类专业的中职学校分别为90所、94所和82所，覆盖北京、河北、山西、吉林、黑龙江、浙江、安徽、福建、江西、山东、河南、湖北、湖南、广东、广西、重庆、四川、贵州、云南、西藏、甘肃、青海、宁夏、新疆等24个省（自治区、直辖市）；专业领域涵盖了水文与水资源勘测、水电厂机电设备安装与运行、水泵站机电设备安装与运行、水利水电工程施工等4个专业。

（三）师资队伍建设成果丰硕

40年来，水利职业院校一贯高度重视师资队伍建设。根据职业教育的特点，依托行业的优势，与时俱进，在不同的发展阶段持续不断地推进这项工作，取得了丰硕的建设成果。一些优秀的水利职业院校，更是积累了丰富的经验。如黄河水利职业技术学院的前身黄河水利学校在新中国成立之后，就与人民治黄事业紧密地联系起来，最后融为一体。在相当长的一段时间内，学校的教师与治黄战线的专业技术人员水乳交融，他们走下治黄专业技术岗位登上讲台，或走下讲台而奔赴治黄技术岗位，双重身份频繁转换。在那个时代，这就是典型的“双师型”教师队伍。这种情况，在水利职业教育领域十分普遍。进入新世纪以来，各水利职业院校按照体现职业教育特点的师资队伍建设“双师素质”和“双师结构”的要求，从以下三个方面强力推进这项工作：一是根据“培养与引进相结合、引才与引智相结合、引人与引技相结合”的原则，通过培养、引进、聘用等形式，建立了一支数量充足、结构合理的“双师素质”的教学团队。二是依托水利行业的办学背景和优势，广泛聘请水利行业企业的能工巧匠和专业技术人员，构建各专业兼职教师库。三是通过在职进修、企业挂职、校际交流、国内外访学等形式，着力提高师资队伍的教学、科研、技术服务能力。截止到2018年，各水利职业院校已拥有国家级教学名师5名，省部级教学名师76名；国家级专业教学团队3个，省部级专业教学团队26个。中国水利教育协会组织评选职业院校水利类专业带头人，共评出34名；水利职教名师、职教教学新星，共评出138名职教名师、121名教学新星；遴选出693名“双师型”教师。着力培养一支高素质“双师型”教师队伍。

（四）实验实训条件显著改善

改革开放初期，历经“十年浩劫”的各水利职业院校，实验实训条件极为薄弱。广大师生员工在非常艰苦的条件下积极开展实验实训教学，以适应国家现代化建设的需要。此后，在上级主管部门、社会各界和学校自身的共同努力下，实验实训条件不断改善，并且积极汲取国内外先进经验，锐意探索，不断改革创新实验实训教学模式，取得了显著的成果。进入21世纪以来，在国家教育行政主管部门的统一部署下，实验实训条件进入了一个崭新的阶段，并创造了一些先进的经验：一是按照与行业企业“共建共享，互惠互利”的原则和教学、生产、科研、培训、鉴定“五位一体”的要求，建立“生产性”和“模拟仿真型”的校内实训基地。二是长期坚持与行业企业共建校外实训基地，把校外实训基地建设作为推进校企合作向纵深发展的重要载体，在实习实训合作的基础上，逐步拓展各方面合作。三是创立了“资产融合型”的校内外实训基地，建立了校内“引入式基地”和校外“融入式基地”，实现了校企紧密联结、深度合作。目前已建成国家级水利专业实践基地10个，省部级水利专业实践基地40个。

（五）人才培养效果突出

40年来，水利类职业院校高度重视人才培养的效果，牢牢把握技术技能人才培养的成长规律，坚持“教书育人、管理育人、服务育人、生产育人”的有机统一，在各个发展阶段都取得了突出的成绩，为国家水利建设事业和整个经济社会的发展培养了一批又一批高质量的技术技能人才。在国家示范院校建设的辐射带动下，各水利职业院校根据不同专业的特点，已探索建立了各具特色的专业人才培养模式。比如：以具体典型的工程项目为载体开展专业教学的“工学结合—项目导向”人才培养模式；符合工程类人才培养的特点和工程建设自身特点的“工学结合—工学交替双循环”人才培养模式，符合现场工程师成长规律、由校企双方有机互动、共同实施采用“学校—工程现场—学校—工程现场”的双循环模式等。

为促进水利业院校加强高素质技术技能人才培养，更好地为水利现代化建设服务，2006年中国水利教育协会举办了全国水利中等职业学校技能竞赛，取得了良好效果，受到了水利职业院校师生的热烈欢迎。从2007年开始，连续举办水利高等职业院校技能竞赛，并发展成为常规赛事，到2018年已举办6届中职竞赛和12届高职竞赛。赛事规模和影响逐年扩大，先后有40多所院校逾20万名学生参加，近5000人进入决赛，成为水利职业教育领域的一大盛事。赛事对于加强学生实践能力和职业技能培养，促进水利职业院校教学质量的提高发挥了积极作用，在行业内和社会上获得了广泛好评。

近年来，全国水利职业院校在中国水利教育协会指导下，依托全国水利职业教育教学指导委员会、中国水利职业教育集团以及各院校的校企合作交流平台，通过校企合作，分析职业岗位的典型工作任务、设置课程、引入职业标准、确定课程内容、编写项目化教材、改革课程评价体系、培养“双师型”教师、建设生产性实训基地等措施，增强了学生的专业能力和职业素质，有效地提升了学生运用所学知识和技能解决实际工作问题的能力，人才培养质量得到明显提升。

（六）服务行业成效明显

作为与新中国水利事业相伴而生的水利职业教育，其服务行业的特性与生俱来。40年来，各水利职业院校紧密配合“兴水利、除水害”和水利改革发展需要，向水利一线特别是基层水利输送数以千万计的技术技能人才，成为水利事业的骨干力量。各水利职业院校被誉为水利人才摇篮、水利人才培养基地。

进入新世纪，水利职业院校坚持“依托行业、融入行业、服务行业”的理念，在以下两个方面取得了进展：一方面，通过加强培养能力建设、深化教育教学改革、提高人才培养质量、适应水利行业需求，水利行业用人单位对水利类专业毕业生的满意度逐年提高，近5年平均达80%以上。另一方面，通过成立水利工程勘测、水利工程规划设计、水利工程建筑施工、水利工程监理、水利科学研究、水资源评价以及技术咨询、技术培训、职业技能鉴定等社会服务机构，面向水利行业和社会广泛开展了技术培训、技能鉴定和技术服务，取得了显著的发展成果。

近年来，全国水利类职业院校依托行业优势，一方面在中国水利教育协会的组织指导下，组建了全国性的中国水利职业教育集团；另一方面，大多数水利职业院校也都依托区域内行业企业组建了区域性的职教集团或校企合作委员会（董事会、理事会），切实加强了水利职业院校与行业企业的沟通与融合，建立了“行业主导、学校主体、企业参与”的人才培养体制机制，广泛开展了校企合作、校校联合等新模式。校企合作向全方位、立体化方向发展，实现了校企合作办学、合作育人、合作就业以及合作发展。

（七）校园文化建设富有特色

作为典型的行业性职业教育，水利职业教育有着丰厚的文化积淀，这种历史文化积淀赋予水利职业院校的校园文化以浓重深厚的文化底蕴和清晰的历史脉络。这一点，从一些水利职业院校的校歌、校训中就可以领悟到。如传唱、流行于20世纪40年代的河南省立水利工程专科学校校歌“水专水专，济济腾欢，断金攻玉，敷土奠川，源开民生裕，流畅国用赡，障颓波，挽狂澜，大业一肩担”，生动地描述了诞生于20世纪20年代末，在日寇入侵、民族危亡年代流离转徙的河南省立水利工程专科学校的青年学子在热心办学的志士仁人的组织下，在进步教师的教育和指导下，在抗战烽火中为了学习知识和技术、报效祖国而团结协作、艰苦奋斗的状态，描述了他们在战火硝烟的洗礼中欢聚一堂、欢腾跳跃、生龙活虎、朝气蓬勃的精神风貌和立志要做社会中坚，抵制衰败的社会风气、拯救民族危难的责任担当精神。

上善若水，厚德载物；大禹治水，兴邦富民；都江堰流，唱古诵今。水文化是中华文化的鲜丽瑰宝，水利校园文化是水文化传承的重要载体。改革开放以来，水利职业院校通过多年的改革和探索，在继承优良传统的基础上，逐步形成了有自身特色和时代精神的校园文化。在校园文化建设方面体现出以下特征：

一是“以水为根、以水为魂”，即办学定位立足水利行业，教学过程契合水利行业，教学资源依托水利行业，社会服务面向水利行业，培养人才走进水利行业。

二是“素质为基、能力为本”，即以学生为主体，立德树人、全面发展；以教师为保障，双师素质、专兼结合；以课改为核心，理实一体、能力本位；以就业为导向，学以致用、多元评价；以产教融合为途径，校企合作、工学结合。

三是“以赛导教、以赛促学”，形成以赛促学、以赛促教、以赛促改的机制，打造校级、省级、国家级三级竞赛训练体系。中国水利教育协会主办的全国水利技能大赛已形成品牌。

四是“以文化人、以文育人”，以“勇于探索、勤于实践、甘于奉献”的大禹精神为底蕴；以“忠诚、干净、担当，科学、求实、创新”的新时代水利精神为根本，将水文化、地域文化和企业文化融于校园文化之中，形成上善若水、格物致知的水利院校文化特色。中国水利教育协会大力促进校园文化建设，在全国水利职业院校中共组织开展了4次校园文化建设优秀成果评选，充分发挥校园文化传承创新的重要功能，促进学校内涵发展。

三、水利职业教育发展前景展望

回顾以往，水利职业教育伴随着新中国教育事业和水利事业的成长而成长，在改革开放的40年中与时俱进、不断发展壮大，形成了当今的繁荣局面。今天，水利职业教育已经实现了四个转变：即从相对注重数量的发展逐步转为以提高质量和效益为中心；从相对注重学历教育逐步转向根据行业和市场的需求，实行学历教育和各种培训并举、学历证书和职业资格证书并举的制度；从以课堂教学为主的传统模式逐步转向产教结合的培养模式；从单纯依靠政府办学逐步转向在政府统筹下，依靠政府、行业、社会团体和个人共同办学。

这一巨大的成果来之不易。展望未来，水利职业教育面临着更加美好的发展前景，也必然要面对许多机遇和挑战，仍然需要水利职业教育战线广大师生员工和其他教育工作者不忘初心、砥砺前行。2014年，国务院印发《关于加快发展现代职业教育的决定》，全国职业教育工作会议召开，习近平总书记就加快发展职业教育作出重要指示。2018年，全国教育大会在北京召开，习近平总书记出席会议并发表重要讲话，为新时代中国教育改革和发展指明了方向。伴随着改革开放的不断深化和社会主义现代化强国建设的新时代强音，水利职业教育迎来了前所未有的机遇。

（一）发展环境展望

水利职业教育的发展环境主要包括国家教育事业和水利事业的发展前景。

1. 关于国家教育事业的发展前景展望

2014年习近平总书记就加快职业教育发展作出重要指示，强调“职业教育是国民教育体系和人力资源开发的重要组成部分，是广大青年打开通往成功成才大门的重要途径，肩负着培养多样化人才、传承技术技能、促进就业创业的重要职责，必须高度重视、加快发展。”

2018年习近平总书记在全国教育大会上强调指出：“立足基本国情，遵循教育规律，坚持改革创新，以凝聚人心、完善人格、开发人力、培育人才、造福人民为工作目标，培养德智体美劳全面发展的社会主义建设者和接班人，加快推进教育现代化、建设教育强国、办好人民满意的教育。”“要努力构建德智体美劳全面培养的教育体系，形成更高水平的人才培养体系。要把立德树人融入思想道德教育、文化知识教育、社会实践教育各环节，贯穿基础教育、职业教育、高等教育各领域，学科体系、教学体系、教材体系、管理体系要围绕这个目标来设计。教师要围绕这个目标来教，学生要围绕这个目标来学。凡是不利于实现这个目标的做法都要坚决改过来。”“要深化教育体制改革，健全立德树人落实机制，扭转不科学的教育评价导向，坚决克服唯分数、唯升学、唯文凭、唯论文、唯帽子的顽瘴痼疾，从根本上解决教育评价指挥棒问题。要深化办学体制和教育管理改革，充分激发教育事业发展生机活力。”“着重培养创新型、复合型、应用型人才。”由此可以预见，旨在培养各级各类技术技能人才并且一直承载着培养“高素质劳动者和技术技能人才”、应用型人才重要职责的职业教育事业将会更加受到重视，获得更好的发展环境和发展机遇。接受职业教育的广大青年，也将会得到更多“人生出彩的机会”，与接受其他教育的同龄青年一起，充分享受在同一片蓝天下“天无私覆、地无私载，日月无私照”的现代教育阳光雨露的沐浴，得到平等的成长和发展机会。各级各类职业院校及其广大教师也将与其他院校及其教师一样，获得在新时期国家“坚持优先发展教育事业”所带来的教育福祉，以及平等的发展权利。同时，作为高等教育重要组成部分的高职院校，将在“提升教育服务经济社会发展能力，调整优化高校区域布局、学科结构、专业设置”，“推进产学研协同创新，积极投身实施创新驱动发展战略，着重培养创新型、复合型、应用型人才”“扩大教育开放，同世界一流资源开展高水平合作办学”等方面获得良好的发展机遇。

2. 关于国家水利事业的发展前景展望

水是生命之源、生产之要、生态之基。水利是整个国民经济的命脉。新中国成立之后，在党和国家的高度重视下，在一代又一代水利人艰苦卓绝的努力下，水利事业取得了“功在禹上”的辉煌成就，成为新中国各项建设事业中非常引人瞩目的事业。自2011年中央一号文件《关于加快水利改革发展的决定》发布之后，新时代水利事业的重要地位就已经确立起来了。中共十八大以来，习近平总书记关于“节水优先、空间均衡、系统治理、两手发力”的治水思路，更赋予了新时期水利事业以新内涵、新要求、新任务，即适应国家战略需求、保障国家水安全、引领水科学发展。为新时期水利事业的发展指明新方向。

在新时代中国特色社会主义建设事业中，水利行业必将承担更为艰巨的任务：水利发展“十三五”规划、国家“一带一路”倡议、“加快推进新时代水利现代化的指导意见”“京津冀协同发展”“长江经济带建设”等重大战略和水资源、水生态、水环境、水灾害统筹治理的治水新思路，要求水利行业以全面提升水安全保障能力为目标，以加快完善水利基础设施网络为重点，以大力推进水生态文明建设为着力点，以全面深化改革和推动科技进步为动力，加快构建与社会主义现代化进程相适应的水安全保障体系，不断推进水治理体系和治理能力现代化，为全面建成社会主义现代化强国提供有力的水利支撑和保障。

在这样的时代背景和外部环境下，水利职业教育事业也必将迎来更好的发展条件，以更新更美的发展状态创造更加美好的前景。

（二）自身发展展望

我国水利事业和水利行业的快速发展，对水利职业教育和水利行业技术技能人才培养提出了更高的要求，未来水利职业教育的发展应当满足以下三个方面的需求。

1. 适应国家发展战略需求

水利职业教育要积极适应国家发展战略需求，立足水利行业人员结构发生重大改变，技术技能人才、管理型人才缺口比较大的现状，不断强化水利特色、多学科协调发展；要及时优化调整专业布局，提高专业与产业结构的匹配度，培养大批创新创业能力强、综合素质高的水利类技术技能人才，在服务与贡献中谋求发展；以高素质、高质量人才培养和人力资源开发成果助推新时代水利行业和水利事业的发展，为实现中华民族伟大复兴的“中国梦”贡献力量。

2. 适应现代水利改革的需求

党和国家关于深化水利改革的重要部署，为水利系统深化改革注入了强大动力，也为水利职业教育的改革与发展指明了方向。水利职业教育要顺应新的治水思路，与水利行业加快推进水利现代化进程、提升国家水安全保障能力上的改革同频共振，优化学科专业布局，创新教育教学体系，构建新型水利技术技能人才培养模式，为提高水利发展的全面性、协调性和可持续性，在重要领域和关键环节取得决定性成果提供了有力的智力支持和人才后援。

3. 适应教育改革需求

2010 年，《国家中长期教育改革和发展规划纲要（2010—2020 年）》颁布，描绘了 2010—2020 年的国家中长期教育改革发展蓝图。十八大以后，职业教育改革的攻坚方向和重点举措进一步明确。2014 年 6 月，教育部、国家发展改革委等六部委编制印发了《现代职业教育体系建设规划》（2014—2020 年），提出了“两步走”的建设目标：一是 2015 年，初步形成现代职业教育体系框架；二是到 2020 年基本建成中国特色现代职业教育体系。

面对国家发展新战略、水利事业改革发展新任务、职业教育事业发展的新形势，水利职业教育应乘势而上、奋发有为。应从《中华人民共和国职业教育法》中关于职业教育包括“职业学校教育”和“职业培训”的两大类型、2014 年全国职业教育工作会议上关于“职业教育是国民教育体系和人力资源开发的重要组成部分”以及 2016 年全国教育工作会议中关于“加快推进教育现代化”等重要论述精神进行统筹谋划。

（1）要深入谋划作为“国民教育体系重要组成部分”的“职业学校教育”的改革和发展。根据 2014 年全国职业教育工作会议上关于“为广大青年打开通往成功成才大门的重要途径”“努力让每个人都有人生出彩的机会”的要求，本着为广大受教育者负责的精神和《现代职业教育体系建设规划（2014—2020 年）》中关于“要打破制约技术技能人才培养的‘天花板’，搭建人才成长的‘立交桥’”“提供更加公平的发展机会”“通过深化考试招生制度改革，打通从中职、专科、本科到研究生的上升通道”，构建起“纵向贯通”的完整中国特色水利职业学校教育体系，为国家现代职业教育体系的整体构建贡献力量和智慧。

在做好宏观谋划的同时，各级各类职业院校还应该努力做好以下具体工作：

一是要促进人才培养。要坚持立德树人，把专业技术技能培养和职业素养培养有机融合起来；主动适应传统水利向现代水利转变的趋势，不断优化学科和专业结构，扶植水利新兴学科、边缘学科和交叉学科的发展；加强师资队伍建设，促进教育质量提升，为人才培养提供重要保障。努力培养和造就大量适应水利发展需要的高素质技术技能创新人才和用得上、留得住的应用型人才，为现代水利事业发展提供人才保障。

二是要服务“走出去”战略，推进国际化进程。要努力适应水利工程领域国际化进程，塑造具有国际视野的高素质水利技术技能专门人才，培养具有国际工程理念的复合型、应用型管理人才，提升本土化人力资源水平。这需要进一步加强与涉外企业合作，拓展国际化水利职业教育规模，提升国际化水利职业教育质量，为加快现代水利事业“走出去”的步伐贡献力量。

（2）要深入谋划作为“人力资源开发重要组成部分”的“职业培训”的改革和发展。人力资源是最重要的资源。在未来的社会中，由于知识和技术的进步是永不停息的，所以人力资源只有处于不断开发的状态，才能适应工作岗位的需要。这是未来学习型社会的常态，是建设终身教育体系的应有之义，也是一个行业建设学习型行业的重大任务。而这也对水利行业的人力资源开发提出了新的要求。对此，水利职业教育中“职业培训”部分应该作出积极回应。水利职业培训机构要与时俱进，充分利用“互联网＋”等新兴载体，提升水利职业培训的信息化水平，构建具有水利行业特点的终身教育体系。打造学习型行业，为基层水利人才加强学习、提高技能、提升素质提供保障。根据《职业教育法》的有关规定，各级各类水利职业院校也有责任积极投入这项工作，做出自己应有的贡献。

水利职业教育要全面承担起作为“国民教育体系和人才资源开发的重要组成部分”的职责，深度融入国家“加快推进教育现代化、建设教育强国、办好人民满意的教育”的伟大进程中，面对新时代水利改革发展的需求和“水利工程补短板、水利行业强监管”对人才的要求，坚持立德树人，务实进取，不断提升职业教育现代化水平和技术技能人才培养质量，更好地服务水利教育改革发展和水利人才队伍建设。

特色成就篇

一、强化思想引领，坚持立德树人

改革开放40年来，思想政治教育在水利职业教育改革发展中发挥了重要作用，也积累了丰富成果，这些成果是促进水利人才全面发展和实现培养水利合格建设者、可靠接班人目标的原生动力。水利职业教育伴随着改革开放的步伐，始终坚持以立德树人为根本，以理想信念教育为核心，以社会主义核心价值观为引领，以全面提高水利人才培养能力为关键，全面落实党的历次代表大会和全国、各省思想政治工作会议精神，贯彻党的教育方针，着力构建内容完善、运行科学、保障有力、成效显著的思想政治工作体系，形成全员全过程全方位育人格局，切实将思想和认识统一到以习近平新时代中国特色社会主义思想上来，不断开创水利职业教育思想政治工作新局面。

中国水利教育协会自1994年成立以来，始终以服务水利发展为宗旨，以凝聚水利院校为抓手，高度重视水利职业教育德育工作。参与起草了《水利部教育部关于进一步推进水利职业教育改革发展的意见》重要政策文件，加强德育工作顶层设计，明确水利职业教育必须以马克思列宁主义、毛泽东思想、邓小平理论、“三个代表”重要思想、科学发展观和习近平新时代中国特色社会主义思想为指导，全面贯彻党的教育方针，始终将党中央关于职业教育德育工作、意识形态工作的要求作为每年年度会议学习贯彻落实的重点内容，引导各水利职业院校积极唱响主旋律、弘扬正能量，以扎实的德育工作推动学院育人工作提升。

中国水利教育协会下设职业技术教育分会，积极发挥行业教育指导服务作用，促进水利职业技术教育发展。高度重视水利职业院校思想政治教育工作，于2000年设立德育研究会，专门对社会变革时期职业院校学生的思想政治工作、素质教育工作以及校园文化建设等重要内容进行研究，在凝聚水利职业院校力量、搭建校际学习交流平台、指导院校深化思政工作等方面做了许多积极的工作，也取得了较大成效。1998—2018年，先后组织在陕西、辽宁、河南、安徽、浙江、湖南、贵州、江西、重庆等地召开了12次德育工作年度会议、德育研讨会和学生思想政治教育工作交流会等，集中学习并深入贯彻落实上级有关文件精神，交流探讨校园文化建设及思想道德建设工作的有效途径和方法，切实提高人才培养质量，德育工作硕果累累。2011—2018年，每两年一届交替举办了四届全国水利职业院校校园文化建设优秀成果评选活动和四届全国水利职业院校优秀德育工作者评选活动，积极选树典型，以评促进、以评促优，与时俱进、淬炼特色，充分发挥示范引领作用。

（一）旗帜鲜明讲政治，思想教育和价值引领不断强化

1. 注重宣传贯彻，学习氛围浓厚

在全国党代会和历次中央全会以及全国、各省思想政治工作会议等重要会议召开后，各水利职业院校第一时间通过电视、报纸、网络和新媒体等多种渠道，向广大师生宣贯会议内容，进行专题学习教育和任务部署。同时，充分利用网站、广播、电子屏、宣传栏、微信等舆论宣传阵地，积极营造浓厚的学习氛围，引导广大师生自觉践行。各水利职业院校认真贯彻落实中央、各省关于加强和改进思想政治工作的各项决策部署，深入推进中央各类主题学习教育活动常态化制度化，着力培育社会主义核心价值观，并定期开展党员集

中学习，同时，各级基层党组织实行学习过程记实制。各水利职业院校通过组织召开党委理论学习中心组学习会、开展支部主题党日活动、讲党课、做调研、“微学习”等各种形式，及时开展专题教育活动，不断丰富学习载体，注重学习实效。如浙江同济科技职业学院快速推进习近平新时代中国特色社会主义思想进教材、进课堂、进头脑的“三进”工作，立足浙江“五水共治”（即治污水、防洪水、排涝水、保供水、抓节水）和“最多跑一次”（指企业和群众到政府办事“一次办结”甚至“零上门”）等重大战略部署和关键改革举措，通过开展各类主题教育、参观学习、志愿活动等形式予以阐释践行。

2. 落实“一岗双责”，巩固党委核心

各水利职业院校始终坚持和完善党委领导下的校长负责制，履行管党治党、办学治校的主体责任，严格执行和维护政治纪律和政治规矩，切实发挥领导核心作用。通过制定出台各类制度，进一步规范党政职权、事权行为，完善议事和决策机制，推进科学、民主、依法决策。严格按照党委会议事规则和校长办公会议事规则办事，形成党委统一领导、党政分工合作、协调配合的工作机制。严格执行“三重一大”事项的决策程序，讨论决定干部任免实行票决制。各水利职业院校党委班子对学校党风廉政建设负全面领导责任，党委书记履行党风廉政建设“第一责任人”职责，党委领导班子及其他成员担负职责范围内的党风廉政建设主要领导责任，严格履行“一岗双责”。通过颁布责任清单、制定廉政制度，全面分析党风廉政建设新形势，及时找准反腐败工作中存在的不足，研究制定具体措施和办法。各水利职业院校建立健全党委统一领导、党政齐抓共管的思想政治工作体系，统筹布局、强化监督，树立系统思维，打好组合拳，形成上下联动，统筹协调的思政工作格局。如安徽水利水电职业技术学院、浙江同济科技职业学院、四川水利职业技术学院、江西水利职业学院、辽宁水利职业学院、广西水利电力职业技术学院等相继出台了关于加强和改进新形势下思想政治工作的实施方案，严格落实党委主体责任，统筹推进思政工作。江西水利职业学院党组织充分发挥党委总揽全局的领导核心作用，开设“四个讲堂”，即党课讲堂、廉政讲堂、专家讲堂、思政讲堂，不断强化党员理想信念教育。

3. 党建工作扎实，严格组织生活

各水利职业院校通过制定出台关于加强基层党组织建设系列制度，鼓励系党政“一把手”双向交叉任职，明确和落实党总支、直属党支部管思想、管干部、管人才、管政策、抓廉政的具体职责。通过实施人才引进、年度考核、廉政责任、安全生产等事项的党政主要负责人“双签制”，切实完善系党政共同负责制。按照有利于加强党的领导、有利于人才培养、有利于直接联系服务师生的要求，注重合理调整基层党组织设置，强化基层党组织整体功能，切实发挥战斗堡垒作用。全面加强党支部政治、思想、组织、作风、廉政和制度建设，严格规范各党支部落实“三会一课”、民主评议党员、年度民主（组织）生活会制度。积极鼓励基层党支部创新党组织生活工作，将支部生活深度融入到党员学习、志愿服务、科技创新等活动之中，把人才培养与党员活动结合起来，从专业发展、服务社会等方面设立党员活动项目，发挥教师党员的专业优势，调动学生党员的主动性，夯实基层党建基础，不断推动党建工作融入学校中心工作。各水利职业院校始终坚持把政治标准放在首位，实现发展党员工作纪实制，严格按照“推优制、备案制、预审制、公示制和票决制”等“三推一定”制度发展党员，严格政治审查，对有参教信教行为的实行“一票否决”。以党校为主要阵地对党员加强党章党规党纪的经常性教育。通过出台有关党员和基层党组织的问责办法等各项制度，扎紧纪律的笼子，依法依规加强对党员干部的监督。如浙江同济科技职业学院认真开展党支部标准化建设，努力建成有坚强团结的领导班子、有素质良好的党员队伍、有严格规范的组织生活机制、有健全完善的制度体系、有群众满意的作风形象的“五有”党支部。四川水利职业技术学院建成12个支部规范化活动室和23个党员学习阵地，强化责任前置和监督考核，使得干部职工的精神面貌和工作作风有了切实转变。

（二）立足思政教学，推动“思政课程”向“课程思政”转变

1. 思政教学提质，育人水平提高

各水利职业院校高度重视思想政治理论课程建设，落实思政课教学标准，以课堂为抓手贯通思想政治教育全链条，构建多层次思想政治理论课实践性教学模式。将思政理论课纳入人才培养方案和教学过程，不断健全教材管理和使用审查机制，特别是进一步规范哲学社会科学教材选用，统一使用马克思主义理论研究和建设工程重点教材，其他课程教材优先在国家公布的目录中选用。高度重视教学管理模式优化，扎实推行思政理论课选课制度，鼓励开设特色选修课，进一步拓展思政理论课教学空间。持续深化思政教学改革，推行项目化教学、基于作业的互动式教学、混合式教学、“互联网＋思政”等模式的课堂教学改革，进一步提高思政教学成效。探索趣味思政教学，与发挥学生专业技能结合，“玩”中学、“做”中学、“观”中学、“画”中学、“网”中学，培养学生职业情感。逐步实施“中班授课，小班讨论”模式，以弥补传统教学模式的缺陷，增进师生之间交流和互动，力求教学内容“入脑入心”。积极构建以课程教学为主导的课堂实践教学、以社团活动为依托的校园实践教学和以社会实践为主体的校外实践教学“三合一”的实践教学模式，努力把思想政治理论课打造成学生喜爱并受益终身的课程。如湖南水利水电职业技术学院自编了《水利职业素养》教材，将其纳入公共基础课程并组织开展各类水利基层实践教学，深受学生欢迎。黑龙江省水利学校开发了一套集“法律常识”“道德文明”“传统国学”“礼仪文化”“心理健康”“青爱教育”等内容为一册的《文明与健康》教材。

2. 改革“课程思政”，育人导向凸显

各水利职业院校持续推动“思政课程”向“课程思政”转变，教育引导广大教师牢固树立“课程思政”理念，主动担负起思想政治工作的职责。根据课程特点，深入挖掘提炼各类不同专业课程所蕴含的德育元素和承载的德育功能，自觉将育人理念内化至日常的教学工作中，把新时代中国特色社会主义思想和行业精神、企业文化、职业道德等要求融入各类课程教学之中，使各类课程与思想政治理论课同向同行，形成协同效应，实现全方位育人。现已逐步培育出一批批德育功能明显的示范型专业课程，充分发挥了示范引领作用。广大教师自觉将习近平总书记对教师提出的三个“四新”要求，内化于心、外化于行，以更高涨的热情投入教育事业。如福建水利电力职业技术学院提出《“四段八环一百二十步”德育实施方案》，在全国水利职校中享誉盛名。浙江同济科技职业学院在全院范围内组织开展“课程思政”教学设计优秀案例评选，强化了课程的思政理论教育和价值引领。

（三）统筹思政新思路，多元化育人模式成效显著

1.“四项工程”并举，精神高地铸就

一是实施文化育人工程。各水利职业院校积极弘扬优秀传统文化和社会主义先进文化，大力开展诚信、文明礼仪等教育，通过学生文化社团建设、中华经典诵读、高雅艺术进校园等推动中华优秀传统文化融入教育教学。依托党团校，深化中国共产党史、中华人民共和国史、改革开放史和社会主义发展史的学习教育，弘扬以爱国主义为核心的民族精神和以改革创新为核心的时代精神。进一步凝练形成具有校本特质的精神文化，通过践行校训、传唱校歌、传承校史、挖掘校友文化等塑造学校之魂。持续打造校园文化品牌，激发广大师生的文化自信和自觉推动价值塑造的意识。打造标志性的校园文化景观，建成了一批集党团活动、学术交流、学业指导、技能比武、心理辅导、社团文化等于一体的文化园地，形成与主体文化内核相互融合的校园文化建设格局。通过与学生培养、教师成长各环节对接，将校园文化的精神实质外化于形、内化于心，实现功能内涵和文化内涵的结合。

二是实施实践育人工程。各水利职业院校以思想政治课为基础，重点利用社会实践和专业课实习实训等环节，积极拓展第二、第三课堂。依托水利办学背景，深化产教融合，以专业实践构架实践育人基础格局，通过成立工作室、工作坊，邀请水利行业技能大师系统指导学生专业实践，经常性邀请校内外专家来校开设水资源、水环境等专业性讲座，积极组织学生参加各类水利技能竞赛，以赛促教，赛教结合。通过建立校外社会实践育人基地，确保形成有针对性的专题教育，开展校地深度合作，“送教下乡”，服务基层，拓宽实践育人渠道。通过搭建各种平台促使教师在实践中不断提升自身的教学科研实践能力，从而提升实践育人水平。充分依托党团工委、学生社团等组织，积极挖掘水利元素，贴近民生需求，感受水利精彩，宣传水利成就，传承水利精神，认真做好志愿服务活动，在实践中锤炼学生综合实践能力，树立有鲜明特色的水利职业院校形象。

三是实施文明主题教育工程。各水利职业院校积极开展校园文明主题教育活动，持续深化文明修身，如诚信教育、法制教育、国防教育、安全生产教育等，与学风校风建设相结合，加强学生的大局意识、看齐意识和责任意识。开展以“文明、和谐、崇学、安全、整洁”为主题的文明寝室建设活动，深入推进“党团组织进公寓、学生社团进公寓、德育考评进公寓”工作，实行党员寝室挂牌制度，构建和谐、崇学的生活环境。通过举办公寓文化节，倡导“五讲”“三化”寝室文明行动，提升学生自我管理水平。在公寓建立辅导员之家、辅导员工作站、学生党员之家、学生活动室，设立党员先锋服务岗，开展红色志愿服务，不断健全学生“自我教育、自我管理、自我服务”工作体系，切实推进思想政治工作进公寓。

四是实施新媒体建设工程。各水利职业院校紧跟“互联网＋”时代要求，通过各种数字化、网络化技术实现了全覆盖的信息传播渠道，并且以青年学生们喜闻乐见的形式将主旋律、正能量推送到这些网络互动社区中，使其成为培育理想信念、倡导文明风尚、弘扬核心价值的新平台，也成为贴近学生生活、满足学生文化需求的精神家园。将网络文明建设与网络安全建设相结合，建立数据中心，统一身份认证、统一信息门户。在网上开展祭英烈、十佳大学生评比、最美校园征文等活动。构建以学校官方网站和官方微信公众号等

为核心、紧密联系各部门（单位）的二级网站和微信公众号的新媒体矩阵，开设“党建思政”“专题学习”“学生工作”“微党课”等专栏，通过“互联网＋思政”的方式，建好网上党建工作新高地，做好师生思想政治宣教工作。

如浙江同济科技职业学院根据各系的专业特点，培育形成了“三干”文化等“一系一品”格局；大力加强以水文化和伟人文化为核心的校园文化建设，成为全国首家创建“周恩来班”“邓颖超班”的公办高职院校，迄今已创建十届，多次邀请赵炜、高振普、周国镇等周恩来、邓颖超生前工作人员及亲属莅临学校指导，此项创建活动荣获了教育部校园文化建设优秀成果奖。安徽水利水电职业技术学院致力于打造人文、平安、节约、和谐“四个校园”，铸就文化高地；常态化开展“文明城市进校园”专项活动，构建了“三三式”创建工作模式，全方位加强文化建设、美化校园环境。广东水利电力职业技术学院坚持“育人为本、德育为先”，以社会主义核心价值观为引领，实施“校园精神文化”“校园人文环境文化”“校园制度文化”“行为文化”等四大文化提升计划。河南水利与环境职业学院“项目引领、双师执教”实践育人结硕果，既契合了人才培养根本任务，又实现了技能人才培养模式的创新。酒泉职业技术学院坚持品牌化战略，开发了视觉形象识别系统，以“胡杨公益文化艺术节”为基本框架，形成了以胡杨精神为内核的校园文化品牌。山西水利职业技术学院注重对忠义文化、德孝文化、红色文化和非物质文化遗产资源等地方特色传统文化的发掘、人文素质的培养和民族精神的弘扬，形成了鲜明的传统文化教育特色。甘肃省水利水电学校以社会主义核心价值观为统领，以“践行公约一百天，文明守礼我先行”“安全文明一百天，一岗双责创平安”两个一百天主题教育活动为载体，将社会主义核心价值观带进课堂，彰显“立德树能、知行合一”主旋律。黄河水利职业技术学院着力塑造人文历史厚重博大、职业实践和水文化特色鲜明的校园氛围，以“校园大职场”为建设理念，使“实训、景观、教育”相得益彰，并融入优秀水利行业企业文化；建成“足迹”文化景观，以81个铸铁脚印做成的足迹“符号”为主线索展示学校发展历程；研发校园景观解说系统，在任何一处景观扫描二维码都能了解该建筑设计的文化理念。广西水利电力职业技术学院打造互联网＋校园文化模式，依托新媒体手段，发挥易班平台作用，培育优秀网络文化，推动“互联网＋党建”“互联网＋思政”“互联网＋管理”等，多渠道推进校园文化建设；同时以“水文化”“电文化”“汽车文化”“机电文化”等为主题开展宿舍文化评比，在潜移默化中培养学生的职业素质。山东水利职业学院着力打造感恩特色育人平台，以培养学生感恩意识为开端，践行感恩行为为载体，强化责任意识为目的，精心设计培育了感恩教育“551工程”，即以“感恩父母、感恩学校、感恩社会、感恩党和祖国、感恩自然”为主要内容，每个感恩又设计了“五个一”感恩教育实践活动。黑龙江省水利学校开展“5＋1”特色教育，包括感恩、励志、法制、消防演练等；建立“青爱小屋”，打造“热心社会公益，倡导爱的教育”体系。

2. 培养管理结合，强化师风建设

各水利职业院校高度重视教师思想政治工作，强化师德师风建设，建立起党委统一领导、党政齐抓共管、院系具体落实、教师自我约束的师德师风建设领导体制和工作机制，在教师职业发展各阶段都融入师德师风专题教育，与水利精神和工匠精神相互融渗，取得了较好的效果。把思想政治工作、教书育人的要求纳入青年教师岗前培训和在职培训，为新教师上好“师德第一课”。按照教师职业生涯四阶段设计系统性的培训培养内容，帮助青年教师更好地成长和发展。加强师德典型选树和宣传，充分发挥师德标兵、优秀教师、专业带头人的示范引领作用。结合水利行业特色，开展大禹治水献身精神教育，鼓励教师积极参与基层水利服务工作，让教师亲身感受水利一线工作人员的艰苦环境和奋斗精神，锤炼工匠品质。完善教师培养考核机制，严格教师资格和准入制度，实施教师全员培训工程，通过校本教研、专题讲座、网络培训等多种形式实现教师培训全覆盖。同时构建“以德为先”的教师考评体系，完善师德建设责任和监督管理考核机制，建立健全师德年度评议、师德状况调研、师德重大问题报告和师德舆情快速反应制度。专门讨论建立学术评价指标体系、考核评价机制和激励约束机制，实行师德师风“一票否决”制，把思想政治表现和课堂教学质量作为首要标准，营造良好的学术氛围和风清气正的育人环境。如山西水利职业技术学院开展各种形式的师德师风教育，不断完善师德考评制度和师德承诺报告制，将师德表现和思想政治教育成效纳入教职工绩效考核。并通过丰富多彩的教职工文体活动、教学比赛、职业技能比赛等，激发教职工的敬业精神和团队意识。

3. 细化学生工作，提高综合素质

各水利职业院校以丰富多彩的教育活动为平台，以学生党建工作为引领，以思想品德课程为抓手，以全员全过程全方位育人深入推进对学生的思想政治教育。开展“十佳大学生”“最美校园人物”等评选活动，营造学生创先争优的浓厚氛围。依托重大节庆日、开学典礼、毕业典礼、主题教育活动等思想政治教育契机，加强党团校、各系基层党团组织建设，抓好学生骨干培养。充分发挥学生党员作用，抓好学生党员和入党积极分子的考察培养工作，探索顶岗实习等流动学生党员的教育模式，充分利用新媒体、校企合作等形式及时掌握外出学生党员的思想动态。不断完善“院（校）长面对面”“心理健康教育指导中心”等师生互动交流平台，落实院（校）领导联系制度。坚持在服务引导中加强思想教育，把解决思想问题和解决实际问题相结合，把严格要求和关心帮助相结合，推动精准资助体制建设，健全“奖、贷、助、补、减”助学体系，把资助和育人有机融合起来。重点抓好新疆籍少数民族学生管理工作，做到敏感问题不回避，注重开展党和政策的宣讲和引导。通过办好学生事务中心，建立起贴近学生需求的思想引导体系、情感交流体系和权益服务体系。

各水利职业院校高度重视学生心理健康教育，以“德心共育”为理念，以学生自助和互助为主要方式，以人文关怀和心理疏导为主渠道，构建课内与课外、教育与指导、咨询与自助紧密结合的心理健康教育工作体系。加强和完善大学生心理健康教育指导中心建设，提高心理健康教育工作的专业化、标准化、科学化水平。不断完善学生心理危机干预体系，提高心理危机突发事件处置能力。构建心理健康教育课程体系，完善心理健康档案建设，做好分类心理健康服务。构建心理健康教育与学生自助互助系统，建立起校园有阵地、班级有活动、宿舍有心灵通道的“三有”体系。不断推动心理健康教育进班级、进宿舍、进家庭、进社会、进心灵，逐步形成校、系、班“纵横交错、点面结合”的三级心理危机预警网络体系，有效发挥心理健康教育的工作合力。

近年来，各水利职业院校相继成立了创业学院，全面启动创新创业教育，不断完善梯级式课程体系，采取递进式的教学方式，实施分层、分类教学，探索构建具有行业特色的

"教学+实践+孵化"的水利职业院校三位一体创新创业人才培养模式。着力搭建创新创业实践平台，以建立大学生创业园为依托，加强入园项目孵化与指导，帮助学生解决在创业项目实施过程中遇到的各类瓶颈问题，并充分利用政府资源、依托属地的地方企业资源，为学生搭建校外实训平台。着力提升学生参加省级创新创业大赛的水平，以组织学生参加创业大赛为契机，不断提高学生的创新精神、创业意识和创业能力，提升竞赛项目的质量和水平。

如重庆水利电力职业技术学院打造"1+3"课堂协同育人模式，通过构建校园社团活动、创新创业实践、社会实践等育人平台，在"社会实践课堂"中教会学生运用理论于实践，不断提升做事"能力"，同时建立"一业绩多分享机制"，业绩纳入学生素质考核和指导老师评优评先、年度考核等内容。酒泉职业技术学院建立了"2331"学生工作体系，即针对学校和企业2个教育主体，创新学生管理机制；通过全员管理、全方位管理、全过程管理3个维度，形成全覆盖、无缝化学生工作格局；通过自我教育、自我管理、自我服务3条途径，提高学生自我调节、自我控制能力及综合素质；以思想政治教育为贯穿教育教学始终的1条主线，促进学生全面发展，实现了学生工作的可持续发展。新疆水利水电学校建立了学校、社区、企业、家庭"四位一体"的德育教育联动机制，通过学生假期社会实践手册、学生顶岗实行管理手册、与家长的日常联系和假期家访工作等，实现了校社共育、校企共育、校家共育的多方管理和教育新模式。山东水利职业学院打造了一支以专职心理咨询师、辅导员（班主任）、学生心理咨询协会成员和班级心理气象员为成员，专兼结合、师生共同参与的心理健康服务团队，构建了以宿舍为组织单元，以心灵阳光网站、《心灵阳光报》和心理咨询室为阵地的心理健康教育体系。

（四）坚守舆论主阵地，牢筑意识形态领域防线

1. 齐抓共管形成合力，层层落实责任

各水利职业院校高度重视意识形态工作，切实加强党委对意识形态工作的领导，认真履行党委书记"第一责任人"职责，旗帜鲜明站在意识形态工作第一线，带头抓好意识形态工作。分管院领导协助党委书记做好统筹协调工作，经常下基层与师生交流，了解师生思想动态。党委其他成员根据工作分工，分别抓好职责范围内意识形态工作。强化责任考核机制，各水利职业院校党委将意识形态工作作为学校党建和管理工作的重要内容纳入议事日程、党委领导班子考核及党建工作责任制中，并将主体责任细化分解到党委班子成员，确保主体责任落地生根。各水利职业院校党委将意识形态工作要求纳入基层党支部党建工作考评以及领导干部个人考评、部门考核内容中，强化管理，落实检查。加强舆情监管研判工作，定期召开意识形态专题工作会议，切实加强对校园宗教活动的依法管治，坚持教育与宗教相分离原则，抵制一切非法组织通过各种途径向校园渗透，及时做好青年学生的宗教信仰教育、引导、转化工作。如新疆水利水电学校始终把思想政治工作、德育教育工作和意识形态领域的"反分裂""反渗透"工作放在教育教学工作的首位，形成了"校社联动　多方共育"的新疆特色德育教育实践新模式，着力培养学生自觉抵御宗教极端思想渗透和"双泛"思想的觉悟与能力。

2. 规范意识不断强化，确保正确导向

各水利职业院校高度重视思想文化舆论阵地的规范化管理，按照"谁主管、谁负责"

的原则，着重加强对哲学和社会科学报告会、研讨会、讲座、论坛和读书会、学术沙龙、校报、校刊、广播站、新媒体等的正确引导，并定期开展检查，牢牢把握舆论主动权，落实“一会一报”“一事一报”等制度。统筹整合校园宣传渠道和资源，落实上网信息审批制度和用网核准制度，坚持唱响主旋律，弘扬正能量。加强网络舆情收集研判，规范师生自媒体管理，做好重大活动、热点问题和突发事件的网上舆论引导。成立网络志愿者服务队，广泛宣传安全上网、文明上网理念，引导学生不断增强网络安全与道德意识。如安徽水利水电职业技术学院始终坚持对师生的理想信念教育，利用“江淮讲坛”平台，邀请知名专家学者、“中国好人”等进校宣讲，积极拓展思想政治工作“大讲台”。

二、创新体制机制，增强办学活力

体制机制改革是水利职业教育发展的动力与保障。改革开放 40 年来，水利职业教育在水利部（水电部）的领导下，以体制机制改革为抓手，在政策制定、管理体制、办学机制和评估评价机制等方面突破各种壁垒，逐步形成了政府政策驱动、行业组织统筹管理、企业积极参与的政、行、企、校协同育人机制。

（一）水利职业教育体制改革：双线融合，勇立潮头

40 年来，水利职业教育始终走在行业类人才培养的改革潮头，以国家教育体制改革为航灯，以水利人才需求为根本，教育部与水利部双线融合，政策引领，不断创新和完善水利职业教育体制。

在 1978 年全国教育工作会议精神的指引下，水电部根据邓小平同志关于“教育事业必须同国民经济发展的要求相适应，培养社会主义建设需要的合格人才”之精神，组织研讨，于 1979 年 12 月 25 日，印发了《三年调整时期 1979—1981 年水利教育事业计划》《关于开展职业教育工作的意见》《关于进一步办好中等专业学校的几点意见》等文件，为改革开放后水利职业教育发展的起步规划了蓝图、奠定了基础。

1980 年 10 月，国务院批转教育部、国家劳动总局《关于中等教育结构改革的报告》，把改革中等教育结构，大力发展职业技术教育作为教育改革的重要内容之一。水利部突出以建校为抓手，注重中等职业教育的发展，为水利职业教育学校布局谋划篇章，使得许多重点中专学校和成人职工学校应运而生。

1982 年 3 月，水利部和电力工业部合并后，行业职能拓宽，职业教育发展力量融合，其中 1982 年水电部印发了《水利电力部“六五”期间职工教育规划》；1985 年印发了《关于拟定“七五”发展职业技术教育的意见》，倡导水利、电力领域合作办学。1985 年，中共中央印发了《关于教育体制改革的决定》，把职业技术教育作为教育体制改革的重点。借助多元政策推力，许多水利电力职业学校相继组合或诞生，为今天的水电融合教育模式奠定了制度基础。

自 1988 年撤销水电部恢复水利部后，水利职业人才培养开始顺应国务院、教育部发展改革号召，走体制机制创新之路。为了贯彻执行 1991 年国务院发出的《关于大力发展职业技术教育的决定》（国发〔1991〕55 号）和 1993 年中共中央、国务院印发的《中国教育改革和发展纲要》（中发〔1993〕3 号），水利部于 1993 年年底在广东召开了水电分部以来第一次行业性职工教育工作会议，并印发了《水利行业 1994—2000 年职工教育规划

纲要》和《关于水利行业职工教育改革和发展的意见》；1994 年正式成立“中国水利教育协会”，下设“职业技术教育分会”，高度重视水利职业技术教育的战略地位和作用。1995 年，水利部印发了《关于实施科教兴水战略的决定》（水利部水办〔1995〕480 号），为建立新型的水利教育体制和“科教兴水”事业奠定了战略基础。

当全国高职院校招生规模占据高等教育的半壁江山时，2005 年，国务院发布《关于大力发展职业教育的决定》（国发〔2005〕35 号）；2006 年 11 月 16 日，教育部印发了《关于全面提高高等职业教育教学质量的若干意见》（教高〔2006〕16 号），提出了构建新的高职教育办学模式，切实把提高高职教育的教学质量放在首要位置的要求。2007 年，水利部为了认真贯彻全国职业教育工作会议精神，深入实施科教兴水战略和水利人才战略，进一步加强技能型、实用型人才培养工作，促进水利事业全面、协调、可持续发展，根据《国务院关于大力发展职业教育的决定》和《中共中央国务院关于进一步加强高技能人才工作的意见》的精神，结合水利现代化建设需要和水利人才队伍状况，印发了《关于大力发展水利职业教育的若干意见》（水人教〔2006〕583 号），指导高等教育大众化时期水利职业教育发展工作。

在全国高职教育由规模发展转向质量建设阶段，为了进一步提升水利职业院校的核心竞争力，2013 年，水利部、教育部联合印发了《关于进一步推进水利职业教育改革发展的意见》（水人事〔2013〕121 号），两部合作，双线指导，为加快水利职业教育院校办学能力的提升起到了指引作用。

（二）管理体制改革：政府统筹引导，行业组织精准服务

40 年来，水利职业教育根据行业资源共享共用的特点，建立起了政府顶层部署。协会、学会和职教集团等行业组织落地执行的管理机制，为行业内资源融通搭建了桥梁，推动了产教融合深度发展。

水利教育行业组织的建立最早于 20 世纪 80 年代。1980 年，中央批准成立“全国职工教育管理委员会”，依此水利部成立了“职工教育领导小组”；1982 年 5 月 12 日，水电部成立“职工教育委员会”，主要研讨职工培训等工作；1983 年，水电部发文正式成立中专水工、农水、水文、水动教研会，分专业研讨人才培养方案等；1990 年 5 月，“水利职业技术教育学会”在长江水利水电学校召开成立大会，学会下设 3 个研究会和会刊《水利职业技术教育》编委会。1994 年 2 月 18 日，经民政部正式批准，“中国水利教育协会”成立，下设“高等教育分会”“职工教育分会”“职业技术教育分会”三个分支机构，成立了 19 个研究会。协会成员集合了 224 个水利行业各院校和企事业单位，作为联系全国水利教育机构及其工作者的桥梁和纽带，协会为促进水利教育事业发展和人才队伍建设发挥了重要作用。

2008 年 11 月，为推动水利职业教育“规模化、集团化、连锁化”发展，满足水利事业发展对技能人才和在职员工继续教育的需要，在水利部主管部门和中国水利教育协会指导下，黄河水利职业技术学院牵头成立了全国性职教集团——“中国水利职业教育集团”。集团是行业指导下的以职业院校、行业、企事业单位为主体的、多元参与的水利职业教育联合体，首批会员单位包括了 17 所水利职业院校和 83 个知名企业。集团下设校企合作委员会、专业建设委员会和教学管理委员会。经过十年的发展，建成了“资源＋管理＋服

务”的全新运行模式，建成了“校企无忧”人才服务网、实习就业跟踪管理系统和水利行业终身学习平台，极大地推进了水利职业教育产教融合、校企合作。

（三）办学机制改革：中职、高职与成人教育并举，治理模式特色多元

40 年来，紧随时代发展的需要，水利职业教育办学体制机制不断改革，形成了中职、高职与成人教育并举的多渠道育人格局，建成了以高等学校章程建设为引领的多元经费筹措制度、特色鲜明的校企合作制度等治理模式，水利职业教育品牌知名度日益提升。

1. 中职、高职与成人教育并举的学制改革

20 世纪 70—80 年代，水利职业教育主要以中专和技校教育为主，经过建设，到 80 年代末，全国共有水利中专学校 46 所，水利技工学校 43 所。

除全日制教育外，水利系统十分注重基层水利职工的培训和继续教育。1978 年 12 月 26 日，水电部在“七・二一工人大学”的基础上筹建水利电力全国水文培训中心，开展职工培训工作；1979 年 6 月 26 日，水利部教育司印发《关于制定 1978—1985 年水利教育培训规划的通知》。要求通过建立培训制度，创造条件，通过“七・二一”、电视、函授、业余大学、业余中专等多种形式，系统提高广大职工的科学文化水平。80 年代初，全国成立了黄河水利职工中专、长江水文职工中专、丹江口枢纽管理局职工中专、松辽委职工中专等开展不同层次培训。1988 年 4 月 27 日，根据国家教委、人事部《关于成人高等教育试行〈专业证书〉制度的若干规定的通知》[（88）教高三字 006 号]，水利部科教司发出《关于 1989 年举办高等成人教育专业证书班的通知》，并批准河海大学、华北水利水电学院、长江职工大学、松辽委职工中专、北京水利电力函授学院共 5 所院校举办专业证书班。近年来，中国水利职业教育集团以“水利行业终身学习平台”为载体，以水利职业院校为依托，面向基层水利职工开展“互联网＋”教育培训。

20 世纪 70—80 年代水利职业教育主要以中等水平教育为主，也有个别院校根据国家现代化建设的需要，开设了大专班，如 1978 年 7 月，江西省革委会批转江西省教育组报告，同意江西水电学校设立大专班，学制三年，这种混合培养模式大致保持了约 20 年。直到 1997 年 10 月 14 日，国家教委在深圳召开全国高等职业教育教学改革研讨会后，全国加快了发展高等职业教育的步伐，这种格局才有所改变。1998 年，全国水利行业第一所高等职业技术学院——黄河水利职业技术学院经改制后成立，至此，开启了水利高职教育的新篇章。截至 2018 年 10 月，全国共有 22 所水利高职院校（含技师学院 2 所）、8 所水利中等职业（技工）学校，形成了多渠道、多层次的办学格局。

2. 多元投入的办学经费筹措机制

改革开放以来，为推动和保障水利职业教育的发展，加大对水利职业教育经费的投入，水利职业院校基本采用“教育事业拨款＋水利经费”双投入的经费筹措机制，出现多方参与、多元投入的筹措机制，使得学校办学条件得到极大改善。2015 年，水利高职院校已经全部建成了生均拨款水平不低于 1.2 万元的高职院校生均拨款制度。湖南、广东、浙江、重庆、山西等省（直辖市）相继出台政策，从水资源费、水利建设基金、农田水利工程基金、财政水利资金中安排一定比例的专项资金用于水利职业教育发展。

如广东水利电力职业技术学院在广东省水利厅的支持下，形成了可持续的“预算＋专项”长效投入机制。自 2007 年以来，广东省财政共安排 2 亿元专项经费支持教学基础设施建设，广东省水利厅每年给予学院的教学设备专项资金投入不低于700万元。云南水利电力职业技术学院在云南省水利厅的协调下，2016年向云南水投公司借款1600万元用于学院建设；2017年，云南省水利厅、教育厅、医投、学院四方共同合作，按照国家开发银行要求，完成学校建设的立项、环评、规划、土地四项资料审批工作，最终通过《关于公布云南省现代职业教育扶贫专项规划获批项目的通知》（云办发〔2016〕57号），云南水利电力职业技术学院建设项目被纳入云南省教育“补短板”行动计划，争取到国开行贴息贷款3.3亿元。多元经费筹措制度保障了水利职业教育事业的发展。

3. 特色鲜明的校企合作运行机制

各地区水利职业院校从区域行业育人的需要出发，与地方水利厅合作，牵头建立区域行业理事会、职教集团或校企合作育人实体，盘活区域各种有效资源，推动校企合作和产教融合向纵深发展。

如杨凌职业技术学院成立冠名学院“中国水电建设集团第十五工程局有限公司水电学院”；广东省水利厅与广东水利电力职业技术学院联合所属的100多个企业、研究所、设计院等单位成立了“广东省水利电力行业校企合作办学理事会”；浙江同济科技职业技术学院成立了以培养技术技能精英人才为目标的现代学徒制管理平台——“大禹学院”；四川水利职业技术学院建立了“四川水利职教大校园和四川水利人才教育基地”；广东水利电力职业技术学院建立了“广东水利育人基地”、学徒制“申菱学院”；福建水利电力职业技术学院实施了“校园大职场”项目等。形成了区域特色明显、院校品牌突出的水利职教校企合作机制。

在中国水利职教集团的引领下，各水利职业院校积极联合所在区域的企事业单位，共建成了13个省级职教集团，如“云南水利水电职教集团”“甘肃省水利水电职教集团”“广西水利电力职教集团”“四川水利职教集团”“湖北水利水电职教集团”“湖南水利职教集团”等。职教集团打通了时空隔阂，将集团资源服务和院校教学管理紧密结合起来，为产教融合提供桥梁纽带。

（四）评估评价机制改革：以评促建，集优扶特

40年来，水利职业教育的发展以人才培养质量为抓手，根据不同时期职业教育发展的内涵要求，对学校、专业、教师、学生等开展各类评价，集优扶特，辐射带动水利行业所有职业院校的建设与发展。

1. 以“重点”“示范”“优质”等为着力点的学校评价机制

学校的评优评先、重点建设是水利职业教育树立行业模范院校的主要着力点。1980年11月5日，福建水利电力学校等12所水利学校被教育部公布为全国重点普通中专学校。同时，在教育部评优评先的政策驱动下，水电部自1982年起开始在行业内开展教育评价工作。1982年7月，水电部确定丰满水电技术学校等7所学校为水电部第一批重点技工学校。1991年9月，水利部成立了以严克强副部长为首的水利部中专评估工作领导小组，制定了《普通中等专业学校水利水电类专业教育质量评估指标体系（试行）》，准备分期分批对各水利水电类学校进行评估；10月，水利部科教司印发了《水利部部属高等学校成人教育评估暂行办法和评估指标体系》《水利行业职工教育管理部门评估办法和职工学校（培训中心）评估指标体系》和《水利部职工中等专业学校办学水平评估指标体系》的通知。1994年，国家教委公布249所国家级重点普通中等专业学校名单，有辽宁省水利学校等8所水电学校。

2006年，教育部、财政部落实《国务院关于大力发展职业教育的决定》精神，启动实施了“国家示范性高等职业院校建设计划”，遴选100所高职院校进行重点建设。至2010年完成了三批示范院校的项目建设并进行验收。其中，黄河水利职业技术学院、杨凌职业技术学院、安徽水利水电职业技术学院通过验收成为国家示范性高职院校。

2010年，教育部、财政部继续推进“国家示范性高等职业院校建设计划”实施工作，扩大国家重点建设院校数量，新增100所高等职业院校为骨干高职院校立项建设单位，分三批开展项目建设工作。广东水利电力职业技术学院、广西水利电力职业技术学院经过三年建设通过验收成为国家骨干高职院校。

为响应教育部国家示范（骨干）院校建设精神，促进水利职业院校提高办学能力和水平，2008年，中国水利教育协会印发《关于开展水利职业教育示范院校工作的通知》（水教协〔2008〕16号）和《关于开展水利职业教育示范专业建设工作的通知》（水教协〔2008〕17号），启动水利职业教育示范院校和示范专业建设工作。通过院校申报、材料初审、专家网评、专家组实地考察评估、立项、验收，至2014年，共建成三批18所水利职业教育示范院校和61个示范专业。水利部办公厅分别发文公布三批全国水利职业教育示范院校和示范专业名单。

2018年，中国水利教育协会组织开展优质水利高等职业院校及优质水利专业建设工作。组织专家对申报材料进行网评、现场评审，共有16所院校、40个专业为优质水利高职院校建设单位和专业建设点。水利部办公厅印发了《关于公布全国优质水利高等职业院校建设单位的通知》（办人事函〔2018〕868号）和《关于公布全国优质水利高等职业院校建设单位和全国优质水利专业建设点的通知》（办人事〔2018〕747号），公布了优质水利高职院校建设单位和专业建设点名单，为水利职业教育提升质量，走内涵式发展道路提供了机会。

2. 以“骨干”“特色”“优质”等为标准的专业评估机制

专业是学校办学的基本载体，专业建设是人才培养质量提升的关键。2009—2013年，中国水利教育协会在开展“全国水利职业教育示范院校”建设的同时，也开展了示范专业建设，首批评出30个示范专业建设点。

2015年11月，中国水利教育协会为优化专业设置、提高专业办学水平，实施骨干专业和特色专业评选，评出骨干专业14项、特色专业11项。2016年5月，开展试点评估验收，试点评估对水利核心专业建设起到示范和引导作用。

2018年，在开展“全国优质水利高等职业院校”立项建设的同时也开展了“优质水利专业建设”立项评审工作，全国共有40个专业为优质水利专业建设点，为水利职业院校争取进入“中国特色高水平高职学校和专业计划”工程建设奠定了基础。

3. 以“教学名师”“优秀德育工作者”“水利专业带头人”“‘双师型’教师”等为激励的教师评价机制

教师发展是水利职业教育质量提升的关键，为了树立教书育人中的模范领军人物，中国水利教育协会开展了“优秀德育工作者”、“教学名师”、“教学新星”、“双师型”教师、

“水利专业带头人”等活动。

2012—2018年，中国水利教育协会组织开展了四届全国水利职业院校优秀德育工作者评选活动，共评出109名优秀德育工作者，评选工作进一步强化“育人为本、德育为先”的教学理念，促进院校不断务实内涵建设。

自2012年起，为响应教育部的“教学名师”建设工程，中国水利教育协会开展了全国水利职教名师和职教教学新星评选活动。截至2018年，已举办五届，名师“传帮带”的作用及示范效果显著。

为加强水利职业院校专业带头人培养，建立一支能起示范引领作用的高水平专业带头人队伍，2016—2018年，中国水利教育协会开展两届“水利职业院校专业带头人”评选活动，共评出34名专业带头人，逐步打造起一支具有引领示范作用的高水平水利类专业教师领军队伍。

2017—2018年，中国水利教育协会连续开展两批水利行业“双师型”教师遴选，共遴选出“双师型”教师693人，进一步扩大了水利行业“双师型”教师队伍，对人才培养质量提升起到积极的推动作用。

4. 以“职业技能竞赛”为抓手的学生技术技能评价机制

学生的技术技能水平是验证职业教育质量的最终观测点。为促进水利职业院校加强高素质技能人才培养，中国水利教育协会创新性举办了全国水利职业院校技能大赛，并发展为常规赛事。

2006年11月，首届全国水利中等职业学校职业技能竞赛在浙江水利水电学校举行。此后该项赛事两年举办一次，截至2015年，共举办了五届竞赛；2007年12月，首届全国水利高职院校“黄河杯”技能大赛在黄河水利职业技术学院举行。此后该项赛事每年举办一次，截至2018年，共举办了十二届竞赛。

2017年，在四川水利职业技术学院举办的第十一届全国水利职业院校技能大赛，首次将高职和中职比赛合并举行。来自全国43所职业院校的近千名学生参赛，比赛项目、参赛人数均创历届之最。水利职业院校技能大赛吸引诸多优秀学生选手参赛练兵，是各水利院校同仁每年齐聚交流的盛会，是水利职业教育领域的盛事，在行业和社会上获得广泛好评。

三、完善学科体系，加强专业建设

改革开放40年来，水利职业院校根据水利事业发展对人才的需求，不断完善学科体系，加强专业建设，适时增设新专业，优化专业结构，强化专业内涵建设。紧紧围绕教材建设、精品课程建设、人才培养方案开发、专业教学标准修（制）订、实习实训基地建设、示范专业建设、教育教学评估等方面强化专业建设，并取得了一系列建设新成果。

（一）发挥水利水电类专业教学研究会作用

发挥水利水电类专业教研会的指导与研究作用，不断优化专业结构，强化专业内涵建设，积极开展教学改革。1986年3月，水电部教育司成立水利水电类专业中专教学研究会（中专教研会）并且不断完善教研会的组织机构，下设6个专业组和32个课程组，积极开展水利类专业、课程建设研究及交流指导。中专教研会先后组织修订水利类中等专业学校、技工学校专业目录3次，修订专业教学计划、课程大纲两次，形成了21个水利水电类专业的指导性教学计划和近200门的教学大纲，组织了四轮教材编写，累计编写出版中专教材180余种，并根据水利事业发展的动态需求，增设新专业、改造老专业，规范了专业名称及内涵，指导水利类中等专业学校的专业设置及教学工作。此外，中专教研会还印发了《关于加强实验教学的几点意见》，进一步规范实验室建设和教学要求，对提高学生实践能力培养起到了促进作用。2003年成立水利高职教研会，下设6个专业组和30个课程组，成立了水利水电高职高专教材编审委员会，制定了《水利水电高职高专教材建设指导委员会工作办法》。从2008年起，开展水利职业教育示范院校、示范专业建设，至2014年，已建成18所水利职业教育示范院校，61个水利职业教育示范专业。其中3所通过国家示范性高等职业院校验收，2所进入国家骨干高职院校建设单位行列，2所进入国家中等职业教育改革发展示范学校建设单位行列。2013年4月，中国水利教育协会与全国水利职业教育教学指导委员会正式启动了水利水电建筑工程、水利工程、水利水电工程管理3个水利类高职核心专业和水利水电工程施工、水利工程测量2个水利类中职核心专业的人才培养标准、人才培养指导方案和专业设置标准（简称“两标准一方案”）的编制工作。同年11月，开展了骨干专业和特色专业评选，并评出骨干专业14个、特色专业11个。2016年5月，开展了水利职业教育专业试点评估。为加强水利职业院校核心专业建设，选择水利水电建筑工程等3个专业制定评估方案和评估指标体系，在黄河水利职业技术学院等3所水利高职院校进行试点评估。经自评、专家评审，评估结果均为优秀，试点评估对水利核心专业建设起到示范和引导作用，为专业评估工作积累了经验。2017年6月，组织开展水利类高职专业教学标准修（制）订，完成第一批10个专业教学标准送审稿。2018年，开展全国水利职业教育优质高职院校和优质水利专业建设。2018年7月，完成第二批2个专业教学标准送审稿。2018年9—12月，中国水利教育协会对水利部办公厅公布的40个全国优质水利专业建设点中水利工程与管理类专业进行评估，共收到17所院校报来的38个专业的申报材料。经过筛选、初审，在学校自评和网络评审基础上，召开专家评审会议。最后评选出黄河水利职业技术学院等院校水利工程与管理类的5个专业为A，杨凌职业技术学院等院校水利工程与管理类的29个专业为B。通过专业评估，将进一步推进全国优质水利专业建设工作，不断提高教育教学质量。

（二）加强教材和课程建设

注重教材内容和形式改革，在内容改革方面，及时反映水利行业生产、建设、管理等第一线新技术、新工艺、新材料发展要求，突出职业性、针对性、科学性、实用性原则；在形式改革方面，突出时代性、多样性需求，体现纸质教材与电子教材相结合，积极开发立体化教材。注重规划和特色教材建设，充分发挥全国水利职业教育教学指导委员会和中国水利职业教育协会的指导、组织、协调作用，汇聚水利行业优质教育资源，组织水利专业优秀教师和教学团队，集中精力编写出版一系列国家规划教材、行业规划教材、校际合编优秀教材。通过示范院校建设、提升专业服务产业能力建设项目，建成水利职业院校系列特色教材。开展多次优秀教材评选活动，20世纪80年代后期，中职类《水工建筑物》《农田水利学》《水力学》等教材获得全国优秀教材一等奖，21世纪初高职类《工程水文水力学》《城市水文学》等教材获得省级优秀教材一等奖，2017年评选出全国水利职教优秀教材 112 部（其中高职类 102 部，中职类 10 部）。这些优秀教材广泛应用于全国水利职业教育教学之中，实现了优质教材共享，促进了教学质量的稳步提升。

水利职业院校积极开展国家级、省级、校级三级精品课程建设工作，且成效显著。经过近 20 年不断努力，共建成国家级精品课 27 门，省级精品课 154 门，院级精品课 800 余门。

（三）优化人才培养方案

多年来，全国水利职业教育教学指导委员会加大对各职业院校人才培养方案开发的宏观指导，中国水利教育协会加强各水利职业院校之间的交流研讨，各校加大行业企业调研工作，加大产教融合、校企合作工作力度，校企共同开发专业人才培养方案，共同确定专业人才培养目标及培养规格。在科学分析职业岗位群及其典型工作任务对毕业生素质、知识、能力需求的基础上，构建人才培养课程体系，开发了一系列既满足基本要求、又各具特色的人才培养方案。为保证人才培养质量的提升提供了有力支撑。

（四）修订专业教学标准

按照教育部的统一部署，全国水利职业教育教学指导委员会组织行业专家于 2010—2012 年、2016—2018 年先后对高职水利类专业教学标准开展了两次大的修（制）订工作，并制订了中职学校水利专业教学标准，形成了全国水利职业院校人才培养工作指导性的专业教学标准。专业教学标准在培养目标和规格上定位在为生产、管理、服务一线培养具有良好职业道德、专业知识素养和职业能力的高素质技术技能人才；在教学模式上倡导“以学生为中心”，根据学生特点，实行任务驱动、项目导向等多种形式的“工学结合”教学模式；在教学内容和课程体系安排上体现与职业岗位对接、中高职衔接，理论知识够用，职业能力适应岗位要求和个人发展要求；在教学条件要求上，规定了开办本专业应具备的师资、教学设施等基本条件。

表 1　水利职业院校实训实习基地建设数量变化情况汇总表

时　　间	校内实训基地/个	校外实习基地/个
1978—1999 年	115	153
2000—2004 年	288	763
2005—2014 年	735	2127
2015—2017 年	1128	3534

数据来源：各水利职业院校基本情况数据报表统计。

（五）加强实训实习基地建设

水利职业院校重视校内外实训实习基地建设工作。40 年来，校内实训基地数量增加了 10 倍，校外实习基地数量增加了 23 倍，建成省级校内实训基地 10 余个。实训实习基地的功能不断完善，能紧跟生产、建设、管理第一线新技术、新工艺、新材料、新方法的需求，不断开发新的实训实习项目，满足了水利类专业学生能力的培养要求。

（六）开展示范专业建设

40 年来，水利部一贯重视水利职业院校示范专业建设，先后在全国水利职业院校开展多次示范（优质）专业建设工作，且建设成效显著。各水利职业院校重视专业建设，专业数量稳步增长。随着国家产业结构调整，特别是在“十三五”期间专业数量增长迅速，超过“十二五”末专业总数的 2 倍，而水利类专业开办数量也呈现稳定增长态势。水利职业院校国家级重点专业数在“十三五”期间增长迅速，超过了“十二五”末的 2.3 倍，省级重点专业在“十二五”至“十三五”期间同样呈现快速增长态势，示范专业总数在“十三五”期间增长迅速，是“十二五”末的近2倍。

表2　　水利类职业院校专业建设情况汇总表表　　单位：个

时　间	专业总数	水利类专业总数	国家级重点专业	省级重点专业	示范专业总数
1978—1999年	196	109		3	
2000—2004年	398	114	13	18	10
2005—2014年	620	123	31	107	54
2015—2017年	1380	178	73	175	102

数据来源：各水利职业院校基本情况数据报表统计。

（七）开展教育教学评估

40年来，教育部和水利部十分重视水利职业院校人才培养工作水平评估和教育教学评估工作，坚持“以评促建、以评促改”不断提高教育教学质量和人才培养工作水平。先后开展国家级重点中等专业学校评估、省部级重点中等专业学校评估、高等职业院校人才培养工作水平评估、教学诊断与改进等工作。评选出了黄河水利学校、陕西省水利学校等国家级水利中等专业学校，以及黄河水利职业技术学院、杨凌职业技术学院、安徽水利水电职业技术学院等人才水平评估优秀院校和示范院校，用以示范、引领、带动其他水利职业院校的快速健康发展。

四、引进培养并重，强化师资力量

加强师资队伍建设，是办好水利职业教育的关键。中共中央国务院《关于全面深化新时代教师队伍建设改革的意见》明确指出“教师承担着传播知识、传播思想、传播真理的历史使命，肩负着塑造灵魂、塑造生命、塑造人的时代重任，是教育发展的第一资源，是国家富强、民族振兴、人民幸福的重要基石”。改革开放40年以来，水利职业院校一贯高度重视师资队伍建设，切实实施“人才强校”战略，根据职业教育特点、依托行业优势，通过采取一系列有效措施，在师资队伍建设尤其是引进和培养师资力量方面，取得了丰硕的成果。

（一）教师队伍规模快速增长，满足水利职业教育教学需要

在近40年的水利职业教育发展历程中，各水利职业院校高度重视师资队伍建设，充分利用有关政策，加大教师引进力度，教师队伍规模不断壮大。

1978年，22所水利院校仅有教职工1653人，其中专任教师只有868人。面对师资的严重不足，各学校通过引进和培训来改善局面。比如黄河水利学校面对人才断层和年龄结构老化问题，在积极引进高校毕业生来校从教的同时，在黄河水利委员会的支持下，从治黄一线队伍中抽调了一部分工程技术人员到校任教；因教师队伍总体缺口较大，1980年又组织了一批文化基础好的在校生35人组成师资班，到5所高校学习，并于1983年前后陆续回校任教，使学校师资状况得到了明显改善，这种现象在各水利职业院校是非常普遍的；10年后的1988年，水利职业院校教师数已达到了2606人，其中专任教师达到了1537人，翻了将近一番；又经过10年的快速发展，水利院校教师数在1998年达到了

4109 人，其中专任教师达到了 2629 人；1998 年后，伴随着高等职业教育的兴起和发展，大多数的水利中职学校升格为水利高等职业院校，教师规模又有了新一轮的扩大。到 2008 年，水利职业院校教师人数达到了 7512 人，其中专任教师 5217 人。

随着高等职业教育的快速发展，对高层次人才的需求更加强烈，各学校通过多重途径引进高层次人才。如，广东水利电力职业技术学院柔性引进中国工程院王浩院士及其团队，成立了院士工作室，依托珠江学者外聘教授等高层次人才项目申报，与河海大学和广东省水科院联合开展科学研究、技术开发及人才培养工作；湖南水利水电职业技术学院实施了高层次人才引进工程和“海洋、江河、溪流”师资培养工程，通过“外引、内培、聘用”相结合的方式，打造了“专业群＋课程”的教学团队，形成了“塔尖闪亮、塔身强壮、塔基坚固”的教师队伍。

到 2017 年，水利职业院校的教师人数超过万人规模，达到了 11109 人，其中专任教师为 8093 人。经过 40 年的发展，水利职业院校教师人数由 1978 年的 1653 人发展到 2017 年的 11109 人，增长 572％，其中专任教师 8093 人，增长 832％，水利职业院校教师在规模上基本上满足了现代水利职业教育教学的需要。

（二）多渠道加强教师培养培训，提高师资队伍整体素质

1980 年 2 月，国务院批准教育部《关于中等专业学校确定与提升教师职务名称的暂行规定》，7 月又下发了《关于中等专业学校确定与提升教师职称试点工作的通知》。对此，水利部给予了高度重视。9 月，水利部和河南省教育厅决定以黄河水利学校作为“水利中专学校确定与提升教师职称”试点单位，开展教师培训和职称提升工作。

各水利职业院校通过多种途径提升教师能力：**一是通过校企合作提升教师的实践教学能力。**杨凌职业技术学院建立了中水十五局有限公司等 67 家企业组成的首批教师实践锻炼基地；四川水利水电技师学院积极实施校企合作、共同培养战略，建立了教师到企业实践的长效机制。按照专业发展要求和教师培训计划，专任教师在每年至少有两个月时间到合作企业进行顶岗锻炼，以提高专业技能，更新专业知识，选送教师进入合作企业学习，积累企业工作经历，提高教师的专业实践能力。**二是通过国际合作交流提升职业素养和专业课程开发能力。**杨凌职业技术学院 40 余名教师参加了与英国威根雷学院联合举办的职业教育课程开发师资培训班，50 余名专业带头人和骨干教师参加了德国双元制教育理论培训班；四川水利职业技术学院实施教学（管理）骨干境外培训计划，先后组织百余名管理和教学骨干赴加拿大、英国、德国、新加坡等国家和中国台湾地区开展境外交流学习，参加教育部举办的“千名中西部大学校长海外研修计划”，并与英国斯旺西大学、新加坡南洋理工学院、中国台湾德霖技术学院签订了合作办学意向；山东水利职业学院与俄罗斯、德国、英国、韩国等国家和中国台湾地区的多所院校建立了合作关系，近三年开展教师出国（境）研修 45 人次，长期聘用外籍教师 11 人。**三是建设师资培训基地或参加国家级、省级职业培训。**杨凌职业技术学院建立了陕西省中等职业学校校长培训基地和中德职业教育师资（科研）培训中心，与德国德累斯顿工业大学职业教育与继续教育学院合作建立了教育师资（科研）培训中心，开展教师培训工作；其他院校积极参与教师的国家级和省级培训项目。**四是与高校合作，通过在职进修等方式提升教师学历。**黄河水利职业技术学院同大连理工大学合作开展在职青年教师研究生班培养工

作，提升教师学历学位；吉林水利电力职业学院选送青年教师分别到长春工程学院、北京师范大学、山东烟台风电学校进修，学习专业知识；选派骨干教师分别到黄河水利职业技术学院、北华大学挂职锻炼；选派优秀教师到四川水利职业技术学院等兄弟院校学习考察，开阔视野。

2016—2018年，中国水利教育协会开展两届水利职业院校专业带头人评选活动，共评出34名专业带头人，逐步打造出一支具有引领示范作用的高水平水利类专业领军队伍。截止到2018年，水利职业院校已拥有国家级教学名师5名，省部级教学名师76名；国家级专业教学团队3个，省部级专业教学团队26个。2011年，中国水利教育协会组织开展全国水利职教名师、全国水利职教教学新星评选活动。截至2017年，共开展了五届全国水利职教名师、职教教学新星评选活动，共评选出全国水利职教名师138人、全国水利职教教学新星121人。

通过培养培训，师资队伍结构不断优化，专任教师中具有高级职称的教师比例达到40%，具有硕士学位的教师比例超过50%，教师队伍结构更加合理。

（三）适应职业教育教学要求，多措并举打造“双师型”教师队伍

“双师型”教师队伍建设是经济社会发展对职业教育的基本要求，又是职业教育对专业课教师的一种特殊要求。职业院校的培养目标要求教师必须具有较强的动手能力和在生产一线解决有关技术方面疑难问题的能力。能在生产现场动手示范，指导学生掌握生产技能，并具有开发新项目、进行技术攻关以及从事科研、进行技术服务的能力。人才的培养靠教师，建设一支优秀的“双师型”教师队伍是职业教育发展的需要。因此，教师既应是专业理论方面的名师，又应是生产实践方面的行家里手，建设一支高素质的“双师型”教师队伍，是职业教育实现可持续发展的基础和保证。

1999年国务院《关于深化教育改革全面推进素质教育的决定》中提出“加快建设兼有教师资格和其他专业资格的‘双师型’教师队伍”。2000年，教育部有关文件又提出“双师型”教师的基本条件，明确指出：“‘双师型’教师队伍建设是提高职教育教学质量的关键。”各水利职业院校积极贯彻国务院和教育部精神，通过多种方式开展“双师型”教师队伍建设。比如，有的院校搭建教师实践技能提升平台，规定教师下企业锻炼的任务和相关考核、激励措施等，鼓励教师到企业进行实践锻炼，通过鼓励教师参加技能竞赛，有效提升了教师的教学能力、实践能力和综合素质；有的院校关注青年教师的成长，通过选送优秀青年教师赴兄弟院校和有关单位进行实践锻炼，通过国内外学术交流、国内外培训等途径提升青年骨干教师的课程改革、技术服务能力，通过“一帮一”、到企业锻炼等途径提升青年教师的实践操作和教学能力；有的充分利用暑假组织全员培训，邀请骨干院校名师、行业专家、企业家来校做专题讲座，进一步提升教师的综合素质和专业技能水平；有的院校建立了优化基于层级式考核的师资质量保证体系，形成“诊断—反馈—改进”的持续提升模式。各院校均打造了德技双馨、结构合理、专兼结合、富有活力、数量充足的高水平“双师型”教师队伍。

2017—2018年，中国水利教育协会开展了两批水利行业“双师型”教师遴选，从被推荐人中遴选出693位教师为水利行业“双师型”教师，建立了“双师型”师资库。到2017年，水利院校共计有8093名专任教师中已拥有双师素质教师5203人，所占比例达到 64%。

（四）依托水利行业优势，建设兼职教师人才库

在加强专任教师培养的同时，水利职业院校依托水利行业办学背景和优势，广泛聘请水利行业企业能工巧匠和专业技术人员，构建各专业兼职教师库。各院校通过聘用技能大师、能工巧匠、职业经理人担任技能导师等措施，建立了兼职教师资源库。2017 年，水利职业院校的兼职教师达到了 4415 人。2017 年水利部人事司印发《关于充分发挥全国水利行业首席技师培养水利技能后备人才作用的通知》（人事培〔2017〕2 号），中国水利教育协会协调 17 所水利职业院校与 29 名行业首席技师签署技能导师聘任协议，聘用首席技师担任技能导师，建立了 17 个技能导师工作室。聘用全国水利行业首席技师担任技能导师，通过加强团结协作、密切产教融合、创新教育模式，兼职教师队伍层次和水平不断提升，为水利技能人才培养能力和水平的提高奠定了坚实的基础。

（五）加强师德师风教育，落实立德树人根本任务

教师的思想政治素质和职业道德水平，直接关系到教育事业的成败和民族的未来。加强师德师风建设，提高教师的职业道德素养，对于全面提高教育质量、办好人民满意的水利职业教育，具有十分重要的意义。

自 2012 年开始，中国水利教育协会开展了四届全国水利职业院校优秀德育工作者评选活动，共评选出优秀德育工作者 109 名，起到了引领示范作用。各水利院校相继制订出台了一系列有关师德建设的规章制度，有步骤、有主题、有序列地开展了师德建设活动，将“忠诚、干净、担当，科学、求实、创新”新时代水利精神融入师德师风建设，取得了良好的效果。比如山西水利职业技术学院坚持师德为先，强化质量意识，完善制度保障，进一步激发教师教书育人的积极性和主动性，努力营造优良的教师成长发展环境和干事创业氛围；安徽水利水电职业技术学院积极开展“师德师风与教风学风建设”和“十大优秀教师”“十大优秀教育工作者”“十大优秀辅导员”评选，引导教师切实担负起立德和树人双重使命；山东水利职业学院以作风建设为切入点，将作风建设和师德建设融入专题教育活动中，强化党组织在师德建设中的带动作用，开展“师德标兵”评选，加强了师德师风建设；北京水利水电学校高度重视教师师德师风的建设，按照习近平总书记提出的“四有”好老师和“四个引路人”要求，开展主题宣讲、人文素养课堂、参观学习等多种形式的教育活动，倡导教师在教育教学工作中爱岗敬业、乐于奉献，引导教职工坚定理想信念，不断推动师风、学风、校风的建设。

五、坚持质量为本，培养高素质人才

水利部和教育部《关于进一步推进水利职业教育改革发展的意见》指出，大力发展水利职业教育，是推进生态文明建设和水利全面、协调、可持续发展的客观要求，是加强基层水利人才队伍建设、解决人才瓶颈问题的重要途径。水利职业教育作为我国职业教育体系的重要组成部分和水利行业技术技能人才培养的主阵地，是水利事业改革发展及提升水利和现代农业发展能力的重要支撑。水利职业院校办学最根本的标准是要培养出受欢迎的各类高素质技术技能人才，以鲜明的办学特色、过硬的人才培养质量和较高的毕业生就业率赢得社会的认可和尊重。改革开放 40 年来，各水利职业院校和行业主管部门发扬优良传统，不断改革创新、开拓进取，坚持以全面提高人才培养质量为中心，走产教融合发展的道路，促进了人才培养质量的全面提升。

（一）以人才培养质量为立校之本，人才培养成效显著

注重人才培养质量是水利职业教育的根本特色和立教之本，也是水利院校发展的生命线，为广大水利职业院校所坚持和传承。

40 年来，各水利院校始终将人才培养作为中心工作，高度重视人才培养的效果，牢牢把握技术技能人才的培养和成长规律，坚持“教书育人、管理育人、服务育人、生产育人”，通过各种途径提高人才培养质量。比如 20 世纪 80 年代，当时的水利中专院校在行业组织的统领下，开始深入开展专业教育教学研讨活动。1983 年，水电部发文确定成立水工农水教研会、水文教研会和水动教研会。1986 年，成立了水利水电类专业中专教学研究会，各专业教研会每年组织教学研讨活动，水利院校的教学骨干汇聚在一起，通过教研会这种方式，探讨教学内容，更新教学方法，不断转变人才培养理念与教育观念，树立全面发展观念、人人成才观念、多样化人才观念、终身学习观念、系统培养观念，进一步巩固了人才培养工作的中心地位与教学的基础地位。

在高等职业教育产生之前，以水利中专为代表的水利中等职业教育成为“低重心、高质量”的专业教育，受到了行业和社会赞誉。主要原因也是人才培养的高质量，而人才培养的高质量源于各校对教学的高度重视。比如当时的黄河水利学校（现黄河水利职业技术学院）开展了“教学四认真”活动，即“认真备课、认真讲课、认真辅导、认真批改作业”。通过教学“四认真”活动，老师认真教、学生认真学，提高了课堂教学质量，老师和学生之间拉近了距离，形成了优良的教风学风，教学相长，使学生的素质和综合能力得到提升。水利部前部长杨振怀也将学校喻为“黄河技干摇篮”。其他水利中专院校也通过各种方式，形成教与学的相互提升。当时的水利中专教育深受行业认可和社会赞誉，毕业生几乎都成长为各单位的技术骨干，也有很多走上各级领导岗位，为国家水利事业和经济社会发展做出了积极的贡献。

（二）按照校企合作、工学结合的原则，形成了各具特色的人才培养模式

培养高素质技术技能人才的关键，在于是否具有独到的人才培养模式。《教育部关于全面提高高等教育质量的若干意见》中明确把“创新人才培养模式”作为提升人才培养水平、推进文化传承创新的重要举措。而社会经济的发展也要求职业院校要依据市场发展的规律，以就业为导向、以能力培养为主线、以培养应用型人才为目标。创新人才的培养模式，使人才培养与社会需求结合起来，为社会提供真正具备就业能力、实践能力、创新能力的技术技能人才，为社会主义现代化建设培养合格的接班人，为我国的现代化建设事业做出应有的贡献。

各水利职业院校结合自身实际努力探索、锐意创新，形成了各具特色的“工学结合、校企合作”的人才培养模式。如：山东水利职业学院坚持将校企合作作为人才培养质量提升的关键路径，与中国水利水电第十三工程局有限公司、中铁集团、京东集团等知名大中型企业开展深度合作，构建了“专业共建、课程共担、教材共编、师资共训、基地共享、人才共育”的校企合作人才培养体系，实现了校企合作机制和人才培养模式的协同创新，提升了人才培养质量，被山东省教育厅评为山东省校企合作一体化办学示范院校；浙江同

济科技职业学院打破“学”与“用”的藩篱，试水现代学徒制人才培养模式，开设了水利类工程专业现代学徒制人才培养改革试点班——大禹班，创建了“政府推动、行业指导、校企主体”的四方联动人才培养机制，搭建校企联合培养、一体化育人的校企合作育人平台，相继开展了多种合作形式的现代学徒制人才培养；河南水利与环境职业学院探索建立技能导师人才培养模式，特聘黄委洛阳水文水资源局高级技师、水利部全国水利行业水文勘测工首席技师、全国水利行业首席技师李登斌为学院技能导师，并成立了“首席技师工作室”。包括黄河水利职业技术学院的“教、学、练、做一体化”、安徽水利水电职业技术学院的“订单培养，工学交替”、杨凌职业技术学院的“五对接”、广东水利电力职业技术学院的“行企校联动育人”、广西水利电力职业技术学院的“双主体育人”人才培养模式，在国家示范（骨干）高职建设中发挥了示范和引领作用。

多所院校采用现代学徒制人才培养模式，探索与实践成效显著。共计有黄河水利职业技术学院、杨凌职业技术学院、辽宁水利职业学院、安徽水利水电职业技术学院、山东水利职业学院、广东水利电力职业技术学院、广西水利电力职业技术学院、浙江同济科技职业学院、山西水利职业技术学院、重庆水利电力职业技术学院、江西水利职业学院、河南水利与环境职业学院、三峡电力职业学院、青海省水电职业技术学校等 14 所院校，入选教育部现代学徒制试点单位。

为深入实施高技能人才培养工程，搭建高技能人才培养平台，进一步推动水利行业高技能人才队伍建设，2015 年水利部人事司组织开展了首批水利行业高技能人才培养基地遴选工作。浙江同济科技职业学院、安徽水利水电职业技术学院、山东水利技师学院、湖南水利水电职业技术学院、四川水利职业技术学院等 10 家单位入选首批水利行业高技能人才培养基地。

（三）加强质量保障体系建设，人才培养质量持续提高

建设人才培养质量保障体系是提高人才培养质量的基本保障。为此，各院校高度重视人才培养保障体系建设。比如，广东水利电力职业技术学院树立“人人有份、事事有责、处处有为”的质量理念，制订了完备的质量保证制度，成立了质量保证中心，组建了专职的督导队伍，建立了以信息化技术为基础的监控平台，在实践中不断完善建立行业协会、企业、学校、学生“四参与”的教学质量监控评价机制与体系，并于 2017 年被广东省教育厅确定为开展高等职业院校内部质量保证体系诊断与改进试点工作单位；山东水利职业学院与麦可思公司深度合作，开展人才培养质量第三方评价，对在校生进行由及时评价和日常反馈组成的教学过程评价，通过平台的数据分析功能，及时了解教学过程中的问题与不足，增加教学评价的时效性，使教学评价促进教学改进的作用真正得以落实；浙江同济科技职业学院以诊断与改进为抓手，完善内部质量保证体系，构建了“五纵五横一平台”的内部质量保证体系实时构架，建立各级质量保证机制，强化了学院各层级管理系统间的质量依存关系，形成全要素网络化的内部质量保证体系；湖南水利水电职业技术学院为健全院系两级教学质量管理和监控体系，建立了院系两级教学督导队伍，实施以“有效课堂”建设为抓手的教学质量评价工作和教学诊断与改进工作，形成了涵盖决策指挥等方面的五个纵向系统和学院、专业、课程、教师、学生五个横向层面的内部质量保证体系，使教学质量大幅提升；长江工程职业技术学院建立了学校、二级学院、专业三级质量保证机

构，质量工作领导机构实行“双组长”制度，书记、校长共同担任领导小组组长，出台了内部质量保证体系建设方案，通过“五纵五横”的格局将学校所有单位、部门及全体师生员工纳入质量保证体系。

（四）开展职业技能竞赛，培养高素质技术技能人才

职业教育更加注重对学生实践能力的培养，学生必须具备理论知识应用能力、实践技能和职业素养融为一体的综合素质结构。举办职业技能竞赛给职业学校提供了一个展示教学成果的平台，也给参赛选手提供了一个自我实践能力展示的平台。通过这个平台，职业学校能拓展视野，及时了解本项目技术技能的发展趋势，促进教师实践技能的提升，加强与企业合作，提高学校知名度；学生能开阔眼界，看到自己今后努力的目标和方向，体现自我价值。同时，技能大赛让职业学校学生看到一种希望、一种对职业教育的信心和对成才的渴求，了解企业和社会对人才需求的要求和标准。让其看出自己具备的实践能力和社会需求之间的差距，以便在今后的学习中自觉地弥补不足，努力提升实践能力，最终实现自我价值。

为了促进水利职业院校高素质技术技能人才的培养，2006 年，中国水利教育协会举办了全国水利中等职业学校技能竞赛，取得了良好的效果。2007 年至 2018 年，中国水利教育协会组织开展了十二届全国水利高职院校、六届水利中职学校技能大赛，先后有 40 多所院校逾 20 万名学生参加，近 5000 人进入决赛，大赛规模不断扩大，涉及项目不断完善，已成为检阅水利职业教育发展成果，展示广大师生技能、展现水利职业教育风采的重要平台。各院校充分利用技能大赛的引领及示范作用，以赛促教、以赛促学，提高实践教学质量。这些具有鲜明水利行业特征与职业技能特色的竞赛，历时十余载又极富感染力。大赛冠名犹如一座座历史的丰碑，记载了行业支持、协会组织、区域承办院校参与的水利技术技能大赛的突出成就，清晰地展现了水利行业职业院校快速发展的历史轨迹，充分展示了水利行业团结协作的团队精神。

各院校通过积极借鉴职业技能大赛的涉及内容、考核方式和技能要求，进一步规范和完善教师对学生评价机制，加强常规教学管理，及时调整教学内容，将行业标准融入实践教学，在实践教学过程中融入专业基本理论、实践操作以及职业素养，培养了大批高素质技术技能人才，为水利现代化建设做出了贡献。

（五）注重实践教学，加强学生实践能力培养

实践能力是水利行业建设的基本要求，也是水利职业教育一以贯之的做法。1982 年水电部制定了《关于水利电力类专业学生到部属单位实习的暂行办法》，为水利电力类专业学生到部属单位实习提供了制度依据，推动了学生的实习工作。1988 年，水电部中专水利水电类专业教学研究会下发《关于加强实验教学改革的几点意见》，其中指出了实验教学中存在的问题，要求学校各级领导和教师必须提高对实验教学重要性的认识，切实加强对实验教学的领导和实施。要按《实验设备配置标准》搞好实验室建设、改革实验教学的内容和方法；改革实验教学的考核方法、加强实验人员队伍建设、制定实验室评估指标体系，有计划地开展实验室评估、成立实验教学研究组织，开展实验教学研究工作。

2009 年，中国水利教育协会印发《关于遴选全国水利院校学生实习基地的函》，2010 年 3 月，确定了嫩江尼尔基水利枢纽工程、黄河万家寨水利枢纽工程等 50 个全国水利院校学生实习基地。通过遴选工作，促进实践教学资源的整合和推广，搭建水利水电企业单位与水利院校沟通联系的桥梁，为水利院校学生实习实训提供了资源和渠道。

40 年来，水利职业教育的实践教学从中专时期到高职时期，都是水利院校所重视的。2017 年，国务院办公厅印发了《关于深化产教融合的若干意见》（国办发〔2017〕95 号），《意见》指出，要全面贯彻党的十九大精神，坚持以习近平新时代中国特色社会主义思想为指导，紧紧围绕统筹推进“五位一体”总体布局和协调推进“四个全面”战略布局。坚持以人民为中心，坚持新发展理念，认真落实党中央、国务院关于教育综合改革的决策部署。深化职业教育、高等教育等改革，发挥企业重要主体作用，促进人才培养供给侧和产业需求侧结构要素的全方位融合，培养大批高素质创新型技术技能人才。为加快建设实体经济、科技创新、现代金融、人力资源协同发展的产业体系，增强产业核心竞争力，汇聚发展新动能提供有力支撑。

各水利院校认真贯彻落实国务院意见，深入推进校企深度合作和产教融合，进一步加强实践教学。安徽水利水电职业技术学院与省建工集团、省水安集团、科大讯飞等企业合作，加强实践教学，与省属特大型建工企业安徽水安集团合作组建了二级学院“水安学院”。酒泉职业技术学院实施产教融合下高职水利工程（节水灌溉方向）专业人才培养“大禹模式”的探索与实践。“大禹模式”对接大禹节水集团生产、设计、施工、管理的运营模式，构建课程体系、组织教学实施。兰州资源环境职业技术学院积极推进产教深度融合，建立水利工程技术协同创新工作站，工作站依托西藏山溪水利监理公司、甘肃中东建设工程管理咨询集团等多家校企合作企业，以“弘扬大国工匠精神，培养一流技术技能人才”为目标，通过水利工程技术协同创新工作站活动的开展，带动教学模式改革，将教学内容融入具体工程，实现学生从学校到企业的无缝对接，培养和造就一批德才兼备、业务精通、创新能力强、层次高的创新型人才队伍。杨凌职业技术学院引企入校，校企共同制定人才培养方案，校企协同育人，校企共建共享的实验实训中心和教师挂职培训锻炼基地，形成产教高度融合的局面，开展深度合作办学。山东水利职业学院响应国家互联网、云计算等战略新兴产业的需要，与慧科集团合作共建“山东水利职业学院互联网+学院”，与中国电子科技集团公司第五十五研究所合作共建“云计算技术与应用专业人才培养创新创业基地”，开展科研创新、云计算对外服务等项目合作；与京东共建“京东校园实训中心”，将职场化环境植入课堂，将行业标准植入课程，将虚拟教学变成上岗实操，实现了教学与工作在技术上和环境上的接轨，进而实现企业与学校资源共享、企业实务与教学的深度融合。

（六）完善行业教育教学相关标准，制定专业人才培养“两标准一方案”

为促进专业教学更加适应行业发展需要，2013 年，全国水利职业教育教学指导委员会与中国水利教育协会共同组建由行业、企业、院校专家参与的编制组，启动了高职水利水电建筑工程、水利水电工程管理、水利工程 3 个专业和中职水利水电工程施工、水利工程测量 2 个专业的人才培养标准、人才培养指导方案和专业设置标准（简称“两标准一方案”）研制工作。“两标准一方案”以行业企业实际需求为基本依据，遵照技术技能人才成长规律，调研论证水利行业对技术技能人才的需求定位，引入行业规范，实现专业课程内容与职业标准对接，实现学历证书与职业资格证书对接，对行业职业精神和品德培养的要求更加突出，服务水利事业和社会需求的定位更加明确，强化技术技能培养的导向性更加鲜明。“两标准一方案”推动了相关职业院校围绕水利改革发展需求，改革课程体系，更新课程内容，进一步增强了水利行业技术技能人才培养的针对性和适应性。

（七）开展职业教育教学研究，提升技术技能人才培养能力

中国水利教育协会充分发挥水利职业教育专家资源优势，根据现代水利职业教学重点领域，开展前瞻性研究，做好技术储备，取得的成果同时作为主管部门决策依据，推进水利职业教育改革发展。主要成果包括《新世纪水利教育结构与人才培养途径、方法研究》《院校水利后备人才培养研究》《高技能人才能力结构与综合素质研究》《水利人才队伍现状分析研究》《水利中等职业教育支撑现代农业提升计划研究报告》《企业高技能人才开发途径及发展趋势研究》《水利行业首席技师及工作室创建模式和评估体系研究》《水利中专学校内部管理体制改革》《水利职业教育示范建设研究报告》等。

为调动广大职业教育工作者开展教育科学研究的积极性、主动性和创造性，提高教学水平和教育质量，促进水利职业教育改革发展，中国水利教育协会2015年组织水利职业教育课题立项评审，共有55项通过立项审查，2017年组织专家进行评选，50项成果通过结项，并评出职业教育优秀教学成果28项。2018年组织申报国家级教学成果奖，2项成果获职业教育国家级教学成果二等奖。2017—2018年根据教育部部署，全国水利职业教育教学指导委员会、中国水利教育协会联合开展《全国水利行业人才需求与职业院校专业设置指导报告》研制工作，首次在全国全面开展职业教育水利专业需求分析，提出了水利职业教育专业优化设置建设。

六、紧跟时代步伐，完善信息化建设

水利职业院校一向注重现代教学手段的应用。新中国成立之后，水利职业院校努力克服教学条件的不足，在采用“一本教科书、一支粉笔、一块黑板、几幅挂图”的传统教学手段的同时，积极采用声、光、电等现代教育技术辅助教学，努力保持教学手段的先进性，形成了一个优良传统。自20世纪七八十年代以来，信息化技术迅速发展，并逐渐深入到了包括课堂教学在内的社会生活各个方面。随着现代社会对人才信息化水平以及创新精神要求的不断提高，水利职业教育也顺应了时代的潮流，在教育教学的过程中不断融入计算机信息技术和网络化模式，并不断发展逐渐形成了以计算机和多媒体为基础的信息化教学方式。这一模式的形成，不仅使得教育的现代化和信息化进程得以推进，还大大提高了职业教育教学水平。近年来，各水利职业院校以“智慧校园”建设为抓手，以国家级教学资源库建设为引领，省级、校级资源库全力推行，全面推进学校管理信息化、资源信息化、教学信息化和学习信息化，使水利职业教育整体信息化建设水平全面提升。

（一）校园信息化基础环境水平显著提高

水利职业院校顺应“互联网＋”的发展趋势，通过增加投入，规范建设，推进了“三通两平台”的建设和应用，绝大多数水利职业院校达到《职业院校数字校园建设规范》的标准，数字校园步入“云时代”。同时，校园网主干最大带宽、网络信息接入点个数、管理信息系统数据总量、校园一卡通使用率等指标不断提高，实现了学习、生活的人性化服务。智慧校园建设卓有成效，建成统一信息门户和身份认证平台、数据中心平台、多个应

用管理系统、覆盖教学行政区域的无线网络、校园视频监控系统等，信息技术在教学、科研、管理、服务各方面得到广泛应用。院校信息化水平与泛在学习环境需求基本适应，为院校信息化建设提供了支撑服务体系。浙江同济科技职业学院大力推进网上办事大厅、大数据采集和分析平台建设，利用信息技术助力师生实现“最多跑一次”和“最多填一次”；湖北水利水电职业技术学院打通校园内各系统间的数据通道，通过各数据共享，消除信息孤岛，实现了统一管理、归口更新，达到“网上办公、远程管理、实时服务”的良好效果；山西水利职业技术学院建成连接两地三校区的远程视频会议系统；黄河水利职业技术学院拥有联通、电信、移动、教育网等 5 个网络出口，共计 9.6GB 带宽，实现了校园无线网络全覆盖，对校园网进行了全面的扁平化升级改造，实现有线、无线校园网络以及校外 VPN 与智慧校园统一门户的融通。同时，为全校 17 个教学单位配置了摄、录、编设备；兰州资源环境职业技术学院有线网络覆盖率和师生入网率达 100%，主干链路速率达 10Gbps，无线网覆盖整个校园，总出口带宽达到 10.5GB。

（二）信息化教学平台建设不断完善

各院校大力推进信息化教学平台建设，改变教与学的方式，提升教与学的效率，助力院校教育教学改革。黄河水利职业技术学院开发的智能课堂、智能考场、智能实训平台，构建了集“资源建设＋智慧课堂＋在线考试＋教学评价＋诊断改进”于一体的信息化协同教学培训平台。学校专任教师均搭建了教师云课堂、学生搭建了学习空间，校内“人人皆学、时时能学、处处可学”，已形成“课堂用、普遍用、经常用”的课堂教学常态，极大地提升了教学质量和管理水平；湖南水利水电职业技术学院勇于创新将系统论、建构主义学习理论与先进信息技术有机结合起来，很好地解决了校企合作屏障、顶岗实习巡查、技能仿真训练等教学与管理问题；福建水利电力职业技术学院通过“一师一优课、一课一名师，一师一课群、一群一班级”的在线课堂教学改革，搭建数字化学习平台，以优质的教学资源促进学生学习方式的变革；四川水利水电技师学院建设了国家开放大学云教室，实现了国家开放大学总部、分部、地方学院和学习中心的互联互通，促进了优质教育资源的共享；浙江同济科技职业学院构建了“虚实”一体的技能实训创新平台，建成了产学研一体化的建筑信息模型（BIM）中心、水利农业智能实训中心和多个专业的虚拟仿真实训系统；山东水利职业学院建设了工程软件实训室、数控仿真实验室等 27 个校内仿真实训室，并将相关仿真实训软件置于教学资源管理平台上，满足了学生现场训练和远程业余自主学习的需要；兰州资源环境职业技术学院搭建了 3 个有机统一的平台，即集教学、学习、考核为一体的教学支撑平台，各业务系统之间互联互通、数据实时交换与充分共享的业务管理平台，基于教学信息服务、业务管理服务、校园生活服务的一站式公共服务平台。

（三）优质教学资源日渐丰富

职业教育专业教学资源库是“互联网＋职业教育”的重要实现形式，资源库建设是推动信息技术在职业教育专业教学领域综合应用的重要手段。近年来，各院校根据区域和水利行业的特点建设完善国家级、省级、校级资源库，资源库教学资源日渐丰富、使用人数逐年提升，推进了职业教育优质资源跨地区共建共享，为学生泛在化、移动学习提供了良好基础。2013 年，由黄河水利职业技术学院牵头主持的水利水电建筑工程专业国家教学资源库项目获得教育部立项。这是水利行业 16 个专业目录中第一个也是迄今唯一的国家立项建设的专业教学资源库。2015年，水利水电建筑工程专业国家教学资源库项目顺利获得教育部结项验收，并于2016年又获得教育部升级改进项目支持。目前，学校拥有国家级教学资源库2个、国家级精品资源共享课13门、省级精品资源共享课5门，另有1门国家级、13门省级精品在线开放课程，立项建设有7门省级立体化教材，已建成覆盖全校全部62个专业，共468门课程，累计10余万条教学资源的全校性网络学习空间。山东水利职业学院20%以上的专业核心课程建成精品资源共享课程或精品在线开放课程；湖北水利水电职业技术学院拥有教学数据资源总量13211GB，建有网络教学与学习服务平台，有上线在线开放课程178门；广西水利电力职业技术学院建成国家骨干建设教学资源库8个、省级教学资源库7个，为教师教育教学提供了有力的资源支持；杨凌职业技术学院和重庆水利电力职业技术学院联合18家高职院校和企事业单位成功申报2016年水环境监测与治理专业国家级教学资源库建设项目，主持国家专业教学资源库3个，参加国家级专业教学资源库13个（主持课程24门），主持省级专业教学资源库3个，建成国家级精品资源共享课3门、省部级和行指委精品课程27门、院级精品资源课96门。

（四）教师信息化教学水平明显提升

水利职业院校广泛开展教师信息化职业能力培训，广大教师借助信息技术更新教学观念、改进教学方法、优化教学评价，形成基于在线学习平台的线上线下混合式教学模式，不断转变课堂教学形态，实现信息化、分层次差异化教学，提高了教学效果。近年来，中国水利教育协会组织开展的水利职业教育教师微课大赛和水利行业现代数字教学资源大赛，实现竞赛成果开放、共享，很好地促进了水利职业院校教师信息化教学创新能力和应用水平的提升。湖南水利水电职业技术学院创设了“精彩五分钟——基于泛资源的微课教学方式”“任务链式微课”课程开发模式、“微卡互动课堂”教学模式，教与学的效果得到明显提高；宁夏水利电力工程学校将信息化融入到日常教学中，在全校师生中推进“网络学习空间人人通”工作，利用“人人通”平台上传文本材料、视频、作业布置等学习资料，汇聚基础教育名校精品课程资源，构建了“以问题为中心、以任务来驱动”的教学方式，为学生提供了一种全新的相互学习、相互交流和共同提高的学习体验；黄河水利职业技术学院2017年获国家级职业院校信息化教学大赛二等奖2项、三等奖2项，获河南省职业院校信息化教学大赛获一等奖4项、二等奖3项；山东水利职业学院教师在全国信息化教学大赛等教师技能大赛中获得二等奖2项、三等奖2项，在山东省信息化教学大赛等教师技能大赛中，荣获一等奖7项、二等奖6项、三等奖9项；四川水利职业技术学院在全国职业院校信息化教学大赛中荣获一等奖1项，并作为全国高职院校代表在闭幕式现场做汇报展示。另外，该校在四川省信息化教学大赛中荣获一等奖2项、二等奖1项、三等奖1项，广西水利电力职业技术学院积极组织教师参加全国和广西信息化应用大赛，获国家级三等奖1项，及省级一等奖6项、二等奖15项、三等奖15项；湖北水利水电职业技术学院获得国赛一等奖1项、二等奖1项、三等奖1项和省赛一、二、三等奖共12项。

（五）院校管理信息化再上新台阶

运用大数据优化院校教育管理流程和运行机制，重构院校信息管理与质量保障体系，完善管理过程跟踪、精准监控和数据分析工作系统，提高各院校管理、服务与决策水平。黄河水利职业技术学院完成了共享数据库管理系统、统一身份管理平台、统一信息门户平台、数据交换平台等系统的开发和部署。建设和应用了教务管理、资产管理、人事信息管理、科研管理、学生迎新、离校系统等多套校园信息化软件系统，并通过数据共享中心实现了数据互通，通过信息门户平台实现了单点登录。通过校园微门户和微信公众号实现了移动端的集成，形成了数字化、网络化、智能化的线上线下协同管理新模式，优化了管理流程，提高了管理效率；湖北水利水电职业技术学院建成并运行 16 个信息化管理系统，达到“网上办公、远程管理、实时服务”，有效地提高了学院内部现代化管理水平；广东水利电力职业技术学院建成了校园云服务支撑平台与网络安全系统、综合管理与服务系统、网络共享学习系统、智能化教学环境、平安校园监控系统等五大系统，学校信息化管理水平明显提升；部分院校在建的云计算中心，为教学管理与运行提供服务与支撑，建成在线预约教室、在线调课、实践教学管理、在线质量评价与监控、学业预警的新教务平台，使教学管理更加规范、师生办事更加便捷。

（六）信息化与教育教学深度融合

不断深化“不仅建设数量可观的优质专业教学资源，更重要的是带动对传统教与学方式方法的改革”的信息化教学理念，以发挥优质教学资源在人才培养过程中的作用，推动信息化技术与教育教学的深度融合，以提升学校教学信息化的整体水平为目的。黄河水利职业技术学院基于“辅教、能学”的功能定位，通过优质教学资源建设与应用，解决理论教学和实训教学“想看看不到、想做做不了、做了做不全、做全做不精”的矛盾和问题。根据专业和课程特点“以应用对象为中心”，提炼出适应“互联网＋”环境下 26 个各具特色的“典型教学案例”，在推动职业教育课堂教学形态变革中发挥了示范带动作用，较好地解决了“建”“用”两张皮的问题，提高了教与学的效率和效果。

黄河水利职业技术学院将教与学方式方法改革作为教学信息化的重要切入点，将优质教学资源建设使用、师生互动作为教学信息化的重要监测指标，将评先、评优、晋职、奖励作为推进工作的重要手段，以制度创新作为重要保障措施，强力推进信息技术与教育教学的深度融合。如，以“系统规划，分年实施，以奖代补，持续推进，以点带面，重点突破，循序渐进，重在应用”为建设方针，建立了国家级、省级、校级资源建设三级联动机制，实现在“所有专业、所有课程”的全面覆盖和“全部教师、全体学生”的全面使用，推动了学校信息化技术与教学的深度融合，使学校信息化建设应用水平达到新高度，教师信息技术应用能力普遍提升。

（七）优质资源共建共享模式不断完善

为了保持信息化资源的旺盛生命力，除了发挥信息化资源“辅教能学”的主要功能外，还必须开拓新的应用领域，以适应学生创新创业发展需要，满足现代学徒制培养和企业员工终身学习的需求；发挥共建共享作用，搭建校际学分互认平台，建立配套制度，开展校际资源共建、名师共享、学分互认；探索国际优质资源共建共享，引进国外优质教学资源和国际标准，建设双语资源，培养国际化人才。

为加快高等院校之间寻求广泛的合作，实现师资、课程、基础设施、社会服务等方面的资源共享、优势互补，并激发学生的学习积极性，2014 年起举办水利行业现代数字教学资源大赛，至 2018 年已连续举办五届。2015 年，整合中国水利职业教育集团成员单位优质资源，以满足水利行业人员继续教育需求和提升水利行业从业人员的整体素质为目标，开发建设“水利行业终身学习平台”，共同开发优质网络课程，平台支持百万级用户同时在线学习，实现跨区域、分级多层部署、运行，通过“互联网+”人才教育培训模式为水利院校学生、企业员工提供开放、共享、规范的优质网络教育资源。2018年，16所水利职业院校开展基于水工专业教学资源库共建共享联盟的专业课程学分互认工作。该项工作促进了水工专业教学资源库共建共享联盟院校之间高水平教师共享及其沟通交流，促进了课程建设、改革，同时也缓解了部分院校特殊专业师资不足的问题，发挥了优质资源的共建共享及跨区域辐射带动作用。通过这些举措，为信息化教学资源应用开拓出更为广阔的应用空间，保持了优质教学“旺盛生命力”。“互联网+教育”的大潮已经涌来，水利职业教育正以创新、发展的新思路为引领，去开创教育信息化的崭新局面。

七、创造办学条件，提升院校能力

40年间，中国水利职业教育从20世纪80年代的恢复与发展时期，到90年代的改革与发展时期，再到新世纪的转变与跨越发展时期；从政府推动到市场驱动，从规模扩张到内涵发展；从“断头路”到“立交桥”，在不断的改革实践中，水利职业教育办学规模和条件实现了跨越式发展和提升。

（一）职业教育规模不断扩大，人才培养能力大幅提高

改革开放前，我国水利职业教育事业十分薄弱，学校数量少，在校生规模小。据统计，1978年全国水利类相关专业在校生约6000人。各水利职业学校普遍存在经费不足，教学条件基础薄弱，难以满足经济建设对高素质劳动者和技术技能人才的迫切需要。

从20世纪80年代起，政府高度重视职业教育的发展。1985年发布的《中共中央关于教育体制改革的决定》，提出了“调整中等教育结构，大力发展职业技术教育”的重大教育改革战略部署，并提出了积极发展高等职业技术学校，逐步建立起一个从初级到高级、行业配套、结构合理又能与普通教育相互沟通的职业技术教育体系。1989年全国共有水利技工学校43所，水利中专学校46所。中专学校中，由水利部、能源部、武警部门主管的7所，地方主管的39所。1994年，国家教委公布249所国家级重点普通中等专业学校名单，有8所水电学校，分别是：辽宁省水利学校、陕西省水利学校、黄河水利学校、郑州水利学校、广西水电学校、成都水力发电学校、山东省水利学校、福建水利电力学校。1998年国家教委批准在黄河水利学校、黄河职工大学的基础上建立黄河水利职业技术学院，是全国水利行业第一所职业院校。截止到1998年各水利职业院校在校生规模达到4.2万余人，水利类专业毕业生近2万人。

进入21世纪后，中央出台了一系列指向明确、作用直接、见效迅速的水利扶持政策。2006年，水利部印发《关于大力发展水利职业教育的若干意见》，将水利职业教育纳入“十一五”“十二五”水利人才发展规划。2011年1月29日，中央一号文件《中共中央、国务院关于加快水利改革发展的决定》发布。中央和地方对水利建设投入的大幅增加，水利建设急需大量具有专业技能的水利人才，开办水利类专业的高职院校规模明显增加。这些文件的出台，极大地推动了水利高等职业教育的发展。截止到2013年，我国现有独立设置的水利高职高专院校22所，另有其他31所普通本科院校和高职高专院校办有高职水利类专业，独立设置的水利中职学校42所，另有120多所中职学校办有水利类专业，招

生规模达到12万人，在校生35万人。

水利部和全国水利系统历来高度重视行业人才培养，积极探索有效实用的工作机制，在引导水利职业院校提高人才培养质量和办学水平、提升水利职业院校综合能力等方面做了大量工作。根据国务院《大力发展职业教育的决定》和水利部《关于发展水利职业教育的若干意见》精神，在水利部支持下，从2008年开始，中国水利教育协会、水利职业教育教学指导委员会充分发挥引领作用，组织专家认真调研论证，制订相关办法、标准，按照“以评促建、以评促改”原则，面向全国水利职业院校组织开展职业教育示范院校和示范专业建设活动，带动了水利类职业院校的办学水平的全面提升，先后建成18所水利示范院校和61个水利示范专业建设点，其中黄河水利职业技术学院、杨凌职业技术学院、安徽水利水电职业技术学院3所学校建成国家示范性高职院校；广东水利电力职业技术学院、广西水利电力职业技术学院2所学校建成国家骨干高职院校；山东水利职业学院、山西水利职业技术学院、湖北水利水电职业技术学院、浙江同济科技职业学院、四川水利职业技术学院、重庆水利电力职业技术学院、长江工程职业技术学院、福建水利电力职业技术学院8所学校建成省部级示范性高职院校。11所中职学校被评为国家重点中职学校，6所中职学校建成国家级示范中职学校。通过水利职业院校示范和示范专业建设，相关院校和专业点先后得到财政投入1.75亿元，拉动相关方面投入10.98亿元，水利职业院校整体办学实力、管理水平、人才培养能力、教育质量、办学效益、社会服务能力大幅提升，促进了职业教育与行业的紧密结合，引领了水利职业教育健康持续发展，为加强水利人才队伍建设发挥了重要作用。

（二）职业教育经费不断投入，办学条件得到极大改善

2013年水利部和教育部联合印发《关于进一步推进水利职业教育改革发展的意见》，明确指出：“教育部、水利部会同有关部门对水利职业教育院校予以政策和资金支持，继续实施水利中等职业教育学校免学费政策，水利部加大对水利职业教育的资金投入，用于支持水利职业教育改革发展重点项目。省级教育行政主管部门要优先将水利行业职业教育示范院校纳入省级示范院校范畴，给予同等待遇和资金支持，对国家示范性和骨干水利高职院校，按照不低于本地区普通本科院校生均拨款标准安排财政预算经费。地方水行政主管部门应多渠道安排水利职业教育专项经费，用于本地区水利职业教育院校基础能力建设和水利技术技能人才培养工作。”2014年，财政部、教育部下发文件规定，各地高职院校年生均拨款水平应不低于1.2万元，2015年全国31个省（自治区、直辖市）已经全部建立了高职院校生均拨款制度，为稳定水利高职院校办学经费提供了制度保障。为推动和保障水利职业教育的发展，水利部要求将职业教育列入预算规划，落实专项资金，各地按照财政支持、行业投入、学校自筹、社会参与的原则，多渠道筹措教育经费。湖南、广东、浙江、重庆、山西等省（直辖市）相继出台政策从水资源费、水利建设基金、农田水利工程基金、财政水利资金中安排一定比例的专项资金用于水利职业教育发展。许多企业在学校设立奖助学金，捐赠教学仪器设备，共建实训场所。

2013年，在水利部、教育部联合召开全国水利职业教育工作视频会议上，各省（自治区、直辖市）水利主管部门对水利教育工作进行了经验交流。湖北省全力筹措水利职业院校债务化解资金，为完成国家提出的在2012年高校债务化解60%的目标任务，积极争

取各级财政和行业主管部门的支持，到2012年年底，共为湖北省水利职业院校筹集化债资金9400余万元，全面化解了湖北水利水电职业技术学院的建设负债，其他水利类院校的资金负债也完成了化解60%的目标任务。湖北省举全行业之力支持示范建设工作，在湖北水利水电职业技术学院老校区资产置换、财政拨付等方面给予大量的资金支持和政策倾斜，先后投入示范建设专项资金6700万元，用于改善该院办学条件，加强学院内涵建设。拨专款100万元用于"小型水电站及电力网"专业建设。争取中央投资400万元、湖北省水利厅配套200万元，专项支持学院发电厂及电力系统、水利水电建筑工程两个专业建设项目。此外，还投资360万元帮助学院建设大禹科技园。福建省投入资金781万元，支持福建水利电力职业技术学院实验实训基地建设，建设项目包括电工电气实训基地、新能源实训基地、水利工程实训基地、水工实训基地、工民建实训基地、LED实训基地、教学设备及软件等。山东省2012年将山东水利职业学院纳入山东省技能型省级特色名校建设单位，财政投入专项资金1000万元，山东省水利厅、学院配套投入8000万元，用于水利工程、道路桥梁工程技术、工程造价等10个重点专业建设。广东省先后投入近3亿元支持广东水利电力职业技术学院从化新校区建设，新校区占地面积1000亩[❶]。广西壮族自治区积极采取多种办法解决广西水利电力职业技术学院新校区建设资金难题，由广西水利电业集团为学院新校区建设提供担保，使学院顺利获得贷款3.3亿元，积极协调广西国资委、南宁市政府等相关部门，加快学院南校区土地收储进度，获得土地收购补偿资金1.41亿元；广西壮族自治区水利厅还在财政预算中列支了专项资金，支持学院建设与发展。自学院建设新校区以来，帮助学院化债贴息、投入建设项目专项资金累计达7855万元。重庆市水利局积极向市委、市政府及市级有关部门汇报协调，支持重庆水利电力职业技术学院新校区建设，投资3.5亿元，新增校园面积751亩，总占地面积达936亩。

据统计，40年来随着政府逐年增加对水利职业教育的经费的投入力度，一半以上的水利职业院校校区进行扩建或新建，占地面积、建筑面积、教学仪器设备总值成数倍增长，生均拨款显著增加。各水利职业院校占地面积从98.5hm^2增加到1146hm^2，生均54.52m^2；办学经费从1000万元增加到36多亿元，固定资产从增加1956万元增加到80多亿元，馆藏图书从49.6万册增加到1435.93万册，水利职业学校办学条件不断改善，有效提升了办学实力，有力支撑了高水平专业建设和人才培养质量的提升。

（三）多方并举，创新建设模式、加大实践教学条件建设

2010年水利部在全国遴选了黄河小浪底水利枢纽、都江堰水利工程等50个全国水利院校学生实习基地，基本满足水利院校学生各类实习需求；同年，中国水利教育协会印发《关于公布全国水利院校学生实习基地双方权益义务和院校联系人的通知》（水教协〔2010〕4号），引导水利职业院校与水利企事业单位合作，新建校外实训基地1600多家；建成一批融生产和实训为一体的新型实训场馆。

各水利职业院校创新建设模式，加强"生产性"实训基地建设。一是按照与行业企业"共建共享，互惠互利"的原则和"五位一体"（教学、生产、科研、培训、鉴定）的要

❶ 1亩≈666.7m^2。

求，建立“生产性”和“模拟仿真型”的校内实训基地，打造“校园大职场”。黄河水利职业技术学院利用建筑垃圾修建了包含 27 个不同类型水工建筑物，集认识实习、科普、景观于一体的鲲鹏山水利水电工程仿真实训基地，实现了“把水利工程搬进校园”；福建水利电力职业技术学院将三峡、葛洲坝等国内典型水工建筑物按一定比例缩小，随地形合理分布，建成四种不同的水利枢纽；水土保持实训基地因地制宜，融合了 17 种水土保持、生态保护的典型做法；电力户外实训场则真实还原工作场景；校园的每一条道路、每一个角落，都是测量实训场所；将校内的实训场变为真实的工作环境，强化学生的岗位适应能力。二是积极推进产教融合，长期坚持与行业企业紧密合作，共建校外实训基地。把校外实训基地作为推进校企合作向纵深发展的重要载体，在实习实训合作的基础上，逐步拓展各方面合作。例如，黄河水利职业技术学院以自建自管的黄河小浪底实习基地为核心，与周边众多大中型水利枢纽、灌区、水文站、水保试验场、水质监测站等联合构建校外水利综合实训基地群，真正把实训基地建在工地、建在场站、建在生产一线，使合作企业增强了教育性。三是探索了“资产融合型”的校内外实训基地，建立了校内“引入式基地”和校外“融入式基地”，实现了校企的紧密联结和深度合作。例如，酒泉职业技术学院联合大禹节水集团共建“校中厂”和“园中校”，由学校提供场地，企业提供设备与技术，建成“节水灌溉生产性实训基地（校中厂）”，由企业区划场地，设置“节水灌溉岗位综合实训园（园中校）”，进行“校中厂”项目练兵、“园中校”岗位用工。使学生强化了综合技能，提升了职业素质。同时，教师也在参与企业的具体工程项目中提供理论支持和技术咨询，既解决了企业技术难题，也提高了自身综合能力。目前水利职业院校已建成国家级水利专业实践基地 10 个，省部级水利专业实践基地 40 个。

通过加强实训基地建设，紧密联系行业企业，不断改善实训、实习基地条件，使校内生产性实训、校外顶岗实习比例逐步加大。推进了工学结合的人才培养模式创新，带动了“教、学、做一体化”的教学模式改革，提高学生的实际动手能力，为高素质技术技能人才的培养提供了硬件保障。

八、加强校企合作，推进产教融合

改革开放以来，水利职业院校作为水利技术技能人才培养的主要阵地，依托行业办学的背景和优势，在各级水行政主管部门的主导下，不断完善以水利行业需求为主导、以水利院校为主体、积极推动与水利企事业单位广泛参与的办学模式。在校企合作、产教融合工作中取得了巨大成效。

（一）行业统筹引领，推进校企全面合作

在国家部委层面，水利部统筹做好顶层设计，推进校企合作、产教融合的政策文件陆续出台，且措施不断完善。1979 年，水电部制定了《关于水利电力专业学生到部属单位实习的暂行办法》，首次从制度层面上出台了校企合作培养人才的措施；1985 年《中共中央关于教育体制改革的决定》提出“中等职业技术教育要同经济和社会发展的需要密切结合起来”；1993 年《中国教育改革和发展纲要》明确提出职业教育要“走产教结合”的路子。在国家大力发展职业教育方针政策的指引下，“校企合作、工学结合”逐渐成为水利职业技术教育人才培养的基本模式。

1995年，水利部发布了《关于实施科教兴水战略的决定》，其中提出了要实现水利教育为水利发展提供有效服务的目标。各级各类水利院校应从水利改革与发展的需要出发，加快专业结构的调整，并加强实践性教学环节，从而提高学生对市场经济的适应能力和驾驭能力。鼓励科研院所、高等院校、设计院和企业的研究工作相互结合；各类专业人员相互交流兼职，大力协同，取长补短，合作攻关。

1996年颁布实施的《中华人民共和国职业教育法》明确了“行业组织和企业、事业组织应当依法履行实施职业教育的义务”以后，水利部积极制定引导行业企业参与水利职业教育的宏观政策，为校企合作、产教融合创造良好的政策环境。并与教育部建立了推进水利职业教育的统筹协调机制，加强部门沟通协调，共同完善相关政策措施，推进水利行业与水利职业教育结合。

为贯彻落实《国务院关于大力发展职业教育的决定》（国发〔2005〕35号）的精神，结合水利现代化建设的需要和水利人才队伍的状况，2006年，水利部印发了《关于大力发展水利职业教育的若干意见》（水人教〔2006〕583号），从政策层面指导“行企校”协同推进水利职业教育。2011年，《教育部关于充分发挥行业指导作用的意见》（教职成〔2011〕6号）印发后，2013年水利部、教育部联合印发了《关于进一步推进水利职业教育改革发展的意见》（水人事〔2013〕121号）。对“政行企校”协同推进水利职业教育提出了明确要求，并把水利职业教育集团建设计划列为五个重点项目之一，以强化校企合作，推进水利职业教育产教深度融合。

为贯彻落实党的十九大报告提出的“完善职业教育和培训体系，深化产教融合、校企合作”精神以及《国务院办公厅关于深化产教融合的若干意见》（国办发〔2017〕95号）、《职业学校校企合作促进办法》（教职成〔2018〕1号），2018年2月，水利部党组印发了《关于加快推进新时代水利现代化的指导意见》（水规计〔2018〕39号），其中提出要“建立以企业为主体、市场为导向、产学研深度融合的水利技术创新体系”，对新时代水利人才创新发展提出了明确的要求。

根据教育部有关要求并结合水利行业实际，在水利部人事司的牵头及指导下，全国水利职业教育教学指导委员会和中国水利教育协会认真组织申报《水利行业人才需求与职业院校专业设置指导报告》。最终，编制项目通过教育部评审，并列入了教育部2018年第三批立项启动的编制项目。这在水利行业尚属首次，为实现专业设置精准对接行业发展需求和实现水利职业教育产教深度融合打下了坚实的基础。

各地方水利厅（局）也相继出台系列文件。如，2012年，广东省水利厅印发了《关于进一步推进我省水利职业教育发展的意见》（粤水人事〔2012〕115号）；2014年，四川省水利厅印发了《关于进一步推进我省水利职业教育发展的意见》（川水函〔2014〕1314号）；2014年，浙江省水利厅印发了《关于进一步推进我省水利职业教育发展的意见》（浙水人〔2014〕53号）；2018年中共浙江省水利厅党组印发了《关于推进厅属院校与水利行业融合发展的意见》（浙水党〔2018〕11号）等，指导相关水利职业学校与水利企事业单位科研院所紧密合作，协同培养人才，协同进行技术创新，统筹行业资源，支持学校办学，形成了行业统筹。各地方水利厅（局）共同发力，推进水利职业教育产教融合、校企合作的良好发展格局。

（二）整合多方力量，构筑产教融通平台

创建首个全国性职业教育集团，构筑产教融通平台。2004年教育部等7个部门制订的《关于进一步加强职业教育工作的若干意见》（教职成〔2004〕12号）首次将职业教育集团化办学提到国家层面，提出“要充分发挥骨干职业院校的带动作用，探索以骨干职业院校为龙头、带动其他职业学校和培训机构参加的规模化、集团化、连锁式发展模式。”在国家政策的引导下，在水利部主管部门和中国水利教育协会指导下，2008年11月13日，由黄河水利职业技术学院牵头，成立了中国水利职业教育集团（以下简称集团），这是我国首家全国性职业教育集团［信息来自：中国职业教育集团化办学发展报告(2015)］。集团包括水行政主管部门、行业协会、流域管理部门、企事业单位及水利职业院校等102个成员。集团充分发挥行业办学的优势，整合多方力量，以促进水利职业教育产教融合、校企合作和服务水利人才培养工作为宗旨，深入开展合作办学、合作育人、合作就业及合作发展实践。

集团以项目建设推进全行业资源的融通。一是共建“互联网＋服务平台”。建成“水利行业终身学习平台”，以解决基层水利职工教育培训经费不足、工学矛盾等难题，有效实现职业教育与终身教育的对接；完成“校企无忧”人才服务系统开发并运行，畅通校企人才供求信息，实现合作就业；完善“实习就业跟踪管理系统”，有效解决学生实习岗位与学习任务不对接、管理和指导不到位、实习后的评价考核缺失等问题，实现合作育人。二是通过开展水利职工培训规划教材建设、举办水利行业现代数字教学资源大赛、参与组织水利行业“双师型”教师遴选、开展校企对话活动以及成员单位协同开展专业建设、课程建设、教学资源库建设等。有效解决水利职教产教融合深度不够、行业内教学资源共建共享不足等问题，也提升了水利职业教育服务行业与社会的贡献度。

在中国水利职业教育集团的引领下，各省级水利职业教育集团建设如火如荼。2004—2018年，共计有13所水利院校牵头成立水利职业教育集团。宁夏水利电力工程学校（原宁夏水利学校）、云南省水利水电学校、杨凌职业技术学院、广西水利电力职业技术学院、四川水利职业技术学院、浙江同济科技职业学院、湖北水利水电职业技术学院、贵州水利水电职业技术学院、甘肃省水利水电学校、湖南水利水电职业技术学院、山东水利职业学院、重庆市三峡水利电力学校、重庆水利电力职业技术学院先后牵头成立了宁夏水利水电职业教育集团（2004年，原名宁夏水校职业教育集团）、云南水利水电职业教育集团（2009年）、杨凌现代农业职业教育集团（2010年）、广西水利电力职业教育集团（2010年）、四川水利职业教育集团（2011年）、浙江同济职业教育集团（2011年）、湖北水利水电职业教育集团（2013年）、贵州水利水电职业教育集团（2014年）、甘肃水利水电职业教育集团（2015年）、湖南水利职业教育集团（2016年）、山东省现代水利职业教育集团（2017年）、重庆三峡职业教育集团（2018年）、重庆水利水电职业教育集团（2018年）。此外，广东省水利厅牵头成立了“广东省水利水电校企合作办学理事会”；浙江省水利厅牵头成立了“浙江省水利行业校企合作办学协调委员会”；北京水利水电学校、新疆水利水电学校等牵头成立了“校企合作指导委员会”。

各水利职教集团、办学理事会、校企合作委员会，通过集团章程、理事会章程、校企合作管理办法等，使政府、行业、院校、企业紧密合作。充分彰显了水利职业教育行业办

学特色，对推动校企深度合作、产教深度融合，提高水利职业教育人才培养质量，服务基层水利人才队伍建设发挥了积极而有力的推动作用。

中国水利职业教育集团作为首个全国性的职业教育集团，其建设成效受到了教育部职成司领导的关注。2013年10月，在教育部、水利部联合召开的全国水利职业教育工作视频会议上，集团常务副理事长江洧作“多方合力推进，实现互惠共赢——中国水利职业教育集团促进职业教育的发展构想”的典型发言。由全国水利职业教育教学指导委员会、中国水利教育协会、中国水利职业教育集团共同申报的以“深度融合、协同育人，服务基层水利事业发展”为主题的职业教育与产业对话活动，被教育部确定为2016年重点指导和支持的十五个全国性职业教育与产业对话活动之一。水利部人事司副司长孙高振、教育部职业教育与成人教育司副司长王扬南应邀出席了2016年9月20日在广州举行的对话活动并作讲话。《中国教育报》等媒体对此次活动做了宣传报道。

四川水利职业教育集团总结编写的《基于行业性向的职业教育集团化办学探索与实践》和中国水利职业教育集团总结编写的《“四元同构”行业型职业教育集团办学的创新与实践》，先后在2016年和2017年被收录在《全国职业教育集团化办学典型案例汇编》。案例汇编已由高等教育出版社出版。中国水利职业教育集团撰写的《创新实践“四元同构”办学》于2018年3月8日在《中国教育报》登载，这些成功的案例丰富了具有中国水利特色的集团化办学的经验。

由广东水利电力职业技术学院、中国水利教育协会、中国水利职业教育集团等共同申报的“‘行业组织主导，产教融合育人’的水利高职教育人才培养体系的构建与实践”，获2018年职业教育国家级教学成果二等奖。成果在全国具有较大的影响力和辐射力。

2016年1月，全国水利职业教育教学指导委员会协同中国水利职业教育集团，申报“高等职业教育创新发展（2015—2018年）行动计划”中骨干职业教育集团项目建设意向，并获教育部批准。集团迈向创建国家示范（骨干）职教集团的行列。

（三）多方协同创新，实现从融入到融合

在水利职业教育发展的历程中，水利部及地方各级水行政主管部门、企事业单位、全国水利职业教育教学指导委员会、中国水利教育协会等协同推进校企合作与产教融合。合作办学、合作育人、合作就业、合作发展成为水利职业教育的常态。实现产教从初始阶段的融入发展向全过程全方位深度融合的转变。

推动办学主体走向多元。通过与时俱进，锐意创新的不懈努力，水利职业教育从传统的单一主体办学体制，逐步创新了校企合作“双主体”、混合所有制、集团化、企业冠名学院等办学模式。如，杨凌职业技术学院与中国水电建设集团十五工程局有限公司合作创办“中国水电建设集团十五工程局有限公司水电学院”，校企双方按照企业的岗位技能要求共同确立培养目标、制订教学计划和选派教师，共同组织与实施教学管理和学生管理，共同实施毕业答辩，共同评价学生培养质量，创建了校企合作办学的“中国水电模式”；贵州省水利电力学校在中共贵州省委、省政府及省水利厅的多方支持与参与下，与贵州省水利投资集团有限责任公司合作，组建了贵州水利职教集团、贵州职教产业发展公司、学校董事会，共同建立“政行企校”四方联席会议制度和专题会议制度，形成了一整套校企深度合作的运行机制。创建了学校与国有企业合作办学新模式，为贵州水利水电职业技术学院的建设奠定了坚实的基础；四川水利职业技术学院与四川省电力企业协会、四川省送变电建设公司签署战略合作协议，校行企三方深度合作，共同出资1亿元建设了混合所有制二级学院“国际电工学院”，创建了混合所有制办学模式。

推进全过程全方位育人。水利职业院校以“校企合作、工学结合”为切入点，不断深化“引企入教、合作育人”改革。企业广泛参与，共同制定人才培养方案，共同进行专业设置、课程体系构建、教材开发和教学内容的更新，同时，共组教学团队、共建实训实习基地，共同实施人才培养、评价人才培养质量等。

黄河水利职业技术学院的“教、学、练、做一体化”；安徽水利水电职业技术学院的“订单培养、工学交替”；杨凌职业技术学院的“五对接”；广东水利电力职业技术学院的“行企校联动育人”；广西水利电力职业技术学院的“双主体育人”人才培养模式，在国家示范（骨干）高职院校建设中发挥了示范和引领作用。

水利职业院校积极开拓“校中厂、厂中校”的建设思路，校企共建校内实训基地2000多个，校外实训基地5000多个，且共建的校外实训基地覆盖院校所有专业。黄河水利职业技术学院、安徽水利水电职业技术学院联合20多个水利院校和企事业单位，共同完成了水工专业国家教学资源库建设；杨凌职业技术学院和重庆水利电力职业技术学院联合18家高职院校和企事业单位成功申报了2016年水环境监测与治理专业国家级教学资源库建设。在“十三五”水利行业基层职工培训规划教材编写工作中，黄河水利职业技术学院等16所院校及企业承担了教材的主编工作，30多所院校及企业承担了参编工作。

实现合作就业校企双赢。水利职业院校在人才培养过程中，坚持以就业为导向，主动适应行业企业对技术技能人才的需求，校企协同创新“订单班”人才培养模式，协同开展毕业生就业指导、构建多种形式的供需见面会、搭建互联网＋人才供需平台等，并取得了显著的合作就业成效。用人单位对毕业生的满意度不断提升。杨凌职业技术学院、黄河水利职业技术学院、广东水利电力职业技术学院分别获2009—2010年度、2012—2013年度、2013—2014年度“全国毕业生就业典型经验高校”的荣誉称号（也称作“全国高校毕业生就业工作50强”）。

实现教育服务行业社会的目标。水利职业院校本着为各行业企业提供服务的理念，通过岗位能力培训、技能鉴定、订单培养、网络培训等方式，满足水利基层职工继续教育与终身学习的需要。据不完全统计，40年来，广东水利电力职业技术学院等19所院校培训水利行业企业职工人数超过50万名。2017年，运用“互联网＋人才教育培训”新模式，利用“水利行业终身学习平台”线上培训18万学时，解决了院校单一的面授教学方式不能解决的水利基层职工脱岗学习难、学习资源不足、因岗施教弱等状况。

针对青海涉藏州县水利专业人才严重匮乏的实际问题，2016年以来，水利部推动青海省和有关院校合作，中国水利教育协会组织协调杨凌职业技术学院先后在玉树、果洛、黄南三个藏族自治州探索“订单式”水利专业人才培养新模式。面向当地藏族高考考生招生单独编列藏族班，按照涉藏州县水利发展需要编制培养方案、设置课程；通过优先录用、政府购买服务等形式，使学生毕业后定向到涉藏州县就业。“订单式”培养为我国中西部地区、民族地区和边远地区的基层水利人才队伍建设探索了一种有效的模式，对我国其他地区基层水利人才培养具有可复制、可推广的意义。

水利院校通过开展技术服务、产学研结合等方式，为行业企业解决技术问题，为民生水利服务。黄河水利职业技术学院以应用研究和技术服务为重点，不断深化产教融合，有效提升学校的社会服务能力，其中，冯峰博士和职保平博士先后获得国家自然科学基金项目立项，实现了水利职业院校国家自然科学基金项目零的突破，学院服务社会贡献突出，2017年获“全国高职院校服务贡献50强”荣誉称号。湖南水利职业技术学院依托“学院办学董事会”，与成员单位共同承担国家重大公益科研专项“948”项目等几十项科研课题，获得水利部大禹水利科技等多个奖项，为水利建设提供了技术支撑；河南水利与环境职业学院与河北省第一工程局沟通参与南水北调中线工程的建设；广东水利电力职业技术学院支持水利建设和政府民生工程，师生参与全省病险水库除险加固及百万水库移民大调研，为广东水利建设及编制落实水库移民后期扶持工作提供了重要的依据。

（四）不断开拓进取，紧跟时代谋发展

水利职业教育在校企合作、产教融合的实践中，服务国家战略及现代水利发展需求。紧跟国家职业教育改革步伐谋发展，积极参与国家推动校企合作、产教融合重大项目建设。如积极开展现代学徒制试点，参与职业教育产教融合工程规划项目，服务“一带一路”倡议等，以项目建设驱动校企合作、产教融合创新发展。

自2014年教育部印发《关于开展现代学徒制试点工作的意见》（教职成〔2014〕9号）以来，在教育部现代学徒制试点单位遴选中，共有黄河水利职业技术学院、杨凌职业技术学院、辽宁水利职业学院、安徽水利水电职业技术学院、山东水利职业学院、广东水利电力职业技术学院、广西水利电力职业技术学院、浙江同济科技职业学院、山西水利职业技术学院、重庆水利电力职业技术学院、江西水利职业学院、河南水利与环境职业学院、酒泉职业技术学院、青海省水电职业技术学校14所院校入选。试点院校积极探索产教融合理念在水利职业教育领域的实践途径，主动服务现代水利事业发展的人才需求及地方经济社会的发展要求。深化产教融合、校企合作，完善校企合作育人机制，创新技术技能人才培养模式，示范引领职业院校建设，推动现代职业教育体系建设。

2017年，广东水利电力职业技术学院和山西水利职业技术学院等被确定为“十三五”职业教育产教融合工程规划项目建设院校。这是国家发展改革委、教育部、人社部联合启动实施的职业教育产教融合工程规划项目，旨在“十三五”期间支持100所左右的高职院校深化产教融合、校企合作，加快建设现代职业教育体系，全面增强职业教育服务经济社会发展的能力。

九、加强院校合作，拓展国际交流

我国水利职业院校国际交流历史源远流长。1945年10月，国立黄河流域水利工程专科学校（黄河水利职业技术学院前身）邀请英国著名学者、世界著名科学史家李约瑟博士到校作“原子物理及其发展前景”的学术报告。从一个侧面反映出水利职业院校开放的学术氛围和悠久的国际交流传统。

20世纪80年代，我国实行改革开放政策，邓小平同志提出了“教育要面向现代化，面向世界，面向未来”的要求，为教育改革指明了方向。1985年，中共中央颁布《关于教育体制改革的决定》，提出了“教育在总结历史和现实经验的同时，要积极借鉴国外办

学和改革经验，为我所用”，指引我国教育的国际化进入加速发展的阶段。与此同时，水利职业教育也重新走出国门：1984年，黄河水利学校被列为世界银行第二期发展中国家农业教育科研项目单位，并组团赴联邦德国考察职业技术教育；1992年，黄河水利学校校长邵平江随水利部教育考察团赴俄罗斯、乌克兰，考察两国职业教育的现状和改革方向。这些都标志着水利高职教育开始借鉴世界各国职业教育发展的经验，引入国外优质教育资源。

进入21世纪，教育部《以就业为导向，深化高等职业教育改革的若干意见》（教高〔2004〕1号）、国务院《关于加快发展现代职业教育的决定》（国发〔2014〕19号），及中共中央办公厅、国务院办公厅《关于做好新时期教育对外开放工作的若干意见》等文件，都对我国职业教育提出了国际化的要求。水利部、教育部联合印发的《关于进一步推进水利职业教育改革发展的意见》（水人事〔2013〕121号）更明确指出“支持水利职业教育院校服务国家‘走出去’战略，为大中型水利水电企业和跨国公司开展境外合作、技术培训服务，培养国际化水利技术技能人才。鼓励国家级和省部级示范性水利高职院校积极探索境外办学，吸引境外学生来华学习，开展更广泛的国际交流合作。”各水利高职院校全面贯彻落实中央及各级部门关于水利职业教育对外开放工作的相关指导意见，围绕国家发展战略，坚持“开阔国际视野，引进优质资源，拓展合作领域，提升合作层次，增强交流能力，扩大国际影响”的理念，借“水”行舟，稳步实施“请进来、走出去”发展战略。积极拓展和充分利用各种国际交流平台和国际教育资源，构建了多层次、多形式、多领域的常态化交流合作机制。在国际化发展道路上激流勇进，成绩斐然，走出了一条具有中国水利职教特色的国际化发展道路。

（一）依托国际性教育平台，开展广泛的国际交流

40年来，各水利高职院校依托中国教育国际交流协会、中国-东盟中心、亚太大学联合会、国际水协会等国际性平台，发挥区位及专业优势，与美国、加拿大、澳大利亚、英国、德国、西班牙、巴西、俄罗斯、哈萨克斯坦、老挝、缅甸、印度尼西亚、新加坡、韩国、赞比亚等60多个国家和地区的高校或教育机构建立友好关系，开展了广泛的合作交流，并通过参加各类国际交流活动，正面发声，宣传我国水利职业教育改革发展的成果。

黄河水利职业技术学院、贵州水利水电职业技术学院和广西水利电力职业技术学院通过参加中国-东盟中心主办的职业教育活动，宣传水利职业院校的办学特色，建立与东盟国家高校的合作交流。黄河水利职业技术学院通过参加中国-东盟教育交流周，与6个东盟国家的20余所院校签订了合作协议；2018年，在第十一届中国-东盟教育交流周上，贵州水利水电职业技术学院参与主办了“首届中国-东盟创新产教融合模式探索暨亚龙丝路学院洽谈会”“首届中国-东盟教育交流周学生技能竞赛”等活动；同年，广东水利电力职业技术学院参与主办了“第三届世界职业教育大会国际峰会暨职业教育国际合作与产教融合论坛”，深度探讨职业教育国际合作及产教融合的成果与经验。

山东水利职业学院、兰州资源环境职业技术学院以俄罗斯及中亚五国为重点，辐射带动与欧洲各国的合作。2015年6月，山东水利职业学院俄语志愿服务团队为第三届中国-中亚合作论坛提供了志愿服务，受到了论坛组委会及各国来宾的交口称赞。兰州资源环境职业技术学院组团赴哈萨克斯坦等中亚国家考察，并与当地企业、高校和科研单位就人力资源需求、职业教育发展等方面进行交流。

（二）引进吸收国际优质教育资源，参与中外合作办学

各水利职业院校坚持“突出特色、服务国家、走向世界”的发展思路，与美国、澳大利亚、英国、俄罗斯等国的高校优势互补，联合举办了多个中外合作办学机构及项目。引进国际优质教育资源，积极参与制定职业教育国际标准，开发与国际先进标准对接的专业标准和课程体系，培养国际化技术技能人才，并取得了显著的合作办学成效。

黄河水利职业技术学院与英国威根雷学院联合设立的“中英威根雷学院”，以及广东水利电力职业技术学院与美国杰克逊学院联合设立的“杰克逊国际学院”等中外合作办学机构的获批及运行，提升了水利职业院校中外合作办学的层次，有效地引进和吸收了国外的优质职业教育资源。

山东水利职业学院、黄河水利职业技术学院与俄罗斯高校开展中俄合作办学项目，所开设的水利、路桥、机电等专业与国家“一带一路”建设形成耦合效应。培养了 1000 多名通晓国际标准的国际化工程技术人才，派出的留学生实现了本科、硕士及博士全覆盖；山东水利职业学院与俄罗斯教育部合作建立了覆盖华东、华北地区的唯一一家俄罗斯国家对外俄语水平考试（培训）中心，培养了一批服务中国-中亚国家和地区战略合作的双语人才。

黄河水利职业技术学院、广东水利电力职业技术学院和江西水利职业学院通过与澳大利亚 TAFE 职业院校的合作，系统引进澳大利亚基于能力本位的人才培养模式，合作开发专业教学标准及教材；酒泉职业技术学院与德国德普福应用技术大学合作的中外合作办学项目开辟了学生在海外带薪实习、就业的崭新领域。此外，还即将与德国伯福集团、德国医卫教育集团共建“中德老年护理研究院”，开辟中外合作办学新模式；浙江同济科技职业学院与美国贝茨技术学院合作的机电一体化专业中外合作办学项目，杨凌职业技术学院与英国威根雷学院合办的专业课程合作试点班也都有效地推动了中外人才培养、课程建设、教师交流等方面的深层次合作。

（三）服务企业人才需求，打造国际化人才培养基地

近年来，我国水利企业加快“走出去”步伐，在海外承接了众多国际工程项目，所需的外籍和中方技术技能人才培养任务日益凸显。水利职业院校积极服务“一带一路”倡议和国家“走出去”战略，利用优势特色专业和优质教育资源，与水利企业进行教育项目深度合作，探索长期学历教育与短期技术培训相结合的订单式、定向式、联合式等人才培养模式。开展服务企业涉外需求的中外学生教育，支撑企业涉外事业的发展，满足技术技能人才劳务输出的需要。

2012 年，受中水六局委托，黄河水利职业技术学院承担了 30 名赤道几内亚吉布洛水电站员工的培训任务，揭开了水利职业院校招收和培养留学生的序幕。此后，黄河水利职业技术学院、广东水利电力职业技术学院、贵州水利水电职业技术学院、酒泉职业技术学院、四川水利职业技术学院等院校发挥水利、测绘等专业优势，构建了融入企业文化，语言和专业能力、综合素养同步提升的人才培养体系。与中水六局、中水八局、北方国际等企业联合培养赤道几内亚、南非、西班牙、巴基斯坦、印度尼西亚、老挝、厄瓜多尔等 20 多个国家的来华留学生。如今，一大批学有所成的外籍水利人才已参与到中巴经济走

廊、印度尼西亚雅万高铁、老挝南湃水电站、赤道几内亚吉布洛水电站等众多国际项目的建设中。

各水利职业院校还积极与企业合作成立校内国际订单班。校企联合制订培养计划，学生毕业后直接由企业聘用从事涉外工程工作。如，黄河水利职业技术学院、湖南水利水电职业技术学院与中水八局校企合作建立了国际订单班；安徽水利水电职业技术学院与水安集团合作成立了“水安学院”；山东水利职业学院与中水十三局建设了“中水十三局国际化人才培养基地”；福建水利电力职业技术学院与中水十六局开办了“闽江国际班”，广东水利电力职业技术学院与广东水利水电第三工程局有限公司合作成立“老挝鲁班学院”……水利职业院校源源不断地为大型“走出去”企业输送水利技术技能人才。

（四）积极跟进“一带一路”倡议，输出水利职业教育资源

随着“一带一路”倡议的深入推进，水利职业院校走出国门。凭借人才、技术、资源优势，开设境外办学机构，提供国际科技服务。助力水利企业开拓国际水利建设市场，积极推动建立我国与“一带一路”沿线国家教育合作的长效机制，进一步助推“一带一路”建设。

2018年7月，黄河水利职业技术学院赞比亚大禹学院在中水十一局赞比亚下凯富峡水电站挂牌成立。学院面向赞比亚，辐射南部非洲，为中国水电“走出去”企业实现属地化管理提供了优质技术技能人才保障，造福了当地人民。目前，学校首批培训的44名赞比亚籍学生已顺利结业，并被中水十一局聘用。同月，由贵州水利水电职业技术学院、柬埔寨马德望地区理工学院、亚龙智能装备集团股份有限公司共同成立的亚龙丝路学院正式揭牌。学院旨在为中国-东盟国家之间的教育、技能发展提供整体性人才解决方案。培养东盟国家所需的职业教育国际化高素质技术技能人才，创建水利职业教育国际合作的新窗口。

四川水利职业技术学院与中国水电顾问集团、中国电建集团、四川宏华石油设备公司合作，拓展国际能源合作产业链，为俄罗斯、伊朗、印度尼西亚、越南、老挝、缅甸、柬埔寨等国设计水电及石化工程建设方案20余个；黄河水利职业技术学院先后承担苏丹、孟加拉国、赤道几内亚、埃塞俄比亚等国的17个国际合作科研项目，均顺利通过外方验收；福建水利电力职业技术学院与澜湄水资源合作中心启动开展了国际合作与服务项目；广东水利电力职业技术学院在柬埔寨等国共建了海外职业技术培训基地；广西水利电力职业技术学院与柬埔寨的金边、暹粒和磅湛建立互联网＋农业高效节水灌溉产学研示范基地，等等。国际舞台上处处闪耀着中国水利职教人的身影。

（五）通过多种形式拓展交流渠道，提升师生国际化水平

各水利职业院校多渠道、多形式开展师生专业和文化互访交流活动。通过引进国外高水平专家人才、选派教师出国进行研修、学术访问等方式，积极引进和培养适应国家“走出去”战略和“一带一路”倡议的师资队伍；通过组织学生参加长短期出国交流学习项目和国际性大学生技能竞赛，开阔师生国际视野，优化师生的知识结构。

在师资交流方面，黄河水利职业技术学院实施“骨干教师双师素质计划”培训项目，累计邀请国外职教专家90余人次来校讲学交流，并先后选派200余名教师赴德国、加拿大、澳大利亚、新加坡等国学习培训，培养了一批能与国际同行开展交流、沟通、合作研究的国际化教学、科研和管理骨干队伍。如，酒泉职业技术学院与德国赛德尔基金会合作，建成了中国西部职业教育与发展中心，且经甘肃省教育厅批准，设立了甘肃省职教师资培训基地，并利用这两个平台积极开展了对口支援和校际交流，选派教师赴德国、美国、新加坡等国接受海外培训 94 人次，完成职教师资培训近 200 期、3000 人次；四川水利职业技术学院实施教学（管理）骨干境外培训计划，先后组织百余名教学和管理骨干赴加拿大、德国、巴西、澳大利亚、新加坡等国家和中国台湾地区开展境外交流学习，并每年选派 10 名专业师资和 20 名学生赴合作单位的亚洲、非洲项目工地开展为期半年的带薪顶岗锻炼。练技术，学语言，学规则，培养一批具有国际视野、语言交流过关、业务技能精湛、适应当地环境的职教师资队伍；杨凌职业技术学院 40 余名教师参加了学校与英国威根雷学院联合举办的职业教育课程开发师资培训班，50 余名专业带头人和骨干教师参加了德国双元制教育理论培训班，并与德国德累斯顿工业大学职业教育与继续教育学院合作共同建立了教育师资（科研）培训中心。

在学生交流方面，湖南水利水电职业技术学院、贵州水利水电职业技术学院、黄河水利职业技术学院、兰州资源环境职业技术学院、山东水利职业学院通过开展专升硕项目、学生互换、夏令营、海外实习等多种形式与美国、加拿大、泰国、马来西亚等国和中国台湾地区的多所高校开展合作，促进了中外学生的专业和人文交流。黄河水利职业技术学院组织学生积极参加国际大学生技能竞赛，在“工程机器人国际公开赛”“亚太大学生数学建模竞赛”“金砖国家一带一路技能竞赛”等竞赛中获奖 20 余项。

十、坚持全面育人，培育文化特色

文化是学校凝聚力、亲和力、渗透力和创造力的总和，是发展的强大内驱力以及核心竞争力，也是立校之魂和向上之根。改革开放 40 年以来，水利职业教育的发展取得了巨大成就。各水利职业院校在水利精神的引领下，以行业为依托、以地方为支撑、以市场为导向，在自身已有的办学历史、专业特色和独特实践的基础上，形成了具有自身特色的校园文化，营造了个性鲜明的育人环境和学术氛围。万千支流，汇聚成海。各具特色的水利院校校园文化交相辉映，共同织就了新时代水利职教文化的新图景。

（一）坚持办学正确政治方向

改革开放 40 年，经济大发展、社会大变革，但水利职教事业的社会主义办学方向始终没有变。始终坚持以马克思列宁主义、毛泽东思想和中国特色社会主义理论体系最新成果为指导，深学笃用习近平新时代中国特色社会主义思想，认真贯彻落实党的教育方针，把立德树人内化到办学和管理的各领域、各方面、各环节，做到以树人为核心，以立德为根本。将立德树人作为检验办学一切工作的根本标准，贯穿办学的全过程。

40 年来，水利职业教育积极探索和践行社会主义核心价值观，继承了中华优秀历史文化，并弘扬了革命文化和社会主义先进文化。充分发挥工匠精神、水利精神等对师生的涵养滋润，大力弘扬爱国主义、集体主义，以及无私奉献和艰苦创业的精神。引导广大师生树立正确的历史观、民族观、国家观与文化观，争做社会主义核心价值观的坚定信仰者、积极传播者和模范践行者。建立高度的文化自信和文化自觉，提高各校的软实力和核心竞争力，为水利职教发展提供了强大的精神动力和文化支撑。

（二）厚植“水文化”亮丽底色

水利事业是水利职教的基本背景和根本依托。40 年来，各水利职业院校坚持以行业为依托，以水利精神为引领，在办学实践中探索水、认识水、体悟水，崇尚水的精神、践行水的品德，将“水文化”打造成了自身校园文化的底色和内核。水文化成为了水利职教行业的基础文化，支撑和规定着各个层次以及各种类别的分支、衍生文化的发展和方向。

1. 在水谋水，在水利水

治水乃国之大计。40 年来，为服务水利建设发展，水利职教事业应运而生、应势而兴。一方面，水利行业的逐渐壮大为水利职教事业的发展提供了愈益丰富的物质基础。在水利职业院校基础设施建设、科研教学设备配置及师资力量提升等各个方面提供了不可或缺的基础支撑。同时，40 年水利建设管理发展的现实实践，也为水利职教的教学和研究提供了大量客观翔实的经验素材和研究案例，为水利科学的发展进步奠定了坚实的实践基础。另一方面，水利职教 40 年，为水利行业提供了大量的水利专门人才，是我国水利行业发展不可或缺的人力资源培养源和储备库。同时，凭借着知识储备和技术积累的优势，水利职业院校也为水利科研课题的技术攻关做出了大量贡献，有力地推动了各项水利事业的建设管理发展。围绕治水国之大计，水利职教与水利行业紧密地结合在一起。治水兴水，实为水利职教永恒不变的中心职责和核心主题。

2. 在水言水，在水法水

长期以治水兴水为工作重心，使得水利职业院校成为发掘、体悟、弘扬水之表象之外、之上文化内涵的中心。40 年来，各水利职业院校结合办学特点，生动诠释水精神已经成为了一种文化自觉。各水利职业院校的校园文化建设以水为主题，结合各自所处流域的特点、专业特长，以及发展建设远景规划，采用校训、校歌、校徽等文化符号，凝结并强化了自身的校园精神文化主张。如重庆水利电力职业技术学院以“上善若水、学竞江河”为校训，将水“博大、包容、谦恭、坚韧、齐心、灵活、透明、公平”的品质融进教学和生活，融进师生的血液；40 年来，各水利职业院校结合教学需要，将水意象塑造成为教育自觉。寓情于水，借助于千姿百态的水意象，以水喻政、以水喻德。组织丰富多彩的文化教育活动，打造品质卓越的品牌教育课堂，也逐渐成为水利职业院校的教育自觉。如黄河水利职业技术学院的“黄河涛声”。40 年来，各水利职业院校结合时代特点，组织水文化探讨成为研究自觉。文化传承是教育的基本职能。水利职业院校结合时代特点和要求，致力于水文化教学与研究。开设中华水文化概论、中国水利史等水文化课程，并组织、参与和从事了大量以水文化为主线的文化研究。为推动水文化和水利职业教育做出了应有贡献。

（三）遵循校园文化发展规律

校园文化发展有其自身的发展规律。在办学过程中，为了加速校园文化建设速度，并提升校园文化发展程度，必须要深入认识、遵循校园文化发展的内在规律。40 年来，各水利职业院校在不同程度上，遵循了以下校园文化发展规律，从而实现了自身校园文化建设的长足发展。

1. 坚持知识育人与文化育人相统一

结合人才培养目标，积极将文化育人的理念融入到人才培养工作的过程中去，推进知识育人和文化育人的有机融合。将社会主义核心价值体系建设作为培根固本的工作，常抓不懈，使学校成为社会主义核心价值体系的研究中心、传播中心和建设中心。

2. 坚持历史传承与发展创新相结合

既继承中华民族优秀传统文化，又吸收借鉴西方文化的有益成果。既发掘传承各自办学的历史文化，又解放思想、与时俱进，面向远期发展战略目标创新学校文化，赋予学校文化以时代精神。全方位履行文化传承创新的使命。

3. 坚持科学精神与人文精神相融合

既大力倡导求真务实、开拓创新的科学精神，培养师生实事求是、科学严谨的教风学风，又高度重视以人为本，促进人的全面发展的人文精神的培育和养成，促进科学教育与人文教育的统一，培育师生格调高雅的审美情趣。

4. 坚持共性文化与个性文化相协调

既全面贯彻党的教育方针，遵循职业教育发展规律，彰显水文化的共有特征，又突出具有各校鲜明特色的学校精神、办学理念、校训校风、规章制度、行为规范、文化设施等。各学校结合自身发展和特点积极开展文化建设。

5. 坚持整体规划与分步实施相衔接

既对学校文化建设发展战略进行长远规划、整体布局，并提出长期目标和总体要求，又对近期目标、保障机制进行任务分解和责任落实，提出配套措施和实施步骤，确保学校文化建设重点突出、环环相扣、分步实施、整体推进。

（四）打造特色鲜明的校园文化

40年水利职教的发展，造就了各具特色的水利职教校园文化。在精神文化、物质文化、制度文化和行为文化等校园文化基本组成要素的各个方面个性鲜明、各有千秋。

1. 强化精神文化，凝聚发展正能量

各水利职业院校积极提炼和培育自身的核心价值理念，构建自身的精神文化体系，全力推进学校精神文化的外化于形、固化于制、内化于心、动化于行，并充分发挥了精神文化的导向、凝聚、激励和保障作用。例如重庆水利电力职业技术学院全面深化“以德树人、以特兴校、以用立教”的办学理念，成立了重庆市水文化研究会，着力办好《巴渝水文化》，编撰《文明在水之洲》教材，深入发掘，并丰富水文化内涵，弘扬“献身、负责、求实”的当代水利精神；四川水利职业技术学院编撰了《蜀水文化概论》《成都水文化资料汇编》等学术专著，将蜀水文化研究列入学生公共选修课；安徽水利水电职业技术学院以水利行业精神为引领，以水文化和徽文化为底蕴，构建以“上善若水”为核心的特色校园文化，打造出多层次、高品质的学习型组织和书香校园；河南水利与环境职业学院提出了“立足水利，面向社会，按需办学，服务经济建设”的办学指导思想；酒泉职业技术学院形成了以胡杨精神为内核的校园文化品牌；山西水利职业技术学院提出了师生员工需具备“水润万物的奉献精神、水流不息的敬业精神、水滴石穿的进取精神、水乳交融的团队精神”；北京水利水电学校凝练了“修德、勤奋、求实、兴水”的校训。

2. 强化物质文化，营造校园好氛围

在物质文化方面，各水利职业院校不断完善和加强与学校精神文化相匹配的文化景观、文化设施、文化阵地和品牌形象建设，全面提升学校物质文化的功能和品位，打造秉承学校传统、蕴涵学校特色、彰显学校优势、体现学校精神的物质文化。黄河水利职业技术学院“以水为基”“以水为魂”，校园整体规划和建筑风格体现了水文化内涵和浓郁的人文气息，建设了鲲鹏山水利水电仿真实训基地、水文站、气象站、污水处理中心等。“实训、景观、教育”相得益彰，融入优秀水利行业企业文化并弘扬传统文化的同时，普及水利知识与水文化，培育学生良好的职业素养和职业能力。建成“足迹”文化景观，以 81 个铸铁脚印做成的足迹符号为主线索，贯穿全景，展示了学校从 1929—2009 年之间 80 年的发展历程。研发校园景观解说系统，以黄河和水文化为背景，结合发展实际，制作了《万里长歌》《水问》《水颂》《勇立潮头》《上善若水》《水韵》等系列宣传片和画册。以水文化为主线贯穿始终，充分发挥先进的“水文化”在育人方面的引领作用；吉林水利电力职业学院注重环境育人，校园的每个角落都展现着水利行业院校的特色；江西水利职业学院新建了文化展厅、大禹广场和孔子广场。打造校园文化标识系统，设计了学院标识、学院吉祥物。通过新闻媒体、橱窗海报、主题实践活动等形式宣传水利文化。举办特色活动，如清明节祭拜大禹，使师生了解古人治水的感人事迹，进一步传播水文化；重庆水利电力职业技术学院以“水”为主题进行学院环境文化体系建设，建立了水电元素的文化浮雕和文化长廊，精心打造了学生公寓文化，并开展“星级示范小家”的创建评比活动；湖南水利水电职业学院建设了厚生园、文化广场等水文化主题广场，同时设立了水利行业及学院精神“文化标识牌”，并建立“湖南水文化空间”“上善若水”等微信互动平台。

3. 强化制度文化，推动内涵新发展

在制度文化方面，各水利职业院校不断推进与学校发展目标相适应的大学制度文化建设，坚持依法办学和依法治校，积极探索“党委领导、校长负责、教授治学、民主管理”的有效形式。在努力建设能够促进学校可持续发展、有效并完善的制度体系的过程中，强化积极向上的价值导向，培育、生成、传播、固化遵章守纪的态度、价值观和认同感。重庆水利电力职业技术学院通过制定符合时代要求并体现学院特色的《重庆水利电力职业技术学院章程》，完善了各类规章制度。通过坚持和完善党委领导下的校长负责制、教职工代表大会制度和民主管理制度等，不断完善管理决策制度机制。通过健全各类学术活动、文化活动、庆典等仪式规范，规范开学典礼、毕业典礼、升旗仪式、优秀师生表彰、文化艺术节、大型体育运动会等重要典仪和大型活动的标准流程，使学院形象个性突出、富于内涵，统一协调、品位高雅，从而延伸育人功能。通过加强宣传，营造氛围，不断提高全院师生职工对学院制度的认同和理解。并且严格制度执行，树立制度权威；严格效能问责，强调责任追究；开展制度执行先进评选，增强对师生的说服力和感染力。

4. 强化行为文化，提升职教好形象

在行为文化方面，各水利职业院校以加强校风、学风和政风为核心，以彰显学校的文化魅力、独立品格和价值追求为目标，营造浓郁学术氛围，加强师德师风建设，丰富文化育人内涵，提升学校文化品位，培育文化活动品牌，形成了与学校办学理念相结合的，富有个性、生动活泼的行为文化。山西水利职业技术学院成立了“水之魂”鼓乐团、“水之梦”合唱团和春柳剪纸社等高职校园文化精品社团。“晋水篮球”“善水冬泳”已成为学院的标志名片；四川水利职业技术学院打造了新年交响音乐会文化品牌，开展了戏剧进校园、书法摄影展、传统成人礼、校庆纪念晚会等活动；浙江同济科技职业学院注重特色品牌文化培育工程和校园文化景观升级工程，大力加强“扬伟人精神，树厚德之人”的“伟人文化”和“承大禹之志，传治水文化”的“治水文化”两大核心文化建设。努力构建具有历史传承、水利特色、时代特征和高职特点的校园文化体系；新疆水利水电学校将“水利人精神”等企业文化引入校园。通过军事化管理、法制教育、消防讲座、爱国主义教育、公民道德讲座、“民族团结杯”文艺书法球类比赛等常规活动，抵御“三股势力”“双泛思想”和宗教极端思想进校园。持续开展发声亮剑等意识形态领域的教育活动，使每位学生牢固树立起公民意识和中华民族共同体的观念，筑牢防范“三股势力”和宗教思想渗透的藩篱；长江工程职业技术学院着力打造兼具长江特色和浓厚职业氛围的校园文化。连续举办三届“长江韵”水文化节，成立了“汤逊湖”环保志愿服务队，并成功申报了武汉市“汤逊湖”民间湖长；重庆水利电力职业技术学院成功举办了水文化论坛，建有完善、成熟的校园文化节及“上善大讲堂”工作机制，加大投入和管理力度，做精做细“名师讲坛”“师说论道”“经典诵读”等讲堂、沙龙和主题班会等活动。

十一、紧抓发展机遇，开展河（湖）长学院建设

习近平总书记强调，河川之危、水源之危是生存环境之危、民族存续之危；要大力增强水忧患意识、水危机意识，从全面建成小康社会、实现中华民族永续发展的战略高度，重视解决好水安全问题。“每条河流要有‘河长’了”——习总书记在2017年新年贺词中向全国人民宣告。十九大报告中强调要进一步推进绿色发展，加快水污染防治，实施流域环境的综合治理，建设美丽中国。全面推行河长制是党中央、国务院就推进生态文明建设作出的一项重大制度安排，旨在落实绿色发展理念，进一步加强河湖管理保护工作，推进生态文明建设。

2016年12月，中共中央办公厅、国务院办公厅印发了《关于全面推行河长制的意见》，要求地方各级党委和政府要把推行河长制作为推进生态文明建设的重要举措，到2018年年底前全面建立河长制。2018年1月，中共中央办公厅、国务院办公厅印发了《关于在湖泊实施湖长制的指导意见》。为全面深入贯彻党中央、国务院的决策部署，在全国江河湖泊全面推行河长制，构建责任明确、协调有序、监管严格、保护有力的河湖管理保护机制，为维护河湖健康生命、实现河湖功能永续利用提供制度保障，其对水生态环境保护、水污染防治具有重要作用，是我国推进生态文明建设的必然要求。

（一）紧抓机遇，河（湖）长学院应运而生

随着河（湖）长制迅速的推进，全国各地陆续建立了河长会议制度、信息共享制度、信息报送制度、工作督查制度、考核问责与激励制度、联席会议制度等相关工作制度，以确保河长制全面建立。

全国各级河（湖）长的人数迅速增加，队伍庞大但专业知识缺乏，急需通过培训提高专业素养、履职能力，这对河（湖）长培训工作提出了新挑战。一是全国河（湖）长培训

需求庞大。从全国河（湖）长队伍情况来看，百万河（湖）长中县级以下占70%，专业培训需求急迫、数量庞大。二是河（湖）长培训机构稀缺。目前全国河（湖）长培训院校缺口巨大，急需开办更多的河（湖）长培训机构，更多更好地承担全国河（湖）长培训任务。三是河（湖）长培训长期需求。河（湖）长队伍随着领导干部调整而变化，流动性较大，每年新增的有培训需求的人员不在少数，且各级河（湖）长的专业知识各不相同，整体管理水平参差不齐，特别是县、乡、村一级的河（湖）长专业知识匮乏，急需通过学习培训来提高河（湖）管理保护工作水平。这些情况都为河（湖）长学院面向全国培训河（湖）长提出了新任务、新挑战，更带来了新机遇。

2017年4月28日，河长制研究与培训中心在河海大学揭牌成立。河海大学充分发挥特色优势，积极开展河长制培训，面向国家重大工程关键技术问题，强化科研特色，提高集成创新能力，为全面推行河长制做出积极贡献。培训中心依托河海大学创新研究院而设立的实体机构，全面动员学校相关研究和科技服务力量，创建开放与合作的研究与培训机构，为国家全面推行河长制提供了全方位多渠道服务。

2017年12月28日，浙江水利水电学院成立全国首家河（湖）长学院，水利部、省水利厅、省环保厅、省治水办（河长办）提供支持，着力做好河长制政策解读、知识普及、典型推广等工作，提供专业培训和技术指导，同时也为各地河长研讨交流、跨界合作搭建平台，全力打造浙江河长制升级版。2018年1月水利部推进河长制工作领导小组办公室印发的《河长制湖长制工作简报》（2018年第9期）重点介绍了浙江水利水电学院成立河（湖）长学院的相关事宜及成功经验，浙江水利水电学院的“浙江经验”领跑全国。

2018年8月10日，全国首家经省编制委员会批准成立的吉林河（湖）长学院，在吉林水利电力职业学院挂牌，承担起河（湖）长的教育、培训工作。本着“发挥学院优势、服务行业、贡献社会”的思想，凭借立足吉林、覆盖东北、面向全国发展的目标，致力于提高基层河（湖）长履职能力、提升其学历层次、提高职业技能。

（二）积极探索，河（湖）长培训工作硕果累累

多种教学模式相结合，提升培训效果。根据河（湖）长培训对象的特点、培训内容的不同，采用差异化、多元化的培训方式，提升培训的灵活性、针对性、有效性，通过课堂讲授式、互动研讨式、案例分析式、示范点现场教学、专题讲座等课上教学与现场教学相结合、线上线下交互教学相结合的模式，聚焦河湖治理的热点、难点问题，不断推动河（湖）长制培训取得切实成效。

建设培训课程体系，建设专业师资队伍。通过积极讨论课程体系建设、教材编写、师资队伍建设问题，打造理论教学与现场教学相结合的河长制继续教育培训平台，从人文素养、专业理论、政策理论和现场教学四个方面进行课程体系的建设，配备专业的高学历、高职称的授课教师，并聘任一批院士、教授、各级治水办（河长办）领导及基层河长、业务骨干为特聘教师，依托独特的学科资源和人才优势，积极开展河长制培训业务，探索河长制教育的新途径。

合作共赢，不断提高培训能力。全国水利院校积极合作，各河（湖）长学院共同研究、探索，全国各地河（湖）长培训工作扎实开展。通过签订协议、长期委托培训、共用现场教学点等方式，在教学体系建设、师资队伍建设等多个领域进行了探索合作，并取得

了明显成效，积极拓展跨区域合作空间，有针对性地开展各类培训。至今已培训万余名河（湖）长，为推进河（湖）长制改革提供了人才保障和智力支撑。

河（湖）长学院是一所高等学院，也是一所干部学院、生态学院，既是治水智库，又是智慧治水的新平台。不仅是河（湖）长培训、政策理论研究和学术交流的有效平台，也是探索河（湖）长制持续深入推进实施的创新之举，同时也充分体现出服务行业和地方经济发展的责任担当。

（三）创新经验，探索河长制教育新途径

加强宣传引导。各水利院校充分利用“世界水日”“中国水周”等重要时间节点，展开形式多样、内容丰富的品牌活动，如湖北水院的“节水知识进社区”活动，广西水院开展的爱水、护水、亲水系列活动。通过这样的宣传活动，带动了社会对水资源保护的重视，提升了社会对河（湖）长制的认可。

开展志愿活动。吉林水院结合自身特点，在学生中开展争做“家乡小河长”活动；广东水院组织师生成立河长制宣传小分队，利用寒暑假时间，深入水利行业基层开展河长制工作调研和水情宣传；山西水院组织师生开展河（湖）长制知识竞赛；长江工程职业技术学院水利与电力学院志愿者协会以团体名义成功获聘“汤逊湖”民间河长，学校志愿者定期对湖泊保护状况进行巡查调研，组织志愿服务活动40余次，向湖泊管理部门反映问题20个，提出建议49条，协助开展活动30余次。

开展师资培训。广西水院积极组织专业教师主持和参与《广西北部湾经济区水资源开发利用控制红线制定与动态管理关键技术研究》等科技项目；山西水院积极编写河（湖）长制培训教材，制作河（湖）长制教学数字资源，组织教师积极参加《一河一策方案编制》。

在水利部相关司局的指导下，在中国水利教育协会的关心和推动下，在全国各水利院校的共同努力下，河湖长制教育培训工作正在迅速兴起，河（湖）长制的政策研究、职业教育培训、科研学术交流等工作正在蓬勃发展。这充分体现了水利人求真务实的敬业精神，同时也对落实国家河（湖）长制相关政策要求起到了积极的推动作用。全国水利人深入贯彻“绿水青山就是金山银山”的理念，助力国家生态文明建设，为实现伟大复兴的中国梦做出应有的贡献。

十二、健全体系建设，加强职教研究

1978年召开的中共十一届三中全会，确立了以经济建设为中心，实行改革开放的重大方针，我国社会主义现代化建设进入了新的历史时期，全党全国的工作重点转移到社会主义现代化建设上来。1977年高考制度恢复，1978年7月水电部在北京召开教育工作会议，提出《水利电力部关于认真办好中等专业学校的几点意见》及《关于1978—1985年中等专业学校专业规划（草案）》，并组织新教学计划的制订与贯彻，组织水利水电类专业教材的编写，水利水电中等专业学校逐步走上正常办学的轨道。据统计，1978年恢复招生的水利中等专业学校已达到26所，招生人数5186人，在校生数达到11914人。在改革开放的大背景下，伴随着职业教育的迅速发展，水利职业技术教育教学研究开始起步。

（一）“四个片区”协作会——开创了水利水电职业技术教育教学研究的先河

这一时期的水利中等专业学校主要由行业管理，从水电部来讲，是由水电部教育司负责具体的管理工作，有以下三种管理体制：一是水利部直属，由二级机构管理；二是省（自治区、直辖市）直属，由省（自治区、直辖市）水利（水电）局领导管理；三是由省属地区水利（水电）局领导管理。在管理形式上，水利部对水利系统的学校负责业务上的督促、检查、指导，协同省（自治区、直辖市）搞好水利学校的发展规划、专业设置和布局，颁发教学计划、审定专业课教学大纲、组织编写专业课教材，协助安排师资培训，召集专业会议、交流总结学校办学经验。

伴随着中等专业学校招生数量的增加，学校面临着专业建设、课程建设、师资队伍建设、实验实训条件建设和教材建设等诸多亟待解决的问题。水电部充分发挥了行业对职业教育的领导和管理职能，加强对水利（水电）系统的学校行政管理和业务指导。同时为加强教育教学研究和校际之间的交流与研讨，在水电部教育司的支持和倡导下，自1980年起，全国水利水电中专学校按区域分成为中南与西南区、东北与华北区、华东区、西北区四个片区举办协作年会，学校按所在地域参加协作年会。协作年会每年组织教育教学研究与办学经验交流，组织开展专业调查、研讨和制（修）订教学大纲、课程大纲，组织编写专业核心课程教材，并在水电出版社的支持下编写出版了“文化大革命”后的第一批教材（统称第一轮教材1978—1982年）。

以四个片区协作年会的形式开展教育教学研究，是这一时期水利电力学校教育教学研究的重要组织形式，这种形式有利于发挥骨干学校的示范引领作用，有利于发挥一批富有经验的老教师“传、帮、代”的作用，有利于上级精神的贯彻落实。在水电部教育司的具体指导下，四个片区有所侧重地开展教学研讨，组织制（修）订教学文件、编写出版教材等一系列活动，解决了“文化大革命”后恢复招生后许多学校教学基础建设薄弱、管理不规范等问题，对“文化大革命”后水利（水电）学校办学质量的提升起到了至关重要的作用。

（二）“三个教研会”——水利职业技术教育正规化研究的开端

为深入开展教学研究，加强教材建设，不断提高教学质量，1982年10月，水电部印发《关于组建中专学校发电、热动两专业教学研究会的通知》（水电教字〔82〕43号），发电厂及电力系统（简称发电）和电厂热能动力设备（简称热动）两个专业教研会主要服务于电力系统，教研会主任及所属课程组长主要在各省的电力学校产生，也有少部分水利水电类学校参与其中。发电教研会主持学校为南京电力学校，主任潘求泰，副主任蔡元宇、李明智，下设9个课程组；热动教研会主任学校为重庆电力学校，主任杜谋，副主任韩永泰、田金玉，下设10个课程组。

1983年1月，水电部又印发《关于组建中专学校三个教研会的通知》（水电教字〔83〕2号），在水利水电类中专学校成立水利水电建筑工程与农田水利工程（以下简称水工农水）、陆地水文（以下简称水文）、水电站机电类（以下简称水动）三个专业教学教研会（以下简称教研会），这三个教研会主要服务于水利（水电）系统，教研会主任及所属课程组长基本上是在水利水电中专学校中产生。水工农水教研会主持学校为黄河水利学校，主任杨俊杰，副主任邓谷君、高廷和、刘震坤，下设13个课程组；水文教研会主持学校为扬州水利学校，主任张世儒，副主任邓先俊、章本田，下设9个课程组；水动教研会主持学校为东北水利水电学校，主任李广璞，副主任熊道树、刘锡兰，下设9个课程组。教研会在水电部领导下开展工作，其任务是探索中等专业教学规律，研究提高教学质量的措施，组织交流教学经验；组织修订教学计划、教学大纲，并进行教材建设工作。1983年3月21日，在黄河水利学校召开水利（水电）中专教研会成立及第一次教研会议（17所学校、54位教师），制订了教研会和各课程组当年的活动计划，创办由黄河水利学校主编的会刊《教学研究》，并于当年11月创刊发行。三个教研会主持开展了第二轮教材（1983—1988年）的编审工作，由于充分发挥了教研会的教材调查研究讨论审定功能，第二轮教材质量比首轮教材有了明显的提升。

三个教研会成立的三年（1983—1985年）时间里，水电部教育司指导教研会组织开展专业调查和教学研究，制定教学大纲，提出实验室建设标准，交流教学改革经验，根据第二轮教材出版规划，组织编审课程教材。这一时期，水电部教育司充分发挥行业对水利（水电）中专学校的领导作用，对教研会工作的指导十分具体。教育司领导多次出席并参加教研会会议，指导教研工作开展和教材建设；每年审核教研会活动计划，核拨会议补助费。如果说以四个片区协作年会的形式开展教学研究尚具有行业支持下的民间活动特征的话，那么从教研会组织架构批复、人员任免、运作形式还是水电部作为行业主管部门全面领导和深度参与的程度来看，三个教研会就具有了官方组织的性质，三个教研会的组织形式和活动方式也开了水利职业教育正规化研究的先河，奠定了水利职业技术教育教学研究的基础。

（三）水利水电类中专教学研究会——奠定了水利职业技术教育教学研究工作的坚实基础

1986年为进一步加强对水电部中专教学研究的领导，水电部将水工农水、水文和水动三个教研会合并为水利水电类中专教学研究会（简称中专教研会），对外称为全国水利水电中专教学研究会。至此，在水电部领导下就有了水利水电类、电力工程类、热能动力类、管理类四个专业教学研究会，同时还有学校管理、学生德育两个研究协作组。此时作为行业教育主管部门的教育司，已在筹备建设“水利电力职业技术教育学会”事宜。1988年水利电力部撤销恢复水利部建制，中专学校管理由水电部教育司改为水利部科教司。四个教研会中水利水电类教研会归属水利部，电力工程类、热能动力类专业教学研究会归属能源部，管理类专业教学研究会调整职能后成为水利水电类专业教学研究会的一个组成部分，学校管理与学生德育两个研究协作组得以保留在水利部继续开展活动。

水利水电中专教研会主任委员单位为黄河水利学校，邵平江任主任，陶国安、袁辅中任副主任，黄新任秘书。教研会下设水利水电工程建筑类专业组、水文水资源专业组、水利机电类专业组、水利勘测类专业组、水土保持专业组、水利经济管理类专业组6个专业组和32个课程组。

水电部在加强对中专学校领导和指导的同时，也十分注重对技工学校的管理。1986年水电部教育司发文《关于成立部属技工学校“输配电”专业等五个教学研究会的通知》教中字〔86〕第32号），成立技工学校“输配电”“水工建筑”“施工机械”三个专业和“钳工工艺”“电工工艺”两门课程教学研究会。1988年对技工学校教学研究会进行调整，撤销原“输配电”“施工机械”“水工建筑”三个专业教学研究会，重新组建“电气类”“动力类”“水电施工类”“焊接类”四个专业教学研究会和“学校管理”研究会。研究会在部教育司的领导下，开展教育科学研究和专业及课程教学研究，并发挥指导和咨询作用。这一时期的水利行业职业教育发展得到了空前发展，达到鼎盛时期。至1989年，全国共有水利中专学校46所、水利技工学校43所。其中水利部、能源部、武警部队主管的中专学校有7所，地方主办的有39所。

尽管这一时期受国家体制改革影响学校管理体制上发生了较大变化，但水利职业教育的研究活动一直未受到大的影响。水利中专教研会紧密结合当时中专教育存在问题，在课程设置、教学内容、教学方法上开展深入的研讨，时任水电部教育司司长许英才、副司长武韶英多次参加教研会会议。许英才司长在一次研讨会上特别强调要提高对职业技术教育的认识，从宏观上理顺专科、中专、技校、职业高中的相互关系，明确各层次的培养规格和专业设置，真正建立起一套层次结构合理、专业设置配套、办学效益高的水利电力职业技术教育体系，可谓是最早提出建立水利水电职业技术教育体系的行业主管领导。这一时期，中专教研会重点加强了对实验教学的管理，制定《水电部中专水利水电类专业教学研究会关于加强实验教学的几点意见》，印发了《关于实验设备配置标准的意见》，提出了实验设备配置的基本依据及实验设备配置的原则，要求各水利水电中专学校改革实验教学的内容与方法、考核方法，加强实验队伍建设、提高实验队伍素质、制定实验室评估指标体系，有计划地开展实验室评估。同时要求各学校在3～5年的时间内达到规定的标准。

在水电部教育司的领导和具体指导下，围绕第二轮教材编审（1983—1988年），中专教研会为教材建设做出了大量的组织工作，付出了艰辛的劳动，保证了第二轮水利中专教材39种、约100万字的出版任务。1989年，部教育司提出了第三轮教材（1989—1995年）规划总目标：经过7年努力，建成一套具有中国特色的中专水利水电类专业适用的教材体系。在水电出版社的大力支持下，第三轮教材规划总字数2000万字，大约出版近100种。为此，在教材规划、主参编遴选、教材编审、质量控制等方面做了大量深入细致的工作。

水利水电类中专教研会与技工学校教研会的建立和有效运作，积累了丰富的教育教学研究经验，为水利职业教育教学研究留下了一笔宝贵的财富，为后人留下一笔丰厚的精神遗产，为20世纪90年代水利职业教育大发展打下了良好的基础。特别是形成“行业指导、骨干校主持、专业（专业群）组引领、课程组支撑、骨干教师参与”的有效教学研究组织形式和运行机制，为1990年全国水利职业技术教育学会的成立做了思想上的准备和组织上的准备，为全国水利职业技术教育学会的成立奠定了坚实的基础。参加教研会的一批德高望重的水利职业教育方面的专家，大多成为了全国水利职业技术教育学会（1990年成立）的主要领导，为水利职业教育事业的发展做出了不可磨灭的贡献。

（四）全国水利职业技术教育学会——标志着水利职业技术教育教学研究跨上新台阶

改革开放10多年来，水利发展由过去以农业生产服务为主，逐步转向为全社会服务，水利工程转入建设与管理并重的新时期，水利工作重点从过去修建工程为主，逐步转向全面加强管理，贯彻“加强经验管理，提高经济效益”的方针。为适应水利事业发展需要，水利职业教育得到稳定发展。这一时期，全国水利水电中专学校发展到46所。1989年，为加强对水利人才的培养和职工培训工作，水利部成立教育培训领导小组，水利部副部长张春园担任组长，由科教司设置成人教育处和学校教育处，负责具体的教育培训与管理工作。从宏观管理上，提出遵循“规划、协调、监督、指导、管理、服务”的十二字工作准则，并在水利水电中专教研会工作的基础上，筹备新一届水利职业技术教育的研究型组织。

1990年5月，在长江水利水电学校召开了全国水利职业技术教育学会成立会暨教育改革经验交流会。大会通过了学会理事会成员名单，选举产生了常务理事长、副理事长、秘书长，组成了学会研究和工作机构。学会常务理事会还聘请了学会副秘书长及学会下属的中等专业学校教学研究会（水利中专教研会）、学校管理研究会、德育研究会主任、副主任，会刊《水利职业技术教育》编辑委员会成员和编辑部主编、副主编。根据学会《章程》，聘请了杨俊杰等5名长期从事水利职业技术教育工作，富有理论修养、实践经验与研究能力的老专家担任学会顾问。

全国水利职业技术教育学会的成立使水利行业职业教育教学研究跨上了一个新的台阶。学会在水利部的指导下，开展了一系列卓有成效的活动。联合申报研究课题，组织开展专业调查，开展水利职业教育的理论研究；研究全国水利中等专业学校和水利技工学校的布局、办学规模、专业设置等事业发展规划；研究制订中等专业学校和技工学校水利水电专业教学文件、制订专业教材建设规划、组织教材编审和评价；组织开展教学改革和教学研究交流活动，提高教学质量；开展学校管理研究，提高管理水平和办学效益；开展德育研究，坚持社会主义办学方向，开展政治理论课和思想品德课的教学和改革经验，提高师生政治素质；研究制订专业与课程的评估标准和办法，提出评估咨询意见等。

中专教研会利用假期组织召开20个左右的课程组会议，研究专业教学、课程改革和教材建设，研讨教学方法、教学内容和实践教学，交流教学经验，深得水利水电学校好评和一线教师赞誉。借用加拿大CBE（以能力为本位的教育）模式进行教学计划开发和课程教学改革，优化教学计划。在水利部科教司领导下，对水工、水电站两个专业开展专业教学评估，选择湖北省水利学校作为试点，在学校自评工作的基础上，于1992年5月进行复评，积累了专业教育评估经验，对专业评估做了一次很好的尝试。在水利部领导下，组织第三轮教材（1989—1995年）的编审和优秀教材评审。

学校德育研究会利用每年的德育工作年会，交流研讨政治理论课和思想品德课的教学和改革经验，加强德育师资队伍建设、研讨“水利水电中专学校德育教师工作守则”、组织编写“水利中专政治课教学要点”、组织拍摄《人生与道德》和《中专学生行为规范》电教片、重新组织编写并出版《水利职业道德》，德育研究会与水利职业技术教育编辑部联合组织“职业道德教育研究”，通过师生参与活动提高了对水利工作的认识，征集开设水利职业道德教育的方法、途径及采取的形式、效果等方面的文章，深得学校和师生好评。

学校管理研究会以各水利职业院校教育教学改革发展中的热点和难点作为工作的切入点，在学生管理工作、后勤管理改革、学校改革与发展等方面进行了广泛的交流与研讨，推动了各水利职业院校管理工作的快速发展。管理研究会利用年会深入研究新形势下学校内部管理体制、用工制度和分配制度改革，组织开展学生管理工作、班主任工作交流研讨，完善学校各项规章制度，如何加快学校后勤工作社会化进程和途径、积极探索面向市场，拓宽专业面，开展多形式、多渠道、多层次、多规格的开放办学，努力推进校企合作和产教融合。

《水利职业技术教育》于1989年9月在水利部人教司指导下创办，1990年5月，“全国水利职业技术教育学会”成立，确定《水利职业技术教育》为学会会刊。《水利职业技术教育》以理论研究为先导，以宣传政策、突出职教、指导办学、推动改革、传播信息、交流沟通、搞好服务为办刊宗旨，辟有职教研究、办学探索、思想政治工作、素质教育、教学改革、教学研究等20多个栏目，具有显著的水利行业背景和职业教育特色。在1989—2001年的12年时间里，发刊48期，刊登文章1493篇，通讯消息574条，很好地发挥了宣传国家政策、指导水利职教、加强素质教育、研究教育教学、推进教学改革、交流办学经验、反映动态信息、促进人才培养的作用，深受广大水利院校和师生欢迎，多次获得“全国优秀职教期刊一等奖”，产生了良好的社会效益，为20世纪90年代水利职业教育改革的推进和快速发展做出了突出贡献。

全国水利职业技术教育学会的诞生标志着水利职业技术教育理论研究与实践进入到一个新的更高的阶段。1986年成立的水利水电类中专教学研究会，从组织上完成了历史使命，各项工作任务由学会教学研究会纳入新的工作计划，水利职业技术教育迎来了新阶段。

（五）中国水利教育协会——树立水利职业技术教育教学研究的里程碑

1994年，在水利部、国家教委的支持指导下，全国水利职业技术教育学会和全国水利职工教育学会、中国水利高等教育学会合并组建成立中国水利教育协会，3个学会相应成为高等教育分会、职业技术教育分会、职工教育分会3个分会。中国水利教育协会职业技术教育分会（简称“职教分会”）是为适应现代水利职教发展的迫切需要而诞生和发展的，分会的成立是水利职业教育发展历史上的一个里程碑。职教分会在中国水利教育协会的领导下，不断发展壮大。

职教分会第一届理事长高而坤，常务副理事长邵平江。分会下设中专德育研究会、中专学校管理研究会、中专教学研究会、技工学校教育研究会4个研究会和《中国水利职业技术教育》刊物编辑部。在水利部主管部门的指导和支持下，职教分会围绕主管部门的中心工作和学校的重点热点问题，广泛开展了应用性研究工作。主要包括开展教育教学研究、开展调查研究、组织教材建设、开展教材研讨、组织专业教育质量评估、开办讲习班培训教师、继续编辑出版会刊《水利职业技术教育》、组织评选优秀论文等。

第二届职教分会理事会于1999年完成换届改选，理事长为黄自强，常务副理事长为孙纯淇。2001年刘宪亮接任常务副理事长。这一时期我国政治和经济体制改革逐步深化，职业教育形势发生了很大变化，对职业教育内涵有了更加明确的界定：职业教育包括高等职业教育、中等职业教育和初级职业培训等几个层次。各层次的内容也得到进一步的调整。高等职业教育主体按照“三教统筹”的原则归口教育部高教司高职高专管理序列。中等职业教育的内涵包含了普通中等专业学校、职业高级中学、成人职业中专、中级技工学校等。从1998年黄河水利职业技术学院首批被原国家教委批准为高等职业学院开始，至2000年7月，杨凌职业技术学院、广东水利电力职业技术学院、安徽水利水电职业技术学院相继建立，全国已有18所水利职业院校以各种不同形式的成规模地举办水利高职教育。2000年，水利高等职业技术教学研究会应运而生，并针对水利高等职业技术教育的发展组织制定6个专业指导性教学计划和相应的实践教学文件，建立了高职院校通信联络网，定期出版《全国水利高职信息》。这一时期，由于多方面的原因，《水利职业技术教育》出版发行遇到了前所未有的困难。2001年在哈尔滨召开的中国水利教育协会职业技术教育分会常务理事会上决定暂停出版期刊。

第三届职教分会理事会于2004年6月换届改选，理事长为刘宪亮。

职教分会继续依托高职教研会、中职教研会、德育研究会、学校管理研究会和技工学校研究会开展工作。在这届理事会上，为配合国家西部大开发战略，决定成立西部水利水电职业教育发展研究会（简称西部发展研究会），以探索适应西部水电人才发展需要的中等职业学校发展的路径和方法，更好地服务于国家西部开展战略。这一时期，我国经济社会发展对职业教育结构与类型需求趋于多元，对职业教育发展提出新的更高要求，职教分会围绕服务行业、服务经济社会发展的要求，组织开展了一系列卓有成效的活动。高职教研会依托专业组开展专业教学计划研讨，推进教学改革；制定教材编审规划，启动水利水电类高职高专第二批教材建设。管理研究会组织召开现场会交流院校建设特别是新校区建设方面的经验。德育研究会每年召开一次德育工作年会，集中总结交流一年来在思想政治教育和德育建设方面的经验和成果，开展德育思政共性难题的攻关研究，收集各院校有关思想政治和德育工作方面的优秀案例、典型做法、经验成果，共同提升德育工作水平。中职教研会创新性开展工作，2006年12月，中国水利教育协会组织在浙江省水利水电学校举办首届全国水利中等职业学校职业技能竞赛，开创了举办全国性行业职业教育技能竞赛的先河。2007年12月在黄河水利职业技术学院举办第一届全国水利高职院校“黄河杯”技能大赛，拉开了行业协会支持的高职院校技能大赛的序幕，成为全国行业类高等职业院校最早开展的技能大赛。2008年11月在黄河水利职业技术学院成立中国水利职业教育集团，成为全国性行业组织的第一个职业教育集团。

第四届职教分会于2009年换届改选，理事长为刘宪亮，2011年刘国际接任会长。在水利部人事司的指导下，在中国水利教育协会的具体指导下，组织水利职业教育示范院校和示范专业课题研究，启动两批水利职业教育示范校建设；完成了教育部下达的高职水利类专业目录修订工作；制定了水利核心专业的“两标准一方案”；组织开展师资培训，促进行业教师教学能力提升；2013年，由黄河水利职业技术学院、安徽水利水电职业技术学院和杨凌职业技术学院联合主持的“水利水电建筑工程”专业教学资源库成为水利行业的第一个立项建设的国家级专业教学资源库。

第五届职教分会于2014年换届改选，会长为刘国际，2016年许琰接任会长。在中国水利教育协会指导下组织开展了水利类重点专业实习实训基地建设和水利类重点专业的评选工作；组织开展全国水利行业职业教育“十三五”规划教材立项建设工作及教材编写工作；联合中职院校，开展水利类专业中高职衔接的政策研究；经过两年建设，“水利水电建筑工程”专业教学资源库顺利通过财政部、教育部验收；开展水利职业教育专业试点评估；组织开展《高等职业学校水利工程专业仪器设备装备规范》的修订、完善工作；组织开展水利行业优质高职院校及优质特色专业建设工作；组织做好全国水利类专业教学标准修（制）订工作。开展智慧校园建设成果和经验交流，鼓励水利类高职院校教育教学向智能化发展。组织开展高职院校之间的教学管理人员交流，提升水利高职院校教学管理水平。积极组织水利职业院校德育和思政工作者深入研究、正确认识、深刻把握习近平总书记讲话的内涵及实践要求，不断强化自身的理论自信和自觉，真正落实立德树人的实践中，守好责、尽好职，发挥出更大的正面导向和示范作用；积极推动德育工作与水利专业建设相结合、与水利行业发展需求相结合；加强水文化育人，在校内营造具有水利特色的校园文化氛围，在为水利行业服务的过程中加强育人载体的建设。

回顾水利职业教育研究发展的历史，让我们对那些为水利职业教育发展做出贡献的教育前辈和领导肃然起敬。按时间顺序，他们是刘向三、张春园、严克强、周保志、田学兵、许英才、武韶英、高而坤、陈自强、黄自强、周凤瑞、彭建明、孙晶辉、李肇桀、侯京民、孙高振、王新跃、孙斐、黄河、王韶华。曾经担任过全国水利职业技术教育学会或中国水利教育协会职业技术教育分会的院校领导有邵平江、吴光文、陆义宗、谭方正、郑金全、陶国安、侯墉、方春生、黄新、孙纯淇、余国成、李效栋、李兴旺、陈再平、杜平原、徐传清、邱国强、周德清、刘宪亮、茜平一、张朝晖、刘建林、丁坚刚、赵惠新、遇桂春、符宁平、解爱国、刘国际、许琰、余爱民、邓振义、王周锁、江洧、于纪玉、赵高潮、王正英、杨言国、陈军武。学会顾问王秀成、张猷、杨俊杰、吴增栋、周文哲。还有创办和主持会刊《水利职业技术教育》杂志的周文哲校长、谭方正校长、侯墉校长、张长贵书记、邵平江校长、姜同、李湘、王亚平老师。

除了以上罗列出的领导和老师们之外，还有为水利职业教育事业做出默默奉献的千百位骨干教师，他们在不同的历史时期，主持专业组、课程活动，推进专业改革、课程建设，参与人才需求调查和专业标准修订，指导学生技能大赛和水利职工技能竞赛，为水利职业教育发展做出了突出贡献，他们更是我们应该铭记的无名英雄。

无论是水利部系统的领导和水利院校的领导，还是众多在不同时期做出贡献的骨干教师，他们都在不同程度上推动了中国水利职业教育发展的进程，他们对中国水利职业教育发展做出了不可磨灭的贡献，他们为水利职业教育做出的辉煌业绩将永远载入水利职教的史册。他们孜孜不倦、兢兢业业、勤勤恳恳、默默奉献的高尚品质影响了一代代水利人，他们崇高忘我的精神、敬业奉献的精神、科学求实的精神激励着一代代水利人，他们为我国水利职业教育做出的贡献将为历史所记载、为后人所铭记。

抚今追昔，百感交集。中国水利职业教育40年发展筚路蓝缕一路走来，从改革开放之初，水利职业教育由中专学校以四个片区协作会的形式首开水利职业教育教学研究之先河，到改革开放中期以中国水利教育协会为引领，指导职教分会高等、中等职业教育协调发展，可谓是纳涓涓细流，汇百渠千川，不断汲取营养，汇聚能量，由小到大、由弱变强，由民间活动到正规发展，由单一中专教育到高等、中等职业教育协调发展体系化建设，成为奔涌不息的涛涛洪流，其发展前进的主流势不可挡。无论行政管理体制发生怎样的变化，还是岁月更迭、人员交替出现怎样的局面；无论市场经济对职业教育产生如何深远的影响，还是新时代对职业教育的新呼唤和新要求，水利职业教育之所以能够不断革故鼎新、迎难而上，奋发有为，表现出顽强的生命力、强大的凝聚力和持续发展的不竭动力，正是由于有主管部门对职业教育强有力的支持，有一代代高瞻远瞩、精明强干、博学多才、恪尽职守的各级领导精心谋划与科学运作，正是有了这一批批勤于思考、乐于奉献、躬身实践、勇于探索的前辈们孜孜不懈的追求和持之以恒的坚守，才使得水利职业教育教学研究生生不息，薪火相传。

展望未来，任重道远。我国经济社会发展进入新的发展阶段，中国特色社会主义建设进入新时代，产业升级和经济结构调整不断加快，各行各业对技术技能人才的需求越来越紧迫，职业教育重要地位和作用越来越凸显。我国治水的主要矛盾发生了深刻变化，从人民群众对除水害、兴水利的需求与水利工程能力不足的矛盾，转化为人民群众对水资源、水生态、水环境的需求与水利行业监管能力不足的矛盾，这些都为水利职业教育提出了新的更高的要求。面对国家职业教育和水利事业发展的新要求，水利职业院校要以习近平新时代中国特色社会主义思想为指引，深入贯彻落实党的十九大精神，不忘初心，牢记使命，进一步深化教育教学改革，为新时代水利事业发展提供强有力的人才支撑，续写水利职业教育新篇章，为推动经济社会持续健康发展、全面建成小康社会、加快推进社会主义现代化建设做出新的更大贡献！

院校发展篇

育彦兴江淮　筑梦新时代

——安徽水利水电职业技术学院

安徽水利水电职业技术学院始终坚持立德树人根本任务，扎根江淮大地，立足职教特点，彰显水利特色。办学60多年来，为水利行业乃至经济社会发展培养了一大批优秀技术技能型人才，充分彰显了国家示范院校的责任担当。

一、因水而生，伴水而兴

（一）几经迁徙，几易其名，初心不改

安徽水利水电职业技术学院的前身为水利部淮河水利专科学校。1952年10月18日，为了给轰轰烈烈的新中国治淮事业培养人才，水利部治淮委员会在安徽省怀远县成立了淮河水利专科学校。1958年治淮委员会干部文化学校并入该校。是年，安徽水利电力学院成立，水利部淮河水利专科学校成为学院的中专部。1960年，肥东六家畈安徽水利电力学校并入该院。1961年，安徽水利电力学院迁往合肥，大学部与中专部分开，中专部定名为安徽水利电力学校。1996年，为了适应水利事业发展需求，水利厅下属5所学校，包括安徽水利电力学校、安徽水利职工大学、安徽省水利干部学校、安徽省水利职工中等专业学校以及安徽省水利技工学校合署办公，在合肥市筹建安徽水利教育基地。2000年6月18日，经安徽省人民政府批准，成立安徽水利水电职业技术学院。

（二）从无到有，从大到强，使命如初

校园占地从最初的200亩到现在的1040亩。建有教学楼、学生公寓、餐饮中心、体育馆、图书馆、大学生活动中心、大学生服务中心和素质拓展基地等完善的教学和生活设施40万m^2。校内设有九大实训中心，拥有实践性教学所必需的各类实验室、实训室、实习工厂等130个，校外固定实习实训基地近400个。此外，学院还建有先进的智慧校园和交互式多媒体教学网。图书馆现有藏书70万册、电子图书60万册及各类专业期刊500余种。学院现有专兼职教师700余人，其中包括教授、副教授、高级工程师等200余人，“双师型”教师400余人，中青年教师中接受博士、硕士研究生教育的300余人。拥有国家级、省级教学团队7个，省部级教学名师、专业带头人、教坛新秀48人。此外，为切实推行理实一体化和工学交替人才培养模式，学院还积极构建多主体联合培养模式，建立了约400名企事业单位专家组成的“兼职教师库”。

（三）立足时代，放眼未来，勇立潮头

近年来，学院以地方技能型高水平大学建设、内部质量保证体系建设、“四年一贯制”应用型本科教育试点等改革建设为载体，创新校企深度合作、产教互动融合、行校紧密结合的人才培养模式。打造以工程应用技术为主体的专业特色，以水利行业为

基础的人才培养特色和以新发展理念为引领的办学治校特色。同时打造具有时代特征、水利特色、职教特点的全员全过程全方位人才培养体系。学院将以"中国特色高水平高职学校和专业建设"为新目标，以"全国水利优质高等职业院校及专业建设"为新契机，始终坚持新时代高等教育立德树人的根本任务，坚持以思想观念改革为先导、以教学改革为核心、以体制改革为关键，实现教育教学回归常识、回归本位、回归初心、回归梦想。全力实现"省内领先、全国一流、国际知名"三大目标，全力培养担当民族复兴大任的时代新人。

学院龙塘校区全景图

二、创先争优，实力铸就

（一）矢志发展，不断超越，勇攀高峰

学院是全国100所和全省3所国家示范性高职院校之一。2014年，经省发展改革委和教育厅批准，在全省高职中率先进行"四年一贯制"本科教育改革试点。在校本科生共600余人，首届共84名本科生已顺利毕业；2015年，经省教育厅批准成为全省首批16所地方技能型高水平大学建设院校之一；2016年，荣获安徽省文明单位；2017年，荣膺全国高职院校教学资源50强；2018年，获批全国优质水利高等职业院校建设单位。此外，学院还荣膺"全国高职高专人才培养工作水平评估优秀单位""国家高技能人才培养基地""全国水利系统文明单位""全国职业教育先进单位""全国水利行业高技能人才培养基地"、安徽省"三全育人"综合改革试点高校和安徽省"普通高校毕业生就业工作标兵单位"等多项荣誉或称号。

（二）科学定位，结构优化，内涵深厚

长期以来，学院始终坚持立德树人的根本任务，牢固坚持社会主义办学方向和正确的办学定位。始终正确处理好办学规模与质量效益的关系，改革、发展与稳定的关系，管理、服务、教学与育人的关系，全面素质基础与能力本位的关系，以及应用型人才培养与经济社会需求的关系。坚持"立足水利、面向社会，立足安徽、面向全国，立足当代、面向未来"，主动适应水利行业和区域经济社会的发展需求，已经形成以工程类工科专业为

主体的专业格局。目前普通全日制在校本科和专科生14000余人，成人教育在册生约4000人，综合规模约18000人。学院突出行业办学特色，按照“依托行业、融入行业、服务行业”的要求，通过“水安学院”等联合培养模式，与行业企业实现了“合作建设、合作育人、合作就业、合作发展”。根据水利事业和安徽经济社会发展的需要，建立了以水利工程、水资源与环境工程、建筑工程、机电工程等十大工程技术类59个专业。学院建校60多年来，共培养近10万余名专业技术人才，已经成为安徽水利事业和经济社会发展的基础力量和重要支撑。

（三）目标导向，路径明确，桃李满园

学院把创新创业教育注入人才培养全过程，围绕培养“厚基础、宽口径、高素质”的高技能人才的目标，实行以素质为基础，以能力为核心，以就业为导向，产学研结合的人才培养模式。积极通过辅修专业、通识教育、学分制度等努力完善技能型人才培养体系。办学60多年来，已累计培养各类专门人才10万余人，遍布于全国的20多个省（自治区、直辖市），奋战在水利、建筑、机电、电力、机械、市政、IT等各条战线上，成为安徽乃至全国经济社会发展的基础力量和重要支撑。毕业生就业率连续12年超过95%，始终稳居同类高校前列。自2008年以来连续荣获“安徽省普通高校毕业生就业工作标兵单位”称号。涌现了全国“五一”劳动奖章获得者、全国水利行业首批首席技师孙国永，全国优秀中国特色社会主义事业建设者、合锻智能股份有限公司董事长严建文等一批杰出校友，在不同岗位感恩母校、回报社会、报效国家，并不断让大学精神、道德风尚薪火相传。学院将始终围绕立德树人根本任务，坚持以习近平新时代中国特色社会主义思想和党的十九大精神为指引，以新发展理念统领发展全局，积极适应行业、区域经济和社会发展新需求，坚持示范引领、稳定发展规模，坚持特色办学、形成品牌优势，坚持立足行业、推进产教融合，坚持创新驱动、优化人才培养，坚持优质发展、提升办学水平，坚持深化管理、增强内生动力，不断提升人才培养和社会服务能力，全面开启“省内领先、全国一流、国际知名”的地方技能型高水平大学建设新征程。

2018届本科毕业典礼

三、特色鲜明、未来无限

（一）上善若水，徽风皖韵，文化兴校

作为水利行业院校，学院以习近平新时代中国特色社会主义思想和党的十九大精神为指导，深入学习领会习近平总书记关于加强和改进高校思政工作的重要论述，并全面贯彻落实全国高校思政工作会议精神。以立德树人为根本任务，以理想信念教育为核心，以社会主义核心价值观为引领，以全面提高人才培养能力为关键，以水文化和徽文化为底蕴，构建以“上善若水”为核心的特色校园文化。打造多层次、高品质水文化和徽文化交融的校园文化和特色人才培养模式，有效实现知识体系教育同思想政治教育的同向同行，构建新时代学院“三全”育人工作科学体系，努力培养德智体美劳全面发展的社会主义建设者和接班人。

（二）本科引领，工管结合，质量立校

学院设有 9 个二级学院和本科教育部、基础教学部、创新创业学院、马克思主义学院、继续教育学院等教学单位。并建有国家级精品专业 1 个、国家示范专业和教改试点专业 12 个、省级特色专业和综合改革试点专业 36 个，省级人才培养模式创新实验区 3 个，工程技术应用类专业达 90%以上。2014 年，学院按照省教育主管部门的部署，与合肥学院合作，积极开展土木工程与工程管理两个专业的“四年一贯制”本科层次职业教育的改革试点，努力探索并搭建职业教育人才成长的“立交桥”。为更好的服务区域和行业经济社会发展，有效促进技能型人才培养。学院与省建工集团、省水安集团、科大讯飞等企业合作，不断创新人才培养模式。如与省属特大型建工企业安徽水安集团合作组建了二级学院“水安学院”，以新的模式拓展校企合作办学思路，努力培养和造就更多的社会主义建设者和接班人。首届水安学院“国际班”学员已顺利毕业并奔赴“一带一路”沿线国家，积极服务“一带一路”建设。学院积极倡导实践育人，增强大学生在实践中发现问题、分析问题和解决问题的能力，积极推进工学交替人才培养模式创新，试点学分制改革和辅修

2017 年二级学院成立大会

专业制度，有效完善学生综合素质培养体系。积极组织师生参与“脱贫攻坚”行动，常年开展专业扶贫调查社会实践活动，增强学生的社会认知和实践能力，将社会责任教育、社会主义核心价值观的实践教育等全面融入到教育教学之中。积极组织学生前往水利实践基地开展体验式教学，让学生充分感知水利行业精神，培养为水利建设建功立业的决心和信心。

（三）深化改革，创新驱动，特色强校

学院不断深化教育教学改革。坚持以学生为本，强化思想教育和基础管理。建立健全的学生综合素质考评体系、学生管理工作考评体系、学生资助管理体系等综合管理育人体系，从而规范教育管理制度及运行机制。建立大学生事务中心，搭建了集教育、管理、服务于一体的全新学生工作平台，极大改善了服务学生的水平。通过狠抓养成教育，规范学生言行，督促文明行为养成，促进学生成长成人成才。编印《学生素质教育手册》，大力实施素质教育第二课堂，拓展素质教育渠道，提升学生职业素养和综合能力。大力推进院部特色文化建设，深入开展学雷锋、纪念“五四”青年节、评先与推优等专项活动。不断丰富社团文化，帮助学生树立正确的世界观、人生观和价值观。不断加大教科研建设力度和经费投入。积极组织国家级和省级教科研项目申报与建设。2009 年以来，获得各类教科研立项近 500 个，在全省同类院校中领先。获得国家教学成果奖等国家级奖项 3 项、省级教学成果奖 50 项。自 2005 年以来实施了每 5 年一轮的“校级教学质量工程”建设。10 年间，学院共立项研究、建设、表彰项目或人员 500 项（人次）。学院依托继续教育学院积极面向行业和社会开展函授教育和技术培训，成人函授规模由十年前的 300 人左右增长到目前的 3000 人左右。近三年累计培训 5100 人次。特别是对近 3000 名乡镇水利员进行脱产培训，有力地支持了基层水利职工队伍能力建设。充分发挥师资专业优势，积极开展技术创新、技术开发和技术服务。近 5 年取得了专利 100 余项，解决技术难题 100 余项；依托学院下属亚太公司和水利设计院，完成工程项目方案设计近 200 项，累计完成约 3000 万元产值；依托水利行业特有工种鉴定站和社会通用工种鉴定站开展技能鉴定，近 5

学生荣获全国职业院校技能大赛一等奖

年累计鉴定发证约 18000 人次；充分发挥国家示范院校辐射作用，近 5 年对口支援了 9 所省内外高职院校，并应邀到 100 余所省内外院校交流指导和挂职帮扶，接待约 200 所兄弟院校来院考察交流；充分发挥了“A 联盟”“江淮职教集团”牵头单位作用，积极组织成员单位探索区域“校校合作”“校企合作”体制机制的改革与创新，带动我省高职院校的整体发展。

四、典型案例

案例一：打造跨界融合平台，共建协同育人阵地

——安徽水利水电职业技术学院水安学院创建发展纪实

作为国家示范性高职院校，安徽水利水电职业技术学院深度打造校企合作和产教融合平台，与优秀企业共建协同育人阵地。学院充分发挥水利行业特色优势，创新校企合作、产教融合的新路径和新形式。2017 年 4 月，与安徽水安建设集团联合成立安徽水利水电职业技术学院二级学院“水安学院”，建立实施产教深度融合、校企紧密合作的体制机制。以实践育人理念为引导，以校企共建学院为载体，着力搭建合作育人平台，实现教育与产业、学校与企业的双向发力，构建了坚实的人才培养跨界阵地。目前，学院首批国际班毕业生 28 人已奔赴“一带一路”沿线国家，第 2 批近 200 名毕业生即将奔赴岗位，为“一带一路”倡议贡献青春和力量。

1. 致力于跨界服务“一带一路”宏伟构想

校企双方在传统的学科共建、人才培养、科学研发等合作方式上，联合开发了培训课程，向“一带一路”沿线国家提供高质量的毕业生。校企双方将通过合作培养，每年为水安集团输送 100 名毕业生，到该企业“一带一路”沿线国家项目部工作。同时，为非洲、中东、东南亚等“一带一路”沿线国家提供有针对性的师资培训，或派出资深教师到相关国家授课。从而建立跨国家、跨行业、跨学科的国际化人才培养和人力资源配置机制，深化产教融合创新发展，共同助力“一带一路”人才资源建设。

2. 致力于跨界落实“立德树人”根本任务

学院和企业在联合培养人才的过程中，注重把立德树人贯穿于人才培养的全过程。学院积极跟踪所属学生思想政治教育、学生党建、职业道德养成教育等情况，有针对性的开展工作。企业也通过邀请学生参与各种企业文化活动，让学生学习感受企业文化、精神和规章制度等。水安集团投入 100 万元用于教育教学改革，每年投入 10 万元专项奖助学金，奖励和资助贫困优秀学子完成学业。对于学生，尤其是贫困家庭出身的学生来说，学习时有补贴，学习后直接入职，既让学生吃了“定心丸”，又让学生懂得了感恩和回报。

3. 致力于跨界提升“人才质量”核心目标

学院与企业共同将企业中的实战课题，以项目的形式搬进课堂，真正跟上企业的节奏。围绕这一要求，水安学院专业人才培养方案，实现选拔与培养同步，实习与就业联体，构建了六个模块的课程教育方案，分别是：专业基础教育、通识教育、专业核心课程教育、校内外见习实践、专业拓展课程教育和课外素质能力拓展。旨在提高学生的人文素养、专业素质、实践能力和创新精神。

学院将按照习近平总书记在党的十九大报告中提出的“深化产教融合、校企合作”的要求，紧紧围绕立德树人根本任务和内涵式发展要求，继续创新人才培养模式和校企合作模式。更加注重学生综合素质特别是社会主义核心价值观的培育和践行，通过更加紧密深度的合作，为经济社会发展做出更大的贡献。

2018 年水安学院首届国际班结业典礼

案例二：构建“三维”思政格局，打造“三全”成长空间

——安徽水利水电职业技术学院“三全育人”大思政工作格局构建纪实

学院始终坚持以立德树人为根本任务，以“文明城市进校园”“校园科技文化艺术节”等专题活动为载体，把思想政治工作贯穿教育教学全过程，彰显高度、拓展广度、挖掘深度，全方位、全领域、全要素的打造学生成长空间，努力构建“大思政”工作格局。

1. 彰显高度，全方位构建思政工作体系

（1）始终坚持和加强党委全面领导。近年来，学院党委充分发挥党委领导核心作用，切实履行管党治党、办学治校主体责任，并出台实施了《加强和改进新形势下思想政治工作实施方案》，建立了党委统一领导、部门分工负责、全员协同参与的“大思政”工作格局和责任体系。

（2）时时围绕立德树人根本任务。积极开展“师德师风与教风学风建设”和“十大优秀教师”“十大优秀教育工作者”“十大优秀辅导员”评选，引导教师切实担负起立德和树人的双重使命。学院党委制定了《党政领导干部联系班级制度实施方案》，全体院领导和中层干部每人联系一个班级，参与班级建设与管理，成为学生和辅导员的良师益友。

（3）处处彰显文化育人基本功能。2014 年以来，学院常态化开展“文明城市进校园”专项活动，全方位加强优美环境和文化建设。学院在连续 15 年获得省直文明单位荣誉称号的基础上，被评选为第十一届安徽省文明单位。

2. 拓展广度，全领域搭建思政工作载体

（1）筑牢思想阵地。学院始终坚持对师生的理想信念教育，利用“江淮讲坛”平台，邀请知名专家学者进校宣讲，积极拓展思政工作“大讲台”。通过“科技文化艺术节”“校

园读书月”等活动积极倡导正能量，有效发挥社团的示范引领作用。

（2）创新网络领地。学院不断适应各类网络媒介的发展与变迁。积极利用微信、微博等微媒体及各类思政工作专题网站，策划主题宣传近百个，牢牢把握思政工作新领地。

（3）铸就文化高地。学院致力打造人文、平安、节约、和谐“四个校园”。作为水利行业院校，学院以水利行业精神为引领，以水文化和徽文化为底蕴，构建以“上善若水”为核心的特色校园文化。打造多层次、高品质学习型组织和书香校园。

3. 挖掘深度，全要素优化思政工作环境

（1）课程育人有人气。学院在省内高职率先成立马克思主义学院，积极构筑立体式、精品化思政课教学体系，实现了知识传授、能力培养与价值塑造三位一体的统一。学院党委班子全体成员带头上讲台宣讲形势与政策，摆事实，讲道理，让学生真心接受，增强“四个自信”。

（2）实践育人接地气。学院与省建工集团、省水安集团等企业合作，不断创新人才培养模式，以新的模式拓展校企合作办学思路。积极组织学生前往水利实践基地开展体验式教学，让学生充分感知水利行业精神，培养为水利建设建功立业的决心和信心。

（3）文化育人扬风气。积极发挥校史馆等场馆和淠史杭灌区等校外实践基地的育人功能，将社会主义核心价值观浸润于师生心灵。积极打造开学典礼、颁奖典礼、毕业典礼的仪式感，增强学生的归属感、集体感和荣誉感。近年来，校园安全稳定、环境整洁，且师生举止文明、充满活力。

学院在 66 年办学历史上，培育了一大批献身国家建设，特别是水利建设的先进模范人物。涌现了“全国优秀中国特色社会主义事业建设者”、合肥合锻智能制造股份有限公司董事长严建文等一批杰出校友，在不同岗位感恩母校、回报社会、报效国家。不断让大学精神、道德风尚薪火相传。

校园科技文化艺术节汇报演出

春华秋实满甲子　润德育人绘新篇

——长江工程职业技术学院

一、综述

长江工程职业技术学院是一所以水利为特色的公办全日制高等职业技术学院，也是湖北省人民政府直属的25所高校之一。学校前身为始建于1959年的长江工程大学（办学地点在武汉），1972年停办。1974年11月，学校从武汉市搬迁到赤壁市（原蒲圻市）并恢复建校，定名为长江水利水电学校。1982年3月，成立了长江职工大学。2003年5月，改制更名为长江工程职业技术学院。2004年6月，学校从水利部划转湖北省管理。2008年9月，学校整体从赤壁市迁入武汉新校区办学。2009年9月，丹江口职工大学进入学院。

学校位于湖北省武汉市江夏区文化路9号，校园占地面积500余亩。学校面向全国20多个省（自治区、直辖市）招生，现有全日制在校生人数9000余人，教职工400余人。

长江工程职业技术学院新校区鸟瞰图

学院设有水利与电力学院、测绘与信息学院、机械与电气学院、城市建设学院、经济管理学院、继续教育学院、马克思主义学院，以及公共课部共8个教学（培训）单位。现已开设40个专业。

学校始终坚持立德树人的根本任务，大力弘扬“修德、砺志、精艺、博学”的校训精神，坚持“立足水利、服务湖北，产教融合、校企合作，质量立校、人才强校，为生产、建设、服务和管理一线培养负责求实、吃苦耐劳、基础牢固、技能过硬、身心健康的高素质技术技能人才”的办学定位。建校以来，已为全国水利水电系统、国家测绘系统、建筑系统、铁路系统、地矿系统、中国黄金集团、武警水电部队等行业企业培养了3万多名中、高级管理人才和专业技术人才。

以60年的办学历史为基础，经过十余年高职教育的发展，特别是“十二五”“十三五”期间推进跨越发展、特色发展，学校整体水平不断提升。2010年通过教育部人才培养工作评估，2015年被确定为全国水利职业教育示范院校，2016年被确定为全国首批水利行业高技能人才培养基地，2018年被确定为全国优质水利高等职业院校建设单位。

“十三五”期间，学校坚持一心一意谋发展，聚精会神抓内涵，全面深化综合改革，全面推进依法治校，全面落实从严治党要求，以立德树人为根本任务，以服务发展为宗旨，以促进就业为导向，以办人民满意的高等职业教育为出发点和落脚点，着力构建“三全育人”工作新格局。大力推进内部质量诊断与改进工作，建立健全的内部治理结构，并不断提升办学治校能力，进一步提高人才培养水平。为建成湖北省高水平高职院校、全国优质水利高等职业院校而努力奋斗。

二、发展历程

1959年，根据周恩来总理关于机关办学的指示精神，为适应长江水利水电建设事业发展的需要，经水利电力部批准，在湖北省武汉市建立了长江工程大学。直属长江流域规划办公室（简称“长办”）领导，首任校长是林一山同志（时任长江流域规划办公室主任）。长江工程大学按半工半读原则，实行机关与学校相统一，教育与生产劳动相结合的教学方法，使教育质量得到了保证。

“文化大革命”期间，学校处于瘫痪状态。1972年4月，根据上级指示，长办临时决定撤销长江工程大学；1974年11月，学校在湖北省赤壁市（原蒲圻市）恢复建校，定名为长江水利水电学校；1982年3月，为了有计划地提高职工的科技水平，建立正规的职工教育制度，成立了长江职工大学。

原长江水利水电学校、长江职工大学校址

长江职工大学与长江水利水电学校均隶属水利部，由长江水利委员会主管。实行两块牌子、一套班子、两个层次、统一管理的“两校一体”的组织体制。

学校创办初期，主要为长江水利委员会（原长江流域规划办公室）培养中专和大专科技人才。20世纪80年代后，学校党组织领导全校教职工艰苦奋斗，勤俭建校，大力改善办学条件。深化内部改革，发展学校规模，提高教育质量，得到了上级党政组织和社会的承认。被认定为省部级重点中专，先后获得全国水利行业职工教育工作先进单位、全国水利行业职工教育优秀单位、长江水利委员会文明单位、湖北省中专绿化先进学校等荣誉称号。

2001 年 3 月，学校由省部级重点中专升为国家级重点中专。2003 年 5 月，经湖北省人民政府批准，教育部备案，学校由成人大专学校和普通中专学校升为普通高等职业技术学院，并改制更名为长江工程职业技术学院。

2003 年 12 月，经湖北省发展改革委同意，学校在武汉按 8000 人规模建设新校区。2004 年，开始着手新校区的建设。

2004 年 6 月，湖北省人民政府作出《省人民政府关于长江工程职业技术学院变更管理体制有关问题的批复》（鄂政函〔2004〕98 号），明确了学校由水利部划转湖北省管理，归口湖北省教育厅管理。

2008 年 9 月，学校整体从赤壁市搬迁至武汉校区办学。2009 年 6 月，始建于 1979 年的丹江口职工大学整体进入学院。

三、教育成效

（一）创新体制机制，增强办学活力

学校重视章程的制定和实施，新章程自 2017 年 1 月 20 日起实施，为学校推进民主办学、坚持依法治校、提高管理水平提供了有力的制度保障。推进“改系设院”改革，将原来的“七系五部”调整为“七院一部”，使二级学院的办学主体功能得到了强化。健全和完善了全员育人机制，建立了“以教师全员参与为标志的一体化育人体系”。以抓好专业研究室设置和建设为抓手，推进专业建设实体化。

（二）创新培养模式，加强专业建设

学校形成了特色鲜明，服务水利行业，对接区域支柱产业和战略性新兴产业的专业体系。现已开设专业 40 个，其中有全国水利职教示范专业 2 个、中央财政支持重点建设专业 2 个、全国优质水利建设专业 1 个、湖北省高职教育重点专业 2 个、品牌专业 1 个、特

长江工程职业技术学院参加第十一届全国水利职业院校
“蜀水杯”技能大赛荣获佳绩

色专业2个，立项建设品牌专业1个、特色专业2个、省级现代学徒制试点专业2个。此外，学校还建有95个校内实训基地以及142个校外实习基地。其中包含中央财政支持建设实训基地1个、湖北高校省级实习实训基地1个、全国水利类重点专业优秀实习实训基地1个。学校重视人才培养方案的制定，2009年以来，每年修订一次。此外，学校还大力加强教材建设。2009年以来，共有170余部教材入选行业和全国优秀教材。同时高度重视职业技能竞赛工作，打造了“校级‘长江之星职业技能竞赛’——省部级职业技能竞赛——国赛”立体式职业技能竞赛平台。近年来，学生在各级各类职业技能竞赛中屡获佳绩，其中学校在2017年第十一届全国水利职业院校“蜀水杯”技能大赛中的5个赛项中均获得奖项，创下了参赛11年来的历史好成绩。

（三）引进培养并重，加强师资建设

学校全面落实人才强校的战略精神，坚持引进和培养并重，加强师资队伍建设。专任教师队伍结构不断优化，现有专任教师278人，其中教授13人，副教授83人。专任教师中，博士学位占比2.52%，硕士学位占比52.88%。大力推进“双师型”教师队伍建设，制定了《双师素质教师培养与管理办法》。目前，专业专任教师中，“双师型”教师占比60.56%。不断加强兼职教师队伍建设，聘请了以水利部原副部长蔡其华为代表的众多知名专家担任兼职教授，并累计聘请全国水利行业首席技能导师3人，楚天技能名师17人。大力加强水利职业教师队伍建设，现有全国水利职教名师3人，水利职教新星4人。学校大力加强师德师风建设，多措并举开展师德师风建设活动。不断增强广大教师教书育人的荣誉感和责任感，涌现出了“荆楚好老师”伍艳丽、全国水利职业院校优秀德育工作者张争等一批优秀教师。

长江工程职业技术学院“荆楚好老师”伍艳丽（右三）

（四）坚持质量兴校，提高培养质量

学校以培养高素质技术技能人才为己任，积极探索新形势下的人才培养质量保证制度。建立了学校、二级学院、专业三级质量保证机构。质量工作领导机构实行“双组长”制度，由书记、校长担任领导小组组长。学校出台了内部质量保证体系建设方案，通过五纵五横的格局将学校所有单位、部门，及全体师生员工纳入质量保证体系。学校高度重视诊断与改进工作，建立了各级各类目标链与标准链。学校建立了考核性诊断机制，考核结果与绩效挂钩。从制度上引导各单位、部门强化质量意识并提高工作质量。

（五）重视信息化建设，提高信息化水平

学校高度重视信息化建设，成立了网络与信息安全领导小组及信息化建设领导小组，制定了《“十三五”信息化建设规划》和《信息化建设管理办法》。基本建成覆盖全校（除学生宿舍外）的校园无线网络，以及万兆核心主干、千兆到桌面的校园有线网络。拥有多媒体教室92间，教学用机房21间，录播教室1间，并建有视频监控中心、网络中心机房等。建成了包括学校网站群管理系统、财务系统、教务管理系统、图书管理系统、校园一卡通系统、校园视频监控系统、电子邮件系统、三大平台（统一门户、统一登录、统一身份认证）、综合学工系统、移动校园平台、资产管理系统等多个管理信息系统。学校信息化建设覆盖学校教学、科研、管理、服务各领域，基本建成了统一的数据中心。学校教职工的教学信息化应用和操作水平得到了显著的提高。

（六）改善办学条件，提升保障能力

为了学校的长远发展，2008年9月，武汉新校园建成，学校整体回迁武汉办学。进入武汉办学后，办学经费由1978年的36万元增长到2018年的14651万元。2018年生均财政拨款已达13104元，有力保障了学校教育事业发展。学校重视基础设施建设，师生学习、工作、生活具有良好的条件保障。学校现有固定资产62412.39万元，其中教学、科研仪器设备资产值达到5515.71万元，信息化设备值达到1908.84万元。学校办学实力显著提升的同时，教育保障能力也有了大幅提升。

（七）推进产教融合，强化校企合作

学校坚持校企合作、产教融合、工学结合。2008年11月，加入中国水利职业教育集团。2013年5月，参加了由44家单位组成的湖北水利水电职业教育集团。此外，学校还加入了湖北交通职业教育集团、湖北物流职业教育集团、武汉电子信息职业教育集团等。2017年，学校与武汉市地铁集团有限公司合作举办“地铁订单班”，采取订单式培养，学生毕业后直接在武汉地铁集团就业。2018年，学校与上海宏信设备工程有限公司共同开设“宏信订单班”，并设立“宏信设备”专项奖学金。学校与长江水利委员会陆水试验枢纽管理局、上汽通用汽车有限公司、深圳康冠科技集团等100多家单位建立了战略合作关系。

（八）加强院校合作，拓展国际交流

学校注重交流合作，与全国水利职业院校和湖北省内高职院校建立了多层次、多领域的常态化交流合作机制，并与通山县职教中心建立了对口帮扶关系。学校持续开展了国际交流合作，与马来西亚吉隆坡建设大学、奥地利布劳瑙高等职业学校、中国台湾东南科技大学、侨光科技大学建立了常态化合作关系。近年来，已有五批次20余名教师赴新加坡、澳大利亚、德国、英国、加拿大等国家进修学习交流。2014年7月，首批国际班学生顺利前往吉隆坡建设大学深造。

（九）重视文化建设，打造文化品牌

学校重视特色校园文化建设，着力打造兼具长江特色、职业氛围浓厚的校园文化。连续举办了四届“长江韵”水文化节。此外，学校还积极开展丰富多彩的文体活动，连续9

年承办“汤逊湖杯”武汉高校社团乒乓球赛，成为武汉高校中规模最大的学生社团乒乓球赛。博林读书协会顺利建成全省“青年书香号”。学校重视实践育人，被评为全国大中专学生“三下乡”社会实践活动优秀单位。

（十）担任民间湖长，助力生态文明

2017年3月，经武汉市湖泊管理局批准，学校水利与电力学院志愿者协会以团体名义成功获聘汤逊湖民间湖长。担任湖长以来，组织开展了湖泊保护志愿服务活动40余次，并向湖泊管理部门反映问题20个，提出建议49条，协助开展活动30余次。2018年，学校水利与电力学院志愿者协会被知名环保志愿组织武汉绿色环保服务中心评为绿色江城“十佳环保”合作伙伴。

（十一）坚持立德树人，落实“三全育人”

学校大力推进新形势下宣传思想工作及德育工作改革创新，着力构建学校、院部、专业三个层面的整体联动，具有学校特色、院部特点和专业个性的育人体系，思想政治工作成效显著。多名同学荣获“中国大学生自强之星”提名奖、我为核心价值观代言——最美新生、新长征突击手等荣誉称号。学校重视思政课改革，发挥思政课在思想政治工作中的主渠道作用，不断增强课堂的针对性和吸引力。

四、典型案例

案例一：以水润德，用水育人，打造“长江韵”水文化节特色育人品牌

“染于苍则苍，染于黄则黄”，校园文化环境对学生良好品行起着潜移默化的作用。作为一所历史悠久的水利院校，学校始终坚持水利办学特色。以“水”为载体，充分挖掘水文化与思想教育的关系。坚持以水润德、用水育人，着力将“长江韵”水文化节打造成育人成效明显、具有校本特色的育人文化品牌。

1. 以特色活动为载体营造水环境保护氛围

“长江韵”水文化节按照“三环一心”思路，通过开展“世界水日·中国水周”主题宣传活动、“爱我百湖，保护汤逊湖”湖泊保护志愿活动、“知水、爱水、节水、护水”城市节约用水宣传周活动，以及世界环境日宣传活动等系列特色活动。将“世界水日”“中国水周”、城市节约用水宣传周、世界环境日串联起来，形成了强大声势，产生了广泛影

“长江韵”水文化节——爱我百湖，保护汤逊湖活动

响，辐射到了周边高校、社区、村居，得到了武汉市水务局、江夏区水务局，以及环保局的充分肯定。营造了浓厚的水环境保护志愿服务氛围，广大学生参加湖泊保护志愿服务的积极性明显增加。

2. 以志愿精神为引领构建湖泊保护公益活动机制

在举办“长江韵”水文化节期间，学校志愿者协会大力弘扬志愿服务精神。坚持以志愿精神为引领，积极与在汉公益组织和汤逊湖地区高校志愿服务组织开展交流合作。积极争取湖泊管理局、团委有关部门支持。主动加强与江夏环保协会、武汉“绿色江城”环保协会等在汉公益组织和汤逊湖地区高校志愿服务组织的联系，积极争取行业企业的技术和设备支持。持续开展系列湖泊保护志愿服务活动，壮大了湖泊保护志愿服务队伍，推动了湖泊保护志愿服务资源的进一步优化。形成了“政、校、社”合作联动的湖泊保护公益活动机制。

3. 以湖泊文化为抓手搭建校园特色文化育人载体

学校以汤逊湖环保志愿服务活动为抓手，以举办“长江韵”水文化节为载体，形成了独具水文化特色的校园文化氛围，使得校园文化建设成果累累。培育了一批湖泊保护志愿服务组织，成立了“汤逊湖”环保志愿服务队，成功申报了武汉市“汤逊湖”民间湖长。湖泊保护志愿服务品牌也在逐渐形成，学校选送的项目《保护汤逊湖湿地行动》在第三届“都市环保杯”环保创意大赛高校公益行动评选活动中荣获优秀奖，志愿者宋学胜荣获“武汉绿色江城——十佳环保伙伴”称号。

秉承近六十年的办学历史，在原来水文化建设的基础上，近年来，学校大力打造独具水文化特色的育人品牌。自 2016 年以来，“长江韵”水文化节已连续举办四届，水文化特色教育已成为了学校专业教育之外校园文化辅育的至重追求。

案例二：聚焦学生成长成才，构建“三全育人”新体系

为深入学习贯彻习近平新时代中国特色社会主义思想和党的十九大精神，认真贯彻落实全国全省高校思想政治工作会议精神，增强大学生思想政治教育的实效性，学校务实创新，切实推动“全员、全过程、全方位”育人体系建设，逐步形成“三全育人”工作格局。

1. 高度重视，做好“三全育人”的顶层设计

学校高度重视学生思想政治教育工作，党委会定期研究思想政治教育工作。领导班子成员定期对各二级学院思想政治教育工作进行调研，不断研究和探索适合我校实际的工作机制。

学校相继出台了《关于进一步加强和改进新形势下思想政治工作的意见》《班级责任制实施意见（试行）》《教师育人工作量认定和管理办法（试行）》等系列文件。二级学院结合自身实际制定了符合学院实际的“三全育人”事业发展规划和人才培养方案。这些文件规划的出台，从校、院两个层面对“三全育人”工作做出了顶层设计，为后续工作的开展指明了方向。

2. 夯实基础，深化“三全育人”班级责任

学校以班级为基本单元，全校每个班级成立以班主任为核心，专业研究室主任、辅导员、职业导师、阳光导师共同参与的班级育人团队，共同抓好班级建设。班主任作为班级责任主体统管班级微观层面的工作实施；专业研究室主任通过师生交流会、专题讲座、专题研讨会等形式开展专业规划；辅导员负责学生思政教育体系的顶层设计、组织协调和业务指导；阳光导师开展系列户外素质拓展和社会实践活动；职业导师以专业和就业引导为主开展职业教育和咨询服务、顶岗实习指导工作。

3. 量化任务，激发全体教师的育人热情

学校将德育工作纳入教师工作基本内容。针对育人团队成员，通过一定的量化考核来明确工作要求。考核结果与承担育人工作教师的奖励性绩效、职称晋升等挂钩，从而夯实班级工作责任，打牢“三全育人”工作基础。

4. 多方联动，逐步形成“三全育人”格局

坚持社会主义办学方向这一面旗帜管总，坚持完善“三全育人”格局，坚持教师和学生两大群体并进，建立学校党委、院（部）党组织、基层党支部三级联动工作机制。加强思想政治工作队伍建设，推行班级建设管理责任制，构建“大思政”工作格局。建立全员参与机制，构建学校侧重通识、院（部）侧重行业、专业研究室侧重职业，辅导员跟踪服务、协调指导，班主任主导实施，班级职业导师、阳光导师等育人团队深度参与，各方齐抓共管的班级管理新模式。确定了“五位一体”育人体系，明确了各育人主体的职责和实施办法。

学校通过积极构建“以教师全员参与为标志的一体化育人体系”，全面统筹教育教学各环节、人才培养各方面的育人资源和育人力量。从体制机制完善、项目带动引领、队伍配齐建强、组织条件保障等方面进行系统设计。从宏观、中观、微观各个层面一体化构建育人工作体系。实现各项工作的协同协作、同向同行、互联互通。真正使我校的思想政治工作更好地适应和满足学生成长诉求，时代发展要求和社会进步需求。

水利梦、中国梦：“长江工院”道德大讲堂邀请优秀校友讲述水利精神

上善若水　学竞江河

——重庆水利电力职业技术学院

一、综述

学院成立于1964年，并于2004年由重庆市政府批准升格为高等职业院校，由“重庆市水利电力学校”更名为“重庆水利电力职业技术学院”。学院以“上善若水　学竞江河”为训。经过50余年的不懈奋斗，成功创建了国家级高技能人才培训基地、教育部现代学徒制试点单位、全国高等职业院校体育工作“一校一品”示范基地、全国水利高等职业教育示范院校、全国水利优质高职院校建设单位、重庆市级骨干高职院校、重庆市优质高职院校建设单位、重庆市文明标兵、重庆市依法治校示范校、重庆市博士后科研工作站、重庆市大学生就业示范中心，重庆市大学生创业示范基地和重庆市创业孵化基地。学生就业率年均保持在98%以上，用人单位满意率达到97%以上，赢得了“水电人才摇篮”的美誉。

学院新校区鸟瞰图

“十三五”期间，学院紧紧抓住国家高度重视职业教育、高度重视水利发展、高度重视重庆经济发展的三大历史机遇，立足永川、服务重庆、面向西部、辐射全国，坚持教学和科研并举，实施“稳定规模，强化内涵，突出特色，文化引领”四位一体同步推进的发展战略，力争达到国家级示范高职办学水平，成为西部领先、全国有影响的水利类高职院校。

学院2012年完成新校区整体搬迁，新增校园面积741亩，总占地面积936亩。建有校内外实习基地296个。实验实训设备总值7500万元，藏书近60万册。

学校开设专业44个，其中12个专业在全市属唯一设置。建成市级教改试点专业1个，水利部示范专业2个，市级骨干专业4个。开设56项继续教育培训项目，具有职业技能鉴定工种70个。面向水利行业及地方年开展职后培训6000人次以上。

面向全国26个省市招生，全日制在校生达9300余人。教职工530余人，其中教授、副教授111人，具有博士学位的32人，双师素质教师155人。

近5年全国1388所高职院校2013—2017年在CNKI期刊共计发文418456篇，校均5年发文总数301篇，学院发文总数1145篇。其中，EI期刊论文总数11篇，居全国第6名，重庆市第1名；北大中文核心期刊论文总数249篇，居全国第22名，重庆市第5名。建成国家级教学资源库2个。近三年，在校学生参加国家级、部市级职业技能大赛，获特等奖3项，一等奖10项，二等奖38项，受到市级以上表彰260余人次。参加市级以上文体活动获集体荣誉30余项及个人奖项200余项。

面向水利行业及地方年开展职后培训6000人次以上，年完成科研合同金额500余万元。与地方共建市民学校5所，开放运动场所，年均开展行业宣传、环保宣讲、尊老扶幼等社会服务30余次。

二、发展历程

1964年7月，四川省批准建立的“江津专区水利电力职业学校”为学院前身。在“文化大革命”运动前创办、“文化大革命”运动中停办、“文化大革命”运动即将结束时“复学”以及新世纪初升格为省级重点中专，进而升格高职的发展历程中，学院先后五易其名。从“江津地区半工半读水利电力学校”到“江津地区水利电力学校”，从“永川地区水利电力学校”到“重庆市水利电力学校”，再到“重庆水利电力职业技术学院”。此外，学校还前后四易其址。从借用校舍到租用仓库，从粽粑水库到昌州大道，筚路蓝缕，以启山林。反映了学院在时代变迁中不畏艰辛、奋勇向前的发展历程。

改革开放，开启了新中国建设发展的新篇章，学院也开始走上发展的正轨。

1976年，学院搬迁至永川，告别了借用、租用场地办学的历史，真正拥有了属于自己的校园。是年，录取了“文化大革命”运动结束后首届学生。水利工程建筑和农村水电站及电力网两个专业春季（即七七级）招收共80人，秋季（即七八级）招收共100人。

1998年的学院大门

1997年，重庆直辖市成立。是年，学校拥有教师75人，其中高级讲师7人，讲师22人。开设水利水电工程建筑、水电站电力设备、工业与民用建筑、企业供电、计算机及应用、电子技术应用、建筑装饰、水政及水资源管理和计算机通信9个专业。

2000 年，重庆市教委组织专家组对学校进行市（省）级重点中专办学水平评估，学校以第一名的评估成绩顺利通过。

2004 年，学校顺利通过由重庆高校院校设置委员会派出的专家组对学校申办重庆水利电力职业技术学院办学条件的考察评估。同年 4 月，经重庆市人民政府同意批准并报经教育部备案后，重庆水利电力职业技术学院［普通高等职业（专科）学院］正式成立。

2009 年，学院顺利通过第一轮人才培养工作评估。

2011 年，学院接受全国水利高等职业教育示范院校建设单位遴选专家组的检查，成为全国水利高等职业教育示范院校建设单位。

2012 年，完成新校区搬迁，新增校园面积 741 亩，总占地面积 936 亩。是年，学院被确定为重庆市骨干院校立项建设单位。

2012 年的学院大门

2015 年，学院顺利通过全国水利高等职业教育示范院校建设验收及第二轮人才培养工作评估。

2016 年，学院获批市级就业示范中心、市级博士后科研工作站、市级众创空间、市级高校众创空间、市级首批创新创业“双百”示范建设单位等荣誉。

2017 年，学院通过了重庆市骨干院校建设验收，跻身全市骨干高职院校行列。

2018 年，学院成功入围重庆市优质高职院校建设单位，步入优质高职院校建设新阶段。

三、教育成效

改革开放 40 年，学院准确把握全国全市发展的大好形势，紧紧抓住国家高度重视职业教育、高度重视水利发展、高度重视重庆经济发展的三大历史机遇，励精图治，奋发有为。实现了由小到大、由弱到强的历史性突破，使事业发展迈上新台阶。

（一）着力战略谋划，坚定发展方向

一是明晰办学定位。凝练了“以特兴校，以用立教，以德树人”的办学理念。二是精

心制定发展战略。遵循职教规律，提出坚持教学和科研并举，实施“稳定规模，强化内涵，突出特色，文化引领”四位一体同步推进的发展战略。三是深入推进综合改革。通过坚持以改革谋发展、促发展，围绕体制机制建设重点，创新校企合作办学模式，优化专业布局，完善人才培养机制，改革人事分配制度等，不断增强办学活力。四是全面推进依法治校。形成以《学院章程》为统领的系统完备的制度体系，师生法治观念明显增强。建成“全市依法治校示范校”。

（二）着力基础建设，完善发展条件

一是校园条件大幅改善。新增校园面积 741 亩，总占地面积达 936 亩。新校区建筑面积 23.8 万 m^2。教学科研仪器设备达到 6000 余台套，总值超过 7000 万元。校园总资产突破 7 亿元。二是实训基地不断拓展。建设校内工程实训中心 90 个，实训场地 7.1 万 m^2，实训工位数 5544 个。建设校外实训基地 171 家，实训工位数 6120 个。建成全国水环境监测与治理技能竞赛重庆选拔赛点。三是图书资源不断增加。馆藏纸质图书达到 56 万册，电子图书增加到 32 万册。资源库持有量在全市高职院校中名列前茅。

（三）着力教学中心，提升发展水平

（1）优化专业结构。构建“一特一优三支撑、八大门类协同发展”的专业结构布局。开设的 47 个专业中有 12 个专业属全市唯一设置。具有国家级、省部级品牌、特色的专业共 33 个，占专业总数的 70%。承担国家级教学资源库建设项目 2 个，实现全市零的突破。建设市级精品在线开放课程 5 门，市级教学资源库 3 个。

（2）创新人才培养模式。构建“1+1+1”人才培养模式，将思想政治教育、职业道德、工匠精神、创新创业教育贯穿人才培养的全过程。强化专业与产业对接，课程内容与职业标准对接，教学过程与生产过程对接，毕业证书与执业资格证对接，从而适应经济发展和产业升级需要。

（3）加强职业技能竞赛。完善国家级、市级技能大赛培训和选拔机制，将职业技能竞赛与人才培养紧密结合，实现学生专业技能和专业素质同步提高。获国家级、部市级职业技能大赛特等奖 3 项，一等奖 15 项，二等奖 38 项，三等奖 58 项，受到市级以上表彰 1000 余人次。

（4）加强师德师风建设。鼓励教师热爱教学、研究教学、提升教学、发展教学。围绕师德师风建设，提升教师思想素质，积极引导教师争做“四有”好老师。

（5）完善内部质量保证体系。以诊断与改进为手段，建立与完善质量保证组织、目标、标准和制度体系。加强校本状态数据平台建设，形成全要素网络化的内部质量保证体系。基本建立起完整的自我质量保证机制，激发了重视质量、保证质量、创造质量、享受质量的内在动力。

（四）着力学生主体，厚植发展优势

（1）加强学风建设。出台“一课四责”“一室四责”“一考三责”制度，搭建“四级七维三测评”的大学生素质拓展平台，有效促进学风的根本好转。学生上课出勤率高达 99%。

（2）强化实践能力培养。优化课程理实一体化设计，提高实践教学比例，提升实训室利用效率。积极开拓校外实训基地，鼓励学生到企业顶岗锻炼。积极开展社会实践，支持科技类社团发展，激励学生在丰富生活的同时提高实践技能。

（3）拓展综合素质。进一步加强学生人文素养、职业精神、管理能力和社会适应能力的培养。探索实践“四课堂协同育人”模式，并独立开发设计了“1＋X＋0”综合素质考核管理系统，实现学生综合素质的全面提升，获得了市级教学成果三等奖。

（4）加强创新创业教育。新建 3800m^2 创业孵化园，搭建了“思想引领、创业教育、科技研发、创业体验、创业训练、创业培育、企业孵化、创业服务”的八位一体创新创业育人平台，为创新创业营造了良好的环境，并荣获了国家级创新创业大赛二等奖 2 项，市级一等奖 18 项。五是提升就业质量。加强就业指导，提高生涯规划和就业指导课程质量，拓展就业基地，全面提高毕业生的就业竞争力。学校毕业生就业率连续六年保持在 98％以上，专业对口率 85％，用人单位满意率 97％，被评为重庆市就业工作先进集体、重庆市大学生就业示范中心。

（五）着力人才强校，夯实发展基础

一是提升教师队伍能力水平。大力实施学历提升计划、职称助推计划、拜师结对计划、名师培养计划、双师建设计划等，改善师资队伍结构，提高整体能力和综合素质。培养全国水利职教名师、教学新星 9 名，重庆市优秀、骨干教师 10 名。造就了一大批专兼结合、素质优良的专业带头人和教学科研骨干力量。二是加大高层次人才队伍建设。强化高层次人才引进，注重从数量增长向结构优化转变。多渠道、多层次引进“高、专、精”人才，重点充实特色专业、重点专业的师资力量。加强高层次人才培养，建设“教授工作室”“名师工作室”25 个，充分发挥高层次人才帮带作用，带动教师队伍快速成长。目前学院教授、副教授达到 108 名，博士达到 34 名，双师教师达到 155 人。

（六）着力科研服务，增强发展后劲

一是科研平台广泛拓展。加强众创空间、水文科普展览室等行业特色技术技能平台建设，成立重庆市水利科学研究中心。获批市级博士后科研工作站，建成永川科普教育基地等 10 个示范基地。二是研究成果更加丰硕。承担国家级社科基金项目 1 项，省市级科研项目 75 项，承接技术服务项目 79 项。教师公开发表论文 2000 余篇，核心期刊论文 340 余篇，出版著作 20 部，授权专利 214 项。三是服务行业扎实有力。为行业培养技术技能人才 2 万余人，承担省市级涉水项目 31 项。牵头开展的“重庆市农村基层服务体系建设研究”成果被全市水利系统吸纳采用，并得到市领导肯定性批示，获得了全国水利发展研究三等奖。广泛开展 6 大类、56 项继续教育培训和职业技能鉴定服务，达到 3 万余人次，为行业及区域经济社会发展提供了人才和智力支撑。

（七）着力文化引领，营造发展氛围

一是文化根基不断夯实。坚持以文化人，丰富“一训三风”和校园文化标识内涵，赋予环境文化元素。使之成为师生共同的价值追求、思维方式和行为标准。获重庆市文明单位标兵和全国水利院校校园文化建设成果一等奖。二是文化研究不断深入。坚持水文化特色，成立全市首个水文化研究会，并创办了《巴渝水文化》期刊，促进了水文化发掘、保护、建设以及流域经济社会可持续发展。三是文化活动不断丰富。组建学生社团 46 个，举办“上善大讲堂”“大学知道”等中华传统文化知识讲座 200 余场。获市级以上文艺比赛活动集体荣誉 50 余项。四是文化影响不断扩大。开展“世界水日”“中国水周”等宣传活动，在全社会进行节水、爱水、护水、亲水教育。面向全国举办“巴渝水文化论坛”，积极参与市职教宣传周活动，深入社区宣传职教精神，学院文化影响力得到进一步提升。

（八）着力安全稳定，筑牢发展底线

一是切实增强安全稳定意识。始终将师生生命财产安全放在第一位，牢固树立抓安全稳定就是抓政治、抓大局、抓发展的意识。坚持常抓不懈，久久为功、驰而不息。二是建立安全稳定工作长效机制。坚持“党政同责、一岗双责”，健全完善安稳工作制度和突发事件处置预案编制，有效构建安稳工作运行长效机制。三是加强安全稳定“三防”建设。建立安稳应急指挥中心，实现校园监控全覆盖。加强校园安稳巡查，确保了校园整体安全稳定。

四、典型案例

案例一：搭建“六位一体”创新创业育人平台，形成系统完善的创新创业育人体系

为解决当前高校创业孵化基地功能单一、空置率高等问题，学院加强了顶层设计和统筹规划，凸显以基地育人功能为核心的理念，打造了集思想引领、创新创业教育、创业训练、创业体验、项目孵化和创业服务“六位一体”创新创业平台，为大学生创新创业提供良好的条件支撑。

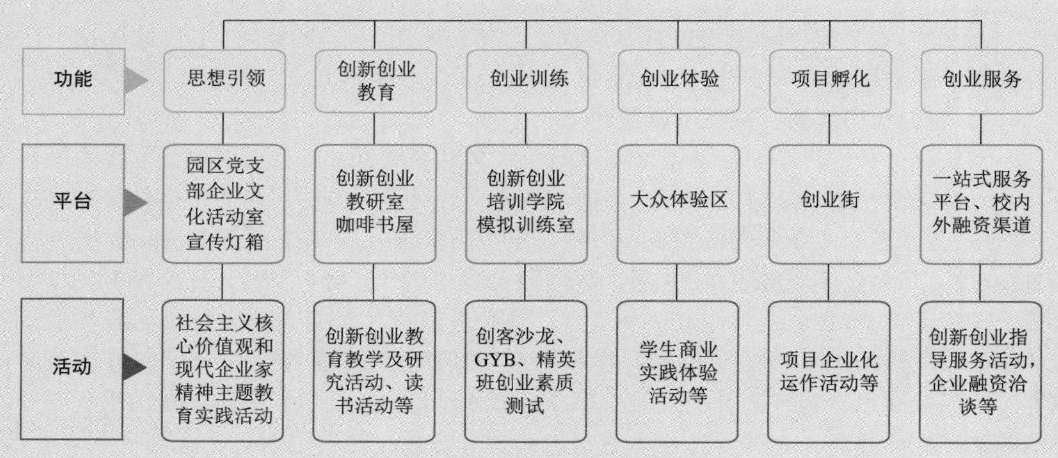

“六位一体”全方位育人平台

1. 强化思想引领

将创业教育融入思政教育，在园区设立了党支部和企业文化活动室，以践行社会主义核心价值观和加强党性教育为重点，定期开展组织生活和主题党日活动。深入学习贯彻习近平新时代中国特色社会主义思想和党的十九大精神，及时了解党和国家的方针政策。同时，以培养现代企业家精神为重点，通过组织系列讲座、座谈会等方式，加强创业学生的社会责任感教育，帮助他们树立服务国家、回报社会的价值观和求真务实、创新创造的现代企业家精神。

党组织活动室

2. 融入创新创业教育

为提高基地使用效率，方便教师对项目进行指导，园区融入了创新创业教育课程教学的内容，实现了教学与实践的一体化。同时，还设立了创新创业教研室和咖啡书屋，定期开展创新创业教育教学研究和读书活动。目前，依托该平台，我院教师已公开出版创新创业教材 3 部，由学生撰写出版《释放创新活力，绽放创业梦想》创新创业理论与实践论文集 20 万字。学院为咖啡书屋购置励志成才、创新创业类图书、杂志共计 1500 余册。供学生学习阅读，提高了学生的参与度和创新创业素质。

咖啡书屋

3. 凸显创业训练

园区设立了创新创业培训学院、创业情景模拟训练室和创新创业协会。以强化实践训练为重点，开展了创客沙龙·半月谈、精英班培训、创业模拟训练等活动。并每年定期开展精英班培训及 GYB 培训，参与培训的学生共计 1900 余人；开展“创客沙龙·半月谈”60 余场，参与学生 1.2 万人次；院系两级创新创业协会吸纳全院 70％的学生入会，开展企业调研、创业演讲、创业交流等活动 20 余场，创业情景模拟训练的受训学生达到 5583 人次。

4. 设立创业体验

园区设立了 300m^2 的创业体验区，设置摊位 50 余个，以跳蚤市场的形式，为学生提供一个互利互惠的交易平台。鼓励学生利用课余时间在体验区进行创意作品、闲置物品交易，为提高学生创新创业实践能力提供了实战练兵场。定期举办体验活动，参与人数达

2000 余人次。

5. 完善项目孵化

园区为每个创业企业提供了 20m² 的免费场地，配备网络、商务洽谈室、会议室等配套场地和设施，每年设置项目专项基金 100 万元。为解决学生在创业过程中遇到的问题，定期邀请企业专家进行指导。目前，园区入驻企业 34 个，培育项目 31 个，其中 2018 届毕业生项目 17 个。

创业培训

6. 优化创业服务

园区设置了一站式服务平台，引入企业实施管理，在业务代办、政策咨询、入驻及退出办理等方面提供规范、专业的指导服务。对企业提供融资、市场开发与风险管控等指导，通过建立企业运营档案，对企业运营情况进行动态管理和服务。

一站式服务平台

案例二："1+3"课堂协同育人模式：互联网+背景下高职院校育人模式的创新与实践

2014 年，学院开始探索实践协同育人模式，并于 2017 年提出"1+3"课堂协同育人模式。配套建立"1+X+0"学生综合素质考核机制，实现管理的精准化和信息化。获重庆市教学成果三等奖。

1. "1+3"课堂构建与实施

一是教学课堂——学会求知。主要解决学生"求知"的问题。成立"1+3"学生自我管理团队督查上课情况。开发专门系统，同步录入处理，并通过互联网＋APP终端实现同步多方推送。建立“一课四责”多元协同激励机制，把学生上课情况与任课老师、辅导员、生活老师和学生的考核“捆绑”。

二是社会实践课堂——学会做事。主要由校园社团活动、创新创业实践、社会实践等育人平台构成，提升做事“能力”。建立“一业绩多分享机制”，业绩纳入学生素质考核和指导老师评优评先、年度考核等内容。

三是宿舍文化课堂——学会共处。成立宿舍文化建设中心，配备专职生活老师，开发宿舍管理考核系统，建立“一室四责”多方激励机制，把学生的行为规范教育业绩纳入生活老师、辅导员月度、年度奖励性绩效工资考核内容。纳入学生素质考核和评优评先、推优入党的考核内容。

四是素质拓展课堂——学会做人。成立大学生素质拓展训练中心，建立“1＋4”管理团队，制订素质拓展训练计划，建立“素质业绩三挂钩”多方协同育人激励机制。分层级从训练基地班、主题班会、上善大讲堂、创客沙龙·半月谈、“厚德·博学·成才”、周末教育等“七个维度”拓展学生素质。

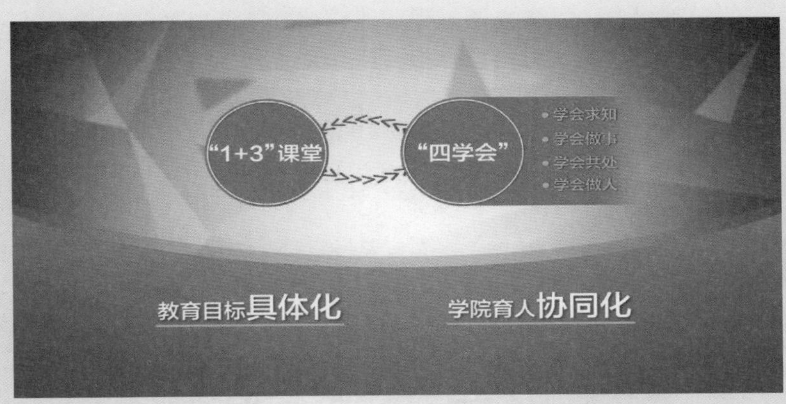

“1＋3”课堂有机对接“四学会”

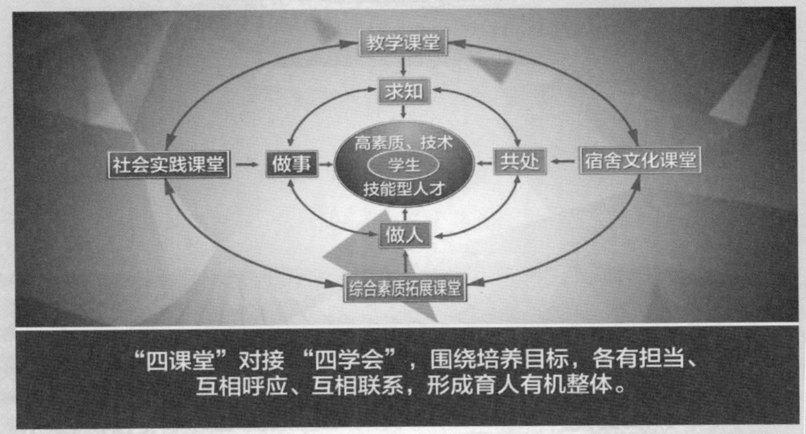

“1＋3”课堂协同育人模式

2. “1＋X＋0”考核机制构建

围绕“四课堂”协同育人模式，建立管理机构、管理队伍、管理制度、考核评价、激励机制等综合支撑体系，制订了“1＋X＋0”考核机制。（1代表学习成绩，占55%；X代表综合素质分值，占45%；0代表无违纪记录）。通过PC端、手机客户端学生素质考核系统，科学评价学生教育工作效果，实现学生管理信息化、考核精准化、数据处理网络化、信息传输同步化。

3. 应用效果与社会影响

一是学习习惯明显好转。教学课堂“一课四责”机制彻底解决了高校普遍存在的逃课、怠学问题，学生出勤率保持在99.7%以上。

二是生活习惯明显好转。宿舍文化课堂“一室四责”机制根除了宿舍脏乱差的情况。学生晚归、不归、上课睡觉以及作息不规律的现象基本消失。

三是素质能力显著提升。社会实践课堂和素质拓展课堂，激发了学生参与社团、创新创业等社会实践活动的热情，增强了学生“做事”的意识和能力。学生思想政治素质、法制观念、职业道德、文明礼仪、职业素养等明显提升，用人单位满意度上升。

四是社会影响显著提升。重庆电子工程职业学院、江苏财经职业技术学院等市内外高校纷纷到校考察学习，新华网、中国教育报、中国职业技术教育网、华龙网等20多家主流媒体争相报道，取得了良好的社会效果。

风雨兼程铸辉煌　与时俱进谱新篇

——福建水利电力职业技术学院

一、综述

福建水利电力职业技术学院始建于1929年，原址位于福建莆田东山，最初为“私立莆田职业中学”。1956年由福建省人民政府接办，更名为“福建水利学校”，同年7月迁址至三明永安。1966年“文化大革命”开始时停止招生，1974年学校复办。1980年，被教育部确定为全国重点中专学校。2003年，经福建省人民政府批准，学校独立升格为高职院校，定名“福建水利电力职业技术学院”。

原东山校区旧址

改革开放的40年，学校实现了四次重大跨越发展：1978—2002年为学校教育事业发轫时期，进入全国重点中专行列。2003—2006年为高等职业院校建设时期，2006年以优良成绩顺利通过福建省教育厅组织的高职人才培养工作水平评估，完成中专到高职的办学转型。2007—2013年为质量特色提升发展时期，2013年被福建省教育厅、发展改革委、财政厅确定为“福建省示范性高等职业院校”，是福建省第二个通过验收的省级示范性高等职业院校。2014年起学校整体搬迁新校区，进入全面建设特色鲜明的优质高职院校时期，并于2016年被确定为“福建省示范性现代职业院校建设工程”A类培育项目单位。而后，2018年被确定为“福建省示范性现代职业院校”2018年重点建设院校。

改革开放的40年，是学校砥砺前行、奋发有为、日新月异、硕果累累的40年。尤其是在2014年，学校整体搬迁至新校区，给学校的建设与发展提供了坚实的基础。目前学校占地总面积1066亩，建筑面积17.18万m^2，有全日制在校生7300多人，设有水利工程系、电力工程系、建筑工程系、信息工程系、机电工程系共5个专业教学系和公共基础部及马克思主义学院。现有校内外实训基地210个，其中校内实训场（室）84个，总面积35598m^2。中央财政支持实训基地3个，省级财政支持实训基地19个，省级生产性实训基地4个。图书馆拥有馆藏纸质图书40万册，电子资源2100GB，实施了“数字化校园工程”，建成功能齐全的综合校园信息化平台和6个资源共享平台。

改革开放的40年，学校坚守山区艰苦创业、坚定服务行业办学、坚持提高内涵质量，培养适应社会需要的具有全面职业能力和综合素质的生产、建设、管理的高素质技术技能型人才。至今已为社会培养了近 5 万名人才，被誉为“福建水电人才的摇篮”。学校办学业绩受到了社会的广泛关注与好评。先后荣获全国水利系统先进集体、全国水利行业技能人才培育突出贡献奖、全国高等教育学籍学历管理先进集体、全国高校学生公寓管理服务先进单位、福建省职业教育先进单位、福建省文明校园（连续九届）、福建省首届文明学校标兵（全省唯一）、福建省水利工作先进集体、福建省平安校园、省级园林单位等荣誉称号。

二、发展历程

1978 年党的十一届三中全会以来，学校各方面的工作都以新的面貌展现出来。20 世纪 70 年代末学校复办前期，百废待兴。领导班子因势制宜确立了“严以治校”的办学原则，要求“思想教育要从严，要有严格的组织纪律，严格的岗位责任制，以及严密的奖惩制度”。并富有远见地提出“立足福建，念好山海经，立足水电专业，环顾邻近专业”“不仅要办好全日制教育，还要把学校办成水电技术干部培训和轮训的基地”的发展战略构想。短短的几年间，学校办学水平发生了质的飞跃：1980 年被评为“全国重点中专学校”；1989 年学校复办以来第一次招收四年制初中毕业生；1995 年荣获“第五届福建省文明单位”，并由此开创了我校连续九届荣获福建省文明学校的先河；2003 年 2 月 8 日升格更名为福建水利电力职业技术学院。

学校连续九届荣获福建省文明校园

2003 年升格初期，学校提出了“依法治校、以德立教、以人为本、特色兴校”的办学理念，推行以全日制高等职业教育为主体，以成人学历教育和职业技术培训为两翼，突出技能性，坚持为职业教育服务的“一体两翼”办学模式。打造特色校园文化，从 20 世纪 30 年代我校教师创作的校歌中提炼出“精求技能，崇尚文明”的校训，以此激励广大师生牢记使命、不忘初心。经过三年“上水平，创特色，增效益”的艰苦奋斗，2006 年同 1978 年相比，在校全日制学生由 444 人增加到 3004 人，专任教师由 73 名增加到 158 人。成为全省首批接受并通过福建省教育厅组织的高职人才培养工作水平评估的院校。

2006 年通过评估后，福建水院人以高度的历史责任感和使命感投入到争创“福建省示范性高等职业院校”中，提出了“走以提高质量、改善结构、特色取胜为主的内涵式发展之路”和“规模适度，特色鲜明，争创优质”的发展思路。制订了“两个三年”计划，即通过三年建设，以申创福建省示范性高等职业院校为抓手，到 2010 年在办学实力、教学质量、管理水平、办学效益和服务辐射能力等方面有较大提高，再通过三年时间建成省示范校。在短短的六年时间里，学校在 2008 年动工兴建新校区，同期入围省级示范性高职院校建设单位。2013 年通过“福建省示范性高等职业院校”验收。

党的十八大以来，富有改革创新精神的学校领导班子以习近平新时代中国特色社会主义思想为指导，提出按照现代教育理念规律办学，用先进的办学思想推动学校的跨越式发展。2014年学校整体搬迁至永安巴溪湾校区，2016年和2017年连续两年被确定为省级示范性现代职业院校A类培育项目单位，2018年更是以优异的考核成绩被确定为“福建省示范性现代职业院校”2018年重点建设院校。目前，学校在习近平新时代中国特色社会主义思想的指导下，真抓实干，铁心拼搏，努力书写职业教育改革发展创新的奋进之笔，朝着发展特色鲜明的优质高职院校的奋斗目标坚实迈进。

三、教育成效

(1) 创新机制体制，增强办学活力。多年来，学校坚持“亲产业，创特色，促内涵”的发展思路，围绕以人为本、立德树人的根本任务和服务发展、促进就业的办学方向，深化综合改革，增强办学活力。通过制定学校章程，完善党委领导下的校长负责制，发挥党、团、工会作用。创建以理事会、行指委、多元投资主体职教集团、行业职教联盟为主要架构的“多元资源整合下的开放协同育人长效机制”，深化产教融合及校企合作。

学校教学楼群全景图

(2) 完善教学体系，加强专业建设。学校多年来立足于水利、电力行业的职业教育，在人才培养与教学改革方面向更高层次迈进，尤其是深化基于产教融合的教学改革。第一，聚焦重点专业及专业群建设。现有水利、电力技术、土木建筑等3个专业群获批“福建省服务产业特色专业群建设项目”，在福建省处于领先水平。第二，推进供给侧结构性改革，形成涵盖水利大类、能源动力与材料大类、土木建筑大类等九大类39个专业的总体专业布局，使专业结构更加合理。第三，开展职业教育国际化，以正式认证与校内试点并行的方式开展9个专业的IEET专业认证，其中教育厅立项认证3个专业，占全省的37.5%。第四，创新人才培养模式，构建“岗学对接、四级递进”的模块化理实课程体系。推行“认知—实训—实践—实习”四层次递进、能力提升的实践教学体系，形成“校企共育、岗课结合、双证融通、德能并重”的人才培养模式。学校《基于“产教融合”的高职水利人才培养供给侧改革与实践》的成果荣获福建省2018年职业教育省级教学成果奖特等奖。

(3) 引进培养并重，强化师资力量。40年来，学校通过外引内培，逐步建成一支懂教学、善实践、长期扎根闽中山区办学并奉献水利职业教育事业的“双师型”教师队伍。学校现有正式在编教职工324人，其中专业教师256人，兼职教师135人。学校长期坚持

加大“双师型”教师、专业带头人和骨干教师等培训培养力度，不断壮大兼职教师队伍，持续优化师资结构。现有生师比 17.9∶1，专业课教师占比 74.8%，研究生学历或硕士学位占比 63.28%，高级职称占比 35.7%，双师教师 118 人占比 76.12%，兼职教师 135 人（技能导师 13 人），占专任教师 65.2%。

（4）坚持质量为本，培养高素质人才。构建了“五纵五横”内部质量保证体系，为人才培养质量提供了系统性保证。实施了“通识教育和职业能力教育双主体，创新创业教育和社团活动双辅助”的人才培养方案，开展了“分层次、专门化、精湛化”的技能培养模式改革。通过质量文化建设、质量目标监控、教师教学质量评价、“行校企”三元协同育人途径建设等，实现多元育人。开展 IEET 专业认证和基于《悉尼协议》的专业和课程建设质量的“星级评价认定”。近 5 年来，学校毕业生就业率均达到或超过 98%，毕业生职业能力和职业素养得到了行业企业的广泛肯定和好评。

（5）紧跟时代特色，完善信息化建设。2014 年以来，学校先后完成校园网升级改造项目、云平台、数字化综合管理平台建设等建设项目。2017 年，启动智慧校园建设，提升信息化建设标准，并新投资 830 万元初步完成了智慧校园建设任务。学校在福建省率先使用多媒体教室云计算解决方案，部署 121 间多媒体教室云桌面。学校教师应用信息技术教学比例达到 83.2%，现有国家级精品资源共享课 1 门、国家级精品课程 1 门、主持参与教育部“水利水电建筑工程专业国家教学资源库”课程资源库建设 4 门、省级精品课程 13 门、省级精品在线开放课程 5 门、省级创新创业教育与专业教育融合类精品资源共享课 2 门。2017 年学校入选“第三批全国职业院校数字校园建设实验院校”，并荣获“2016 年度福建省高校教育信息化工作先进单位”称号。

（6）创造办学条件，增强基础能力。2014 年学校整体搬迁新校区。目前校园占地 1066 亩（包括厦门培训基地），建筑面积 17.18 万 m^2。校园内拥有田径场、篮球场、游泳馆、羽毛球馆、乒乓球馆、网球场、健身馆等各类运动健身设施。学校食堂、医务室、公寓等设备齐全、管理到位。

学校大禹广场实景图（职教科普园及建工馆）

学校加大实验实训基地建设力度。现有校内外实训基地 174 个，其中校内实训场（室）84 个，总面积 35598m^2，有中央财政支持实训基地 3 个，省级财政支持实训基地 19 个，省级生产性实训基地 4 个。

（7）推进产教融合，强化校企合作。学校积极开拓办学机制新领域，建设以理事会、行指委、多元投资主体职教集团、行业职教集团为主要架构“一核双驱、多维联动”发展模式下的“多元资源整合开放协同育人”机制。开展“现代学徒制”和“二元制”人才培养模式改革。先后与国网泉州供电公司、厦门轨道交通、三安集团等企业开展“现代学徒制”合作办学，与福建水投集团、福建恒安集团、中国重汽等合作开展“二元制”办学；与福州安博榕信息科技有限公司共建软件学院，与厦门大拇哥动漫股份有限公司共同成立具有法人资质的“大拇哥学院”。同时，与中国台湾建国科技大学、万能科技大学、健行科技大学等开展闽台校企联合人才培养项目。2009 年以来累计联合培养专业人才 1000 多人。

（8）加强院校合作，拓展国际交流。近年来，学校响应国家“一带一路”倡议，紧紧围绕“提升内涵，办出特色”的发展主线，以培养具有一定国际视野、面向国外工程实践一线的技能人才为首要任务，大力推进多方合作。开设专业英语教学策略与实务培训班。开展试点专业认证，目前 IEET 认证专业有 3 个，为我省同期认证专业最多的高职院校。与中水十六局开办“闽江国际班”，培养服务“一带一路”国际化技能型水利人才，与澜湄水资源合作中心启动开展国际合作与服务项目。筹办“电力金砖班”、菲律宾与巴西电力承建工程实地培训指导。2017 年 10 月，福建水院院士专家工作站获“全国示范院士专家工作站”殊荣。

（9）激发学生活力，丰富校园文化。学院具有重视校园文化建设的优良传统，把文化建设作为一项重要战略资源来经营培育。2014 年学校整体搬迁新校区后，建设了一系列具有浓厚校本特色和现代大学气息的校园人文景观，使“传承文脉、展现特色”的校园建设有了特色鲜明的物质载体。开展内容丰富、特色鲜明的系列校园文化活动，形成了水文化节、鲁班文化节、志愿服务、技能比武月、“一二·九”歌咏比赛等 20 多项品牌活动。其中“走进特校，关爱残障”志愿服务入选福建省社区教育示范品牌培育项目。以校园卡通形象“水宝”为原型的网络文化产品获得著作权 1 项、专利 3 项，“水宝工作室”为全省高校网络文化工作室培育项目。

（10）坚持立德树人，加强思政教育。改革开放 40 年来，学校充分运用校史资源，形成我校独特的“价值引领、文化融合、协同育人——矩阵式三全育人模式”。改革开放初期，学校就提出《“四段八环一百二十步”德育实施方案》。此后随着时代发展，不断创新育人模式，建立了基于“6+6+6”矩阵式协同育人平台，并构建“一主线六融合”水文化育人模式。2018 年 3 月，福建省省高校思政工作座谈会，学院《打造校园文化品牌，建立健全以文化人立德树人工作体系》被列为典型在会上交流。各系立足专业特点与行业企业深度融合，形成大禹文化、日新文化、创客文化、鲁班文化、6S 文化。率先在全国水利职校开展心理健康育人新实践，率先在全省开展课程思政改革，推进基于移动互联网时代下的“12315”育人体系建设。

（11）增强服务能力，推动河湖长制建设。一是为河湖长制的推行提供人才保障。开设水利工程管理等河湖长制相关专业 7 个，承担全省农民水利员及乡镇水利工作站站长班等培训任务，每年培训水利基层人才超过 3000 人次。二是为河湖长制的推行提供智力支持。依托智慧水利应用技术协同创新中心、院士专家工作站、数字流域福建省高等学校应用技术工程中心等科研平台，开展“河情精准监测”关键技术研究。开展多项河湖长制科研工作（其中国家重点实验室开放基金资助项目 1 项）。三是为河湖长制的推行提供机制创新。组建无人机飞行服务队开展巡河飞行等服务，参与河务管理系统项目的开发推广。定期开展“河小禹”专项巡河护河青年志愿服务行动。

四、特色案例

案例一：打造校园文化品牌，健全以文化人，立德树人的工作体系

福建水院以滴水穿石的精神始终坚持以文化人，立德树人，打造校园文化品牌，逐步形成“上善若水，厚德载物”的水文化育人体系。

1. 深挖水文化内涵，实现以文化人

近百年来学校始终坚持以水的优秀品格培养“精益求精”的优秀工匠。20 世纪 30 年代就提出具有水之义德的“亲爱精神”，80 年代提出“踏遍八闽青山绿水，青春奉献水利事业”的口号，成为“水院人”献身水电事业的旗帜。组建高职后，围绕“上善若水，厚德载物”之水文化精髓，凝练出“四平”情怀，在校歌中提炼出“精求技能，崇尚文明”的校训精神，达到“若水的教育，上善的人”的教育目的。2017 年，与时俱进的修订完善的“基于‘6＋6＋6’矩阵式的协同育人平台，构建‘一主线六融合’的水文化育人模式”，使我校以文化人，立德树人具有了新时代内涵。

2018 年 3 月庄伟廉书记作为高职院校唯一代表
在全省高校思政工作会议做报告

2. 构筑水文化育人载体，实现立德树人

一是以水为台，培育“四平”情怀校风学风。“三大战役”“七大工程”建设突显“平和中勇往直前”的领导班子形成；通过“我是一名党员”等载体狠抓敬业奉献干部队伍；强力推行奖勤罚懒机制，激发教职工“坚守山区、艰苦创业”的动力；主推教育部优秀师

德案例“三千工程”，以“春风化雨”之式营造无师不参与的育人氛围，引领学生践行校训精神。

二是以水为缘，启动第二课堂助力器。连续开展10届“水文化节”，十年如一日持续开展“走进特校、关爱残障”的志愿服务。连续开展13届“技能比武月”，33年不间断开展红歌赛，培育“不忘初心”使命感和水之大爱自觉。各系各具专业特色的品牌文化形成百花齐放之势。

三是以水为魂，彰显生态校园隐性教育。实现“把实训文化渗透到校园的每个角落”，充分发挥隐性教育功能。大禹文化教育基地获批省优秀传统文化教育基地。

四是以水为师，绝对优势占领网络阵地。精心打造富有思政教育亲和力的形象——水宝，“O2O”使思政教育成功实现网络化转型；指导学生开设水宝家族网络文化工作室，以强劲的线上团队强化“三自教育”。

2018年，学院大禹文化教育基地获批福建省优秀传统文化教育基地

3. 以文化人，立德树人硕果累累

水文化育人模式2017年获得省教学成果二等奖。先后发表论文近百篇，获省部级奖项15个，地厅级各类奖项30多个，省部级厅级课题46项。

滴水穿石般坚持以文化人，立德树人，89年认准职业教育，不计报酬、不计名利的始终坚持水电人才培养，连续九届获得省级文明学校的荣誉称号，获评“第七届全国水利行业技能人才培育突出贡献奖”等多项集体荣誉。涌现一大批像省“最美学生”救火英雄姚为君式的优秀学生，被社会誉为“福建水电人才的摇篮”。

案例二：“实训、景观、教育、文化”四融合，打造校园大职场

2014年福建水院整体搬迁新校区，目前共有五届毕业生从新校区走出社会。走进福建水院，以人工湖为中心的水安全生态区尽收眼底，大禹雕塑映入眼帘，水利枢纽大坝工

融合实训、景观、教育、文化为一体的大职场

程蔚为壮观。这不仅是景观，亦是福建省服务产业特色专业群的实训基地；更是由学校统一规划、教师全程参与设计及施工，并形成融合实训、景观、教育、文化为一体的大职场；是改革开放以来一代代福建水院人智慧的结晶，备受师生、校友、社会的关注与青睐。

"校园大职场"的建设理念是：产教融合，在校园中建造水利、电力等工程场景，形成理实一体化实训环境，并深度融合"实训、景观、教育、文化"等要素。学校将三峡、葛洲坝等国内典型水工建筑物按一定比例缩小，随地形合理分布，建成四种不同的水利枢纽；水土保持实训基地因地制宜，融合了17种水土保持、生态保护的典型做法；电力户外实训场则真实还原工作场景；校园的每一条道路、每一个角落，都是测量实训场所。

这些基地可根据实习实训项目、教科研项目，将校内的实训场变为真实的工作环境。从而强化学生的岗位适应能力，实现最佳组合，并产生良好的综合功效。

一是科学规划，解决学生实训难问题。校内景观建成相关仿真实训场，方便专业实践性教学，实训开出率100%，实现"教、学、练、做一体化"教学模式。体现处处有知识、处处可实训、处处有收获。

二是理实一体，激活教学改革内生动力。提升了师生理论与实践水平及改革创新能力。凝聚合力、激发干劲，推动了学校教学、教改、科研的强劲发展。校企合编专业特色教材115本，实现顶岗就业能力与创新发展能力相融合。

三是文化熏陶，突出文化育人功效。学校建成了水文化和特色鲜明的实训文化。潜移默化地升华了学生的核心价值观、职业道德观和生态文明观。如水安全生态、水土保持实训场等，充分地展现了生态循环利用元素和水土保持元素，向学生展现"学专业，用技术，解决具体问题必须具备的综合能力"，还让学生领会"青山绿水就是金山银山"的深刻内涵，同时也是教师践行十九大"生态文明建设"和开展科技研究的重要实验田。

四是树立品牌，集聚校园水文化特色。该项目是水院历史积淀与深厚文化内涵的重要体现，也是校园水文化特色的"代言人"或"形象代表"。

在职业教育改革发展大背景下，福建水利电力职业技术学校实施"'实训—景观—教育—文化'四融合，打造校园大职场"的特色项目，辅教辅学，效果显著。这是学校在办学过程中历经冶炼，并在职业教育教学中的突出先进教育理念、鲜明办学特色和优良办学传统的具体运用，亦是深入探索产教融合、校企合作的新举措、新思维。对其他职业院校"实训、景观、教育、文化"的综合建设与改革发展产生了良好的借鉴意义。

服务水电结硕果　产教融合谱新篇

——广东水利电力职业技术学院

一、综述

四万莘莘学子，在南粤大地上生根发芽。悠悠六十余载，在时代的变迁中砥砺前行。广东水利电力职业技术学院始建于1952年，前身为广州土木水利工程学校，“文化大革命”运动期间停办。1973年5月复校为广东省水利电力技术学校，1979年4月更名为广东省水利电力学校，1999年经教育部批准升格为广东水利电力职业技术学院。2005年在广州市从化区建成新校区，绿树相拥，碧水环流，成为青年学生茁壮成长的沃土。

学校从化校区俯瞰图

40年来，学校在党的教育方针指引下，紧随职业教育发展，在各级政府支持下，学校由一个占地面积不足百亩、在校学生不足千人、建筑面积不足1万m^2的城中学校，发展成为占地1100亩、在校生14500余人、建筑面积超过35万m^2的国家骨干高职院校和广东省一流高职院校。

40年来，学校坚持教师是“立教之本、兴教之源”的理念，注重教师队伍的建设与发展，落实师德师风建设，形成激励与约束制度。打造了一支适应职业教育与社会服务、结构合理、素质优良的教师队伍。学校教职员工近800人，专任教师中“双师素质”教师占比近90%，企业兼职教师600余人。

40年来，学校秉承“立足水利，面向广东，服务基层”的办学定位，坚持走服务发展、产教融合、校企合作的办学之路。建成了以水利水电建筑工程、供用电技术等国家重点专业为核心，电气自动化、机电一体化等广东品牌专业为支撑的水利工程、电力工程、自动化工程、土木工程、机械与制造工程、市政工程共6个专业群，45个专业中省级以上优质专业占比38%。40年来累计为社会培养技术技能人才8余万名。40年来，学校始终重视实践教育，不断加大投入，按照“四位一体”要求，建成由125个校内实训室组成的37个实训中心和近300个校外实训基地，形成了相对完善的实践教学条件体系。拥有建筑技术实训基地、机器人柔性制造技术实训基地等一批国家、省级实训中心，建成生态水利实训中心、航测数据处理中心、变电站综合自动化实训场、工业4.0技术实训室等一批特色实训场所，建成ABB低压开关研究应用、申菱空调制冷技术等一批企业捐赠的冠名实训场，教学科研设备总值约为1.7亿元。

40年来，学校锐意进取、奋发作为、硕果累累。2004年学校以优秀等级通过教育部办学水平评估；2011年被水利部确认为“全国水利职业教育示范院校”；2012年被确认为“广东省示范性高职院校”；2014年以优秀等级通过“国家示范（骨干）高职院校”建设项目验收；2015年被评为第四届“全国文明单位”，同年入选“全国毕业生就业50所典型经验高校”；2016年被广东省教育厅、财政厅确定为省一流高职院校立项建设单位；2017年被广东省教育厅评为“广东省创新创业教育示范校”；2018年入选全国优质水利高等职业院校建设单位。

学校秉持着“厚德、笃学、慎思、弘技”的校训，坚持服务广东创新驱动和经济社会发展的重大战略；坚持产教融合、协同育人、协同创新，不断完善技术技能人才培养体系。为全面建成特色鲜明、国内领先的一流高职院校而不懈奋斗。

二、发展历程

学校创办于1952年，几经风雨，1979年4月更名为“广东省水利电力学校”，开始了艰苦辉煌的办学历程。

勇立改革潮头，建成省级重点中专（1979—1999年）。为适应广东水电建设需要，学校上下乘着改革开放的东风，在广州天河瘦狗岭校址复办水利工程、水文测量、水电站电力设备等专业，缓解了水利电力行业用人之急。经过多年努力奋斗，学校成为广东省第一批省级重点中专。

抓住发展机遇，踏入高等职业教育行列（1999—2002年）。20世纪90年代以来，党和政府实施“科教兴国”的发展战略，职业教育迎来重要发展机遇。1999年广东省委、省政府颁布《关于依靠科技进步推进产业结构优化升级的决定》，强调要“大力发展职业技术教育，培养大批适用的中高级技术人才”。在省水利厅、省教育厅的大力支持下，1999年7月经教育部批准，在广东省水利电力学校的基础上建立广东水利电力职业技术学院。学校组建了水利工程系、电力工程系、计算机工程系和基础部，开设了水利工程等8个专业。逐步建立起适应高等职业教育的教师队伍和制度体系，实现了办学层次上的升格，走上了发展的快车道。

改善办学条件，夯实快步发展基础（2003—2005年）。广东社会经济的快速发展使之产生了旺盛的人才需求。原有办学场地、实训设备等办学条件已经不能完全满足学校的人才培养需要。扩大校园面积、改善办学条件刻不容缓。在广东省水利厅的大力支持下，2004年确定在从化建设新校区。经过一年努力，完成了征地917亩和22万m^2建筑物的建设（一期）。住宿、教学、运动、生活场所基本完备，并于2005年9月迎来第一批学

1999年11月8日，召开广东水利电力职业技术学院成立大会

生。新校区的建成极大地改善了办学条件，为学校高质量发展奠定了坚实基础。

建设示范院校，办学内涵得到发展（2006—2010年）。2007年起学校先后进入广东省示范性高等职业院校、全国水利高等职业教育示范院校建设行列。借此机会，学校创新体制机制，深入开展产教融合，大力开展校企合作、工学结合的人才培养模式改革。推进课程和师资队伍建设，教育质量显著提升，综合办学实力大幅提升，社会美誉度不断提高。2010年学校进入国家示范（骨干）高职院校建设行列。

适应时代要求，走高质量发展之路（2011年至今）。学校奋力建设国家骨干高职院校，2014年以“优秀”等级通过教育部专家组验收。同年按照广东教育厅的计划，完成“广东高等院校创新强校工程”（2014—2016年）建设任务。2016年成为“广东高职院校创新强校工程”（2016—2020年）A类建设单位、广东省一流高职院校建设计划立项单位。站在新的起点上，学校以创新强校和省一流高职院校建设为抓手，沿着更高发展目标奋进。

三、教育成效

（一）创新体制机制，增强办学活力

学校在广东省水利厅支持下成立“广东省水利电力行业校企合作办学理事会”，推动行业企事业单位全面参与学校专业、师资、实习基地，招生与就业工作。在中国水利教育协会的指导下，学校以中国水利职教集团为主体，以理事会为抓手，构建了“协会驱动、集团统筹、理事会落地”的三级联动办学体制；促成水利厅出台《关于进一步推进我省水利职业教育发展的意见》，在全国范围内首次以省级机关文件形式，落实地方行业支持职业学校办学的长效机制，推动形成了行业与学校统筹融合、良性互动的发展格局。

以大学章程建设为龙头，学校按照“党委领导、校长负责、教授治学、民主管理”的治理框架，完善现代大学制度，推动学校管理水平的提升；开展以下放人权、财权、事权为核心的二级学院体制机制改革，培育二级学院教育教学主体性，重构内部治理权责关系，提升学校办学活力。

2013 年 5 月，广东省水利水电校企合作办学理事会成立并召开会议

（二）加强专业建设，完善课程体系

学校立足服务广东经济社会发展与产业转型升级的需求，优化专业结构，强化专业特色，深化专业内涵。截至 2018 年，学校建成国家级教学改革试点专业 2 个、国家骨干校重点专业 4 个、中央提升专业服务产业发展能力项目 2 个、省级示范性专业 7 个、省级重点专业 3 个、省级品牌专业 7 个、省级现代学徒制试点专业 3 个、全国水利高等职业教育示范专业 4 个、水利类骨干专业 1 个。

各专业依据人才需求，重构课程体系。校企合作共同开发课程，建成国家级精品课程 3 门、国家级精品资源共享课程 2 门、省级精品课程 11 门、教指委精品课程 7 门、省级精品资源共享课程 29 门。供用电技术专业资源库入选 2018 年度职业教育专业教学资源库备选项目。

开展职业教育“立交桥”试点。2010 年来，“机电一体化技术”等六个专业合作开展中高职“三二分段”招生培养改革试点工作。2013 年以来，与嘉应学院、广东石油化工学院等本科院校联合开展“2+2”“三二分段”专升本应用型人才培养试点工作。

（三）坚持“引培”并重，提升师资素质

统筹推进“一套制度、二个专题、三项工程、四大计划”的教师职业能力发展系统工程，不断优化师资队伍结构，全面提升教师队伍整体素质。现有专任教师 590 人，国务院津贴专家 1 人，专任教师中高级职称比例达 42%，硕士以上学位青年教师比例达 80%，“双师素质”教师占专任专业教师总人数的近 90%，建立了 1298 人的兼职教师数据库。2012 年以来共选派教师国（境）内外培训 1566 人次、企业实践锻炼 97 人次、国内外访学 29 人、教师学历学位提升 47 人。

柔性引进中国工程院王浩院士及其团队，成立了院士工作室。依托珠江学者外聘教授等高层次人才项目申报，与河海大学毛劲乔教授和广东水科院教授级高工杨光华联合开展科学研究、技术开发及人才培养工作。

人才项目成果丰硕，拥有“全国教书育人楷模”“全国模范教师”1 名，“全国优秀教师”3 名，省级“教学名师”2 名，“全国水利职教名师”10 名，“南粤优秀教师”4 名，南粤优秀教育工作者 3 名，广东省高等学校“千百十”工程省级培养对象 4 人，广东省优秀青年教师省级培养对象 2 人，广东省高等职业教育专业领军人才培养对象 3 人，省级高层次技能型兼职教师 36 名。

（四）注重体系建设，保障教育质量

学校注重质量保证体系建设，树立“人人有份、事事有责、处处有为”的质量理念，制定了完备的规划计划、标准制度等质量保证文件。成立了质量保证中心，构建了三级质量保证体系，建成基于大数据的质量保障信息化平台。实行专职督导队伍“外派轮岗”制，常年开展教学常规检查和课堂教学质量评优活动。坚持第三方开展毕业生跟踪调查，实行三级高等职业教育质量年度报告制度，不断完善“行业协会、企业、学校、学生”“四参与”的教学质量监控评价机制与体系。并于2017年被广东省教育厅确定为高等职业院校内部质量保证体系诊断与改进试点工作单位。

（五）紧跟时代要求，打造智慧校园

以应用为导向，学校自2000年起分步实施数字校园建设规划。建成统一信息门户和身份认证平台、数据中心平台等多个应用服务系统，覆盖教学行政区域的无线网络、校园一卡通系统、校园视频监控系统，实现移动端协同办公应用、智能化多媒体管理、智能考勤、常态化录播、教学质量视频监控等功能。搭建网络化教学空间，建成网络共享课程833门、各类专业资源库13个，智慧校园初见成效。

（六）夯实基本保障，优化办学条件

学校现有校区由天河校区、从化校区、飞来峡教学实训基地、江湾实习电站组成。占地面积约1100亩，总建筑面积达36.5万多m^2，形成“一校两区两基地”的办学格局。拥有37个校内实训基地和300个校外实践教学基地。教学仪器设备总值达1.7亿元，馆藏图书资源80余万册，体育运动场所及设施基本完善。省级财政预算内综合生均拨款达到9400元，省水利厅2012—2022年每年安排2000万元资金支持学校事业建设，资金保障基本到位。

（七）推进产教融合，强化校企合作

主动对接广东现代水利、智能制造、高端装备、信息技术、新能源等产业发展，调整专业布局；深化“引企入教”改革，各专业成立教学指导委员会，全面参与培养方案及课程标准制定。校企合作制定专业培养方案45个、课程标准200余个、参编教材103种，企业兼职教师承担了实践教学50%的教学任务；与广州地铁、上海宝钢等大中型企业联合开展“订单班”培养，成立“申菱环境学院”探索现代学徒制和企业新型学徒制实现方法；与企业共同投资建立了“互联网+航测数据处理中心”；与珠江水利科学研究院、省水利水电科学研究院等院所形成了“行业技术联盟”；师生联合承担项目，进行“水中浸入式净水技术”等几十项创新科技实验，开展“北江流域管理局三防应急响应工作方案编制”等150项科技服务，技术服务经费约2000万元；每年为行业企业培训职工20000多人次，培训服务到款年均1000万元，开展了“水生态文明建设科普宣传”等20项科普活动。此外，建成了“粤水众创空间”并通过“广州市众创空间”认证，建成了“创业孵化基地”并获“广州市创新创业（孵化）示范基地”称号。

（八）开展交流合作，扩大对外影响

2012年学校与澳大利亚霍姆斯格兰政府理工学院合作，先后设立了建筑工程技术、建筑设计技术等3个中外合作办学项目。中澳合作开发精品资源共享课程2门，联合制定专业教学标准6个，引进国外课程标准17门。推动了人才培养、课程建设、教师交流等方面的深层次合作。2016 年学校与美国杰克逊学院联合设立广东省高职第一家非独立法人的中外合作办学机构——“杰克逊国际学院”。共建供用电技术、电气自动化技术等专业，培养跨文化、复合型、国际化的技术应用型人才。

2018 年，澳大利亚、缅甸、新加坡等国家派出学生来校学习交流。聚焦“一带一路”，联合行业企业合作成立老挝“鲁班学院”，并在柬埔寨、印尼、中国香港等国家和地区共建实训基地、职业教育培训中心，联合开展人才培养、师资培训、技术服务等。

广东水利电力职业技术学院杰克逊国际学院揭牌仪式

（九）丰富校园文化，塑造大学风貌

坚持“育人为本、德育为先”，以社会主义核心价值观为引领，实施“校园精神文化”“校园人文环境文化”“校园制度文化”“行为文化”等四大文化提升计划。学校先后获评广东省水利系统创建学习型党组织先进单位、广东省依法治校示范校、广东高校校园文化建设优秀成果一等奖等；连续 15 年被评为“广州市无偿献血先进集体”；学校工会荣获“全国模范职工之家”称号；学校团委被评为“广东省五四红旗团委”；舞蹈、合唱队屡获全省一等奖；学校羽毛球、游泳、啦啦操等项目多年位居全省高职院校前列。

（十）对接行业需求，助力河湖长制

学校长期致力于面向水利局长、基层水利站（所）长的水利工程管理、防洪抢险、节水灌溉、水资源管理和农村中小型水电工程管理等技术服务和培训。

全面推行河湖长制以来，学校发挥“广东省水利人才教育基地”平台优势，组建河湖长制培训和宣传工作团队。开展市、县、镇、村级河长培训，组织调研和水情宣传，近两年每年培训十余场，培训总量达到近 2000 人次；积极推动“广东河长学校”建设，为河长制工作搭建平台，创新机制体制，助推广东省在全面推行河长制走在全国前列。

四、典型案例

案例一：满腔热忱育桃李　水利职教谱华章

——记全国教书育人楷模、广东水利电力职业技术学院林冬妹教师

林冬妹，广东水利电力职业技术学院马克思主义学院负责人，1991 年至今一直从事

学生的思想政治理论课教育教学工作。林老师具有律师和税务师资格，但她却深爱着“教师”这个职业，把“当一名优秀水利思政课教师”作为自己毕生的追求。

从教27年来，林冬妹潜心教书育人、服务社会，将社会主义核心价值观贯穿在教书育人的全过程。以自己的高尚师德、人格魅力和学识风范，做好学生的“四个引路人”，帮助青年学生“扣好人生的第一颗扣子”。她坚持把马克思主义基本观点、立场和方法融入教书育人的全过程。用鲜活的教学案例激化学生的求知欲，用师者的思想深度和人生智慧提升思政课的亲和力和针对性，课堂教学受到学生热捧，“粉丝”队伍不断壮大。林冬妹还给学生开设专题党课、国家安全教育、道德讲坛、法治教育等各类专题讲座300余场，受众达5万多人次。连续10年，林老师在学院毕业生海选“我心目中的良师”评选活动中高居榜首。

不仅潜心教育教学，林老师更是学生的良朋益友。她将“德与法”教育有机结合，给予学生生活上的帮助、行为上的指引和思想上的启迪。她总是竭尽所能的为学生解决问题，她曾经从家里拿出相当月工资20多倍的积蓄为孩子们垫补生活费；她曾凌晨送学生去医院，帮学生们处理“麻烦事”……“林老师，不管您在哪里，今晚我一定要找到您”……几乎每周都有学生找她倾诉心事，寻求帮助。她的手机是所有学生的热线电话，24小时从不关机，帮助，并温暖感动了无数学子。

林冬妹老师还长期担任学校的义务法律顾问，为学校、为师生、为全省水利系统职工和全省各高校年轻教师，提供义务的法律咨询服务。她走遍了广东21个地级市，为广东省100多所本、专科高校的1.4万名新教师进行岗前培训，为全国十多个省市的40多所高校师生做专题讲座、上示范课，在不同程度上影响了一批批年轻教师。

结语：林冬妹老师深爱着水利高职院校的思想政治教育。27年来，她坚守在教学一线，以自己的高尚师德、人格魅力和学识风范，成为学生健康成长成才的航向标和指路人。是广东水利职教中涌现出来的先进典型。近年来先后获得各级各类奖励60多项，国家级奖励15项，并先后四次受到党和国家领导人的接见。2016年她被评为十大“全国教书育人楷模”，是至目前为止唯一获此殊荣的全国高校思政课教师、全国水利类学校教师和广东省高校教师。中央电视台、人民日报、光明日报、中国教育报、广东卫视等各类媒体都做了报道，产生了良好的社会影响。2017年，林老师获评“中国好人”（爱岗敬业），成为广东省三大“南粤楷模”之一，获评全国十大“高校思想政治理论课影响力标兵人物”。

案例二：发挥专业优势，为广东省水利行业提供智力支持

——师生参与信宜市灾后水毁水利工程建设工作纪实

2010年9月21日，广东省历史上罕见的超强台风“凡比亚”带来了强降雨，信宜市水利设施水毁严重。广东省水利厅要求地方尽快完成水毁水利工程的修复与加固工作。据统计，信宜市当时有400来宗水毁水利工程项目，要在2011年4月汛期前完成。时间紧、任务重，当地的技术力量远远不够。为此，信宜市水务局请求我院给予技术力量援助。

对此，学院给予了高度重视，院长江洧要求以水利工程系为主、各部门全力配合。水

利工程系研究决定将08级水利水电建筑工程专业学生毕业设计与支援信宜水毁水利工程修复及加固工作结合起来。12月，广东水职院“支援茂名水毁水利工程建设工作队”前往灾区，参加了灾后水利工程重建工作。工作队46名师生分为三个组，在周卫民、李存、晏成明等老师以及信宜市水务局李志坚、王飞霞、梁广伟三位高级工程师的指导下进行了岗前强化培训，并开展了水陂、河堤挡墙、山塘、渠道、水库等工程的地形勘测、CAD绘图、工程设计、工程量计算和工程概预算等工作。学生们吃住都在乡镇或工地，每天不辞辛苦，跋山涉水，加班加点，挑灯夜战。经过近两个月的努力工作，出色地完成了近400宗水毁工程的实地勘测及初步设计任务。2011年1月18—19日，学院与信宜市水务局联合举行了学生成果（毕业设计）答辩会。

水务局工程师与师生现场研究
水毁工程修复方案

师生们所表现出来的专业能力和综合素质得到社会的普遍赞誉。2011年1月7日的《信宜新闻》报以《援建灾区的水利电力实习生》为题，专题报道了我院师生参加灾后水利工程重建工程的工作和生活情况。记者在报道中写道：“……他们不怕苦不怕累，认真做好工作。既学到了丰富的实践经验，也为我市修复水毁水利设施作出了贡献。他们的工作得到了市委常委和市水务局领导的充分肯定。”广东省水利厅也高度评价了学校师生服务广东水利工作具有“规模大，工作实，成效好”的特点。此外，南方网、金羊网等媒体均对师生社会服务情况进行了报道。

这次广东水职院将学生毕业实践与信宜市灾后水毁水利工程建设工作相结合，是学校在高职教育改革中，推行工学结合人才培养模式的一个典型案例。由于此次参加的实际工程项目是政府督办、维护社会稳定、发展地方经济、牵挂社会民生的“重要项目”，其社会效益也非常显著，在广东省水利行业产生了广泛的影响。

稳中求进谋出路　自强不息创未来

——广西水利电力职业技术学院

一、学院综述

广西水利电力职业技术学院隶属广西壮族自治区水利厅，始建于 1956 年，2002 年升格为全日制普通高等职业院校。是一所以水利、电力、机电、建筑、计算机与信息等工科类专业为主，与经济、管理等人文类专业有机结合的创新型高职学院。

广西水利电力职业技术学院

学院占地面积 68.9hm²，教学、科研仪器设备总值为 13392.57 万元。校内拥有实训基地 37 个，校内实践工位数 16882 个。开设 8 个系 2 个教学部，设置专业 55 个，专任教师 410 人，全日制在校生 13188 人。

改革开放 40 年来，学院全面贯彻党和国家的教育方针，坚持“质量立校，人才强校，特色兴校”的理念；坚持“立德树人，服务社会”的办学宗旨；坚持“高职为本、立足行业、面向地方、服务广西、特色发展”的办学定位，全面培养适应广西水利电力行业和地方经济社会发展需要的高素质技术技能型人才。努力将学院建成彰显水利电力特色，服务广西，辐射东盟，专业协调发展，层次衔接贯通的国内先进的现代高等职业院校。

40 年的教育改革与发展，学院从中等专科学校升格为高等职业技术学院；建成国家骨干院校重点专业 6 个、提升专业服务产业能力专业 2 个、省级特色专业 9 个、省级优质专业 12 个，自治区级精品课程 14 门；拥有自治区职业教育示范性实训基地 7 个、自治区职业院校示范特色专业及实训基地 5 个；形成了学院与东盟开发区深度融合、多元主体政行企校协同发展的办学体制创新、集团化办学模式下中高职衔接体系、产教融合行业鲜明的人才培养模式创新、传承水文化与润育水电人的校园文化创新等五大特色与创新，取得了建成新校区、实现万人大学规模、成为国家骨干高职院校、职业教育办学理念显著提升这四大历史突破。

半个多世纪以来，从学院走出了 7 万多名高技能优秀人才，活跃在祖国的大江南北、大河上下和电厂内外。他们中的大多数人已成为所在行业的骨干力量，有的还成为了知名专家和领导干部。学院因此被社会誉为“水电人才的摇篮”。

学院秉承着“上善若水，自强不息”的校训，一路砥砺前行，化蛹成蝶。连续十多年成为广西普通高校毕业生就业工作先进单位，是广西水电行业高素质技术技能人才培养基地，被水利部授予“第九届全国水利行业技能人才培养突出贡献奖”。学院先后成为了广西首批示范性高职院校、全国水利职业教育示范院校及国家示范性骨干高职院校，在广西乃至全国同类院校的改革和发展中树立了一面旗帜。

二、学院发展历程

（一）调整发展期（1978—1984 年）

1978 年 2 月，恢复高考后，学校招收了水工、农水、电力、水文四个专业 5 个班共 197 名新生入校，学制为两年半。1979 年，因学校校舍紧张而暂停招生。1980 年，学校由教育部确定为全国重点中专学校。1981 年 8 月，自治区电力局《关于广西水电学校 1981—1985 年规划的批复》同意学校中专规模为 960 人，干训班为 200 人，电大班为 200 人，全校总规模为 1360 人。1984 年经国家批准学校重新恢复招收水电站建筑、电力系统自动化和水电工程机械等专业大专班。

（二）探索完善期（1985—1998 年）

1985 年，学校中专学制改为高中毕业生入校学习两年。1991 年、1993 年学校被评为自治区中专办学条件、办学水平第一名；1994 年 8 月，学校由教育部确定为国家级重点中专。1997 年，学校第一次招收两年制函授成人中专新生，共 1725 人。

（三）快速发展期（1999—2004 年）

1999 年 11 月，学校参加全国重点中专学校评估，在全区参评的一百多所中专中获得总分第一名。2002 年，广西水电学校成为“3＋2”五年制高职试点学校；同年 8 月，学校升格为广西水利电力职业技术学院；同年 9 月，学院与华北水利电力学院联合办学，首次招收函授制专升本水利水电工程和电气工程及自动化两个专业新生。2003 年，广西水电技工学校并入学院；同年 9 月，学院出台了学分制并在 2003 级新生中试行；同年 10 月，学院与湖北工程职业技术学院、四川职业技术学院、陕西交通技术学院三所省外院校签订了对等招生协议，首次实现高职高专在外省招生；同年 11 月，学院分别与华北水利电力学院、三峡大学、武汉大学联合办学，招收函授制成人专升本 2004 级新生。

（四）全面提升期（2004 年至今）

2004 年，学院通过与海南职业技术学院等 11 所外省院校交流合作、签订对等招生协议，进一步拓宽了招生渠道。2006 年 3 月，学院获全区高职高专院校人才培养工作水平评估“优秀”等级院校。2008 年 12 月，学院获评为自治区职业教育攻坚示范性高等职业院校。2010 年 8 月，由学院牵头组建的广西水利电力职业教育集团正式成立；同年 10 月，随着投入 4.2 亿元的里建新校区建成使用，学院迈进了职业教育发展的快车道。2012 年，学院顺利通过全国水利职业教育示范院校建设项目验收。2015 年，学院顺利通过国家骨干高职院校建设项目验收。

广西水利电力职业技术学院新校区鸟瞰图

三、教育成效

改革开放40年来，学院笃定发展目标，加快发展步伐，在机制体制、专业建设、师资队伍、人才培养、信息化建设、院校能力、院校行业衔接、国际交流、校园文化和思想政治教育工作等方面取得了显著的成效。

（一）创新机制体制，增强办学活力

学院以办学体制机制创新为核心，以“合作办学、合作育人、合作就业、合作发展”为目标，主动对接区域产业发展需求。集聚各方优质资源，多元主体办学，组建了以“广西水利电力职业技术学院合作与发展理事会”“广西水电职教集团”和“学院与广西东盟经开区协同发展理事会”的两会一集团，并搭建了行业指导、地方政府参与的“政行企校”联动平台；构建了行业特色和区域特色鲜明的办学体制架构。重新修订了《广西水利电力职业技术学院章程》及《广西水利电力职业技术学院制度汇编》（第二辑）。学院治理结构得到进一步优化，办学活力不断增强。

自治区副主席李康（右五）为广西水利电力职教集团揭牌

（二）完善学科体系，加强专业建设

学院充分利用区域资源优势，以服务地方经济社会为宗旨，建立专业设置调整动态机制。专业建设融入水利电力行业和区域经济发展的需要，形成了以水利类、能源动力类、土木建筑类等6个优质专业群；拥有国家骨干高职院校重点建设专业6个，全国水利高等

职业教育示范专业2个，广西高职高专优质专业12个，广西高等学校特色专业及课程一体化建设项目9个，自治区级精品课程14门，与企业合作开发课程189门，编写教材55种，设置核心课程32门。建成校内实训基地37个，校外实习实训基地272个；建设了中央财政支持的国家级职业教育实训基地1个，自治区示范性建设高等职业教育实训基地6个，广西职业教育示范特色专业及实训基地建设项目5个。学院将建设成果和改革经验进行共享和推广，推动学院专业快速发展，整体提升学院的专业建设水平和人才培养质量。

（三）引进培养并重，强化师资力量

学院不断加大人才引进工作，优化师资队伍结构。深入推进教师成长工程，建立专兼教师结对培养机制，建设了一支素质优良、结构合理、专兼结合的高素质“双师型”教师队伍。现有教职工613人，专任教师410人。拥有中国工程院院士顾问1人，教授22人，副教授53人，博士8人，博士生导师2人。建有省级教学团队2个，水利创新团队1个。省教学名师6人，受省级以上表彰教师达174人次。52名教师担任国家级、省级行业协会及学术组织专家委员。

（四）坚持质量为本，培养高素质人才

学院不断强化以人才培养为中心的理念，把人才培养质量作为衡量办学水平的标准。不断完善质量保证制度，开展人才培养质量评估，推进教学诊断与改进。建立了“双通道、三核心”“校企一体，分阶段，多循环”等各具特色的工学结合人才培养模式，构建通识教育＋专业教育＋创新创业教育为一体的课程体系，推行工学交替、任务驱动、项目导向、课堂与实训场一体化等“教、学、做”合一的教学方式。每年开展院内技能竞赛项目多达70项以上，覆盖全院的56个专业。参加校内外技能竞赛的学生占全校学生人数的80％以上。通过以赛促训，学生职业能力得到了显著提升。近三年，学生在全国性或省级职业技能大赛上共获得省级以上比赛奖111项，获奖602人次。毕业生中涌现出一大批获得“国务院劳动模范”、全国“五一”劳动奖章、“广西工匠”、中国工程质量最高奖“鲁班奖”等奖项的杰出学子。

（五）紧跟时代特色，完善信息化建设

学院重视以移动互联网、云计算、大数据等为标志的新一代信息技术对促进教育变革的影响。校园网信息点达到13000多个，建成达到国家B类标准的数据中心机房。满足学院教学、科研、业务管理的需求。以教学资源为核心，建成国家骨干建设教学资源库8个、省级教学资源库7个，为教师教育教学提供了资源支持。以“信息化教学应用大赛为”为抓手，着力推进信息化教学手段与课堂教学融合。积极组织学院教师参加全国和广西信息化应用大赛，近三年获得国家级三等奖1项，省级一等奖6项，二等奖15项，三等奖15项。

（六）创造办学条件，提升院校能力

改革开放40年来，学院不断加大经费投入，努力改善办学条件，加强基础能力建设。办学经费从1978年的41万元递增到2017年的26781万元；学院占地面积由原来的$7.7hm^2$增加至$68.9hm^2$；校内实训基地由4个增加到了37个，学院办学条件得到了明显改善。办学规模也持续扩大，全日制在校生人数由原来的700多人增加至现在的13000多

人，稳步跨入万人大学的行列。

（七）推进产教融合，强化校企合作

中锐汽车学院挂牌仪式

学院发挥行业办学特色，牵头组建了成员多达134家的广西水电职教集团。集团涵盖了水利电力、机械电子、建筑装饰等业内龙头企业、行业协会，以及广西区内中高职学校，构建了融行业企业、中高职学校、社会团体为一体的创新育人共同体。广泛开展产教融合与校企合作，与365家企业建立了合作关系。创新校企“双主体”育人模式，提高高职人才培养质量，与企业合作创办中锐汽车学院、宝鹰建筑学院。试行“双导师”和“学徒制”办学模式，共建“校中厂”“厂中校”。每年合作培养学生近1000人，在不同程度上实现了“合作办学、合作育人、合作就业、合作发展”的目标。

（八）加强院校合作，拓展国际交流

学院发挥区位优势，与台湾科技大学开展人才培养培训新模式，与美国社区学院联盟、德国的BBW应用技术大学等开展国际交流。为响应国家“一带一路”建设号召，服务东盟国家水电建设，帮助广西的水电制造企业走向东盟。学院成功承办了越南水电站综合自动化培训班，与柬埔寨的金边、暹粒和磅湛建立互联网＋农业高效节水灌溉产学研示范基地，并与广西福沃得农业技术国际合作有限公司共同举办柬埔寨农业高效节水灌溉技术培训班。学院还通过中国-东盟职业教育展等平台，交流宣传广西文化和学院的办学特色，展示学院形象和文化，建立与东盟国家有关高校的合作交流和国际友谊，进一步扩大了国际交流合作的影响。

（九）激发学生活力，丰富校园文化

学院把“传承水文化，润育水电人”作为校园文化建设的主打品牌。围绕“水”文化，打造了“静湖大讲堂”校园文化品牌，营造出了良好的文化育人氛围。每年开展校园歌手比赛、“社团嘉年华”“静湖之星”十佳大学生评选等一系列丰富多彩的校园文化活动，激发了学生活力；积极探索“一团一品”项目化运作，推动各系文化品牌建设工作；不断深化大学生志愿者服务，打造了学雷锋徐虎小分队、爱心志愿者协会等一批区内知名的“明星社团”。学院“传承水文化，润育水电人”项目获得了自治区教育厅校园文化创新项目的资金资助，并获得了“第二届全国水利院校优秀校园文化建设”优秀成果奖。

（十）加强思想政治教育，提高育人水平

学院深入推进了社会主义核心价值观教育和“中国梦”专题教育。研究出台了《广西水利电力职业技术学院加强和改进新形势下思想政治工作实施意见》，实施“三大工程”，即教师思想政治素质提升工程、大学生思想政治教育推进工程和基层党组织建设工程。将“课程思政”纳入学院“大思政”工作格局。以思想政治理论课为主渠道，以党校、党团组织生活为主阵地，实施“大学生文明修身工程”和“青马工程”，开展“四进四信”“与

信仰对话”“彩虹人生”等主题教育实践活动，推动学院思想政治工作取得新成效。学院陈伟珍教授获得了全区“莫振高式八桂好老师”称号、先后有 5 人荣获全国水利协会德育先进个人称号。学院“静湖之星”优秀大学生评选活动逐渐成为育人文化品牌，日益发挥典型示范作用。

（十一）探索河长制教育新途径，推进河湖长制建设

学院利用学科资源和水利人才培养优势，积极探索河长制教育新途径。不断深化教学改革，将河湖治理、水资源保护等融入教学内容；积极组织专业教师参加全国河湖长制培训；专业教师主持和参与“广西北部湾经济区水资源开发利用控制红线制定与动态管理关键技术研究”等水利厅科技项目，进一步提高教师开展河湖保护科研能力。不断加强学生水生态修复、水资源保护的职业能力训练；在每年的中国水周、世界水日组织学生开展爱水、护水、亲水的系列活动，提高学生河湖保护意识；联合广西水利厅和南宁市水利局河长制办公室，发挥学院专业优势和志愿者优势，开展形式多样宣传河长制和服务广西东盟经济开发区一河一库活动。面向水利行业基层，开展水资源保护与治理、节水灌溉技术、饮水安全、水土保持等技术培训。学院通过教师、学生、基层水利行业等三个方面，不断推进河湖长制建设。

四、典型案例

（一）人才培养案例：电力精英训练营的探秘：打造精品　培养学生核心职业素养

广西水利电力职业技术学院荣获中国“互联网＋”大学生创新创业全国总决赛的铜奖。这是学院以电力精英训练营为载体，打造精品，着力注重培养学生的核心职业素养取得的成效。

1. 成立背景

为了推进创新创业教育改革，电力工程系在 2016 年 3 月成立了电力精英训练营，旨在为优秀电力学子提供提升知识、技能水平，开展创新设计、发明制作、专利申请、创业孵化训练的平台。

2. 成员选拔

面向电力工程系全系学生，以选拔考核的方式，每届招收约 40 名综合能力优秀且对创新创业有浓厚兴趣的学生。指导老师利用周末和晚上的时间指导学生，采用导师制，进行一对一指导或小班指导。同时发挥优秀学生的作用，以老带新，新老结合进行训练。

3. 组织管理

训练主要分为三个阶段：第一阶段主要训练基础专业知识与技能；第二阶段主要训练专业应用能力，参加各种科技活动及比赛；第三阶段主要训练专业设计能力，设计制作发明作品，参加比赛，申请专利。

4. 创新创业活动成果

电力精英训练营近两年代表学院参加了中国“互联网＋”大学生创新创业竞赛、广西创业大赛、广西创新设计与制作大赛、全国大学生电子设计竞赛、全国职业技能竞赛等竞赛，并获奖 30 多项，申请国家专利近 10 项。

（1）“Nandinger－安心输液”项目获第三届中国“互联网＋”大学生创新创业大赛广

西赛区季军、全国总决赛铜奖，为广西高职院校最高奖项。

（2）Nandinger -安心输液、Edison -智能可升降灯座等专利产品参加中国-东盟职业教育联展，得到了与会领导和观众的一致好评。

（3）电力精英训练营组织两个项目参加第四届广西创业大赛，获二等奖1项，彭情老师、潘元忠老师获优秀创新创业导师奖。

（4）电力精英训练营组织5件作品参加第五届广西高校大学生创新设计与制作大赛，作品“热了么液冷服”获三等奖。

2017中国-东盟职业教育联展，学院罗显克书记（左二）
陪同内蒙古教育厅厅长杨劼（左一）、新疆教育厅副厅长海拉提（左三）
一行参观电力精英训练营作品

（二）水文化教育和特色校园文化建设案例：传承水文化，润育水电人

创新校园文化活动载体，丰富校园文化建设的内容和形式，加强与企业文化融合，培育融合水电、东盟、社区、企业四种特质的文化教育体系，彰显“水文化”特色。

1. 打造互联网+校园文化模式

依托互联网开通的微信公众订阅号等新媒体手段，发挥易班平台作用，培育优秀网络文化；顺应“互联网+”国家发展战略，推动“互联网+党建”“互联网+思政”“互联网+管理”等建设，多渠道推进校园文化建设。

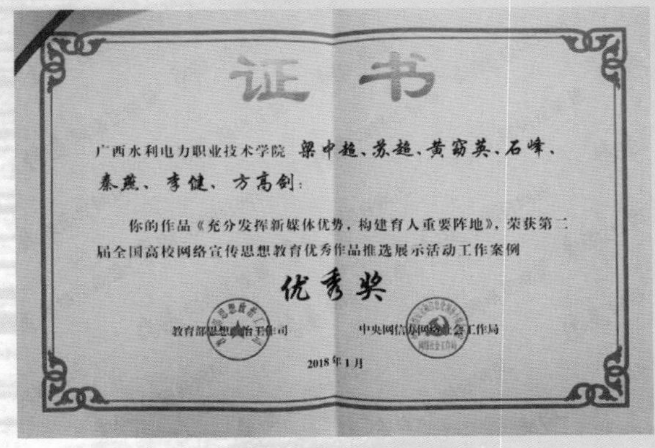

证书

广西水利电力职业技术学院 梁中超、苏超、黄窈英、石峰、秦燕、李健、方高剑：

你的作品《充分发挥新媒体优势，构建育人重要阵地》，荣获第二届全国高校网络宣传思想教育优秀作品推选展示活动工作案例

优秀奖

教育部思想政治工作司　中央网信办网络社会工作局

2018年1月

“互联网+思政”作品获奖证书

2. 打造“水文化”特色

（1）突显水文化。在校园文化景观塑造上突显水文化，以大江大河的名称命名学生宿舍、以各大水系命名校园道路。塑造具有水电行业文化特色的校园

文化和人文环境，营造良好的实践育人氛围，浸润学生的气质。

（2）突出水电符号。各系部开展宿舍文化评比，以“水文化”“电文化”“汽车文化”“机电文化”等为主题，学生围绕专业文化设计自己的宿舍，让每位同学在工匠精神、职业精神中受到潜移默化的文化熏陶，这是“润物无声”的职业素质养成教育。

（3）渗透水电精神。水利综合试验实训场、节水灌溉技术试验示范区、人工模拟降雨系统试验场、水工建筑实训场、电力技术综合实训基地、金工实训基地等都建设了与专业和职业素养有关的文化长廊，实训基地成为融专业教育、文化教育和科学研究为一体的多功能基地，展现出独特的水电特色校园文化内涵。

（4）讲好水电故事。通过校庆系列活动、新生入学教育和毕业典礼，通过开展“职业榜样”“静湖月坛”“企业文化精神”“杰出校友”讲座等，讲好学院艰苦创业、化蛹成蝶的故事，讲好水电学院学子成长成才的故事，弘扬“上善若水、自强不息”的校训精神。

（5）打造水电精品社团。依托爱心志愿者协会、“学雷锋徐虎小分队”等社团开展文化融合共建活动，选派学生参加壮族“三月三”民俗文化庆典活动，与社区联合举办“节水跑团”“节能减排”“安全用电”宣传活动等。

（6）丰富水电文化建设内涵。利用学院位于广西东盟经济开发区的优势建立大学生实践基地，把东盟文化、企业文化、华侨文化和民族文化“请进来”，让校园文化“走出去”。邀请企业家进校宣讲，定期为广西东盟经济开发区企事业单位培训、服务。

学院“传承水文化，润育水电人”项目获得自治区教育厅校园文化创新项目的资金资助，并获得了“第二届全国水利院校优秀校园文化建设”优秀成果奖。

坚持立德树人根本　培育德技双馨工匠

——贵州水利水电职业技术学院

一、综述

学院创办于1956年，是贵州省唯一一所以水利电力类专业为主的公办全日制高等职业院校。历经六十多年的发展，学院培育了三万余名水利电力类专业人才，为贵州水利水电事业做出了贡献，并于2010年被贵州省水利厅授予“贵州水利人才摇篮”的称号。学院先后获得“全国中等职业学校德育工作先进集体”“全省文明单位”“全国水利文明单位”“全国水利系统先进集体”等近百项各级各类表彰及荣誉称号。2017年2月学院整体搬迁至贵州清镇职教城，新校区占地600亩，建筑面积31.4万 m^2，是一所蕴含浓郁水文化特色的节水、节能、环保、生态的现代智慧校园。

新校区全景图

学院现有教职员工390人，其中高级职称教师53人，硕士学位教师97人。他们以精益求精的治学精神，孜孜不倦地为学生“传道、授业、解惑”，先后涌现出“全国优秀教师”“全国职教名师”“全国水利职教名师”“全省优秀教师”“全省优秀教育工作者”等一大批先进典型。

学院现设有中、高职30多个专业，有全日制学生10000余人，成人大专、本科生1000余人。学院将招生、培养、就业视为一体，就业形势喜人。

学院秉承“自强崇实、德技双馨”的校训，大力推行工学结合、产教融合、校企合作的人才培养模式。凸显“做、学、教”一体化的课堂教学，建有79个校内专业实训室、7

个校内大型综合实训基地及26个校外实训基地。学生在全省乃至全国各类技能大赛屡获佳绩，学生还广泛参与校园文化周、志愿者服务及各类社团活动，通过丰富多彩的育人平台学习成长，健康发展。

学院与河海大学、华北水利水电大学、南昌工程学院、贵州大学联办成人大专、本科教育，同时是全国特种作业操作证考培点、贵州省第十一国家职业技能鉴定站、水利行业特有工种职业技能鉴定站。

学院积极推进国际交流与合作，获批招收外国留学生资格。并与泰国、马来西亚、中国台湾等国家和地区的多所高校建立校际合作关系，每年组织优秀学生到境外大学进行交流学习。学院借助中国-东盟教育交流周平台，成功举办首届中国-东盟教育周学生技能竞赛、首届中国-东盟创新产教融合模式探索暨亚龙丝路学院洽谈会及中国-东盟职业教育国际论坛暨特色合作项目成果展示。通过筹建亚龙丝路学院，为国内外院校与企业搭建校企联手、国外办学的职教平台，积极创新国际产教融合模式。

学院发挥职业教育优势，助力脱贫攻坚。建立教职工"一对一"帮扶在校建档立卡贫困生制度；采取减免费用、设置奖学金、助学金及助学贷款、勤工助学等多种资助方式，帮助家庭经济困难的学生完成学业；特别是牵手政府和企业，面向全省14个深度贫困县和20个极贫乡镇举办"全免费精准脱贫订单班"，招生390人，搭建"招生—培养—就业"直通车。

改革开放40年，学院坚持以立德树人为根本，以就业为导向，以能力为本位，扩规模、强内涵，走出了一条砥砺奋进的职业教育创新发展之路，书写了传承文明、造福社会的华美乐章！

二、发展历程

学校始建于1956年11月，是贵州省第一所水利中等专业学校。学校自改革开放以来，大致经历了四个时期：恢复与发展期（1978—1987年）、稳定发展期（1988—1996年）、持续发展期（1997—2007年）、改革与快速发展期（2008—2018年），现学院已发展成为一所以高职为主、中职为辅，继续教育协调发展的高职院校。

（一）恢复与发展期（1978—1987年）

历经曲折发展，1978年学校恢复正常办学，设有水文地质和工程地质、水利工程建筑、农村水电站3个专业。1983年7月，经省政府批准，开设职工中专班，当年招生全省水电部门在职职工129人。

（二）稳定发展期（1988—1996年）

1988年，学校恢复招收初中毕业生，开设10个专业，其中包括水利类专业4个。

1991年起，设立工程测量专业，隔年招收初中毕业生。1994年起，设立基础工程专业，隔年招收初中毕业生。1995年，省教委批准学校增设小型土木工程、水政水资源管理、水文地质与工程等10个专业。

（三）持续发展期（1997—2007年）

1997年7月，经省教委批准，学校建立南昌水利水电高等专科学校贵州函授站。1998年，成立大专部，专业总数增至15个，其中包括水利类专业4个。2002年，经省教

学校老校区

委批准，建立华北水利水电学院贵州函授站。同年，学校大专部开始实施“专升本”，并将“大专部”更名为“成教部”。2004 年开始实行 3 年学制，2005 年学校河海大学贵州函授站成立。2007 年 9 月，经国家电力监管委员会贵州电监办批准，学校建立“国家进网电工作业许可证贵州电监办第十一考试点”，负责全省电力行业进网电工的培训和考试。

（四）改革与快速发展期（2008—2018 年）

2008 年，学校开始招收高中毕业生，学制 2 年，总专业增至 17 个，其中包括水利类专业 4 个。同年 12 月，经省人事厅、省水利厅批准，学校被评定为全省水利领域专业技术人才“653”工程唯一施教机构。2010 年元月，学校被列入全国“中职名校”。同年 4 月，学校被评定为贵州省第一批建设的“示范性中职学校”，6 月被教育部和人力社会保障部授予“全国中等职业学校德育工作先进单集体称号”。2014 年，学校设有水利建筑工程、电气工程、工程勘测、商贸与旅游 4 个系，开设供用电技术、工程造价等 24 个专业。2015 年 1 月被水利部、人社部授予“全国水利系统先进集体”、2015 年被水利部授予“全国水利文明单位”殊荣。

2016 年 3 月，经省人民政府批准设立贵州水利水电职业技术学院。4 月获国家教育部正式备案，并于当年秋季正式招生，填补全省无水利类高等职业院校的空白。

为提升办学条件，学校于 2013 年 5 月开工建设了位于贵州省（清镇市）职教城西区的新校区，2017 年 2 月下旬学校完成整体搬迁入住，总投资 13.6 亿元。

40 年来，学校获各级奖项近 100 项，办学成效得到了肯定。

三、教育成效

改革开放 40 年，是我国职业教育取得历史性成就的时期，贵州水利职业教育也走过了一个非常重要的历史阶段。建校 60 多年以来，贵州水利水电职业技术学院为贵州水利教育事业书写了辉煌篇章。

（一）创新机制体制，增强办学活力

为确保学校管理工作的有序开展，学校制定了相应的规章制度。如教学日常检查制度、教学质量监管制度、教师到企业实践制度（修订）等，并将各项制度不断修订完善。

（二）完善学科体系，加强专业建设

1. 中职教育人才培养模式与课程体系改革

（1）专业设置。现有水利工程系、电力工程系、土木工程系、管理工程系四个系共24个专业。其中，“水利水电工程技术”“发电厂及电力系统”“工程勘察技术”和“酒店服务与管理”四个专业为学校重点、特色专业。制定了66门课程标准；制作配套课件150个；开发18本校本教材，其中10本公开出版；完成19门精品课程建设；80%的专业课均采用“项目化”“情景化”等教学模式，凸显“做、学、教”一体的特色。

（2）培养模式。学校推行“1+0.5+1+0.5”的工学交替、四段育人培养模式。即在校学习基础知识1年，然后到企业进行专业认识实习0.5年。再回校进行专业学习1年，最后在企业进行顶岗实习0.5年。使学习与工作实践交替循环，提高人才培养质量。

2. 高职教育人才培养模式与课程体系改革

（1）专业设置。学校的专业设置遵循职业教育规律，坚持以服务水利行业和地区经济发展为宗旨，以促进就业为导向，不断优化人才培养方案，调整专业发展方向。

（2）培养模式。学校坚持以培养学生综合素质为目标，重点加强职业道德教育、职业技能训练和学习能力培养，并积极探索校企联合招生、联合培养、一体化育人的现代学徒制人才培养模式。

（三）引进培养并重，强化师资力量

学校始终坚持“人才强校”的战略，通过“一训二聘三进”模式，全力打造一流的师资队伍。

（四）坚持质量为本，培养高素质人才

截至2018年5月，学院高职学生荣获28项奖项，在国家级、省部级各项大赛中获奖比例逐年上升。

（五）紧跟时代特色，完善信息化建设

为了给广大师生提供便捷的信息化服务，学院将教学、科研、管理与校园资源、应用系统有机整合，构建学生、教师和校园资源相互交流的智能模式。

（1）应用新兴技术，以互联网、移动互联网、物联网、云计算等创新技术为依托，打造互联互通的智慧通信体系。

（2）建设600余m^2的智慧校园中心，为全校的智慧校园“大脑”提供有力的基础保障。

（3）在多媒体教室中使用目前较为先进的智能互动黑板。

（4）引进数字资源，购买电子图书，共同开发19门精品课程和6套教学仿真实训软件。

（5）推进信息化办公及教学工作，提升教职工信息化使用能力和教学能力。

（六）创造办学条件，提升院校能力

1. 基础办学资源

新校区位于贵州（清镇）职教城，占地面积600亩，规划建筑面积31.4万m^2，固定资产总值达65959.00万元，办学资源总量及生均值逐年提高。

学院大禹馆

2. 教育教学设施

学院教学科研仪器设备资产值 5410.9 万元，当年新增教学仪器设备资产 585.7 万元。学院图书馆纸质图书藏书量 150753 册，图书馆阅览室配置座位数 700 个，期刊订阅种类 56 种。学院共建成校内实训基地 4 个，实训室 55 个，校内实习实训工位数 5451 个。

实训室一角

3. 学生规模

学校始建于 1956 年 1 月，首届招收学生 468 人，发展至 2017 年 12 月，共计在校生 6182 人，学生规模稳步扩大。随着就业率的持续增长，学校招生规模也呈逐年扩大的趋势。

（七）推进产教融合，强化校企合作

2014 年 10 月，经贵州省教育厅、省水利厅批准，由贵州省水利投资集团公司和学校牵头成立了贵州水利水电职教集团。集团以“合作办学，合作育人，合作发展”为宗旨，以项目为纽带，以教学、培训、科研和社会服务为主要内容，优化整合集团内部的教育培训资源。从而实现校企资源共享、优势互补、互惠双赢。

（八）加强院校合作，拓展国际交流

学院积极开展对外交流工作。截至 2018 年 8 月，已与印尼、泰国等东盟国家 6 所学校签订了合作协议。国际生招收、交换生互访、教师互访等项目开展效果显著。

（九）激发学生活力，丰富校园文化

为全面贯彻党的教育方针，落实立德树人根本任务，培养德智体美劳全面发展的社会主义建设者和接班人，学院每年开展校园文化周、纪念“一二·九”、全国水利知识竞赛等活动，经过长期积累，各项活动的开展已进入常态化。

（十）加强思想政治工作，抓好职教脱贫攻坚工作

学校高度重视学生思想政治教育工作及贫困生资助工作，建立健全了相关规章制度。近两年，学院针对高职学生发放国家奖学金、国家励志奖学金、国家助学金、国家助学贷款共计 543.19 万元，发放学生困难补助、勤工助学金等共计 71.77 万元，受益学生达 620 余人次。

四、典型案例

案例一：汇聚企业力量，助推学校发展

为整合资源、实现优势互补。在贵州省水利厅的大力推动下，学院与贵州省水利投资（集团）有限责任公司强强联手，联合开发建设、管理学院。携手推进职业教育改革创新，打造美丽校园，拉开“互利互惠，合作共赢”的校企合作序幕。

（一）政府主导，校企合作

2014 年 9 月 1 日，学校与贵州省水投集团公司签署了合作框架协议，共同打造贵州水利人才高地。

学校与水投集团签署战略合作协议

2014 年 10 月，经省教育厅、省水利厅批准，由水投集团公司和水校牵头，成立了贵州省水利职业教育集团。

为确保职教集团和校企合作工作的顺利推进，成立了由省水利厅、水投集团公司、学校三方负责人共同参与的校企合作工作领导小组，由专职人员组建办公室负责相应事务，建立了联席会议制度和专题会议制度。明确了政、校、企三方职责，形成了一整套校企深度合作的运行机制。

（二）精心研究，探索新路

在校企合作工作领导小组的指导下，校企双方创造性地提出：盘活老校区资产，加快贵州水职院的建设和经营管理，保留学校原有教学管理格局和资金来源，成立校董会。

校企合作成果一：破解学院筹建资金投入困局，探索出一条“穷省办大教育”的新路。

按照省政府工作要求，省水利厅积极推进学院筹建工作，但由于财政投入资金不足，工作推进困难。为切实破解难题，按照“学校筹资先建、政府贴息贷款、上级专项奖补、老校置换还本”的职业院校建设模式和“盘活存量、经营校产”的原则，在省水利厅的主导下，学院与水投集团公司（以下简称公司）开展校企合作。发挥公司投融资平台优势，通过省水校老校区资产评估后划转给公司，由公司融资解决学院建设的资金缺口，破解了学院筹建资金投入困局的难题。学院与公司开展校企合作，融资解决学院建设资金投入困局的模式获得了省教育厅、省财政厅和省政府的高度认可。

校企合作成果二：创新工作机制，探索出一条“校企深度合作”的新路。

（1）组建职教集团，搭建合作平台。学院与公司签署了《校企合作框架协议》，成立了由8家企事业单位组成的贵州省水利职业教育集团，以“合作办学、合作育人、合作发展”为宗旨，以项目为纽带，以教学、培训、科研和社会服务为主要内容，实现校企资源共享、优势互补、互惠共赢。

（2）成立校企合作董事会，完善合作机制。为固化校企合作成果，破解校企深度合作的体制障碍，校企联手探索并在国有企事业单位体制下成立了校企合作董事会。校董会是校企合作的决策机构，体现政、校、企共同参与原则。在校董会的统筹下，明确校企双方的权利和义务，深化产教融合，拓展经营领域，推进校区建设，提高管理水平，实现合作共赢，为政、企、校共同推进现代职业教育改革作出了积极的探索。

（3）多措并举，推进校企深度合作。校企双方积极推进以行业为纽带，产教融合、校企合作的办学新模式，实现资源共享、责任共担、合作共赢。一是共同推进学校经营管理工作，企业参与学校后勤、物管等后勤业务的经营管理，为学校提供优质的后勤服务；二是共同创新办学模式，共建实训基地，按照“市场需要什么，就培养什么”的原则，拓展培训业务，优化专业设置，促进企业用人标准与学校培养标准的有效衔接，积极开展项目法人培训、质量安全培训等能力提升培训工作；三是共同培养双师队伍，公司选派具有工程实践经验的专业技术人员担任兼职教师，弥补学校专业师资的不足；四是共同推进教师到企业实践工作，通过职称晋升调控等手段，引导教师到公司进行实践锻炼；五是共同推进学院工程建设，公司利用自身人才优势，组建专家咨询团队，优化设计方案，解决学院建设中的技术难题，并取得了显著成效。

（三）强强联手，改革发展

经省教育厅、水利厅、水投集团公司和清镇职教城管委会共同商议，由省水投集团公司独资成立了贵州职教产业发展公司。按照“政府主导，公司负责学校后勤保障和经营管理”方式，切实解决了以前学校后勤社会化、私人承包管理学校资产带来的系列问题。并使学院在智慧校园系统，公共配餐系统，后勤保障系统等方面的管理水平得到了极大提升，从而实现学院发展战略与企业发展战略的有机衔接，创新推动了国有企业参与职业教育改革发展的良好局面，且成效显著。

案例二：树立水生态建设理念，建设水文化特色校园

学院清镇校区位于贵州（清镇）职教城，在历时四年的新校区建设中，学院始终把校园环境作为校园文化的载体，坚持生态建设理念，围绕“水”字做文章，打造水文化特色校园。

（一）建设凸显水文化特色

1. 建筑单体造型体现水利元素

教学主楼润泽楼的设计为贵州山区最为常见的双曲拱坝造型，学院礼仪主门“润泽门”和图文信息中心（图书馆）“文渊馆”为重力坝造型，其设计独具匠心。

2. 建筑色彩富有水利水电专业韵味

校园建设中大量运用的玻璃幕墙和四坡屋顶均采用深蓝色，校园建筑外墙采用混凝土的冷灰色。其间，用我院传统专业之一，电专业的象征色——红色作为过渡色，和谐美观。

3. 室外水体景观兼具专业实训与休闲观赏功能。

室外水体面积约为 4400m^2，配合新校区规划轴线、弧形的水体文化廊道，呈“品”字形分布在校园主入口及广场两侧。

北面水体是以溪流及湿地水池为主要设计形式的自然梯级生态水体，西入口水池是与校园正门一体化设计的造型水池，而南面水体景观区是集课外实训教育功能和休闲观赏功能于一体的综合水体环境。围绕文渊馆呈东面高、西面低的L形水带，自下而上分为三个区域：下游的古代水利工具展示区、中游的都江堰水利工程仿真区及上游的现代坝体构造区。

都江堰工程仿真区与现代坝体构造区（三角重力坝、甘金桥拱坝）都是等比例实体工程。既让学生意识到水利工程的力量及智慧所在，又体现了现代水利工程建造的复杂性和知识的系统性，极大地激发了学生的专业兴趣，强化了其职业自豪感及社会责任感。

校园生态水体

水体景观四周还配置了七块水利文化景墙，展示不同时期的水利发展历史。其中有古代水利工具，如翻车、水车、水碾、水磨等实体模型，使学生耳濡目染，受到传统水文化的熏陶。

（二）打造节能、环保、生态特色校园

将广场、道路的地面雨水通过新型材料——彩色生态透水整体路面，收集至篮球场地下水池，经处理用于学院室外绿化、清洁卫生及水体景观补水。并将学生洗漱水收集至地下室，经过一体化处理设备处理后用于学生宿舍冲洗厕所，这使我院成为当时全省唯一一所宿舍有两套上下水系统的节水示范型院校。与此同时，校园内的路灯一律采用太阳能和风能，通过智能感应照明，随室外照度自动开关，达到节能效果。

“以水润德，以水育人”，水文化的建设为学生提供了多途径的室外实训基地，营造了良好的教学环境和文化氛围。优美的校园环境不但悦目，而且悦心，凸显了环境育人的功效。在水文化的濡染下，水利行业精神的引领下以及水利科学文化知识的传播中，师生向真、向善、向美，形成良好的校园风尚。

乘改革开放东风　育特色职教品牌

——河南水利与环境职业学院

一、综述

河南水利与环境职业学院源于1955年创办的河南省水利学校，历经“三定校址、八易校名、一度停办”，在曲折中不断发展壮大。是教育部首批命名的国家级重点普通中等专业学校、全国中等职业教育德育工作实验基地、全国水利职业教育示范院校、河南省职业教育品牌示范院校。2002年经河南省人民政府同意、省教育厅批准，与华北水利水电学院联合举办华北水利水电学院水利职业学院，形成了中职与高职教育并举的办学机制。2013年经河南省人民政府批准将华北水利水电学院水利职业学院从华北水利水电学院剥离，成立河南水利与环境职业学院，独立举办高职教育。2018年先后获批成为河南省省级优质高等职业院校项目建设单位、全国优质水利高等职业院校建设单位、教育部第三批现代学徒制试点单位。

航空港校区效果图

学校现有郑州花园路校区、郑州航空港校区以及漯河校区、信阳校区，占地面积712亩，其中航空港校区正在建设中。目前有各类建筑15.75万m^2，固定资产总值1.5亿多元，实验实训仪器设备总值6547万元。校内有3个生产性实训基地，仿真性实训中心22个，实训实验室88个，校外建有实习实训和就业基地102个。图书馆纸质藏书52万册，电子图书33万种，各类文献数据库10多个。建有宽带校园网络及教学管理、学生管理、办公管理、在线学习等平台，以及22个专业数字化教学资源库。拥有高档微机2000多台，多媒体教室座位数7500个。建有400m标准跑道的田径运动场和篮球场、网球场、排球场、乒乓球室、室内健身场所等完善的体育设施。

学校设有水利工程系、土木工程系、机电与信息工程系、经济管理系、环境工程系共5个教学系，开设有水利、土木建筑、资源环境与安全、装备制造、电子信息、财经商贸、交通运输等7大类37个高职专业，在校生近9000人。

学校始终坚持以立德树人为根本，以服务发展为宗旨，以促进就业为导向的职业教育办学方针；树立“立足水利，面向社会，按需办学，服务经济建设”的办学指导思想；秉承“明责、守信、敬业、力行”的校训。建校 60 多年来，共计培养大中专毕业生 4 万多人，举办各类培训 4 万多人次，为河南水利事业和经济社会发展做出了突出贡献。

学校先后获得全国中等职业学校德育工作先进集体、全国水利系统先进集体、全国水利文明单位、河南省普通大中专毕业生就业工作先进集体、省级文明学校、省职业教育先进单位等荣誉称号。

二、发展历程

河南水利与环境职业学院是一所具有悠久历史和深厚积淀的学校。1955 年 11 月建校，最初在洛阳白马寺荣军医院办学，1957 年 2 月搬到郑州陇海西路校园。由于历史原因，学校在 1970 年 12 月被迫停办。

1976 年，以党的十一届三中全会为标志，改革开放的号角吹遍了大江南北。1978 年 1 月，郑州水利学校在原校址恢复办学。8 月，学校首先办了物探干训班，学员 80 人。并从当年参加高考的高中毕业生中招收了水利工程建筑、农田水利工程专业 6 个班 250 人入学，开启了复校后水利中等专业人才培养的新征程。1980 年 5 月，恢复河南省水利干部学校。

1983 年 10 月，学校在郑花路重新征地 204 亩建设新校区，其中校园占地面积 165 亩。1984 年 7 月定名为河南省郑州水利学校。1985 年 10 月，校舍主体建筑物竣工，学校迁至郑花路（现花园路）校址。2002 年以后采取学校自筹、教职工集资、争取国家和省财政投入相结合的办法，滚动发展，办学条件不断改善，助推了学校各项事业的发展。

1998 年全国教育改革，大中专学生由过去国家包学费、包分配改为学生自主交学费、自主择业的办学体制。学校先后与河南省直广播电视大学、黄河水利职业技术学院、华北水利水电学院、河南建筑职业技术学院合作办学，举办了普通专科、“3＋2”分段制高职、三年制高职、五年一贯制高职和成人学历教育。

2002 年 7 月，河南省教育厅批准学校与华北水利水电学院合作办学，成立华北水利水电学院水利职业学院，形成了学校办学史上中、高职并举，由中职教育向高职教育发展的过渡时期。2012 年 6 月，撤销河南省水利干部学校，河南省水利职工培训学校并入河南省郑州水利学校。

2013 年，学校办学层次实现重大突破。3 月，河南省人民政府下发《关于设置河南水利与环境职业学院的批复》（豫政文〔2013〕83 号）文件：“同意将华北水利水电学院水利职业学院从华北水利水电学院剥离，设置河南水利与环境职业学院”。5 月，教育部下发了《关于同意专科学历教育高等学校备案的函》（教发函〔2013〕97 号）文件，批准学院在教育部备案，正式成为河南省一所培养水利与环境等领域高技能人才的普通高等职业学校。自此，学校基本完成了中职教育向高职教育过渡，迈向新的发展阶段。

2015 年 6 月，学校又与郑州航空港综合经济试验区管委会达成了 500 亩的用地协议，开始了新校区建设的各项工作。2017 年 8 月，河南省人民政府下发《关于省水利厅厅属中等职业学校教育资源整合方案的批复》（豫政文〔2017〕131 号）文件，河南省郑州水利学校、漯河水利技工学校、信阳水利技工学校撤销整合，学校新增漯河校区、信阳校区。朝气蓬勃又不失底蕴的河南水利与环境职业学院不惧新挑战，谋求更高质量的全新发展之路。

2013 年 5 月 31 日，河南水利与环境职业学院举行成立大会

三、教育成效

学校借助水利和职教改革发展的东风，深化教育教学改革，致力于高水平职业院校建设，用累累硕果和崭新风貌展示着一所独具特色的职业院校。

（一）专业建设特色明显

紧紧围绕区域经济发展需要、产业升级调整要求和服务行业特点，形成了“以水为主，以环境为特，以工为基，经、管多科相容”的专业建设定位，以国家骨干专业、省综合改革试点专业为示范引领，院级品牌示范和特色专业两翼推进，全面带动相关专业共同发展的格局。工业与民用建筑和计算机应用两个专业被列为省级重点专业；水利水电建筑工程、计算机应用技术、建筑工程技术 3 个专业为河南省高等学校综合改革试点专业；水利水电建筑工程、工程测量技术专业为国家级骨干专业，立项建设水利部优质水利专业 1 个，专业结构日趋合理，服务区域经济和学校可持续发展的能力不断增强。

学院代表队在 2017 年全国职业院校技能大赛高职组测绘比赛中荣获二等水准测量团队一等奖

（二）人才培养成效显著

全面提升人才培养质量，院校核心竞争力不断增强，取得了诸多标志性成果。2008 年经省教育厅组织进行的高职高专人才培养工作水平评估，

评估结论为良好。2011年顺利通过了河南省中职学校教学质量评估、国家级重点中职学校评估检查、全国水利中职示范校及示范专业建设验收。2012年被评为全民技能振兴工程农村劳动力转移就业技能培训示范基地。2015年校企合作工作受到省教育厅通报嘉奖。2016年被评为全民技能振兴工程高技能人才培养示范基地。2017年获批省创新发展行动计划项目10个。现有中央财政支持建设的实训基地1个，国家级生产线实习基地1个、协同创新中心1个，省教育厅立项精品在线开放课程4门，省高职院校立体化教材2门、立项建设2门，省高校优秀基层教学组织2个。学生技能大赛屡创佳绩，获得全国、全国水利和省级职业院校技能大赛各种奖励373项，多次被省教育厅表彰为参加全国职业院校技能大赛先进单位，在中国高等教育学会发布的2013—2017年中国高校创新人才培养暨学科竞赛评估结果中榜上有名。完成了高校公共艺术教育检查评估工作，顺利通过了全国思政课教学检查，获教育部专家好评，参加河南省大学生各类体育赛事并取得优异成绩，展现了素质教育教学水平。加强国际合作与交流，与泰国曼谷吞武里大学、白俄罗斯国立信息工程大学建立友好合作关系，与马来西亚世纪大学开办中外合作办学项目，与柬埔寨在学生就业方面实现合作，拓展了海外就业市场。学校每届毕业生就业率始终在95%左右，2018年毕业生就业率达97.19%。

（三）师资结构不断优化

坚持以“专业（方向）带头人培养为主导，骨干教师培养为主体，‘双师素质’教师培养为重点，专兼结合为特色”的原则，实施教师素质提升计划和师德师风建设工程，打造了一支师德高尚、业务精湛、素质优良、德才兼备、“双师”结构合理的专业教学团队。有省职业教育教学专家2人、省教育厅优秀教育管理人才3人、学科带头人2人、学术技术带头人12人、省级教学名师6人、骨干教师5人、全国水利系统首席技师1人。

（四）科研创新硕果累累

成立了科学技术研究所，出台《教科研成果奖励办法》《横向科研项目管理办法》《产学研联合体实施办法》等一系列科研管理和服务制度，建立校级科技创新团队，大力提升教科研水平。有105项课题获厅级及以上立项，获得厅级及以上奖励255项，其中《测量学课程教学改革的研究》获国家级教学成果二等奖。教师发表论文1210篇（其中中文核心103篇，EI收录12篇），取得专利260项，主、参编教材318部。

（五）社会服务能力增强

搭建科研与服务平台，推进河湖管理保护工作。围绕河南省湖库存在的水生态恶化问题，开展湖库的生态环境监测、湖库集水区水污染防治及水土保持生态修复、湖库水体保护与修复方面的研究，申报的湖库水生态环境保护与修复河南省工程实验室获省发改委批复，学校拥有了首个省级科研平台。承担的郑州市节水办项目“贾鲁河（郑州段）健康评估及生态修复技术研究”，提出了贾鲁河的原位植物和微生物生态修复方案，通过专家结题验收。承担了河南水利投资集团有限公司平舆县“水土联治”关键技术研究及示范项目，为“水土联治”提供理论依据。开展“河南省村镇生活污水治理政策、技术与模式”学术交流研究，成为河南省水-土环境协同治理与生态修复技术创新战略联盟常务理事单位，完成范县王楼镇东张村水美乡村水系规划建议，成功申报省水利厅技术推广项目——河南省农村生活污水处理技术集成及应用，积极为河南省水环境治理攻坚战、水生态文明建设做出应有贡献。2015—2017 年连续 3 年参与全省小农水绩效考评，2017 年主持全省水土保持绩效评价。与水利部防洪抗旱减灾工程技术研究中心、北京江河瑞通技术发展研究有限公司等合作成立了水利与信息技术产学研联合体，完成全国山洪灾害防治项目 700 万 km^2 的山丘区基础数据处理工作。近 3 年来累计为企业提供推广与服务 72 项，建成省骨干教师培训、省高技能人才培养等 5 个培训基地，被中华全国总工会命名为“全国职工教育培训示范点”。

湖库水生态环境保护与修复河南省工程实验室揭牌仪式

（六）办学条件明显改善

积极争取上级支持，增强学校筹资能力，不断加大投入，改善办学条件，形成了支撑教育教学与实验实训、学历教育与职工培训办学格局的保障条件。数字化校园建设日臻完善，以网络建设为基础，以资源建设为核心，以教学应用为灵魂，以管理服务为保证，大力推动涵盖教务、学务、财务、办公自动化、图书管理、用电管理等各方面管理信息系统建设，被河南省教育厅命名为标准化数字校园。加强图书文献资料建设，获河南省高校图书馆阅读推广出版物评比活动二等奖、河南省高校图书馆先进单位、河南省高校图书馆创新服务先进单位。

（七）校园文化建设蓬勃开展

凝练学院精神，塑造求实创新文化特质，形成了以思想、文化建设为核心，水文化建设为支撑，制度文化建设为保障的特色文化体系，打造了水文化艺术节、榜样水院——优秀学生专项表彰、“三下乡”暑期社会实践、“烛光爱心”扶贫支教、诚信校园行、文明风采等精品活动，获全国文明风采竞赛卓越组织奖、河南省高校思想政治工作优秀品牌、河南省高校校园文化建设优秀成果奖等多项表彰。连续 6 年获得河南省直团工委表彰的“暑期社会实践活动先进集体”，获省直优秀青年志愿者团队、河南省教育系统学雷锋活动优秀群体、河南省五四红旗团委、省直机关五四红旗团委、河南省水利厅先进团委，郑州市、金水区征兵工作先进单位称号。

（八）治理体系有效深化

贯彻落实党委领导下的校长负责制，发布和实施《河南水利与环境职业学院章程》，制定《“三重一大”集体决策制度实施办法》，党委会、校长办公会、学术委员会等议事规则，完善以教代会为基本形式的民主管理制度。深化院系两级管理、人事全员聘用制、财务内部控制制度、后勤服务社会化机制改革，学校治理能力不断增强。先后获得全省水利系统“五五”“六五”普法先进单位，全省水利系统信访维稳、政务信息、档案、节水、节能减排、财务决算等工作先进单位。

（九）党的建设全面加强

深入开展党的群众路线教育实践活动、“三严三实”专题教育、“两学一做”学习教育，全面推进“创先争优活动”，开创党建工作新局面。学校于2007年被教育部确定为全国100所、河南省6所“全国中等职业教育德育工作实验基地”之一，被中国水利职工思想政治工作研究会评为全国水利系统“优秀政研会”，2010年被教育部、人力资源和社会保障部表彰为“全国中等职业学校德育工作先进集体”。学校党委多次被上级党组织表彰为“五好基层党组织”，纪委多次被表彰为“五好纪委”，荣获全国模范职工之家、全国水利系统职工文化建设先进集体、全省水利系统模范职工之家、河南省水利系统五一劳动奖状、全省水利系统工会工作目标考核先进单位等荣誉称号。

四、典型案例

案例一：“项目引领、双师执教”实践育人结硕果

培养面向生产、建设、管理、服务第一线需要的实践能力强且具有良好职业道德的高技能人才是高等职业院校的根本任务。学校于2015年在水利类专业教学改革试点班实施的“项目引领、双师执教”实践育人工作，契合了人才培养根本任务，实现了技能人才培养模式的创新。具体做法如下：

1. 精挑细选校企导师

校企导师在“项目引领、双师执教”实践育人工作中起着至关重要的作用。校内导师的选择应从具备高尚师德、精湛业务、良好的心理素质、人格魅力四个方面进行综合考量，不仅传授学生知识、技能，更能成为学生成长的引路人。企业导师的选择主要考量职业道德、业务能力、技能水平，在校企合作企业中挑选那些热心学校教育，业务能力强，技能水平高的技术专家、能工巧匠作为学生的校外导师。

2. 师生签订培养协议

师生签订培养协议是明确校内导师、企业导师、学生“三方”责任，落实人才培养任务的前提。培养协议明确校内导师主要侧重对学生进行专业知识及语言表达、人际交往、组织管理等非专业知识能力的培养指导，满足学生可持续发展的需要。企业导师则侧重职业素质、职业岗位技能培养指导，在指导学生完成企业项目、进行岗位技能培养的同时，还通过导师的言传身教和企业文化的熏陶，提高学生的职业素质。校内、外导师分工明确，相互协作，实施知识、素质、技能教育。

3. 严格落实培养任务

严格落实培养任务是实现实践育人目标的手段。在学生完成某个阶段的学习任务后，

随即到行业企业进行前一阶段学习任务相关的专业实践，全程跟随企业导师，参与企业导师的真实生产项目，实现理实结合，从而通过“基于项目”“学训交替”的实践教学方法和学习方法提高实践育人的效果。实践项目既要是来自企业生产一线的真实项目，又要与学生已完成学习情况紧密结合，还要综合考虑学生毕业后主要就业岗位实际情况。

师生签约仪式

4. 实施有效管理考核

实施有效管理考核是实现实践育人目标的保障。学校成立实践育人工作领导小组，对全校实践育人工作统一领导。系部成立由系主任担任组长，教研室主任、骨干教师为成员的实践育人工作小组，具体负责系部实践育人工作的方案制订、组织实施、评价考核。

5. 应用效果及评价

该试点班共30名学生，每5名学生配备企业、学校导师各1名，选配校企导师共12名，签订培养协议30份。学生已实施了4次学训交替，参与完成企业生产项目4个，对学生进行学期管理考核5次。通过实践，学生的职业素质和技能水平有了明显的提高，专业知识和非专业知识能力也有了显著的提升。该班学生学习成绩明显高于其他相同专业班级学生成绩，平均成绩高30%左右。由于这些学生素质全面、能力出众、技能精湛，在校第二年学习还未结束，就有25名学生已被校企合作企业预定就业。通过收集企业反馈信息，企业对这部分学生的总体评价是：专业基础知识扎实，能力表现突出，技术掌握迅速，工作认真负责，踏实肯干，注重团队精神，共同完成工作任务。教学改革试点班专业成为省级综合改革试点专业、校级品牌示范专业、国家级骨干专业，专业教研室获河南省高校优秀基层教学组织。

案例二：榜样带动展旗帜，立德树人育英才

树立榜样、宣传榜样是高校德育工作的重点，学校“榜样水院”优秀群体表彰活动已成为德育工作实践的亮点，被河南省高校工委、河南省教育厅表彰为“河南省高等学校思想政治工作优秀品牌”。

1. 项目概要

“榜样水院”优秀群体表彰活动是学校独立举办高职教育以后推出的一项创新工作，在校党委的指导下，由校团委主办，以颁奖晚会为形式，以全校优秀学生集体和个人为主导的大型表彰活动。每年在5月4日前后举行，以纪念“五四”运动、凝聚榜样力量、激励奋勇争先为主题，已成为师生“展示自我、学习榜样、立德树人”的青春盛典。活动充分结合学校高职学生特点和办学特色，在全校学生中挖掘、收集、整理各种优秀集体和个人的典型事迹。通过对各级各类专业技能大赛、文化素质竞赛、省三好学生、优秀干部、暑期社会实践先进个人、校园十佳、校园之星、国家奖学金、优秀毕业生等优秀个人或集体的表彰，宣传他们在知识学习、技能培养、素质提升等多方面的成功经验。树一面旗帜，立一面镜子，使每个人都能有真正看得见、摸得到的“可亲、可敬、可信、可学”的行动楷模。达到促进学生奋勇争先、勤学苦练的目的。

2. 实施方法

成立由学校主管副院长担任主任，校团委书记、各系学生工作负责人为主任委员，各系团总支书记或有关负责人为委员的活动组委会，形成良好的运行体系。活动分为宣传动员、实施准备、颁奖表彰三个阶段。历时一个月，各系团总支、学生团体广泛开展“寻找榜样、学习榜样、争当先进、点亮生活”宣传动员工作；校团委面向全校各系教学部门、学生管理部门征集一年来在各级各类竞赛、评比、表彰中获奖优秀学生的事迹、照片和人生格言，编辑制作精美的《榜样水院光荣册》；五四歌咏比赛当天举行正式颁奖表彰活动，以颁奖词的形式进一步传播先进群体的精神价值，表彰与比赛交替进行，在歌声中颂扬美好青春与正能量。

2017 年五四歌咏比赛暨榜样水院颁奖典礼现场

3. 工作成效与取得经验

经过 2013—2017 年五届“榜样水院”表彰活动，更多优秀学子有了展现自己和展示自信的平台，涌现出了一批又一批技能过硬、成绩出众、道德高尚的优秀集体和个人。“榜样水院”不仅成为师生的青春盛典，更是成为服务学生、服务教学、服务科研、服务就业、保障学校中心工作的一项重要举措。“脚踏实地，永不满足”的精神逐渐内化为全体师生的信念、价值观和行为方式。

牢记初心砥砺前行　矢志不渝培育新人

——湖北水利水电职业技术学院

改革开放40年来，湖北水利水电职业技术学院始终坚持党的教育方针和社会主义办学方向。以改革创新为动力，以立德树人为根本，砥砺前行，矢志不渝。为行业、社会培育了大量的专业技术和经营管理人才，学院建设发展实现了历史性突破。

一、学院综述

湖北水利水电职业技术学院始建于1952年，其间几经合并、撤迁，于1977年在武昌东湖新村独立复建，定名为“湖北省水利学校”，并于1994年更名为“湖北省水利水电学校”。2002年升格为高职院校，定名为“湖北水利水电职业技术学院”。目前，形成了一校两区（南湖校区、汤逊湖校区）办学格局，总占地面积573亩，其中南湖校区110亩、汤逊湖校区463亩，总建筑面积超过21万m^2，资产总值5亿多元。教学楼、图书馆、实验室、实训实习基地和学生宿舍、大学生活动中心等主要功能设施比较完备。

学院汤逊湖校区教学大楼

学院内设12个管理服务职能处室和3个院办经济实体，现有在职人员420多人，离退休135人（离休3人）。教职工党员337人，其中，在职党员276人，离退休党员61人，学生党员72人。在职人员中，有专任教师300余人，正、副高级职称教师139人，专业技术三级岗位7人、湖北名师1人、全国水利职教名师3人、湖北省“楚天技能名师”特聘教学岗位9个，享受省政府专项津贴2人，湖北省水利科技英才、水利专业技术拔尖人才6人。目前在校学生总数近8000人。

学院设有水利工程系、建筑工程系、机电工程系、电力电子工程系、商贸管理系和思想政治理论课部、基础课部（体育课部）、继续教育部。开设专业 32 个，其中全国水利职业教育示范专业 2 个、湖北省高职教育重点专业 4 个、省战略性新兴（支柱）产业和中央财政支持项目专业 3 个、省级品牌专业建设项目 5 个、省级特色专业建设项目 3 个、省级现代学徒制试点专业 2 个，省级职教品牌建设项目 1 个，年招生规模稳定在 3000 人左右。

改革开放 40 年来，学院坚持“修身、明志、励学、求真”的校训，秉承“百折不挠、自强不息”的办学精神，按照“质量立校、创新活校、人才强校、服务兴校”的办学理念，突出高素质技术技能型人才培养，累计为国家输送各类毕业生 8 万余人，为行业、社会开展职业培训 3 万人次。先后被确认为省部级、国家级重点中等专业学校和全国水利职业教育示范院校及省部级优质高职院校、全国优质水利院校建设单位。被授予“高校毕业生就业统计省级核查免检学校”和“湖北五一劳动奖状”、省级“最佳文明单位”等，已经成为全国重要的水利水电人才培养基地。

二、发展历程

总结学院 60 多年发展历程，大致可以归纳为三个阶段。

第一个阶段为起源始发阶段。时间大致为 1952—1976 年。期间，学院经历了多次合并、搬迁、撤销及复建。1952 年 9 月，当时的中南军政委员会将广州天佑高工调整命名为“武汉水利工程学校”，同年先后合并湖南沅陵高工、广西柳州高工，并更名为“武汉水利学校”。1953 年 3 月，与武昌水利学校合并，更名为“长江水利学校”，同年 9 月，广州珠江水利学校部分并入，并在武汉市武昌东湖之滨的南望山成立武汉水利学校。1955 年，更名为武汉长江水利学校，隶属于水利部。1957 年，湖北省水利学校并入武汉长江水利学校。1958 年，下放湖北省水利厅管理，更名为“湖北省水利水电专科学校”。1961 年，学校从武昌下迁黄冈地区浠水县白莲河镇。1966 年“文化大革命”运动开始，学校逐步瘫痪直至 1970 年被撤销，改为白莲河电机制造厂。1972 年，在武昌广埠屯重建湖北省水利电力学校，直至 1976 年水电分家。

湖北水利水电职业技术学院挂牌仪式

第二个阶段为复兴发展阶段。时间大致为 1977—2002 年。这是学院从独立分建逐步走上复兴发展的阶段。1977 年，42 名在湖北省水利电力学校从事水利水产类专业教学的教师，背着简单的行李，赤手空拳来到武昌八一路东湖新村，开始了湖北水利学校艰难的筹建复兴之路。1978 年，学校设立技工部，并正式开始招收中专生和技工学生。1981 年，学校逐步恢复职工继续教育和培训。1993 年，学校被确认为省部级重点普通中等专业学校。1994 年，学校更名为湖北省水利水电学校。1999 年年底，武昌傅家嘴南湖校区投入使用，形成一校两区（东湖校区、南湖校区）办学格局。2000 年，被确认为国家级重点中等专业学校，标志着学校从复兴步入强盛，不论是基础设施、办学规模，还是师资水平、教育质量，已经在全省乃至全国同行业的中专学校中位居前列。2001 年，学校启动了高等职业技术学院的申报、建设工作。

第三个阶段是快速发展阶段。时间大致是从 2002 年开始直到现在。2002 年，学校正式升格为高等职业技术学院，定名为“湖北水利水电职业技术学院”。2003 年被评为办学条件合格学校。2005 年，学院获准举办成人高等专科学历教育，并相继成立了学院教学指导委员会和各专业建设指导委员会。同年，学院启动东湖校区置换和江夏汤逊湖校区建设工作。2009 年，学院通过置换东湖校区土地，初步建成江夏汤逊湖校区，形成了新的一校两区（南湖校区、汤逊湖校区）办学格局。2012 年，学院被确认为全国水利职业教育示范院校，并牵头成立了湖北水利水电职业教育集团。2016 年，学院启动创新行动计划，并开始实施省部级优质高职院校建设。2018 年，被中国水利职教协会确认为全国优质水利院校建设单位。目前，在全国 1400 多所职业院校参加的全国职业技能大赛中，学院师生获奖数综合排名一直位居第 176 位左右。在湖北省 62 所职业院校参加的湖北省职业技能大赛中，学院师生获奖数综合排名一直位居第 5 位左右。

三、建设成效

（一）创新体制机制，激发办学活力

坚持立足行业、面向社会，水利行业主办、教育部门指导、社会各界共建的局面不断巩固发展；坚持依法治校、科学管理，以制定和实施学院章程为主线，不断推进管理体制机制创新，基本形成了党委核心领导、法人具体负责和教授治学、民主管理的内部治理体系；坚持创新求实、内涵发展，以省部级优质院校建设为抓手，大力实施创新行动计划，学院内部质量诊断与改进工作机制不断健全完善；坚持教书育人、立德树人，全员、全过程、全方位育人的“三全育人”体系全面建立实施，办学活力、教育成效稳步提升。

（二）坚持特色导向，加强专业建设

按照“依托行业、服务地方、市场导向、动态调整、集群发展、培育重点、突出特色”的建设思路，走特色发展之路，不断优化专业结构，新增风力发电工程技术、光伏发电技术与应用、新能源汽车应用技术等适应新技术、新产业、新业态发展需求的新兴专业。着力打造特色专业群，初步形成了以水利水电建筑工程专业为龙头的土木水利类专业群，以发电厂及电力系统专业为龙头的、覆盖全产业链的发电类专业群。目前建成全国水利高等职业教育示范专业 2 个，省战略性新兴（支柱）产业和中央财政支持专业 3 个，省级重点专业 4 个，省级品牌专业 5 个，省级特色专业 3 个，省级现代学徒制试点专业 2

个，湖北省十大职教品牌建设项目1个，创新发展行动计划在建骨干专业8个，在建省级教学资源库2个，主持发电厂及电力系统国家级专业资源库建设。

（三）突出现代实用，注重课程建设

坚持把课程建设作为专业发展的重要支撑，按照专业建设的要求和专业发展方向，充分考虑行业社会的需要和学生的基础状况，充分利用教学资源库建设和信息化手段，切实加强课程建设与改革，突出实践性、实用性和现代性。目前，建设完成国家职业教育教学资源库课程3门，各级精品课程38门。其中国家精品资源共享课1门，国家级精品课程1门，省级精品课程6门，院级精品课程28门，院级精品资源共享课6门，院级精品视频公开课5门。信息化背景下，学院高度重视信息化课程建设，近三年先后投资500万元建设了含在线学习服务平台、录影棚、录播教室、智慧教室的“网络课程制作基地”，与超星公司共建了“省职业教育开放课程研究院”。率先建成湖北高职第一门慕课“走进桥梁”，教师广泛使用微课、翻转课堂等方式开展教学，提升了学生课程学习效果。学习服务平台上线课程188门，课程累计点击量近10万次，在线学习者突破15万人次。

（四）实行多措并举，增强师资能力

实施“人才强校”战略，坚持“引培并举、结构优化、管用结合、德才并重”的师资队伍建设理念，探索有利于促进师资队伍建设的长效机制。一是强化名师引领的教师队伍建设，组建了由“楚天技能名师”“湖北名师”“湖北省水利行业首席技师”“水利职教名师”等加盟的教学团队；二是引进教科研水平高，企业岗位技术能手等，提升教师队伍的整体水平；三是持续推进“360”教师入企计划，近几年累计120多名教师参与下企业锻炼，提高教师生产实践能力，培养了一支“双师型”教师队伍；四是以信息化素养为突破口实施教师职业能力提高工程，举行每年一度的信息化教学大赛和每学期一次的教师信息化能力全员培训。2015—2018年已经连续四年举办校级信息化教学比赛并选派教师参加省级及全国职业院校信息化教学大赛。近三年分别获得国赛一等奖1个，二等奖1个，三等奖1个，省赛一、二、三等奖共16个，有效带动了全体教师信息化教学能力的提升，我院教师信息化能力位于省内高职院校前列。

2017年学院聂琳娟等教师团队获教育部主办的全国职业院校教师信息化大赛教学设计赛项一等奖（第一名）

（五）注重内涵建设，提升教育质量

近几年来，学院先后实施了“湖北省高等职业教育创新发展行动计划”和“创建高效课堂三年行动计划”，并启动了“省级优质高职院校”“全国水利优质高职院校”建设和“学院内部教育教学质量诊断与改进”等工作，教育教学和人才培养质量等内涵建设不断加强。目前，学院承担的“湖北省高等职业教育创新发展行动计划”中40个项目27个任务建设已全面完成。近几年来，学院毕业生就业率始终稳定在95%左右，协议就业率稳定在 80%以上，并连续三年被确定为全省毕业生就业统计工作免检单位。

大力加强学生职业技能培养，除强化实习实训教学环节外，还坚持以赛促学，积极组织学生开展和参加各级各类专业技能竞赛。近几年来，学生参加各项技能竞赛并收获累累硕果，根据中国教育学会 2012—2018 年全国普通高校竞赛评估统计结果，我院在全省高职院校中排名第六，居全国第 176 位。2018 年，学生技能比赛再次取得了突破性成绩，4 支队伍入选湖北省代表队并参加由教育部主办的全国职业院校技能大赛，获得二等奖 2 项，三等奖 1 项；在全省职业院校技能比赛中，我院参赛队伍共获奖 15 项，其中一、二、三等奖各 5 项，排名全省第十名。在水利部职教司举办的“齐鲁杯”全国水利技能大赛中，共获单项团体奖 3 个、个人奖 13 个，以团体总分第 5 名的成绩荣获团体奖和“优秀组织奖”。我院连续两年承办全省职业技能大赛（高职组）现代电气控制系统安装与调试赛项，夺得 2 个一等奖。

（六）加强校企合作，推进产教融合

主动适应经济发展新常态和技术技能人才成长需要，深入推进产教融合，校企合作，建立了“政行企校”多方育人机制。一是以水利水电行业为依托，以“湖北水利水电职业教育集团”为平台，利用 92 个成员单位的自身优势，形成深度融合、资源共享、互利双赢的良好机制。利用平台优势，学校与企业建立了深度合作关系。二是引进优质企业进校，合作共建“校中厂、厂中校”及稳定优质的校外实习基地。先后与武汉博达高科电力公司共建省级大学生实习实训基地；与瑞士迅达电梯有限公司一起成立了全省首家校企共建的电梯学院；与湖北瑞鹏恒信有限公司合作共建水利工程质检中心；与恩施天楼地枕电力公司和公安闸口泵站进行了深度合作。其中，恩施国电实训基地使用率最高，达每年 27 周，2018 年更是全年共使用近 40 周，双方还师资互聘，共建在线课程和国家级专业资源库。与国电湖北恩施公司、湖北省荆江分蓄洪区工程管理局等多家单位合作创建“共建、共用、共管型”实训基地 5 个。三是积极探索现代学徒制培养创新精神，建筑装饰工程技术专业与武汉缤纷天韵装饰有限公司、平米派（武汉）家居有限公司开展现代学徒制

瑞士迅达电梯与我校深入校企合作，共同投资 500 余万元在我校建设全省唯一集教学、培训、科研、实训、比赛于一体的电梯技术产学研基地

试点专业，上岗前举行拜师仪式，引发媒体广泛报道。四是广泛联合知名企业合作开展“订单班”培养，机电一体化专业与中交二航局开展了“盾构机订单班”；建筑工程技术专业、发电厂与电力系统专业与武汉地铁集团开展了“地铁订单班”；广告设计与制作专业与超星集团成立了“视频剪辑订单班”。2017 年学校订单培养规模达 1100 人。

四、典型案例

案例一：党建促业绩，党员争实干

基层党支部党建工作实不实，最终要看党员党性强不强、中心工作好不好。湖北水利水电职业技术学院教务处党支部现代教育技术中心党小组始终坚持“党建为龙头、党性为保证、业务讲突破”的工作思路，实现了信息化教育教学多个领域的从无到有：200 多门网络课程的制作、10 多项国家级及省级教学信息化比赛奖项的获得、全院信息化教学设备的调试与维护等。

（一）党建引领强基础

现代教育技术中心党小组现有党员 10 名，隶属教务处党支部。小组牢固树立“把抓好党建作为最大政绩”的理念，除了认真执行各项党建制度、积极参加上级党组织的各项活动外，还定期召开党小组会议，研究工作、组织学习、举办活动，促进了党建与业务工作的同向而行。

（二）刻苦钻研下苦工

“院党委和党支部将信息化教育教学的相关工作交给我们党小组，体现了上级党组织的信任与厚爱。尽管困难重重，但我们是党员，就要冲锋带头发挥作用!”党员张嘉超在一次党小组会议上说道。

为了适应信息化教学需要，2014 年起学院开始了网络课程建设。由于缺乏专业技术支撑，该党小组自主购买相关学习资料，并联系相关机构争取学习机会。“一切都要从头学起，我们每个人都要掌握所有的视频拍摄剪辑技术。而由社会机构来承担的话，一门课程通常需要几十人的团队来完成。”党小组成员陈龙说道。短短三年中，200 多门网络课程的制作、500 万人次的访问量是该党小组“白加黑”和“五加二”的常态化工作模式换来的。

在配合专业老师参加信息化教学大赛的过程中，“第一名”是所有党小组成员的志气与心气。从修改教案与课稿，调整方案结构、课题内容，到帮助授课老师锻炼镜头感，所有党小组成员既是“导演”“编剧”，还是“摄影”“美工”。在连续四年全省全国教师教学能力大赛中，2015 年获省奖 5 个，全国三等奖 1 个；2016 年获省奖 2 个，全国二等奖 1 个；2017—2018 年均获省赛一等奖 2 个，获国赛一等奖 1 个、二等奖 2 个。

（三）党性坚强讲奉献

现代教育技术中心党小组平均年龄在 30 岁左右，生活和工作的压力却层层压在他们肩上。有的同志双亲生病住院，但因赛事紧张，而坚守工作岗位；有的同志身怀六甲，却时刻关心课程制作；有的同志新婚燕尔，却因工作聚少离多……但他们充分发挥党员的先锋模范作用，顾大局、讲奉献，保质保量地完成了上级党组织交代的各项任务。

湖北水利水电职业技术学院坚持将党建之责牢牢扛在肩上，牢固树立“讲党性、创业绩”的鲜明导向，充分发挥党支部的战斗堡垒作用和党员的先锋模范作用，不断促进立德树人根本任务的落实。

案例二：创新驱动谋发展，科研示范当先行

2018 年，我院承担的湖北省水利科技重点科研项目“教学加工两用型车铣复合加工中心及故障检测显示装置”（IM 开放实验台）入选第二届中国高校科技成果推广目录并代表湖北片参展。

该项目系我院自主创新项目，历经了“样机研发—专利申请获批—小批量生产—项目推广”四个环节，于 2018 年 4 月通过验收，验收等级为 A 级。项目验收专家组一致认为，该项目研究成果可信，实现了预期目标，彰显了以省级项目为载体的优势，建立了专兼结合、双师双能、优势互补的教学科研创新团队。通过企业师傅、教学导师和学生学习小组三方结合，达到了各方能力相互促进、工匠精神积淀传承的效果。

该设备主要具有三个方面的优势：一是节省教学实验成本。教学加工两用型微型数控铣床使用 DSP 运动控制卡作为控制系统核心，系统自主开发，可完成一般数控系统的主要功能，可加工微小零件。特别是教学功能明显，便于检修，且其成本仅相当于市场上数控铣床的二分之一左右。二是提高学生兴趣能力。由于控制电路完全透明，学生可根据接线图完成接线、调试，增加了感性认识，实验效果明显。可完成的实验项目主要有：数控操作与编程实验、数字电机控制、普通电机控制、传感器原理、变频器使用、电气组装、故障诊断和数控原理实验等教学，很好地满足了机电类专业的实验需要。三是相关功能可以扩展。数控系统具有开放性，用户可以根据需要进行扩展。如果装上 PLC，可以进行 PLC 控制类的相关实验，从而丰富实验教学内容，同时增加学生们的创新性。

项目开发带动效应明显。一是通过项目开发，带动一批中青年教师的成长，形成了一支具有活力的科技创新团队。同时，拥有了自主品牌的产品，扩大了学院的知名度和影响力，树立了对外推广服务的专业地位及权威。二是通过项目研发，取得了一系列教学科研成果。其中，申报专利 1 项、公开发表论文 3 篇；培养青年教师 5 名，我院学生在 2017 年和 2018 年的湖北职业技能大赛“数控机床装调”竞赛中均获得了 2 等奖的好成绩。三是通过推广应用，取得了良好效果。黄河水利职业学院、辽宁水利职业学院各试用了 1 台设备，推进了其自主创新基地的建设；我院使用了 4 台设备，每年培养机电类专业学生大约 150 名。自主创新“IM 实验室”彰显了“创新”与“人工智能”主题。

砥砺前行创辉煌　潜心育人谱新章

——湖南水利水电职业技术学院

一、综述

湖南水利水电职业技术学院是2005年经湖南省人民政府批准、教育部备案，纳入国家统一招生计划的水利类公办普通高校。学校隶属于湖南省水利厅，校址为长沙经济技术开发区东四路20号。

学院前身为“湖南省水利技工学校”，历经“湖南省水利水电技工学校”“湖南省水利水电学校泉塘分部”“湖南省水利水电学校泉塘分校”“湖南省水利水电工程学校”等名称变化。

学院现有全日制学生近8000名，函授学生2000多名，在职教职工366人，专任教师192人，以及校内外兼职教师210人。副高以上专业技术职务人员102人，“双师”素质教师147人，其中全国水利行业“双师型”教师46人。拥有全国黄炎培职业教育“杰出教师”1人，全国行指委委员2人，省新世纪121人才工程人选2人，省部级专业带头人3名、教学名师5人，全国水利职教新星3人，省优秀教师1人，省青年骨干教师7名，省黄炎培职业教育“杰出教师”2人，省首届“水利十大工匠”1人。

学院设有马克思主义学院、水利工程系、建筑工程系、电力工程系、经济管理系、基础课部和继续教育学院。现有专业23个，涵盖了水利、材料与能源、建筑等7个大类和12个小类，其中中央财政支持专业2个，全国水利职业教育示范专业4个，全国水利类骨干、特色专业各1个，全国优质水利建设专业2个，省精品专业1个，省教改试点专业2个，省示范性特色专业群1个，省一流特色专业群1个，建成省级名师课堂13门。拥有中央财政重点支持实训基地1个，省示范性校企合作生产性实训基地1个，全国水利类重点专业优秀实习实训基地1个。校内实训室59个、校外实训基地96个。建有专业实体公司2个，图书馆馆藏电子与纸质图书235.44万余册。

升格为高职学院以来，以优异的成绩通过了两次教育部人才培养工作评估。先后获评全国水利高等职业教育示范院校、湖南省示范性（骨干）高职院校、湖南省文明单位、湖南省“平安高校”、湖南省教育科学研究基地、湖南省高职高专招生就业先进单位、湖南省普通高等学校体育工作先进单位、湖南省创新型高校。成为水利部和水利厅职工定点培训中心，入选全国首批水利行业高技能人才培养基地，立项全国优质水利高职院校建设单位、湖南省教育信息化创新应用示范高职学院、湖南省职业技能竞赛基地。2013年至2017年连续五年获评省水利厅年度绩效考核先进单位。

秉承“上善若水，求真致远”的院训精神，学院明确了建设湖南“双一流”高职院校的发展目标，致力于把学院建设成为水利水电高级技术技能人才培养基地、水利行业职工培训基地、湖南水文化传播中心和湖南水利技术研发与服务基地。

二、发展历程

1980年，“湖南省水利技工学校”成立，校址设在长沙县泉塘省水电工程公司基地，属省水利厅二级机构。1983年，学校在现校址征地50.35亩。1984年5月，更名为“湖南省水利水电技工学校”。1988年4月停办技校。在技校时期，主要根据行业需要培养中级水利水电、机电技术工人。

1988年5月，更名为“湖南省水利水电学校泉塘分部”，始办中专。1989年10月，更名为“湖南省水利水电学校泉塘分校”，1998年7月，更名为“湖南省水利水电工程学校”。1999年，始办函授教育。在中专时期，办学规模、条件、效益等都跃上新台阶，先后荣获省市级文明单位、省直系统双文明单位、全省水利系统精神文明先进单位、思想政治工作先进单位、教学工作先进单位等一系列称号。

学院高职教育始于2003年8月。2005年3月，升格为高职学院，湖南水利水电职业技术学院正式成立，全面开始高职教育。

2005年，湖南水利水电职业技术学院揭牌庆典

到2010年建校30周年时，学院已成为一所以水利、电力、建筑等工科类专业为主的综合性新型高职学院。确立了“高职为本，立足市场、面向社会、服务行业、特色发展”的办学定位，形成了“依托董事会办学机制，校企合作、工学结合，培养高素质技术技能人才”的特色理念。此时学院固定资产1.89亿元，全日制在校学生5080人，函授在校生2417人，教职工270人。开设专业24个，其中水利部职业教育示范专业建设专业1个，省级教育教学改革试点专业2个，省级精品专业1个，省部级精品课程2门。承担国家级项目1项、水利部“948”项目2项、国家重大公益科研专项1项、国家工程技术研究中心项目1项，获省科学技术进步二等奖1项、省水利水电科技进步一等奖1项、三等奖5

项。期间以优秀等级通过了高职高专人才培养工作水平评估。

“十二五”期间，建成中央财政支持重点建设专业2个、水利部示范专业4个。立项湖南省名师课堂6个、省示范性创新空间1个。获水利部大禹水利科学技术三等奖1项、省水利水电科技进步二等奖3项、三等奖10项。成立继续教育学院，成为水利部、省水利厅的定点培训中心，产值达2000余万元。到2015年“十二五”末，学院教职工326人，其中省级专业带头人1名、省青年骨干教师4名、省部级教学名师4人、水利职教新星3人，省新世纪121人才工程人选2人。

进入“十三五”，2016年牵头成立“湖南水利职业教育集团”，成员单位194家。2017年，学院改扩建项目获批。

在2017年召开的第二次党代会上，学院确立了争创“双一流”高职学院和建设智慧美丽幸福水院的目标，从而使得基础设施不断完善、内涵建设显著提升、治理能力显著提高、教师幸福指数明显提升，学院综合实力跃升。

湖南水利水电职业技术学院建校30周年庆典

三、教育成效

（一）创新机制体制，增强办学活力

学院办学一直按国家职业教育改革发展战略和学院发展实际不断创新体制机制。技校时期培养中级水利水电、机电技术工人。中专时期培养具有全面素质和综合能力的应用型人才。升格高职学院后，坚持党委领导下的校长负责制，颁布并实施了学院章程，健全民主管理和监督体系，实现依法治校。成立了湖南水利职业教育集团，构建政行企校四方联动合作办学运行机制。构建了“一主线、三阶段、三交替、四融合”的校企合作、工学结合的人才培养模式。全面实施学分制管理。通过持续不断的创新推动，人才培养质量和服务产业能力稳步提升，水利办学特色进一步彰显。

（二）深化教学改革，加强专业建设

构建“两支撑一拓展”3个专业群，水利类及相关专业占全部专业的81%。构建“基础课共享、核心课分立、拓展课互选”的专业群课程体系，群内课程资源共享度达到

70%以上，制（修）定课程标准644个。实施“网络、精品、教学改革、考试改革”四级课程分层建设工程，将所有课程教学资源数字化。构建“三个层次、三位一体”的实践教学体系，实践教学课时占总课时的51.5%。现有中央财政支持专业2个，全国水利职业教育示范专业4个，全国水利类骨干、特色专业各1个，全国优质水利建设专业2个，省精品专业1个，省教改试点专业2个，省示范性特色专业群1个。建有国家级课程6门，省部级课程22门。

（三）内培外引并重，强化师资力量

构建师资队伍管理与建设体系，实施高层次人才引进工程和师资培养工程。通过境内外学术交流、培训、一帮一、下企业锻炼等途径提升专业带头人的专业引领、技术攻关能力，提升骨干教师的课程改革、技术服务能力，提升青年教师的实践操作、教学能力。“外引、内培、聘用”相结合，打造“专业+课程”教学团队23个。优化师资质量保证体系，形成“诊断—反馈—改进”的持续提升模式。加强兼职教师队伍建设，聘请行业企业专家、技术骨干100多人担任校外专业带头人和兼职教师，聘任水利行业首席技师担任技能导师，建设工作室7个。现有“双师”教师147名，全国黄炎培职业教育“杰出教师”1人、省新世纪121人才工程人选2人、省黄炎培职业教育“杰出教师”2人、省首届十大水利工匠1人，省部级教学名师（新星）8人、优秀教师1人、专业带头人3人、青年骨干教师7人。

（四）坚持质量为本，培养高素质人才

健全院系两级教学质量管理和监控体系，实施以“有效课堂”建设为抓手的教学质量评价和教学诊断与改进工作，从而使教学质量得到了大幅提升。建立学院和专业群两级质量年报发布制度，引入第三方评价，适时调整专业设置及人才培养方案。通过职业指导课程、创业孵化基地等途径，培养学生创新创业能力。近三年，毕业生平均就业率约为92%，其中水利大类就业率连续两年排名全省第二，专升本录取率在全省名列前茅。学生获国家级技能竞赛奖项32项，其中一等奖15项；获省部级技能竞赛奖项85项，其中一等奖7项；获省部级体育竞赛奖牌34枚，其中金牌13枚，取得省高职组男子团体第一名1次。毕业生支撑着湖南水利事业基层工作的“半壁江山”。

（五）紧跟时代特色，推进信息化建设

建成高速的数字校园，无线网络覆盖主教学区，校园网信息点近6000个。实现了视频监控系统、公共广播和信息显示系统公共区域全覆盖。开展教育信息化改革，开发了水利终身学习平台、顶岗实习管理系统等信息化管理平台；建设了水力发电仿真学习环境、防汛抢险VR实训环境等信息化实习实训场所和水利虚拟博览馆、水文化传播空间等数字化空间；创设“任务链式微课”课程开发模式、“微卡互动课堂”教学模式、基于“云空间”信息化教学管理模式等，提升了教学质量与管理水平。近三年，立项省教育信息化创新应用“十百千万工程”项目29项，立项省教育信息化创新应用示范高职学院；教师获信息化教学比赛国家级奖项1项，省部级奖项27项；建成省级名师空间课堂13门。

（六）创造办学条件，提升综合实力

自2005年升格为高职学院以来的10多年中，学院攻坚克难，实现了跨越式发展，综合实力大幅提高。目前学院在职教职工366人，全日制学生近8000名，年经费投入达

2.12 亿元，生均财政拨款达 1.2 万元以上。经费投入等相比 2005 年升格时增长了 10 倍。建有中央财政重点支持实训基地 1 个、省示范性校企合作生产性实训基地 1 个、全国水利类重点专业优秀实习实训基地 1 个，校内实训室 59 个、校外实训基地 96 个、专业实体公司 2 个，各类实训设备设施 3123 台，价值 4208.03 万元。馆藏电子与纸质图书 235.44 万余册。

湖南水利水电职业技术学院全貌

（七）推进产教融合，强化校企合作

学院牵头成立了“湖南水利职业教育集团”，成员单位达 194 家。与集团内单位联合开办了水文、风电等订单班，联合开展相关技术研发与攻关；校企共同制定专业人才培养方案、共培师资、共建实训基地。集团内单位年接受学生实习达 5000 人次。学院每年寒暑假选派教师约 100 人下企业锻炼，每年承担各类培训 5000 人次以上，并通过水利终身学习平台开展远程培训教育。被水利部确定为全国首批水利行业高技能人才培养基地。

湖南水利职业教育集团成立大会

（八）加强合作交流，拓展国际视野

学院借“水”行舟，支持国家“一带一路”倡议落地，与中国水电八局达成合作意向，共同培养援外人才，建设水电湘军国际人才培养基地。与“世界最美大学”马来西亚沙巴大学开展国际交流，派出 9 名交流生和 3 名访问学者。近三年先后派出 28 名教师赴国外学习和访学，拓宽了教师的国际视野。

（九）丰富校园文化，激发学生活力

以水利行业精神为内核，建设了厚生园等水文化主题广场，建设了“湖南水文化空间”“上善若水”等微信互动平台，举办了以“世界水日”“中国水周”宣传为主线的一系

列水文化活动；以校园文化艺术节、田径运动会为主线的一系列文体活动；以暑期“三下乡”“情牵脱贫攻坚”为主线的青年志愿活动；以“感动年度人物评选”等为主线的榜样教育活动，形成了特色鲜明的校园文化。先后获评全国水利职业院校校园文化建设优秀成果2项、全国水利系统优秀思想政治工作及水文化研究课题一等奖1项，建设省高校校园文化精品建设项目1个。多次荣获“全国五四红旗团委”“湖南省五四红旗团委”“三下乡社会实践先进单位”等荣誉。“水育潇湘”节水护水志愿服务项目先后荣获省、全国青年志愿服务大赛金奖等多个奖项，成为全国唯一获奖的水利高职院校。

（十）坚持立德树人，加强思政教育

紧紧围绕立德树人根本任务，构建全员全程全方位思政教育体系。建立多层次的思政课实践性教学模式，推进其他课程与思政课同向同行，立项“课程思政”4门。成立青年马克思主义理论学社，实施大学生素质十大提升工程，弘扬和践行社会主义核心价值观，深化习近平新时代中国特色社会主义思想“三进”工作。持续加强师德师风建设，实行“一票否决制”。加强理论学习与党建活动，先后开展党的群众路线教育实践活动、党支部标准化建设等系列活动，学院党的群众路线教育活动经验被作为典型在全省推广。打造党建微信和微博品牌，“互联网＋思政”工作模式基本形成。学院在省教育系统“五创四评”创建中荣获四项“十佳”，被授予“2013年度全省创建学习型党组织先进单位”、省教育厅2016年度“宣传思想工作研究与实践先进单位”。1个党总支获评省直工委优秀基层党组织。

（十一）共建培训基地，助力河湖长制建设

湖南省河长办在学院设立了河长制培训基地。按照培训、资源共建、项目合作为一体的思路，举办河湖长制培训班，提升湖南省河湖长制等相关人员能力。目前已开办3期，培训300人次；组织力量开发河湖长制推进相关培训教材和远程教育教学资源；根据河湖长制推进工作需求，开展相关调研和课题研究。

四、典型案例

案例一：协同水利产业转型发展的专业群建设实践

学院对接与适应水利转型升级需求，建立了专业群内专业设置遴选与调整机制，构建了对应水利产业链中游的水利建设与管理专业群、对接水利产业下游的水能资源开发与应用专业群和辐射建筑领域的建筑工程建设与管理专业群，形成了“两支撑一拓展”专业群体系。

（一）建立以聚集效应为重点的专业群动态调整机制

（1）建立群内专业设置遴选与调整机制：确定一个与产业对接状态最好的专业作为专业群的核心专业，并以此专业为主节点，遴选专业资源共享程度高、人才规格耦合度好的3～5个专业为群内支撑专业。如水利建设与管理专业群以对接农村和城市水利建设领域的水利工程专业为核心，以对接流域水电建设领域的水利水电建筑工程专业、关注生态水利建设领域的水土保持技术和水政水资源管理专业、对接水利工程施工与质量检测环节的水利水电工程技术专业、对接水利工程建设与运行管理环节的水利水电工程管理和水利工程造价专业为支撑。

（2）构建专业群课程体系：校企共研区域内职业岗位群，对标专业教学标准，以关注学生可持续发展能力、培养复合型人才为基本理念，构建“基础课共享、核心课分立、拓展课互选”的专业群课程体系。群内各专业间课程共享度平均达到61%以上。核心专业与群内各专业共享率达85%以上。

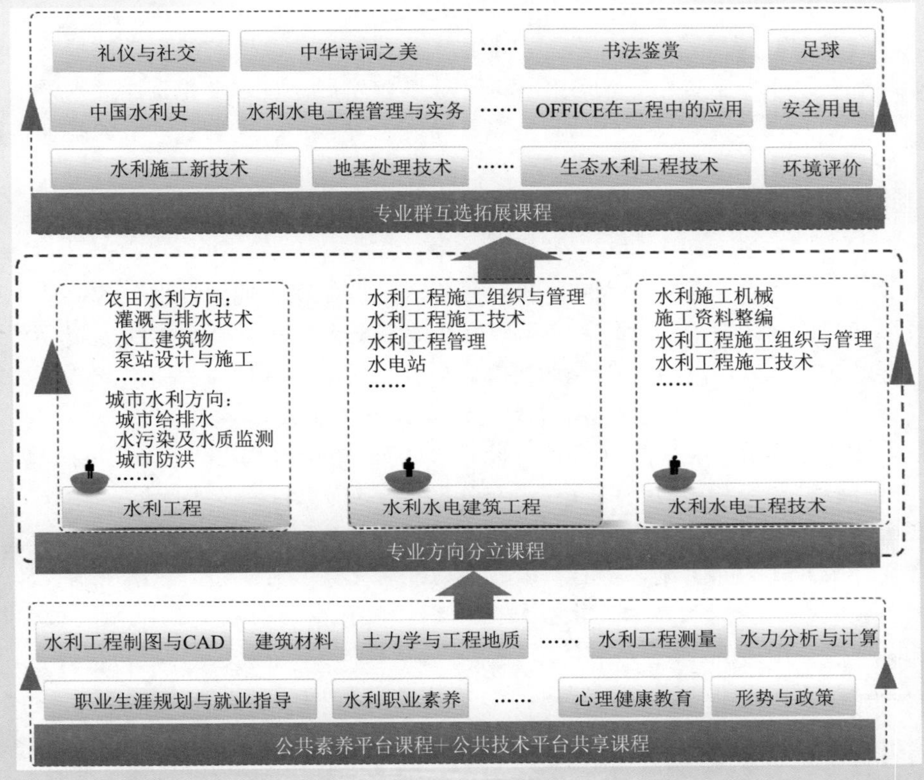

“基础课共享、核心课分立、拓展课互选”的专业群课程体系

(3) 组建专业群教学团队：建立“名师（大师）和教授（专家）引领、专业带头人带动、骨干教师支撑、专兼优势互补”的3个专业群教学团队和1个公共基础课教学团队。制订团队导向的评价标准，实行末位淘汰制度。全方位打造“结构合理、优势互补、专兼结合、梯队分布”的专业群教学团队。

（二）加强以专业群为单元的教学管理机制建设

将专业群为责任单元纳入学院质量诊断与改进进程。从2014年开始，以教育信息化为推手，开展专业群管理流程再造，建立了专业群招生培养制度、群内专业辅修制度、专业群教学团队建设制度等，形成了专业群管理制度体系。

（三）加强专业快速适应产业发展机制建设

联合水利企事业单位建立水利科学协同创新中心，开发水利终身学习平台，以专业实体形式主动为企业开展技术服务。专业群建立新知识、新技术、新标准快速反应机制。通过开展专题讲座和培训、开设拓展课程、更新课程教学内容等形式，迅速响应新技术、新工艺、新设备等变化，保证人才培养质量。近五年，水利科学协同创新中心团队立项省厅级课题14项、技术研发8项，获省科技进步二等奖1项、省水利科技进步奖5项、发明专利1项，社会服务36项、产值2002万元，开展职业技能培训27期共计15763人次、技能鉴定8613人次。

案例二：以水育人　立德树人

作为全省唯一一所培养高素质水利水电技术技能人才的高职院校，学院抓住水利发展机遇，始终围绕“水”字办学、治教和育人。让学院发展充盈水文化，洋溢水元素，活跃水因子。将“献身、负责、求实”的行业精神与“上善若水、求真致远”的院训精神融入全院师生的血脉之中，成为日常的标尺准则。

一是用好一本教材。自编了《水利职业素养》教材，将其纳入公共基础课程，并组织开展赴灌区实习、走访调研水利基层等实践教学，深受学生的欢迎。

二是建好两个平台。按照“人到哪里，思想政治工作就延伸到哪里”的原则，我们在抓好节日庆典、感恩教育、班会活动、党校培训、参观爱国主义基地等线下德育平台建设的同时，开通了“上善若水”等近十个微信公众号、新浪微博号，持续推发“水院好人善行”“校园动态”等内容，让思想政治工作始终紧跟学生步伐。

三是打造三个品牌。扎实做好每年“世界水日”“中国水周”宣教，创新采取“毅行宣讲”“专场演出”“绿色骑行”等方式，充分发挥学院“水日”“水周”品牌效应；打造了获得全国优秀志愿服务金奖的“水育潇湘”志愿服务系列项目，吸引越来越多的学生投入奉献青春、服务社会的洪流；精心组织并大力推动义务献血活动，多次得到长沙市献血办、长沙血液中心的感谢和表彰，持续数年获得“驻长高等院校无偿献血先进学校”称号。涌现出了以全国第6873位造血干细胞捐献者贺仁同学为代表的一批道德典型。

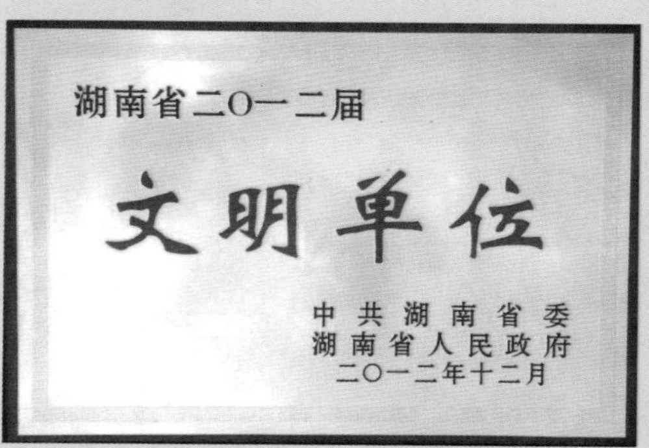

湖南水利水电职业技术学院获评
2012届湖南省文明单位

四是搞好四项工作。校园文化建设方面，重点推出了以“传统文化、水利文化、廉洁文化、安全文化”为主要内容的“四项文化进校园”活动；扶贫帮困助学方面，用足用好“减、免、助、贷、勤”政策，院领导带队组织“送贫困学子回家过温暖年”活动，健全完善帮困助学基金发放制度，为学生顺利求学保驾护航；典型示范引领方面，形成了以“年度感动校园人物”评选表彰为代表的校园先进典型培育发掘机制，该活动已举办5届，共评选40名感动校园人物；考核评价方面，推出了课外阅读计学分、道德素质综合考评等举措，积极探索德育定量评价的方法。

通过一系列举措，获得了2012届湖南省文明单位、湖南省文明高等学校、2016年度思想政治工作研究与实践先进单位、2015年度湖南省最具魅力校园等荣誉。

学院自2012年获得“湖南省文明单位”以来，按照“领导班子好、思想政治好、教师队伍好、活动阵地好、校园文化好和校园环境好”的要求，巩固文明创建成果，推进文明校园建设，并取得显著成效，连续5年获得省水利厅绩效考核先进单位。《湖南省高等职业教育质量年度报告（2018）》显示，学院进入“湖南省高职院校服务贡献20强”（第8位）。

坚守职教改革初心　产教融合培育新人

——黄河水利职业技术学院

一、综述

黄河水利职业技术学院位于历史文化名城、中国优秀旅游城市开封，是首批国家示范性高等职业院校，也是国家优质高等职业院校建设单位。学校始建于1929年3月，先后历经国立黄河流域水利工程专科学校、黄河水利专科学校、黄河水利学院、黄河水利学校等历史沿革。1998年3月，改制为黄河水利职业技术学院。2000年3月学校由水利部划归河南省实行省部共建。

学校在水利、测绘、机电等行业享有盛誉。所培养的十余万名毕业生始终活跃在祖国的大河上下、大江南北，被誉为黄河流域“黄埔军校”。水利部原部长杨振怀赞誉学校为“黄河技干摇篮”。中共中央政治局常委、全国人大常委会委员长张德江到我校视察时，对我校的办学条件和办学特色给予了高度评价。原河南省委书记郭庚茂到校调研职业教育时说：“希望你们继续当好标兵，创出经验，带动全省不同层次的职业教育加快发展。”水利部原副部长李国英在视察学校时说：“没有黄河水院，就没有黄河50多年的岁岁安澜。”

学校大门（崇德门）

学校现有教职工950人，其中专任教师840人，教授、副教授220人，博士、硕士596人，“双师型”教师672人，享受国务院特殊津贴教师、国家教学名师、河南省教学名师、河南省职业教育教学专家、河南省学术技术带头人、全国水利职教名师等称号的50余人，国家级教学团队2支。现有全日制在校生18600人，其中联办本科生289人、留学生140人。学校设有16个教学单位，以水为主，以测为特，以工为基，文、经、管、艺多科相容，开设水利、测量、土木、路桥、机电等65个专业及方向。学校拥有国家级专业教学资源库2个，国家级精品资源共享课程13门，国家级精品在线开放课程4门，省级精品在线开放课程13门。

学校占地面积1400多亩，建筑面积54.3万m^2，固定资产14.7亿元，教学仪器设备总值3.6亿元，图书馆藏书115万册。校企合作建设195个校内实训室、401个校外实习基地。

学校秉承“守诚、求新、创业、修能”的校训，立足河南、面向全国，依托水利、服

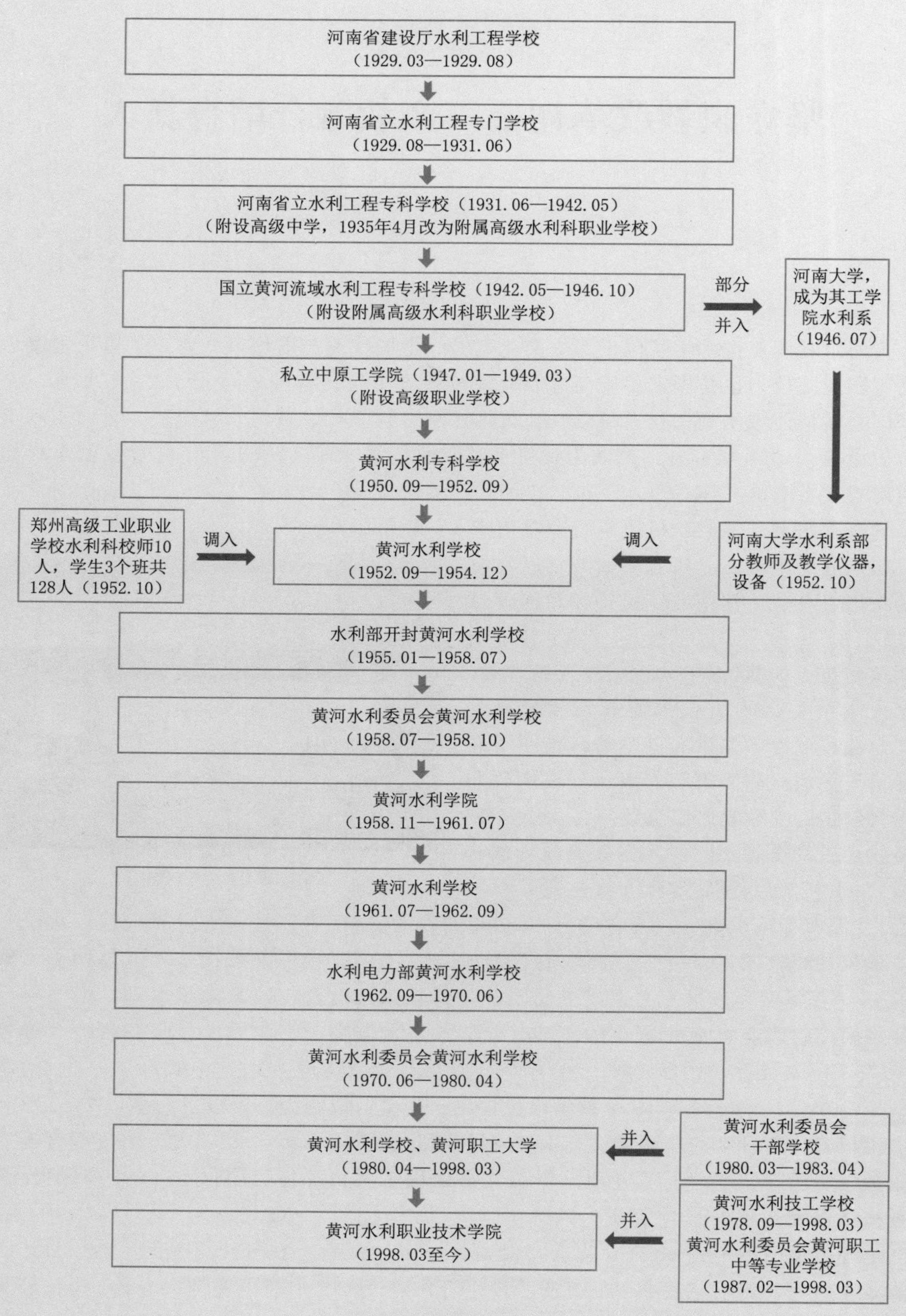

河南省建设厅水利工程学校
（1929.03—1929.08）
河南省立水利工程专门学校
（1929.08—1931.06）
河南省立水利工程专科学校（1931.06—1942.05）
（附设高级中学，1935年4月改为附属高级水利科职业学校）
国立黄河流域水利工程专科学校（1942.05—1946.10）
（附设附属高级水利科职业学校）
部分
并入
河南大学，成为其工学院水利系
（1946.07）
私立中原工学院（1947.01—1949.03）
（附设高级职业学校）
黄河水利专科学校
（1950.09—1952.09）
郑州高级工业职业学校水利科校师10人，学生3个班共128人（1952.10）
调入
黄河水利学校
（1952.09—1954.12）
调入
河南大学水利系部分教师及教学仪器，设备（1952.10）
水利部开封黄河水利学校
（1955.01—1958.07）
黄河水利委员会黄河水利学校
（1958.07—1958.10）
黄河水利学院
（1958.11—1961.07）
黄河水利学校
（1961.07—1962.09）
水利电力部黄河水利学校
（1962.09—1970.06）
黄河水利委员会黄河水利学校
（1970.06—1980.04）
黄河水利学校、黄河职工大学
（1980.04—1998.03）
并入
黄河水利委员会干部学校
（1980.03—1983.04）
黄河水利职业技术学院
（1998.03至今）
并入
黄河水利技工学校
（1978.09—1998.03）
黄河水利委员会黄河职工中等专业学校
（1987.02—1998.03）

学校历史沿革

务社会，坚持以就业为导向，以教学为中心，以专业建设为核心，教书育人，管理育人，服务育人，生产育人，坚定不移地走职业教育发展之路。深化改革，强化内涵，各项事业取得突飞猛进的发展。近年来，学校先后荣获全国文明单位、全国职业教育先进单位、全国教育系统先进集体、全国毕业生就业典型经验高校、全国深化创新创业教育改革示范高校、河南省职业教育攻坚工作先进单位、河南省大中专院校就业工作先进集体、河南省高等学校党建工作先进单位、全省学校行风建设先进单位、河南省高校德育工作评估优秀单位等称号。2017 年以第一名的成绩被河南省确定为国家优质高职院校建设单位。囊括了《2018 年全国高等职业教育质量年度报告》中全部三个“50 强”，即“教学资源 50 强”“服务贡献 50 强”和“国际影响力 50 强”。

二、发展历程

（一）新建部属重点技工学校，建成黄河技干摇篮

1978 年，学校制定了 1978—1985 年教育事业规划，筹建适应国家水利事业发展需要的黄河水利水电学院，并建立了黄河水利技工学校。这一时期，学校实行党委领导下的校长分工负责制，举办了各类师资培训班和职工专项培训班；推进校办工厂建设、推进产教融合；推进大学专科教育，被教育部、水利部确定为全国重点专业学校。

（二）完善教育教学培训体系，产教融合日趋成型

1985—1998 年的发展历程中，学校不断探索，完善了教育教学体系，形成了专科、中专、职大、干部及职工培训等类型的黄河教育体系。这一时期，水利部、教育部、河南省人民政府相关领导相继到学校视察、调研，为学校深化教育教学改革和产教融合做出了重要指导。学校先后派出专题考察团，到德国、英国、法国、荷兰、俄罗斯等职业教育先进国家开展调研和学习；大力开展科技培训和科技服务，社会服务产业化大放异彩；在中国水利教育协会成立大会上，时任校长被推举为副理事长。

（三）整合职业教育教学资源，高职教育初见成效

1998 年，学校整合黄河职工大学、黄河水利学校、黄河水利技工学校等资源，建设了黄河水利职业技术学院。自此至 2004 年的 6 年里，学校高职办学规模日趋扩大，办学质量日渐提升，行业、社会服务水平再上新台阶。学校新校区建成并正式投入使用，新建了 40 个高职专业和 7 个专业方向，教学体系日趋完善，两门课程被确定为国家精品课，学校成为河南省精品课程最多的高校；学校人才培养质量稳步提升，就业率在全国高校中名列前茅；国际交流继续开展。学校入选国家教育部首批建设的 15 所示范性职业技术学院，并于 2002 年通过了国家财政部的示范性职业学院建设专项评估。

（四）全面提升人才培养质量，助力水利事业发展

在 2005—2015 年的 10 年里，学校先后经历了两轮评估和国家示范性高职院校建设的洗礼，人才培养质量全面提升。在教育部高职高专人才培养工作两轮评估中，我校均以优异的成绩获得了评估专家的一致好评；在国家示范性高职院校建设中，我校扎实开展工作，并于 2009 年通过教育部、财政部的验收；在服务国家“走出去”战略中，我校先后与非洲、东南亚国家开展了大量的水利工程建设实验、水利工程管理人才培养等工作，并多次直接到我国境外水利工程建设工地提供技术服务和保障；在全

国职业院校技能大赛中，多次获得各类项目的冠军和国赛的承办权，得到了各级领导和社会各界的一致好评。

（五）深度推进高职内涵建设，教学改革再创辉煌

进入国家高职教育“后示范性建设”时期以来，我校与时俱进，根据总书记的要求，深度推进高职教育内涵式发展，入选河南省首批国家级优质高职院校建设单位，并荣获全国文明单位、全国职业教育先进单位、全国教育系统先进集体、全国毕业生就业典型经验高校、全国深化创新创业教育改革示范高校等荣誉称号。

当前，学校围绕“当地离不开、业内都认同、国际可交流”的目标，推进中国特色高水平职业学校和专业建设，坚定办学方向和信心，努力在高职后示范时期为我国水利事业发展提供更多支持，力求再创辉煌。

三、教育成效

（一）恢复调整阶段（1978—1984年）

1. 确立学校发展与服务定位

1978年3月，学校制定了《黄河水利学校1978—1985年教育事业规划》，这是改革开放以来我校第一部发展规划，明确了以水利建设和治黄事业需求为目标导向的服务定位和发展思路。1978—1982年学校陆续开设了水利工程建筑、陆地水文、工程测量、施工机械和水土保持专业，为治黄事业培养了一批急需的专业人才。

2. 综合解决师资短缺问题

在师资队伍建设方面，面对人才断层和年龄结构老化的问题，学校积极引进高校毕业生来校从教的同时，在黄委会的支持下，从治黄一线队伍中抽调了一部分工程技术人员到校任教。因教师队伍总体缺口较大，1980年又组织了35名文化基础好的在校生共同成立了师资班，到5所高校学习，并于1983年前后陆续回校任教，学校师资状况得到了明显改善。

3. 迅速恢复主干专业招生

1978年相继有657名77、78级新生入学。这是学校统一招生录取的首批新生，共分为4个专科专业（水利工程建筑、水利工程施工、水文、工程测量）和4个中专专业（水利工程建筑、水利工程施工机械、水文、工程测量）。1978年12月黄河技工学校首届198名学生入校。1979年因国家政策调整，停止了专科招生，全部改招中专生。1980年9月首批在职工大专生入学。1982年正式成立黄河职工大学。至1984年招生专业扩展到8个，初步形成了以中等职业教育为主，兼成人学历教育、技工教育、短期培训于一体的水利特色专业发展与办学格局。

4. 扎实推进专业建设工作

1978年我校组织制订了全国水利学校《水利工程建筑专业教学计划》，并承担了《工程力学》《工程地质与土力学》《水利工程施工》教材的主编任务。1980年被教育部列为全国重点中专学校。1981年学校主持召开了全国水利中专水利工程建筑专业修订教学大纲编写汇总审定会，并负责编写了19门课程中的10门教学大纲，19门课程教学大纲经学校汇总后，上报水利部并经由批准，正式颁布。

（二）探索完善阶段（1985—1998年）

1. 建立健全内部管理机制

从1985年开始，为适应行业人才培养的需要，学校在内部机制建设上进行了改革创新。成立了水利工程建筑、陆地水文、工程测量、工程机械和水土保持教研室等5个二级教学部门，各教研室结合行业人才需求调研并开展专业建设。截至1998年年底，开办专业达到16个，学校管理机制变革促进了专业建设与人才培养质量的稳步提升。

2. 强化学校技术服务职能

为增强技术服务职能，学校于1989年成立了科技培训部，并制定了首个科技服务管理办法。1993年升级为科技经营开发管理处，统一管理学校各项科技开发与社会技术服务工作。各专业在学校政策的引导和鼓励下通过一系列的科技项目服务，积极探索产学研相结合的专业发展路径。在国际服务方面，杨道富教师两度被水电部选派到尼泊尔参加援外项目建设工作，开启了我校开展国际技术服务的先例。

3. 适时调整和完善专业结构

1992年后，校领导先后分三批赴德国、日本、俄罗斯等发达国家考察现代职业教育办学经验，并将国际上先进的职业教育理念引入我校。学校结合自身特色和办学优势，根据行业岗位需求，及时调整和完善专业布局。1994年经河南省人民政府批准，学校被确立为省部级重点中等专业学校，1995年又被教育部确定为国家级重点中等专业学校和全国成人高教先进学校。1998年经原国家教委批准，成立了黄河水利职业技术学院，学校在办学层次上实现了由中等职业教育向高等职业教育的转换。

（三）快速发展阶段（1999—2008年）

1. 学校首次实现跨越式发展

1998年学校首批高职统招生入学，共5个专业，198人。至2004年高职招生专业达39个，在校生规模突破了10000人。随着招生规模的快速扩展，专业不断增加，学校在办学条件投入、师资队伍建设等方面力度空前。2004年启动了新校区建设任务，校区面积同1998年相比扩大了近10倍。在师资队伍建设方面除连续引进大批高校高学历毕业生及企业中高级技术人才来校任教以外，同大连理工大学合作开展在职青年教师研究生班培养工作。

2. 创新高等职业教育改革理念

面对学校快速发展的局势，时任院长刘宪亮同志深刻的分析了高职教育内涵发展规律及所面临的任务，并在总结我校办学实践的基础上，创造性地提出了教育理念和专业建设理念。教育理念为：以就业为导向，以教学为中心，以专业建设为核心，教书育人、管理育人、服务育人、生产育人；专业建设理念为：以社会需求为依归，以产学研结合为途径，以改革创新为动力，以质量和特色为根本，以理论教学体系、实践教学体系、师资队伍建设体系、教学条件建设体系和质量保证体系为支撑，培养高等技术应用型人才。2005年5月，学校在教育部高职院校人才培养水平评估中各项指标全优。

3. 开展高职教育发展示范引领工作

2006年，由河南省推荐，教育部严格评审，学校被确立为全国首批28所高职示范院校建设单位之一。学校以此为契机，在深化教育教学改革方面进行了全方位的探索和实践，并取得了丰硕的成果。我校以 5 个国家重点专业为试点大力开展了校企合作育人及工学结合实践探索。各专业在人才培养模式创新、教学模式创新、课程建设与考核等方面取得明显成效，并形成了一系列可供借鉴的工作理念，对广大兄弟院校起到了很好的示范引领作用。截至 2008 年年底，学生规模已达 15000 人，招生专业达 63 个。

（四）内涵提升阶段（2009—2018 年）

1. 思想政治引领迈向新高度

学校党委着力强化思想理论武装，认真学习习近平新时代中国特色社会主义思想，贯彻落实党的十七大、十八大、十九大精神。制定并实施了《中共黄河水院关于加强和改进新形势下思想政治工作实施方案》《中共黄河水院党委意识形态工作责任制实施细则》等制度，完善了党委中心组学习制度，牢牢把握意识形态工作的领导权、话语权，进一步坚定了广大师生的中国特色社会主义道路自信、理论自信、制度自信、文化自信。召开全校思想政治工作会议，强化提升思政工作质量和水平。2017 年 12 月，我校参加由中宣部、中组部、教育部主办的全国加强和改进高校思想政治工作座谈会，并代表全国 1300 多所高职院校做题为《坚持立德树人，培育工匠精神，努力培养新时代高素质技术技能人才》的经验交流发言。获评“全国文明单位”、全国“高职院校思想政治工作创新示范案例 50 强”“全省高校实践育人工程优秀案例”、河南省“践行社会主义核心价值观”优秀大学生事迹巡回报告活动先进集体、河南省高校统战工作示范单位、河南省高校维稳工作先进集体等。

2. 人才培养工作水平迈向新台阶

学校大力实施人才强校工程，师资队伍建设明显加强。成立了人才工作领导小组，不断完善高层次人才引进管理办法，先后引进博士研究生 50 余名、硕士研究生近 300 人，支持校内在职教师 30 余人攻读博士学位。加大优秀人才培育力度，新增国家“万人计划”教学名师 2 人、二级教授 2 人。聘请 21 名能工巧匠和专业领军人才成立大师工作室。2009 年 10 月，学校通过了教育部首批示范建设院校建设项目成果验收。2009 年 11 月，学校设立了 369 个示范建设成果应用推广项目，旨在提升学校人才培养工作整体水平，经过 3 年建设形成了 11 个特色优势专业。至 2012 年底国家级精品课程达 13 门，国家级教学成果奖 3 项。根据麦可思研究院结果显示，2011 年我校在全国 1200 余所高职院校中就业质量位居第五。2012 年学校被教育部授予毕业生就业典型 50 强高校，同年 12 月，学校通过了教育部高职院校人才培养工作状态评估。学生在世界级、国家级、省部级等各类职业技能大赛中成绩骄人，获得国家级团体奖项 100 余项。在 2017 年世界机器人大赛中夺得创新设计组比赛一等奖，在南非举办的第二届金砖国家未来技能挑战赛中，我校选派三支代表队参赛，荣获 2 个一等奖、1 个二等奖，再次代表中国站在世界级技能比赛的领奖台上。多次在全国大学生数学建模竞赛获得一等奖，在全国职业院校技能大赛高职组测绘竞赛中连续七年获一等奖，第十届“高教杯”全国大学生先进成图技术与产品信息建模创新大赛中斩获“九连冠”。

3. 教育改革与创新取得新成效

2013 年开始学校加快了教育教学信息化改革步伐，各类教学资源及数字化在线学习平台全面开通。由我校牵头主持，联合全国 17 所水利高职院校和 10 个知名水利企业共同建设的国家级《水利水电建筑工程》专业教学资源库于2015年9月顺利通过了财政部、教育部组织的联合验收；2016年由我校主持的《地理信息与地图应用技术》专业教学资源库纳入国家级专业教学备选资源库，2018年6月被正式确立国家财政支持项目。2016年3月，学校申请国家教育部《高等职业教育创新发展行动计划（2015—2018年）》项目和任务，经河南省教育厅组织专家评审，共承担了8个项目，37个任务。各部门、教学院系通过相关项目和任务研究与实践，取得了一批具有创新性的建设成果。2017年7月我校启动了国家级优质高等职业院校立项建设工作，并以河南省排名第一的身份入选。2017年9月我校水利建筑工程技术、工程测量技术、电子应用技术、电气自动化技术和机械设计与制造专业被确定为全国高职院校现代学徒制改革试点专业。

4. 国际化办学取得新突破

学校积极开展国际交流与合作，与41所国外院校建立交流合作关系。加大国际优质教育资源引进力度，与俄罗斯南乌拉尔国立大学、美国西北密歇根学院、澳大利亚沃东加TAFE学院、英国威根雷学院开展中外合作办学，引进并开发国外认可的专业教学标准和课程标准数达到202个，在校生达到760人。2013年我校同中国水电第六工程局合作，对赤道几内亚水电工程项目本地管理人员开展培训。同年10月首批23名赤道几内亚学生到我校进行为期3年的系统化学习，学校首次开展留学生培养工作，取得了国际化办学新突破。截至目前，先后有印度尼西亚、西班牙、老挝、南非等18个国家的留学生到我校进行相关专业学习。目前我校有在校留学生140人。此外，境外办学也迈出实质性步伐，2018年7月，黄河水利职业技术学院赞比亚大禹学院在赞比亚下凯富峡水电站挂牌成立，开启了我校海外办学的新纪元。

在第十届中国-东盟教育交流会上我校与东盟国家高校签订合作框架协议

5. 内部治理体系日臻完善

按照建设现代大学制度的要求，在省内高校率先制定学校章程，对“党委领导、校长负责、民主管理”的领导体制和工作机制作出制度安排。完善学校“三重一大”制度、党委会议事规则、校长办公会议事规则等制度，构建了以学校章程为龙头的制度体系。进一步健全了各种办事程序和规则，形成决策、执行与监督，既相互制约又相互协调的内部治理结构，促进了学校决策的民主化、法制化、科学化，保证了学校管理与决策执行的规范、廉洁与高效。建立健全校院两级教代会制度，推进校务公开和民主管理。2016 年，学校被确立为全国高等职业院校教育教学诊断与改进试点院校。学校从建立内部质量监控与保证体系为切入点全面启动了教学诊断与改进工作。该体系横向包括学校、专业、课程、教师、学生 5 个层面，纵向包括决策指挥系统、质量生成系统、资源建设系统、支持服务系统和监督控制系统，并以校园信息化平台为支撑。该体系实现了岗位人员、工作过程和环境要素全覆盖，保证了每项工作在责任主体、工作目标、工作标准、条件要素等方面基本满足了我校人才培养各项工作质量的持续改进。

6. 科研与技术服务能力不断增强

以应用研究和技术服务为重点，不断深化产教融合，有效提升学校的社会服务能力。近年来，科研项目立项数量和质量逐年上升。截至目前，我校获国家自然科学基金项目 3 项，实现了我校国家自然科学基金项目零的突破。不断提升服务意识，开展了形式多样的技术服务项目。特别是近五年，完成了水工模型试验、新材料研发、软件开发、机械加工、工程测量等横向技术服务项目 200 多项，到账金额 2000 多万元。与开封市、华北水利水电大学、黄河水利委员会、中国水利水电第十一工程局、中国电建市政建设集团有限公司等政府、高校、流域机构和企业签订战略合作协议，在技术研发、人才培养等方面提供服务与支持。科技创新平台建设稳步推进。黄河之星众创空间获批国家级众创空间，“小流域水利河南省高校工程技术研究中心”于 2016 年通过验收，开封市绿色涂层材料重点实验室 2017 年获开封市重点实验室立项建设。2 个项目入选 2018 年河南省科技厅省级工程技术研究中心。我校联合水利部黄河水利委员会水文局、黄河水文科技有限公司等行业企业单位组建“智慧水文协同创新中心”。学校先后立项建设了区域水土资源高效利用、物料输送自动化装置、中小型自动化机械装备等 15 个校级工程技术研究中心。初步形成了以重点实训室为基础、重点专业为依托、工程技术中心为载体的科技创新平台体系。

四、典型案例

案例一：传承水文化　培育高素质技术技能人才

——黄河水利职业技术学院水文化育人特色

黄河水利职业技术学院紧紧围绕立德树人根本任务，以培养德技兼修的高素质技术技能人才为目标，将社会主义核心价值观培育与职业精神、职业素养培育进行有机结合，发挥行业办学历史优势，突出专业办学特色，强调有利于体现学校悠久历史传统和职业教育特色，凸显学校以水文化为特色和职教文化特色的校园文化。优化文化育人氛围，深化内涵建设，培育和提升可持续发展的文化品质，促进文化传承创新，服务学生成人成才，实现文化育人价值。学校在人才培养过程中突出水利特色，加强“献身、求实、负责”的水利精神教育，人才培养和就业工作得到了社会和学生的广泛认可，实现了就业质量和就业率“双高”，社会和学生“双满意”。

1. 把水利工程"搬"进校园，构建校园大职场

2002年以来，学校以新校区建设为契机，校园文化建设注重顶层设计。服务"以水为基"办学特色，突出"以水为魂"办学理念，校园整体规划和建筑风格体现了水文化内涵和浓郁的人文气息，着力塑造人文历史厚重博大、职业实践和水文化特色鲜明的氛围。以"校园大职场"为建设理念，按照"教、学、练、做一体化"专业教学模式要求，把水利工程"搬"进校园，建设鲲鹏山水利水电仿真实训基地、水文站、气象站、污水处理中心等，"实训、景观、教育"相得益彰，融入优秀水利行业企业文化，弘扬传统文化，普及水利知识、水文化，培育学生良好的职业素养及职业能力。

2. 建造"足迹"文化景观，传承水文化精神

2012年建成"足迹"文化景观，以81个铸铁脚印做成的足迹"符号"为主线索，贯穿全景，展示了学校从1929—2009年之间80年的发展历程。从学校创办宗旨、建校背景及不同时期学校的人才培养目标、办学目的、办学特色等突出学校优良办学传统、鲜明职教特色的传承和弘扬。同时，以校史和名人典范事迹，传承学校"治黄河、兴水利、除水患，安民生、建国家"的责任担当精神，弘扬"献身、负责、求实"的水利精神，潜移默化地升华学生的价值观念和职业道德品质。提升文化育人能力和水平，打造人才培养的摇篮、技术服务的基地。

学校"足迹"文化景观

3. 完善水文化传播体系，增强水文化育人功能

不断完善水文化传播体系，增强水文化育人功能。学校研发校园景观解说系统，在任何一处校园景观扫描二维码，都能了解到该建筑设计的文化理念。同时，校园文化景观是学校旅游专业的实训基地，学生通过景观讲解实训和每年开展的校园景观讲解大赛活动，传播学校的发展历史和名人故事，传承学校的优良传统和学校精神。2007年以来，以黄河和水文化为背景，结合发展实际，制作了《万里长歌》《水问》《水颂》《勇立潮头》《上善若水》《水韵》等系列宣传片和画册，以水文化为主线贯穿始终，充分地发挥了"水文化"在育人方面的引领作用。

学校优美的校园环境、浓郁的育人氛围和鲜明的职教特色，也吸引了广大市民及中小学学生到学校参观。特别是2016年以来的“职业教育活动周”校园开放活动中，学校每年邀请近百名定点扶贫村小学师生来校开展职业教育文化体验活动。使师生、家长到校感受现代职业教育氛围、文化、特色与魅力，进一步弘扬工匠精神、社会主义核心价值观和“劳动光荣、技能宝贵、创造伟大”的社会风尚。

学校校园环境优美、文化育人氛围浓厚，两次获评全国职业院校魅力校园，两次获评全国水利院校校园文化建设优秀成果奖。

案例二：教学诊改

1. 以制度管制度，实现制度“五化”管理

为推进学校内部质量保证体系建设，建立常态化自主保证人才培养质量机制，制定了《制度建设管理规定》，对各类制度的起草、审批、执行、修订、废止等各环节进行统一规范。将学校管理制度分为组织管理制度、工作管理制度、目标管理制度和绩效管理制度4种制度类型，各类制度的制定和修订按部门职能进行归口管理。在制度内容上，要求完整的可操作的制度包含基本内容、操作流程和操作表单3部分内容。实现制度建设的“五化”管理，即规范化、系统化、流程化、表单化和信息化。

2. 实施“1234”战略，健全诊改工作信息平台

基于现有校园网络环境，继续加强软硬件建设，建成了完善的“五个画像”诊改工作信息平台。学校实施“1234”战略，按照“一套体系、两个中心、三个平台、四个统一”的建设要求，构建基于扁平化网络、超融合一体机，海量光存储的1个基础运行保障体系；建设基于信息系统建设及资源建设、数据资产及网络运维的2个中心；建成基于一站式服务、大数据分析、智能校园管控的3个平台；实现门户、身份认证、移动应用平台、支付平台的4个统一。智能化校园建设，为教学诊改提供了坚实的技术保障。

3. 建成“五个画像”，多维度客观展现真实状态

通过诊改大数据平台，建立常态化的内部质量保证体系和可持续的诊断与改进工作机制。在此基础上，研究和梳理指标体系，建立学校、专业、课程、教师、学生五个层面的画像，提供多维度、全方位的分析展现。跟踪过程性问题，监控阶段性结果，综合多周期内的大量数据，构建模型分析算法。发掘个体之间、群体之间、个体与群体之间的共性特征、规律，并及时预警、纠正，实现常态化监控，切实保证人才培养质量。

4. 突破诊改工作瓶颈，解决教学最后一公里

在课堂教学新形态的背景下，智能课堂系统通过与学校诊改数据中心的无缝对接，将手机作为教与学的工具，有效的突破了时空限制，实现了教与学的完全融合；系统通过智能课堂、快捷课堂、数据监控大屏、一体化资源教学平台、授课计划、教师日志、随堂评教、课堂管理、教学分析、决策分析、题库管理、数据报告、分值体系、超大课堂活动等功能，实现了以手机端为核心，覆盖WEB端、PC桌面端，支持手机投屏、投影仪投影、电子白板、触摸大屏等多种课堂教学手段结合的翻转课堂新生态；实现学生课上高效互动，丰富课堂互动形式，变革课堂教学模式；同时为教学诊改提供重要的课堂环节过程性数据，是教学诊改链条必不可少的重要一环。

5. 智能考场数据分析，完善教学反馈拼图

智能考场的应用实现了考试的信息化数据采集与分析，解决了教学成效、质量反馈的最后一公里问题。截止到 2018 年 6 月，智能考场覆盖专业 14 个，可预约考位 46320 个，教师用户 90 多人，22393 名考生参加考试，支撑了 39044 人次的各类考试，答题百万次，系统自动生成试卷 45332 份。所有考试数据经过整理分析，在考试结束后向学生及老师推送考试分析报告，让学生了解自己知识的掌握情况，让老师了解重难点教学效果。为下一阶段教与学的双向调整提供数据分析支撑，在智能课堂教学实时反馈的基础上，完善教学结果反馈的数据拼图。

6. 探索教师学生发展轨迹信息平台建设

学校从实际工作出发，全方位引入信息化技术，提升工作效率，记录工作学习行为轨迹。在智能课堂、智能考场等记录学习过程的数据不断完善的基础上，探索在各项工作过程中利用信息化的手段记录工作轨迹。例如，辅导员“十个一”工作信息管理平台，详细记录辅导员每次与学生谈话的情况；深入学生课堂、宿舍，开展安全检查的情况；召开班会、座谈会，参加学生活动的情况，以及发表相关研究论文课题的情况等，使工作过程有迹可循。辅导员工作做到查找问题，追本溯源，各级学生工作管理人员通过查阅调取辅导员和学生的日常工作数据，实现内部激励和外部干预的全程信息化，为辅导员画像，同时也为学生工作画像。

创新改革职教路　跨越走向新时代

——吉林水利电力职业学院

一、综述

吉林水利电力职业学院隶属于吉林省水利厅，是一所以水利电力、测绘地理信息为主，管理类、信息类、经济类等相关专业为辅的特色高职院校。学院位于吉林省长春市净月区，占地20hm²，建筑面积6万m²，建有教学楼、实训楼、图书行政楼、学生公寓楼、食堂等，拥有占地6000m²的大型校内电专业实习实训场，同时建有篮球场、足球场、排球场、学术报告厅等文化体育场所。

吉林水利电力职业学院正门

2018年6月1日吉林省委省政府印发了《吉林省关于完善湖长制的实施意见》，其中明确指出："在吉林水利电力职业学院设立河湖长学院，加大培训力度。"2018年8月10日，吉林省机构编制委员会正式批复同意吉林水利电力职业学院加挂吉林河湖长学院牌子，增加"负责河湖长培训、河湖长制相关政策理论研究及学术交流"的职责。多年来，学院始终坚持特色办学，行业办学优势明显，在吉林省教育厅的大力支持下，积极申报吉林省现代职业教育示范校，经过层层选拔，最终获批，成为2018年吉林省现代职业教育示范校。学院二期规划建设16万m²，届时全省水利大数据中心将在我院落成。

1951年4月，吉林省人民政府水利局举办水文观测员训练班。1955年11月4日，吉林省人民委员会批复，省水利局同意设立水利技术干部训练班，编制30人，为省水利局直属事业单位，开启了我院水利职业教育之门。1956年建立吉林省长春水利学校，与水利技术干部训练班合署办公。1983年成立水利职工中专（1995年改为普通中专——吉林省水利水电学校，2005年更名为长春水利电力学校）。2016年12月经省政府批准设立了吉林水利电力职业学院。2017年5月通过教育部审查性备案，长春水利电力学校86全额拨款事业编制和人员整建制划入吉林水利电力职业学院。60多年来学院积累了丰富的职业教育办学经验。

学院坚持"依托行业，面向社会，产教融合，特色发展"的办学理念，全面提高教育教学质量和管理水平，不断提升学院核心竞争力与社会服务能力，秉承"修身报国、水利万物”的校训，坚持走特色发展之路。

学院现设水利系、电力系、测绘地理信息系和公共基础教学部。现开设水利水电建筑工程、工程测量技术、供用电技术、工程造价、无人机应用技术、电力客户服务与管理、水利水电工程管理、建筑工程技术、建设工程管理、发电厂及电力系统、会计、计算机应用技术、酒店管理、水务管理、财务管理共 15 个专业，其中水利水电建筑工程、工程测量技术是重点专业，供用电技术、工程造价与无人机应用技术是特色专业。努力培养水利电力建设、生产、管理、服务第一线专科层次的高素质劳动者和技术技能人才。2017 年首批高职招生。

学校多次被吉林省委、省政府评为精神文明建设先进单位，2006—2007 年度被水利部评为全国水利文明单位，2011 年复评通过。2005 年被人事部、水利部评为全国水利系统先进集体；2005 年被省教育厅评为省级重点中等职业学校；2004—2015 年连续四次被吉林省委、省政府评为精神文明建设先进单位；2016—2018 年度精神文明建设先进单位正在积极申报中；2012 年被中国农林水工会评为“全国水利系统模范职工之家”；2014 年被评为职工文化建设先进集体；2016 年学院党委被吉林省直属机关工委评为先进基层党组织。2017 年被吉林省总工会评为吉林省职工职业道德建设标兵单位，并获省五一劳动奖状。学院领导班子多次被评为优秀领导班子，党委多次被评为先进基层党组织。

二、发展历程

学院的发展从 1955 年设立的水利技术干部训练班开始，1956 年设立吉林省长春水利学校，与干训班合署办公，1980 年水利厅干训班恢复，1983 年在干训班的基础上成立水利职工中专（1995 年改为普通中专—吉林省水利电力学校，2005 年更名为长春水利电力学校），继续合署办公，直至 2012 年事业单位改革后，取消干训班；1984 年成立吉林省水利技工学校（后并入长春水利电力学校）。1985 年，与武汉水利电力学院联办水利工程技术专业大专班。1988 年，与北京水利水电函授学院联合办学，成立了吉林函授站，此外还与河海大学、北京工业大学、大连理工大学、东北电力大学联办本、专科和工程硕士

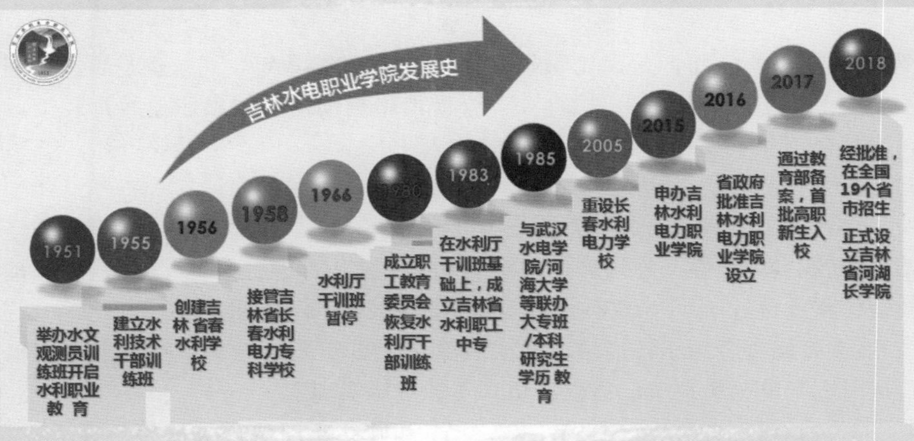

吉林水利电力职业学院发展历程图

等各层次的成人学历教育。

2011年中央1号文件《中共中央、国务院关于加快水利改革发展的决定》明确提出“水是生命之源、生产之要、生态之基”，要把水利作为国家基础设施建设的优先领域。要求“加强水利队伍建设”“支持大专院校、中等职业学校水利类专业建设”“加大基层水利职工在职教育和继续培训力度”。吉林省水资源匮乏严重，中华人民共和国成立以来较长时期由于重建轻管、投入不足、水利人才短缺等原因，导致水利基础设施不足、设备设施老化、水利建设滞后、管理落后、洪旱灾害频繁、水土流失和水污染严重，水的问题已成为制约吉林省经济社会发展的头等大事。为解决这一困局，省委省政府把水利作为重大民生工程来抓，而水利技术技能人才严重缺乏又与繁重的水利建设和管理任务不相适应。

为破解水利电力事业快速发展对高素质劳动者和技术技能人才的需求瓶颈，促进区域经济社会发展的需要，2015年，吉林省水利厅充分发挥行业办学的优势，积极申办吉林水利电力职业学院。2016年4月净月新校区正式开工建设。12月经省政府批准设立吉林水利电力职业学院。2017年5月通过教育部审查备案，取得了招生代码和专业代码，吉林省机构编制委员会，批复同意设立吉林水利电力职业学院，按照“撤一建一”原则，将长春水利电力学校86全额拨款事业编制和人员整建制划入吉林水利电力职业学院，11月吉林省机构编制委员会印发批复，确定核增学院事业编制56名，学院编制达到142个，明确学院主要职责是培养以水利电力类为主的技术技能人才，按照省政府和教育行业主管部门批准的高等职业教育专业开展相关教育教学活动；开展继续教育、专业技术人才进修培训、职业资格培训、学术交流活动；开展相关专业科学研究、社会服务等职责。

水电学院从最初的干部训练班到现在的省属公办全日制高等职业院校，学院历经了60多年的风雨洗礼，期间隶属关系多次变化，但是水电学校的办学理念从未更改，水电人的初心从未更改，特别是改革开放以来的40年间，随着国家社会的不断开放繁荣，职业教育的快速发展，水电人充分抓住历史机遇，谱写了吉林省水利职业教育的新篇章。

三、教育成效

改革开放以来的40年，是现代职业教育快速发展的40年，同时也是吉林水利电力职业学院发展走上快车道的40年。40年来，学院严格贯彻落实国家职业教育政策，坚持德技共育，为社会培养了大量的高素质技术技能人才。

（一）立足行业需求，加强专业建设

学院先后开设了工程造价、工程测量等20余个专业。2017年建立高职后，经调研现已开设15个高职专业。在人才培养过程中，突出“实用性、针对性、时效性”，理论教学与实践教学达到或接近1∶1。现有校内实验实训场22个，校外实习基地40个。近10年共投入2000多万元资金用于技能培训和实践教学，更新了建材实验室、土工实验室、微机室，新建了电工电子实训室、火电厂仿真实训室等实训室。

水工建筑物、建筑材料、汽轮机设备、电工基础共4门课程被评为长春市精品课程，开发编写了水工建筑物、建筑结构等39门校本教材。组织教师参加教育部“十二五”规

划教材编写，13名教师接受聘请承担16门教材的编写工作，其中担任主编3人、担任副主编8人，教材已成为全国水利中等职业院校通用教材。2014年成立学术委员会，创办了校刊，30余位教师撰写的文章在校刊发表。

中职的水电站运行与检修专业被评为全国水利中等职业教育示范专业；水利水电工程施工、发电厂及变电站电气设备运行与检修、水电站运行与检修3个专业被评为长春市市级示范专业。学校被水利部评为第三批全国水利中等职业教育示范专业建设点。水利电力类专业群建设项目被评为长春市重点建设项目。

（二）引进培养并重，强化师资力量

经过40年的发展，学校的师资队伍从最初的水利专业仅几名专业教师，扩展成为含有水利、电力、测绘三大专业和基础课教师在内的70余人的专任教师队伍。采用新老结对、进修、实践、科研等多途径，提高了教师整体素质。

选送青年教师分别到长春工程学院、北京师范大学、山东烟台风电学校进修学习专业知识。选派骨干教师分别到黄河水利职业技术学院、北华大学挂职锻炼。组织专业教师到老龙口水利施工现场、抚松小山电站水利建设工地等地进行考察和专业实践锻炼。选派优秀教师到四川水利职业技术学院等兄弟院校学习考察开阔视野。

积极参与水利科研和教育科研，近10年来参与了水利科研17项，教育科研35项。学校共培养了2名全国水利职教名师，2名省级专业带头人，6名水利职教新星，18名省部级双师型教师，22名市级双师型教师，40名校级双师型教师，现有双师型教师已达到71%。

学校聘请水利行业专家、技能导师、技术工匠来学校与教师开展培训交流，并作为学校的客座教授或兼职教师。

（三）坚持兴趣引领，培养高素质人才

以激发学生学习兴趣为目标，在校园内开展“模拟法庭”“测量比赛”等形式多样的教学活动。以培养学生操作技能为重点，组织学生到丰满电厂、星星哨水库等地进行认识实习及毕业实习；到长春工程学院进行电工工艺实习及电气运行实习；去长春公园进行地形测绘实习。

教学管理中不断健全和完善教学管理制度。出台了《日常教学管理制度》《教师教育教学质量评价办法》等十余项制度并严格执行。组织开展教学设计、说课、课堂教学、信息化教学等教学竞赛，开展优质课评选、示范课观摩、学生评教、教师互评等活动，提高教学效果、提升教学质量。

参加了第三届、第四届、第五届全国水利中职学校技能竞赛中“水利工程CAD”“水利工程测量”和“土工试验”等项目的技能竞赛，学校荣获土工试验、工程测量两个项目的团体第三名，多名学生和教师获奖。2014年获得长春市中职学生测量比赛第一名，在吉林省中职学生测量大赛包揽前两名，并代表吉林省参加国家大赛。2015年获长春市中职学生测量大赛第一名。2016年蝉联省市中职学生测量大赛第一名。

在吉林省教育厅考核下，我校成为“3+4”中职——本科衔接教育试点校之一，于2014年、2015年、2016年与长春工程学院、吉林农业科技学院联合办学，经过悉心培养和教育，2017年学生对口升学率达97%，2018年学生对口升学率达100%。

2015 年全国水利职业院校学生技能竞赛现场

（四）加强合作交流，发展继续教育

40 年来，先后与河海大学、北京工业大学（原北京水利水电函授学院）、东北电力大学、大连理工大学开展了高起专、高起本、专升本、工程硕士等层次的成人函授教育，多年来共培养专科生、本科生、研究生 2 万余人。2016 年评为东北电力大学优秀函授站；2016 年、2018 年评为河海大学优秀函授站。

学院充分发挥行业办学优势，承担着全省水利系统的干部培训工作。学院是水利部水利行业特有职业技能鉴定站，是水利部行业定点培训机构，开展各种职业技能鉴定工作，培养了 21 名考评员和高级考评员、6 名内审员和 2 名督导员，累计培训和鉴定了 1 万余人。

（五）紧扣时代脉搏，设立吉林河湖长学院

2018 年 1 月水利部推进河长制工作领导小组办公室印发的《河长制湖长制工作简报》（2018 年第 9 期），重点介绍了浙江水利水电学院成立河湖长学院的相关事宜及成功经验。学院领导班子高度重视，组成调研小组，赴浙江水利水电学院就河湖长学院相关事宜进行了学习调研，同浙江水利水电学院签订了对口支持吉林省河湖长学院建设的协议。随后又积极同河海大学合作，双方共建河海大学东北河湖长培训中心已初步达成意向。通过借鉴浙江经验，结合吉林省情，学院向吉林省水利厅党组递交了调研情况报告，建议支持在学院设立吉林河湖长学院。

4 月 8 日，吉林省 2018 年省级总河长会议召开，会上吉林省委书记、省总河长巴音朝鲁做了重要讲话，会上还讨论通过了拟在吉林水利电力职业学院挂牌设立吉林省河（湖）长学院，并把此项工作确定为 2018 年深入落实河长制湖长制的一项重要工作任务。通过积极努力，在吉林省水利厅的大力支持下，吉林河湖长学院在我院设立。

学院成为全国首家将加挂吉林河湖长学院牌子写进省级文件并经省级机构编制部门正式批复同意的学院。9 月 29 日，在吉林省河长制湖长制推进现场会上，吉林省李悦副省长指出，要加强河湖长培训，吉林河湖长学院已经获批成立，要尽快发挥作用，抓紧启动培训工作，全面提高各级河湖长专业能力和专业水平。河湖长学院三年工作规划和6000名各级河长培训计划已完成。2018年学院分别与浙江河（湖）长学院及河海大学签订了合作协议，与浙江河（湖）长学院联合举办全省首期高端河湖长专题培训班，全省75名河长参加了培训。河海大学河（湖）长东北培训中心在我院挂牌，将通过线上、线下相结合开展河湖长培训工作，实现我省18118余名河湖长培训全覆盖。

吉林河湖长学院在我院设立

（六）推进产教融合，强化校企合作

学院始终坚持“产教融合、校企合作”是发展我国职业教育发展的重要途径。2003年至今，先后与中国水利水电第六工程局有限公司、吉林省水利水电工程局等近20家企业通过订单或委托培养的方式，培育水利水电工程建筑、水电站运行与检修、发电厂运行及检修、工程测量等专业学生1000多人，实现了学校与企业“优势互补、资源共享、互惠互利、共同发展”的双赢结果。

依靠行业办学优势，遍布吉林省的水利水电工程为学院提供了实习实训场所和实习基地。40年来，我院的毕业生达到1.3万人，函授毕业生2万余人，其他技能培训和鉴定等1万余人，共为吉林省培养水利电力技能人才近5万余人，绝大多数在水利行业工作，现已成为吉林水利基层单位的技术骨干和中坚力量，有的已经走上领导岗位。他们在为水利事业和地方经济发展贡献力量。

（七）激发学生活力，丰富校园文化

我院遵循教育规律，实行德育工作“四线”管理。即：“党支部—团委”一条线，“主管校长—学生处—班主任（辅导员）”一条线，“院团委—学生会—团支部—班委会”一条线，“院长室—学生处—公安局、派出所—学生家长”一条线。

开展丰富多彩的活动。开展了以“高举团旗跟党走，励志青春创和谐”“纪念一二·九运动”系列活动等品牌活动。实施特色大课堂活动，每周三下午都会组织全院学生进行集中的“政治理论学习”。努力构建平安和谐校园。

四、典型案例

案例一：与吉林省天正（集团）控股有限公司合作开展电专业实习实训基地建设

吉林省天正控股（集团）有限公司成立于1998年，是吉林省水务投资集团有限公司的控股子公司，隶属于吉林省国资委，是吉林省两大电网企业之一，主要负责吉林省东部山区发电、供电业务，下属43家分子公司，在册职工3200余人，主要业务范围为水力发电、区域供电、水利水电工程及电力工程施工、硅业及旅游五大板块。

目前拥有66kV变电站75座，66kV线路90条，配电线路变压器总台数4000余台，运行水电站20座，光伏发电站1座，在建水电站1座。目前实际控制资产近50亿元，年平均收入13亿元。

多年来，学院始终与该公司保持着密切的合作关系。为天正公司输送了130余名优秀毕业生，这些学生现已成为该公司发展的骨干力量。目前，该公司极其缺乏基层一线专业技能人才，生产一线现有35岁以下全日制大专以上学历仅占总人数的1.5%；具有中级以上专业技术职称人员仅占公司人数12.43%，专业技术人才短缺严重束缚了其发展。

学院党委书记与水投集团领导为实训基地揭牌

2017年8月，学院与其签订了战略合作协议，由天正公司在学院净月校区投资300余万元，兴建一个占地6000m^{2}的输配电实训基地，现已投入使用。2017年，公司与学院积极开展现代学徒制，推进产教融合。目前已有经验丰富的一线双师型教师15人，一线技术工人、发电、输配电专业工人技师20人在学院担任技能名师，该公司所有生产和经营场站所均为学院教学实习实训基地。

为了进一步做好校企深度合作，充分发挥各自的优势，建立联合培养机制，天正公司在基地举办了一次全系统内的输变电职工技能竞赛。公司业务骨干将在新建成的基地比武操练，各显其能，相互学习。目前学院正与天正公司联合研究水电站坝后脱水段生态保护恢复，联合进行实用型科技攻关。未来校企合作将继续深化。

学院院长与天正集团领导为实训基地揭牌

一是多角度、多元化加强培训合作。2018年4月，受天正公司委托，在学院成功组织举办了一期用电稽查骨干培训班，成效显著，培训业务骨干30人。今后，还将继续加大合作力度，开展全方位、全专业、深层次、多批次的技术培训，每年至少组织一到两批次的业务技能培训。

二是探索推进开展订单班定向培养合作模式。从明年开始，该公司计划委托学校以订单班定向培养的方式，针对需求，为他们培养专门技术人才。由学校负责招生和培养，天正公司从毕业生中择优录取，计划每年招生40人。

地方水电有限公司第二届技能竞赛在我院校内实训场举行

案例二：与中水六局深度合作，培养水利类专业技术技能人才

校企合作是职业院校谋求自身发展、实现与市场接轨、大力提高育人质量、有针对性地为企业培养一线实用型技术人才的重要举措。其初衷是让学生在校所学与企业实践有机结合，让学校和企业的设备、技术实现优势互补、资源共享，以切实提高育人的针对性和实效性，提高技能型人才的培养质量，建立校企间良好有效的合作机制，是职教发展的必然趋势，是高技能人才培养的必由之路。

一是政策保驾护航，合作顺利开展。始建于 1958 年的中国水利水电第六工程局有限公司是具有世界五百强企业之一的中国电力建设集团公司的全资子公司，在水利水电建设领域，其市场规模和技术能力稳居水电行业的领军地位。学院行业特色明显，利用行业资源，加强合作，共同培育水利技术技能人才，有着得天独厚的优势。“大力推行工学结合、校企合作的培养模式。与企业紧密联系，加强学生的生产实习和社会实践，改革以去学校和课堂为中心的传统人才培养模式。”校企合作人才培养是培养高素质技能人才的一种有效途径，是深化产学研合作教育的重要载体，也是提高人才培养工作水平重要内容。而企业与院校合作，利用资源优势互补，亦能减少新人的培训周期，选拔培养出更加符合企业实际需要的人才。因此校企合作对学校与企业而言，是一种可持续发展的互惠双赢关系。

二是校企联合育人，全新教学体系。高职教育培养的人才是社会所需要的生产、服务、管理一线的高素质技术技能人才，这类人才最突出的特点是具有较强的实践技能。对高职院校而言，走校企合作之路，争取并依靠企业的支持和参与，主动服务企业的需求，是培养高素质技能型人才，实现职业教育又快又好发展的根本途径。校企双方深度合作，切实开展现代学徒制，根据中国水利水电第六工程局有限公司需求，双方共同制定人才培养方案、培养标准；共同合作课程开发、科研开发项目；开展岗位技能培训、工艺技术改进、技术革新等方面合作；共同建设实习实训基地项目开展合作，用于企业员工培训及在校学生实习实训。

专业骨干教师融入企业一线，企业高级技师深入班级开展讲座或指导实践，学生参与生产。通过校企互动，学校教师在企业学到实践知识，企业技术人员增长理论知识，学生在做中学，实现理论与实践互补、理论与实践一体化。

三是提升育人成效，实现互利共赢。通过学校与企业深层次合作，让学生走出课堂，走出实训室，走出学校，在职业环境中进行现场教学，是提升学生就业的有效途径。真正意义的做到了校企互动式模式。

学院选派教师为中水六局在建工程航拍摄影

校企合作促改革　产教融合育工匠

——江西水利职业学院

一、学院概况

江西水利职业学院（以下简称“学院”）是经江西省人民政府批准，国家教育部备案的公办全日制普通高等专科学校。学院始建于1956年（前身是江西水利电力学院），是江西唯一一所水利水电类高等职业院校，隶属于江西省水利厅。

学院风光

（一）占地面积及主要设施

学院地处“物华天宝，人杰地灵”的英雄城——南昌。校园环境优美，教学设备充足，基础设施完善。目前，校园占地208亩，总建筑面积12万多m^2，体育活动场所4万m^2，建有室内体育馆、标准田径运动场、足球场、篮球场、网球场等14个运动场所。有标准教室120间，实验实训室73个，教学、科研设备5000多台套，馆藏纸质图书25万册，电子图书10.5万册，在峡江、共青城等地建有校外实习基地32个。

（二）专业设置及学生情况

学院对接水利及其延伸产业需求，满足经济社会发展对技术技能人才的需要，设有“六系一部”：水利工程系、资源环境工程系、建筑工程系、信息工程系、经济管理系、机电工程系、公共教学部。设有高职专业23个，中职专业26个，技师类专业32个。目前，学院学生近6000人，其中高职生4315人，中职生1193人。职工继续教育培训年均达6000人次。

（三）办学思路与发展定位

学院秉承“勤之水清”之校训，全面贯彻党和国家的教育方针，坚持“育人为本、技能为重、实用为要、特色为魂”的办学思路，紧紧依靠行业、贴近行业、服务行业，加强校企合作、深化产教融合、产学研密切结合，突出“水利”和“职业”特色，强化内涵建设。

坚持“学校有特色、专业有特点、教师有特技、学生有特长”的发展目标，走出一条具有自身特色的办学之路，使毕业生“实用、好用、管用”，为江西水利事业、经济社会发展提供高素质技术技能人才，为永葆鄱阳湖“一湖清水”贡献力量。

（四）所获荣誉

学院坚持以服务为宗旨，以就业为导向，积极主动服务江西水利和江西地方经济社会发展，为行业和社会培养了一大批管理和高技能人才，被誉为江西“水利技术技能人才培养的摇篮”。学院享有良好的社会声誉，荣获水利部“全国水利行业技能人才培育突出贡献奖”，获批“全国优质水利高等职业院校建设单位”；被人社部评为国家高技能人才培训基地；荣获江西省中等职业学校毕业生就业先进单位、全省资助工作先进集体单位、江西省先进基层党组织、江西省职业院校就业先进单位、江西省大中专学生志愿者暑期“三下乡”社会实践活动先进单位。连续多年荣获省直文明单位、市文明单位、节能降耗先进单位、综合治理先进单位等称号。

二、办学历程

江西水利职业学院前身为南昌水利学校，创建于1956年。历经江西水利电力学院（1958—1962年）、江西省水利电力学校（1962—1968年）等几个办学时期，1968年10月，因历史原因停止办学，学校被撤销。1973年恢复办学后，新校址设在南昌新建县石岗镇，定名为江西省水利水电学校。1978年3月，江西省水利水电学校迎来了恢复高考后首届新生，5个班共204人；同年，经省革命委员会批准成立大专部（为南昌工程学院前身），当年招生水工专业146人，水电站动力设备专业60人。1983年经省人民政府批准创建江西省水利水电职工中等专业学校，与江西省水利水电学校合署办公。1985年，省水利水电学校迁至南昌市昌北，与省水利技工学校合署办公，学校办学规模和办学水平得到了较快发展。2004年，被确定为省级重点中等职业学校。2005年被确定为国家级重点中等职业学校。2007年经教育部审定为国家中等职业教育德育教育工作实验基地。

1978年，成立江西省水利水电技工学校，当年招生100人。1980年，更名为江西省水利技工学校，当年招生97人。2002年，更名为江西省实验技工学校，当年招生574人（双学历录取），同年7月，被确定为全省重点技工学校。2004年，被确定为国家级重点技工学校。2008年，更名为江西省实验高级技工学校，当年招生1847人（双学历录取），2009年设立江西省水利工程技师学院，同年招收高技4个班共218人，中技1673人。

2009年，被水利部评为全国水利职业教育示范院校建设单位。2010年，被评为江西省高技能人才培养示范基地。2012年，江西省水利水电学校的电子技术应用专业被评为省级精品专业。2013年被确定为首批国家级中等职业教育改革发展示范学校。

2013年2月，经省人民政府批复同意设立江西水利职业学院；同年5月，教育部予以成功备案，学院被正式列入专科层次的全日制普通高等学校行列；7月，省水利厅整合全厅教育资源，将厅直属的江西省水利水电学校、江西省水利工程技师学院及江西省灌溉

学院目前校址

排水发展中心（2004年成立）保留牌子并入江西水利职业学院，为学院发展打下了坚实基础，开创了江西水利职业教育史上的新篇章。同年9月，招收高职学生267人，设有水利工程建筑、水文与水资源、工程测量专业；中职学生1917人，高技班84人，技师班99人。

2018年，学院被水利部认定为全国优质水利高职院校建设单位和全国优质水利专业建设点，并被教育部遴选为第三批现代学徒制试点单位，学院在职业教育质量提升、特色发展的道路上迈出了坚实的步伐。

三、教育成效

改革开放40年来，学院各届领导班子团结和带领全体师生员工，传承“献身、负责、求实”的精神，为学校的生存、发展、壮大贡献力量。尤其是高职设立后，全院上下以“时不我待、不进则退、脱胎换骨”的精神，真抓实干，努力奋斗，推进转型升级，深化办学内涵，各项工作成绩斐然。

（一）创新机制体制，增强办学活力

党委领导下的院长负责制的领导体制运行良好，经省教育厅核准的高职学院章程开始运行。健全内设机构，核定部门岗位职责。推行教授治学，选举并成立了江西水利职业学院学术委员会，推动教学、科研等学术事务的改革与发展。改革教师职称评聘，组建职称专家库。汇编党委、行政、教学及学生管理等制度58项，通过聘请法律顾问、院系二级管理和“三重一大”议事制度等，使学院治理走上了法制化、民主化、科学化轨道。

（二）完善学科体系，加强专业建设

根据水利行业和江西经济社会发展的需要，学院设置高职专业23个。通过深入单位调研，组织专家咨询，制定了所有专业的人才培养方案和所有课程的标准。开展9个骨干专业、50门精品的课程建设，水利水电建筑工程、工程测量技术被列为教育部学徒制试点专业。校外实训基地增至32个，其中与峡江水利工程管理局、省水科院、赣管局等12家单位共建实训基地16个。

以工作任务为中心，以现场模拟与实际操作为载体，在实训中进行能力培养，帮助学

峡江实训基地

生掌握知识、方法、技巧。探讨“教、学、做”于一体的教学方法，实现课程教学实施方式的根本性转变，让学生在实际工作环境中完成任务，在“做中学”过程中，培养学生具备专业职业能力。

（三）引进培养并重，强化师资力量

近年来，学院引进硕士、博士共 103 名，聘请客座教授 2 名，新增大师工作室 2 个；出台办法鼓励教师提升学历，目前，318 名教职工中，博士 9 人，硕士及以上学历 173 人，高级职称 51 人，中级职称 79 人，“双师型”教师 130 人，为教学质量提升和内涵发展打下了坚实基础。同时，学院重视挖掘内部潜能：搭建教师实践技能提升平台，鼓励教师下企业锻炼；组织教师参加省级、国家级骨干教师培训和技能竞赛；选送青年教师和行政管理干部赴兄弟院校和上级单位挂职锻炼；寒暑假组织全员培训，邀请名师、专家来校讲座，并组织全体教师赴省内外院校调研学习。

通过引进与培养，学院多名教师荣获各类大奖：崔清溪和孙道宗 2 位老师享受“国务院特殊津贴”；拥有教育部授予的“全国优秀教师”2 名；水利部优秀教师 1 名；省百千万人才工程人选 1 人；全国水利职教名师、新星各 3 人；全国职工教育职业培训先进个人、江西省能工巧匠、江西省技工学校优秀教师、江西省首席技师各 1 人。高职建设以来，学院教师在省级及以上刊物发表论文累计 874 篇，公开出版教材 46 本，申请专利 91 项，申报各级各类课题 94 项。

（四）坚持质量为本，培养高素质人才

40 年来，学院为行业社会培养了大、中专毕业生近 3 万余人，培训职工数万人。其中，向水利水电行业培养输送了 6000 余名专业技术人才，大批毕业生已走向了各级领导岗位或已成为江西水利建设事业的技术骨干，为服务江西水利行业、服务地方经济、服务国家建设做出巨大贡献。

学院积极开展教学诊断与改进工作。成立质量管理办公室，通过外出调研、专家讲座，不断提高认识，并在教务处和学工处两个部门进行诊改工作试点。做好高校人才培养状态数据采集及教育部质量年报工作，依据大数据各项指标，分析不足并提出意见，为学院发展提供科学有效的决策依据。通过以评促教、以评促改，学生培养质量显著提升。组织学生参加全国水利院校技能大赛、全国大学生数学建模竞赛、全国高职高专英语写作大赛、江西省“振兴杯”职业技能竞赛等多项省级以上竞赛，共获得奖项百余项。其中国家级特等奖 5 项、省级特等奖 2 项、一等奖 11 项、二等奖 22 项、三等奖 29 项。

（五）紧跟时代特色，完善信息化建设

信息化建设成效显著。建设包括教务管理系统、学生管理系统，师资管理系统、招生就业管理、教学评价、统一身份认证平台、统一信息门户和教学资源库的信息化平台；实现了校园无线网络全覆盖，新建成多媒体教室 120 间，建设完成标准化考场 40 间；校园内实现了安保技术监控全覆盖。

以信息化手段推进课程改革。组织制定《学院精品在线开放课程建设实施方案》，运用超星公共教学资源和泛雅网络平台，完成了学院网络教学资源平台建设。引导教师应用资源平台创建网络课程 39 门，推广基于超星学习通的移动教学实践，深入推进信息化教学改革。全面推进教学资源库建设，由水利系教师制作的“水环境监测”数字资源荣获第四届水利行业现代数字教学资源大赛二等奖。

（六）创造办学条件，提升院校能力

截至 2018 年，学校开设有水文与水资源工程、水利水电建筑工程、水利工程、建设工程监理、给排水工程技术 5 个高职水利类专业，在校生 1700 余人；开设农业与农村用水、建筑工程施工、给排水工程施工与运行和水利水电工程施工 4 个中职水利类专业，学生近 200 人。

茶文化专业实训

学校白水湖校区 2007 年开始建设，2009 年竣工使用。2013 年高职建设以来，学院不断完善基础设施，其中实训设备投入 2865 万元。新建了培训中心、实训大楼、室内体育馆、灯光球场、网球场等教学用地场所；改造了图书馆、教师公寓、食堂等生活场所；打造了屋顶文化沙龙、校园景观绿化等；新增校内实训室 13 个，新增图书 12 万册，新增电子阅览室和电子读物数 10.5 万册。

（七）推进产教融合，深化校企合作

校企合作、产教融合深入推进。与江西省水利水电建设有限公司、陈文华茶文化传播公司、江西情景科技有限公司、江西世恒信息产业有限公司、江西雅图测量有限公司等 60 余家企业联合，创设了企业主体模式、联合培养模式、订单培养模式等多种校企合作模式，有效提高了学院技术技能型人才培养的针对性和有效性。

创新创业初见成效。新建创业孵化基地，搭建了“思想引领、创业教育、创业训练、

创业孵化、创业服务”的五位一体创新创业育人平台，为创新创业营造良好环境。出台《江西水利职业学院创新创业管理办法》等文件，改革学院学分制管理办法。充分调动全院各方面力量，引导和扶持并强化教师和学生的创新创业意识，提升创新创业能力。通过系统的培训及指导，我院项目“北山九号”荣获江西省大学生创新创业大赛铜奖。

（八）加强院校交流，拓展国际交流

2014年，学院与澳大利亚南昆士兰职业技术学院签订合作办学框架协议。2015年，与韩国湖南大学联合开设“3+1.5”年制的国际班，目前第一批学生已赴韩国深造。2016年韩国驻武汉总领事郑载男一行来校访问。2018年，学院选派水利工程系主任潘乐博士和管胤翔老师赴非洲卢旺达参加水利建设实践锻炼，积极融入“一带一路”建设。

（九）激发学生活力，丰富校园文化

学院坚持以文化人、以德润心，全面深入开展特色鲜明的文化校园建设，打造独具特色的水院文化。

挖掘“水”文化内涵，夯实宣传文化阵地。建设大禹广场等具有水文化特色的校园景观；设计学院校徽、学院吉祥物等校园文化标识。通过祭祀大禹、传唱校歌《我们这群人》，创作《水院赋》，弘扬新时代水利精神。开展“河小青”志愿服务，倡导天蓝、水清、岸绿、景美的生态文明理念。承办《江西水文化》杂志、开通“水院零距离”微信公众号，构建传统媒体与新媒体融合创新的立体化宣传网络，增强文化育人的吸引力。

强化“红色”主题教育，完善精神文化内涵。学院充分利用江西红色文化资源，师生主动接受红色文化熏陶，厚植爱国主义情怀。重视社会主义核心价值观的呈现，着力打造文化展厅，体现学校办学历史、价值取向和精神追求。

扩大社会实践空间，以志愿服务为载体，在校内外开展形式多样的志愿服务活动：如义务献血、平安交通、支教帮扶特殊儿童等。学院志愿活动多次被媒体报道，如暑期关爱留守儿童活动连续两年被团中央官网报道，并获得2017年全国大中专学生暑期社会实践“镜头中的三下乡”活动“优秀报道奖”、2017年江西省大学生暑期三下乡社会实践活动先进单位、2018年全国大中专学生“三下乡”社会实践“千校千项”成果“百佳创意短视频”奖，学生们在社会实践中接受锻炼、增长才干。

（十）发挥党建引领，强化思政工作

院党委以政治建设为统领，牢牢把握社会主义办学方向，认真履行管党治党主体责任。加强思想建设，强化师生理想信念教育；聚焦组织建设，优化支部设置，各系部配备专职书记，落实党政联席会议制度；狠抓作风建设，认真落实“一岗双责”，切实转变工作作风，为学院健康发展提供坚强的政治保证；深化制度建设，制定完善学院《党委会议制度》《院长办公会议制度》《“三重一大”集体决策实施办法》等，为学院改革发展提供制度保障。

大力推进思政工作，落实立德树人的根本任务。努力构建全员、全过程、全方位的思政工作新格局。建强队伍，筑牢工作基础。建立了一支由党政工团、辅导员、思政教师组成的工作队伍，3名思政人员获“全国水利职业院校优秀德育工作者”称号。创新载体，发挥课堂育人主渠道作用。切实推进习近平新时代中国特色社会主义思想进教材、进课堂、进头脑“三进”工作。推进“思政课程”与“课程思政”双轮驱动，丰富第二课堂，

加强学生社团的教育管理，通过“青马工程——大学生骨干班”“业余团校”等，为学院思政工作注入活力。

四、典型案例

案例一：强化定向培养，服务行业发展

为加快江西省基层水利人才队伍建设，充分发挥教育资源优势，江西省水利厅联合省编办、省教育厅、省人社厅共同出台《关于开展全省基层水利专业技术人员定向培养的通知》(赣水人事字〔2012〕64 号)，委托江西水利职业学院通过“定向招生、定向培养、定向就业”的“三定向”方式，招录初中、高中毕业生，毕业后充实到乡镇水利管理基层单位，强化水利基层服务体系，促进江西水利事业可持续发展。

“三定向”学生毕业典礼

自 2013 年起，省水利厅每年专门下发通知，由各县市区水利（水务、水保）部门根据当地编制情况上报当年的招生计划，经省水利厅研究批复后，各地组织考生报名。学院按照文件规定，通过计划申报、资格审查、公开招生公告、组织入学考试、签署定向就业协议等相应程序，录取“三定向”学员。

学院开设水利水电工程施工、农业水利技术 2 个专业。为了切实提高人才培养质量，学院深入全省多家基层水利单位，调研学生的就业岗位及需求。围绕如何提高学生的专业能力和职业素养，制定专门的人才培养方案，科学设置专业课程、编写专门的教材，安排具有水利实践工作经验的教师授课，充分保障人才培养目标与就业岗位的对接，通过精心组织安排，学生培养质量得到明显提高。

2013—2017 年，学院共招收 940 名“三定向”生。五年的办学，学院始终与各基层水利单位保持稳定的联系，做实毕业生就业跟踪调查。通过回访、实地走访、问卷等形式充分掌握基层水利单位的实际需求与毕业生工作情况。根据反馈的信息及时调整教学方案，使得“三定向”学生的培养更加具有针对性。实践证明，由于“三定向”学生均为当地生源，学成之后定向回原籍，扎根基层、工作安心、队伍稳定。工作能力得到了基层水

利部门的一致好评。“三定向”培养，为破解全国性的基层水利技术人员进不来、留下难的难题做出了有益探索，有效提升了学院的知名度和美誉度。

案例二：支撑农村水利，服务专业建设

江西是全国首个经省编办正式批准成立灌溉排水发展中心的省份，2010 年 8 月省编办正式批准同意成立“江西省灌溉排水发展中心”（简称“灌排中心”），挂靠在江西水利职业学院，具有建设项目水资源论证和水土保持方案编制两项乙级资质。

江西省灌溉排水发展中心挂牌仪式

学院紧紧围绕水利水电工程施工重点专业建设，充分利用服务农村水利行业优势。利用灌排中心作为全省农村水利工作的技术支撑单位，承担全省农村水利技术支撑和服务工作，加强师生技术技能锻炼，更好地融入全省水利中心工作。为培养“双师型”教师，提高教师实践能力和水平提供了保障。

学院通过调配、引进、招聘等措施，配备 26 名水利工程类专业老师从事中心技术工作，承担了一大批小农水重点县、农村饮水安全工程、节水灌溉、水土保持方案、水资源论证等设计任务，在取得一定经济效益的同时，切实提高了专业教师实践能力和科研能力。

通过灌排中心业务平台，水利类专业教师与水利改革实际接触的机会大大增加，掌握了一批新产品、新技术、新工艺，实践操作能力明显提升，教书育人质量显著提高。

做好西部文章　服务“一带一路”

——酒泉职业技术学院

一、综述

（一）学院概况

酒泉职业技术学院是甘肃省人民政府批准设立并经国家教育部备案的一所公办全日制综合性普通高等院校，是甘肃首家地方性高职院校，也是东起兰州西至乌鲁木齐丝绸之路沿线高职教育链条上的重要一环。

唯美校园

学院迄今已有35年办学历史，是“国家示范性高等职业院校建设计划”重点扶持院校、国家示范性骨干高职院校、国家教育体制改革甘肃省首批试点高校、全国首批百所现代学徒制试点院校，也是国家级“节约型公共机构示范单位”，全国农村青年转移就业先进单位，第五届黄炎培职业教育奖优秀学校，甘肃省优质高等职业院校建设项目培育学校，甘肃省新能源职教集团牵头单位。德国汉斯·赛德尔基金会“中国西部职业教育发展中心”和兰州理工大学（酒泉）校区分别落户于学院。

校园占地127hm^2，建筑面积26万m^2，馆藏图书71万册；拥有土木与水利工程实训中心、农林产教研发中心、新能源实训中心、机电工程实训中心、素质拓展训练基地、创新创业教育基地等校内实训中心（基地）16个，实训室（实训车间）96个，教学科研仪器设备资产6100万元。下设二级学院（办学部门）12个、附属中专1所，开办高职专业60余个，在校生9152人；联合兰州理工大学开办应用型本科专业2个，在校生708人；依托“丝绸之路留学推进计划”等，招收“一带一路”沿线国家和地区留学生40人；成人教育学生5232人，总体规模达1.8万人，固定资产5.19亿元。

近年来，学校以创建一流高职院校为奋斗目标，以服务“一带一路”倡议为价值导向，大力弘扬“扎根大漠，荫泽苍生”的胡杨精神，着力加强内涵建设，不断提升办学水平、育人质量和社会服务效能，逐步奠定了区域性职教龙头的地位。

（二）办学理念

学院秉承“修身笃学，精艺尚能”的校训，提出了“以专业结构匹配产业结构、人才质量匹配企业需求、办学条件匹配人才培养、体制机制匹配合作发展，不断提升社会服务能力”的办学思路。确立了“创建国家优质高职院校”的办学目标。明确了“为社会主义现代化建设服务，为区域经济社会发展服务，为学生的成人成才和未来发展服务”和“面向生产、建设、管理和服务一线，培养理论够用、技能娴熟、素质优良、诚信敬业高端技能型专门人才”的办学定位。

（三）专业建设

现设高职专业 50 个，应用型本科专业 2 个，拥有国家骨干专业 7 个、“中央财政支持高等职业学校提升专业服务产业发展能力项目”专业 2 个、现代学徒制试点专业 4 个、全国职业院校养老服务类示范专业 1 个、甘肃省高等学校特色专业 4 个，甘肃省创新创业教育试点改革专业 1 个；建成国家精品课程（节水灌溉技术）1 门、省部级精品课程 19 门，开发特色教材 273 部，主持或参与完成 4 个国家级专业教学资源库建设项目。

（四）师资队伍

现有专任教师 440 人，其中教授 11 人、副教授 123 人；外聘兼职教师 148 人。先后获评全国模范（优秀）教师 2 人、全国水利职教名师 1 人、甘肃省园丁奖 4 人、甘肃省教学名师 4 人、甘肃省青年教师成才奖 5 人、甘肃省高等学校教学团队 5 个，拥有甘肃省教学名师数量居于全省同类院校首位。

甘肃省教学成果奖

（五）科研成果

建成甘肃省重点实验室 2 个、行业技术中心 1 个、科技创新服务平台 1 个、科技企业孵化器 1 个，其中 10.1MW 光伏发电厂为国内高职院校首例；近五年，承担并完成各种科研立项 148 项，共有 32 项学术成果获奖，其中省部级奖励 14 项，厅局级奖励 18 项；获得各种专利 58 项。

二、发展历程

酒泉职业技术学院于 2001 年经甘肃省政府批准、国家教育部备案，在原酒泉教育学院和酒泉地区工业学校基础上成立，与甘肃电大酒泉分校合署办公。2003—2005 年，相继整合酒泉职业中等专业学校、酒泉农林科技学校、酒泉财经学校等职教资源，大体上经历了三个发展阶段：

（一）初创期（2001—2002 年）

为实施西部大开发和科教兴省战略，认真落实全国职业教育工作会议精神，优化和调整高等教育布局结构及服务区域经济，2001 年 6 月 28 日，甘肃省人民政府第四十五次常务会议研究决定建立酒泉职业技术学院。

2002 年 6 月 3 日，酒泉职业技术学院正式挂牌成立。学院的成立开启了酒泉市高等职业教育的新篇章，同时也提出了转轨、过渡、改革、发展的新课题。面对经费不足，教学条件基础薄弱，教职工对高职教育理念认识不一等问题，全院上下统一思想、攻坚克难、达成共识，初步确定了“大力发展高职教育，并适度发展‘3＋2’中等教育，建立高职教育与本科教育的‘立交桥’，面向全省，为区域经济建设服务，为社会发展服务”的办学思路。

教育部部长陈宝生（时任酒泉地委书记）视察学院

（二）整合期（2003—2005 年）

2003 年以来，在完成 6 所大中专学校教育资源整合的同时，进行了学院新校区一期规划建设工作，截至 2004 年 9 月，新校区完成基本建设项目共计 40057m^2，占一期工程计划的 76.26％，累计投资 6880 万元。

2005 年 9 月，学院为适应院校整合形势，加快融合步伐，全面调整内设机构，设立了 8 个系（部），并对原有的 277 名专任教师进行了优化整合，使高职系列教师学历达标率达到了 100％。此外，学院还努力争取政策支持，完成高校教师职称转换 94 人。通过以上措施，减少了管理环节，提高了资源利用率，从体制上加强了教学工作的中心地位。学院在 2004—2005 年，以人事制度改革为突破口，本着“精简效能、结构优化、职位挑战”的原则，完善了一系列内部管理制度，为整合阶段的各项工作顺利开展提供了制度保障。

（三）发展期（2006年至今）

2006年以来，学院步入转型跨越发展时期。全院师生秉承“扎根大漠，荫泽苍生”的胡杨精神，以创建全国知名高职院校为目标，以国家骨干高职院校项目为抓手，办学规模不断壮大、专业特色日趋鲜明、教学质量稳步提升，基础条件大幅改善，区域影响力明显增强。

在此期间，学院于2008年入列“国家示范性高等职业院校建设计划”重点扶持院校；2010年确定为骨干高职首批立项建设单位；2011年被确定为国家教育体制改革甘肃省首批试点高校之一；2013年挂牌成立“兰州理工大学酒泉校区”，逐步架构起了中职、高职、应用型本科衔接贯通的一体化办学格局；2015年入选全国首批百所现代学徒制试点高职；2017年入选“甘肃省优质高等职业院校建设计划”项目培育学校，全面启动了优质高职院校项目建设。

三、教育成效

酒泉，是我国古代飞天艺术的故乡，新中国石油工业的摇篮，现代航天工业的诞生地和核工业的发源地，也是全国乃至全球主要制种基地之一和未来的“新能源之都”。多年来，酒泉职业技术学院就是在这片热土之上，怀揣创建一流高职院校的梦想，以追风逐日的“酒泉速度”和“扎根大漠，荫泽苍生”的胡杨精神，书写了自己发展与进步的壮丽诗篇。

（一）政策导向，产业引领，办学思路逐步清晰

借鉴国内外职业教育改革发展经验，适应国家职业教育新政，紧盯主导产业发展趋向，确立了创建全国优质高职院校的奋斗目标，提出“五统筹、五对接”的总体思路。“五统筹”，就是以体制机制创新为突破，统筹多元化办学主体和混合所有制形式协调发展；以高职教育为主体，统筹应用型本科、中职教育和成人学历教育协调发展；以新能源专业为特色，统筹传统优势专业和新兴专业协调发展；以教学基本建设为重点，统筹外延扩张和内涵建设协调发展；以人才培养为宗旨，统筹职业教育和社会服务协调发展。“五对接”，即专业设置对接产业需求，课程内容对接职业标准，教学过程对接生产过程，毕业证书对接职业资格证书，职业教育对接终身学习。

高职教育服务“一带一路”暨西部高职教育发展研讨会

（二）匹配产业，动态调整，专业特色日益彰显

以产业为先导，以市场为引领，瞄准酒泉以农作物制种和高效节水灌溉为核心的“一特四化”农业，以风光资源为依托的新能源产业，以敦煌莫高窟和酒泉卫星发射中心为品牌的旅游业，以及西北地区基础雄厚、发展迅猛的化工产业等地方支柱产业，建立专业动态调整机制，专业结构逐年优化，专业内涵逐步提升，实现了专业与产业的高位对接。其中水利工程（节水灌溉方向）专业于2008年入列国家示范（骨干）高职项目，得到中央财政重点支持建设，并于2011年获评“甘肃省高等学校特色专业”，2018年获评“甘肃省职业教育骨干专业”。

（三）能力为本，岗位导向，课程建设稳步推进

重视岗位技能培养，突出素质教育首要地位，强化学生职业核心能力的培养，构建“两体三层四化一主线”课程体系（简称“2341”课程体系）。（“两体”，就是平行构建基于学生未来发展的职业核心能力课程体系和基于工作过程系统化的岗位核心能力课程体系；“三层”，就是将职业核心能力课程体系分解为人文素质、能力素质和行为素质三个横向并列层面模块，将岗位核心能力课程体系分解为基础学习领域、核心学习领域和拓展学习领域三个纵向递进层次模块；“四化”，就是标准化编排基础课程群，系统化设置岗位核心能力课程群，模块化运行岗位技能群，个性化选择素质拓展课程群；“一主线”，就是以能力培养为主线贯穿始终）。通过重构，使能力培养的主题得以凸显，也使素质教育找到了可靠载体和有效实现路径。截至目前，建成“节水灌溉技术”国家级精品课程1门、《灌溉排水技术》等省部级精品资源共享课19门；主持或参与完成了水利水电建筑工程、作物生产技术、种子生产与经营及新能源类4个国家级专业教学资源库建设。

（四）条件保障，政策引导，教学改革有序开展

建成集智能感知、网络融合、数据集中、公共平台、应用集成、信息服务六项功能于一体的智慧校园支撑平台、智慧校园教育平台、智慧校园服务平台、智慧校园管理平台四大平台。以推行“混合式教学”为切入点，全面开展教学方式方法改革。先后开展以“混合式教学”为代表的“创新教与学”课堂20000余学时，推行非标准化考试41门，引入第三方考评机构及专业考试系统实施“以证代考”20门，实施无纸化考教分离课程80门，制作微课2100多部，为适应多元化生源教学需求提供了有益借鉴。

（五）德能并重，校企双肩，队伍建设成效显著

制订《教师素质提升计划》，全面实施了“2242”师资队伍建设战略（即两个优先原则：优先建设“双师型”专业带头人和骨干教师队伍，培养中坚力量；优先建设重点专业师资队伍，提升示范作用。两个重点培训：课程开发项目培训；产品研发项目和企业锻炼培训。四层梯队培养：院领导、系主任管理能力和学习力培养；专业带头人、骨干教师专业建设能力和课程开发能力培养；青年教师双师素质培养；企业兼职教师教育教学能力和新技术跟踪能力培养。两项系统工程：实施三级教学团队和教学名师工程建设，提升教学团队素质和教学能力）。先后获评全国模范（优秀）教师、甘肃省园丁奖、省部级教学名师、甘肃省青年教师成才奖、酒泉市领军人才等奖项17人，获评甘肃省高等学校优秀教学团队5个。其中获评全国水利职教名师1人，水利工程专业教学团队2012年被评为甘肃省高等学校教学团队。

全国水利职教名师施荣副教授（左三）

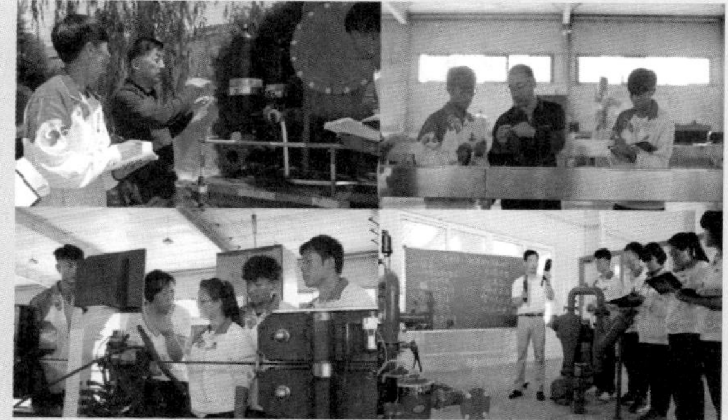

甘肃省高等学校教学团队

（六）产教融合，教研一体，服务能力持续提升

扎实推进首批现代学徒制试点专业改革措施，根据不同的专业特点，探索形成了以水利工程（节水灌溉方向）专业入企办学、太阳能应用技术专业校企共建、现代烹调工艺技术专业产教一体、汽车检测与维修技术订单培养为代表的四种工学结合、协同育人的办学模式；牵头组建了"甘肃省新能源职教集团""酒泉职教集团"，成立了独立法人资质的酒泉新能源研究院，率先建成甘肃省太阳能光伏发电系统工程重点实验室、甘肃省光电应用行业技术中心、甘肃省新能源科技创新服务平台；建成国家农业行业特有工种职业技能鉴定站、甘肃省现代农业技术培训基地、酒泉市高科技农业示范园、电子商务本地化创新服务甘肃省高校重点实验室。

强化社会服务意识，深度参与精准扶贫，帮助96户农民逐步走向脱贫致富；主动服务乡村振兴战略，选派7名教师担任酒泉市科技特派员，完成科技培训20场次、技术指导36场次，培育农业科技示范户12户、科技明白人28人；积极推动学习型城市建设，成立了酒泉社区大学，完成社区培训4000人次。近五年，获评甘肃省教学成果奖12项；申请省级以上科研课题立项46项，获地厅级以上科研成果奖励21项；取得国家专利58余项，完成各类职业技能培训与鉴定2万余人次，获证率达93%以上，完成省级师资培训35人次、市级师资培训182人次，有力地支持了地方经济建设发展。

（七）上下衔接，贯通培养，构建现代职教体系

与省内29所中职院校签署联合培养协议，开展"2+3"中高职一体化培养，与兰州理工大学联合开展"3+2"高职本科贯通培养模式，构筑了中职、高职、应用型本科一体化人才培养立交桥；充分利用学院和省广播电视大学酒泉分校资源，推进全日制教学和非全日制培养、学历教育和非学历培训的有机结合，完善了职业教育培训体系；依托国家开放大学建设社区学院，发展终身教育，服务终身学习，健全了现代职业教育体系。

（八）健全体系，完善平台，双创教育开启新局

设立创新创业教育中心，构筑创业团队、创业工作室（实体公司）和科技创新园（众创空间）的三级实践平台。以课程、实践、孵化、治理为基本维度，贯通意识培育、融合培养、实战锻炼三个层级，架构独具特色的"三阶四维"创新创业教育体系，有力地推进了师生创新创业意识与能力培养。目前，创新创业教育覆盖了全部49个专业，组建创业团队453支，有1956名学生获得创业体验，1608人参加了各级各类创新创业大赛，获得奖项 105 个，毕业生创办企业 170 多家。2017 年，我院大学生科技创新园被甘肃省科技厅认定为首批省级科技企业孵化器，项目成果荣获省级教学成果二等奖。

（九）面向西部，接轨世界，国际交流不断拓展

与德国赛德尔基金会合作，建成了中国西部职业教育与发展中心，经甘肃省教育厅批准，设立了甘肃省职教师资培训基地，并利用这两个平台积极开展了对口支援与校际交流。近五年，选派教师赴德国、美国、新加坡等国家参加海外培训共 94 人次，完成职教师资培训近 200 期、3000 人次；与德国德普福应用技术大学、HALMA 护理专科学校分别签订了护理本科、专科合作办学协议，开辟了学生在海外带薪实习、就业的崭新领域；即将与德国伯福集团、德国医卫教育集团共建“中德老年护理研究院”，开辟中外合作办学新模式，正式协议已经签署；2017 年首批招收“一带一路”沿线国家留学生 32 名，为国际职业教育走进甘肃、甘肃职业教育走向世界提供了借鉴途径。

生建学副司长和黑格曼所长签署西部项目协议

（十）文化引领，德育为先，学生工作持续发展

以沙漠“生命之魂”胡杨为校园文化的标志和象征，确立了特色鲜明、蕴含丰富的大学精神——胡杨精神。以其“扎根大漠，荫泽苍生”的气概，寄寓高职教育服务社会的办学宗旨；以其不畏艰辛、顽强生长的生命特征，寄寓酒职院人自强不息、艰苦创业、脚踏实地、开拓进取、上下求索、争创一流的精神风貌。在此基础上，以“胡杨·四季”为基本序列，以“胡杨·启航”迎新晚会、“胡杨·颂”毕业晚会等届次化、系列化、生活化活动为核心元素，构建校园文化活动体系，形成了独具特色的“胡杨文化”品牌。

坚持文化引领和教书育人、管理育人、服务育人、环境育人多管齐下，营造了良好的校园文化氛围，建立了“2331”学生工作体系（针对学校和企业 2 个教育主体，创新学生管理机制；通过全员管理、全方位管理、全过程管理 3 个维度，形成全覆盖、无缝化学生工作格局；通过自我教育、自我管理、自我服务 3 条途径，提高学生自我调节、自我控制能力及综合素质；以思想政治教育为贯穿教育教学始终的 1 条主线，促进学生全面发展），

实现了学生工作的可持续发展。

四、典型案例

作为西部欠发达地区的一所地方性院校，酒泉职业技术学院上下求索、砥砺前行，经过多年的办学实践，逐步走出了一条特色化的发展路径，同时也在校企合作、产教融合、专业人才培养模式与教学内容改革、校园文化建设、创新创业教育等不同层面，逐步形成了一些特色化的典型案例。

案例一：服务主导产业发展，创新校企合作途径

以国家骨干高职院校项目建设为强大内驱，紧紧围绕当地现代农业、新能源产业和旅游业，按照“四匹配一提升”（以专业结构匹配产业结构、人才质量匹配企业需求、办学条件匹配人才培养、体制机制匹配合作发展，不断提升社会服务能力）的总体思路，主动寻求与企业“联姻”，逐步摸索出了六种校企合作的有效接点。

1. 价值推广型

与甘肃大禹节水公司合作，创建了“大禹学院”，建成了节水灌溉示范区；与一大批企业在课程开发、教材开发、团队建设、实训基地建设、技术研发等方面广泛开展了深度合作，实现了资源共享、人才共育、实训基地共建和产品推广，更将企业文化直接导入了校园文化。

2. 设备租赁型

将机械制造实训中心静电喷涂处理等相关设备整体租赁给酒泉知行科技有限责任公司，由企业在生产经营过程中承接相关专业学生实训，消耗性实训基地由此转化为真实的生产车间，显著缩小了工学缝隙，极大地提升了设备利用率及其育人功能。

3. 合资经营型

以农林产教研发中心为核心示范园，引入兰州昶荣园林温室工程有限公司，实施了“酒泉高科技农业示范园”项目，由学校和企业共同出资建成核心园区，平时由企业管理和收益，生产季节由学院安排相关专业学生进驻，每年可完成农林、水利类专业 450 名学生的校内生产性实训任务，真正实现了人才共育、过程共管、教学与生产同步。

4. 人才供给型

着力扩大订单教育，先后与山东蓝海酒店集团等企业合作，创办了“蓝海班”“东方班”“敦煌种业班”等 10 个订单班和 161 个校外实习（就业）基地。学校按企业订单量体裁衣组织教学，企业按协议约定吸纳毕业生就业，实现了实习与就业联体。

5. 土地入股型

由我院以土地入股，企业投资建厂，以股份制模式运营。典型事例是中国东方电气集团有限公司投资 1.5 亿元，实施了集生产、实训、科研于一体的 10.1MW 光伏电场项目；酒泉市果园建筑公司投资 2200 万元，建成全省一流的机动车驾驶员培训学校。这一模式既解决了企业建厂的场地及政策瓶颈，又解决了自身生产性实训条件不足的问题，开拓了产学研结合的多赢途径。

6. 品牌植入型

与德国汉斯·赛德尔基金会合作，成立了“中国西部职业教育与发展中心”，开展职教师资培训；与兰州理工大学合作成立了“兰州理工大学新能源学院（酒泉）”，先期开办应用型本科专业 2 个，在校生人数 636 人，初步架构起了中职、高职、应用型本科相衔接的一体化办学格局；与上海中锐教育投资（集团）有限公司合作，建立了“中锐汽车学院”。借助这些品牌，学院服务与辐射带动能力有了显著提升。

大禹学院成立揭牌

大禹奖学金颁发

案例二：产教融合下高职水利工程（节水灌溉方向）专业人才培养“大禹模式”的探索与实践

1. 共建“校中厂”和“园中校”

由学校提供场地，企业提供设备与技术，建成“节水灌溉生产性实训基地（校中厂）”。学生在企业技术人员和校内教师的指导下，在真实的工作环境中，以分阶段轮岗的形式实现认知学习、单项技能训练和专业素质提升；企业员工在学校教师的专题讲座中接受高效节水灌溉技术培训。由企业区划场地，设置“节水灌溉岗位综合实训园（园中

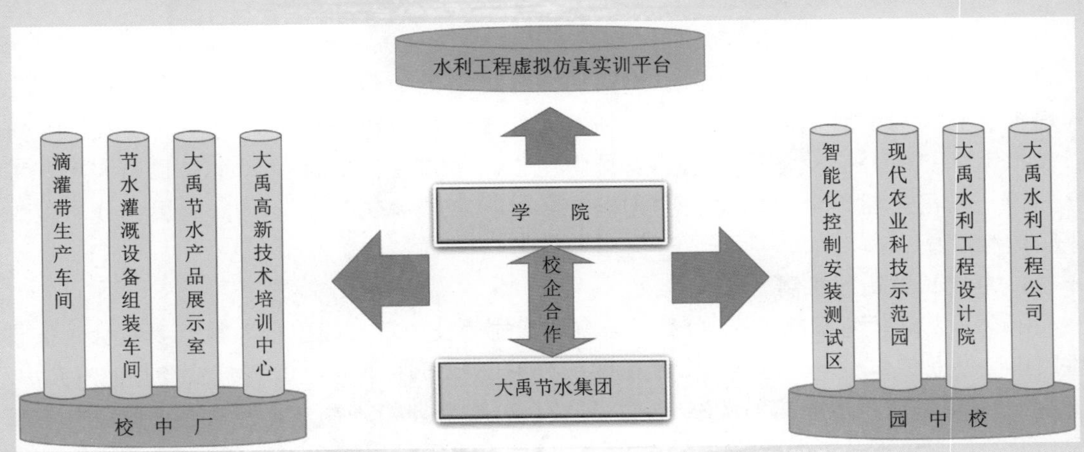

实践教学平台示意图

校)”。学生在企业技术专家的指导下，以“准员工”的身份顶岗完成学习任务，强化综合技能，提升职业素质；教师在参与企业具体工程项目中提供理论支持和技术咨询，解决企业技术难题，提高自身综合能力。

2. 构建“四模块，三层次”课程体系

对照企业运营模式和节水灌溉岗位工作任务，按学期划分为生产、设计、施工、管理四个课程模块，每个模块包含基础课程群、核心课程群、拓展课程群及相应的实训项目三个层次。素质培养贯穿课程体系，基础课程依据核心课程群和拓展课程群学习需要对应选取，核心课程对照每个课程模块的特色和对应能力设置，拓展课程针对学生能力拓展和就业去向个性化开设。

“四模块，三层次”课程体系图

3. 构建“四分”教学模式

在前四学期按学期依次完成四个课程模块的教学任务，按年级分阶段开展不同课程模块的轮岗实训，按进度分类别组织同一课程模块的岗位实践；第五学期利用水利工程虚拟仿真实训平台和“校中厂”实训基地，围绕岗位工作任务，对不同工程项目进行模拟训练和综合应用；第六学期安排学生以“准员工”的身份到企业顶岗实习，综合知识，强化技能，全面构建了“分模块学习、分阶段轮训、分项目应用、分岗位强化”的教学模式。

4. 制定长效运行机制

制定《大禹学院章程》，建立董事会领导下的“校中厂、园中校”执行委员会，按模块以班级设立工作小组。制定《大禹学院“校中厂”“园中校”运行管理及经费使用办法》《校企合作师资队伍双向培养实施细则》等校企合作保障管理制度，开启企业收益向学校配置设备，学校受益为企业培养人才的良性循环模式。

高职水利工程（节水灌溉方向）专业人才培养的“大禹模式”践行6年多以来，累计

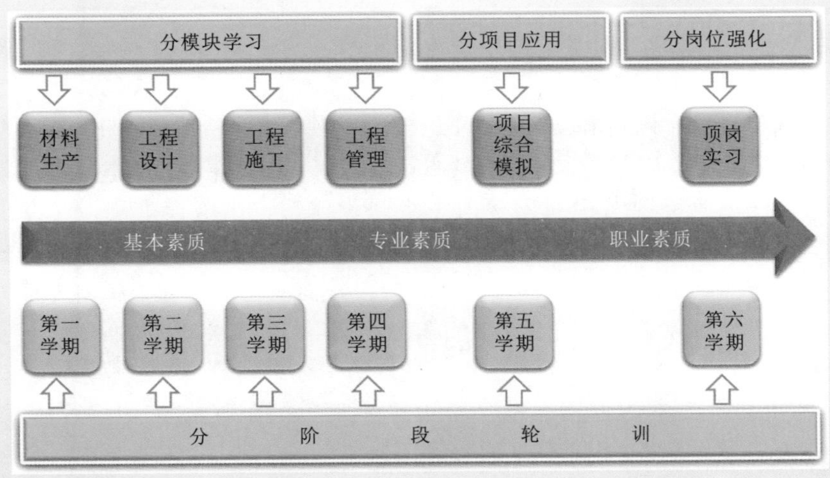

"四分"教学模式示意图

有900多名水利工程专业学生受益，毕业生就业竞争优势明显，连续四年毕业生就业率达到95%以上；建成国家示范专业和省级特色专业1个，建成国家精品课程1门、省级精品资源共享课程2门、国家教学资源库课程1门，出版"十二五"规划教材2部；建成省级专业教学团队1个，获得"何梁何利基金奖"1位，国家优秀教师1位，省级教学名师1位，省级"青年成才奖"1位，全国水利职业院校教学名师1位；校企合作完成省级科研项目10项、市级科研项目16项，取得水利类发明专利60项，实用新型专利200多项。解决了人才培养的诸多问题，示范作用和辐射带动效果显著。

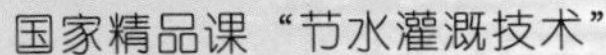
国家精品课"节水灌溉技术"

省级精品课"灌溉排水技术"

案例三：高职"三阶四维"创新创业教育体系探索与实践

2010年，教育部印发《关于大力推进高等学校创新创业教育和大学生自主创业工作的意见》，酒泉职业技术学院为适应"一带一路"、西部大开发、扶贫攻坚战、制造业兴国等国家重大区域战略和产业战略，保障创新创业型高素质人才的有效供给，立足实际，创新驱动，面向区域经济发展，坚持立德树人基本导向，大力推行师生共创，形成了全方位、立体化的创新创业教育格局，走出了一条符合西部实际，独具高职特色的创新创业教育之路。

1. 立足“三创”培养，构建了创新创业通识课—专业创业课—创业特训课相互衔接的三级课程体系

为适应创新创造的时代要求，培养青年的创业意识、创新精神和创业能力，针对西部欠发达地区创新意识淡薄、创业观念落后的特点，解构原有人才培养方案，构建创新创业通识课—专业创业课—创业特训课相互衔接的三级课程体系。在培育阶段，开设了“大学生KAB创业基础”全院必修课，引入了“大学生创业基础”“品类创新”“商业模式创新案例分析”等线上创新创业通识课程26门；在融合阶段，面向区域产业，针对专业开发“酒泉农特产品的品牌塑造和营销”“酒泉旅游商品案例分析”“戈壁果树栽培技术”等专业创业课9门；在实战锻炼阶段，开发了以创业项目为载体的“客户画像”“商业模式构建”“团队领导力提升”“需求和痛点”“互联网思维”等创客特训营课程7门。三级课程体系相互衔接，理论与实践有机结合，实现了创新创业教育课程全过程、全覆盖。与此同时，解构原有人才培养方案，将实践育人和创新创业教育目标要求纳入人才培养方案并进行整体规划设计，实行了创新创业学分制，深化教学方法改革，推行翻转课堂、对分课堂、混合式课堂、案例分析等教学方法，打破传统单一的评价体系，构建了以“八个一”（一个创意、一个设计、一项调查、一篇论文、一项专利、一项发明、一次竞赛、一个项目）为要素的多元多维动态化的评价机制，培养学生的批判性和创造性思维，激发创新创业灵感。

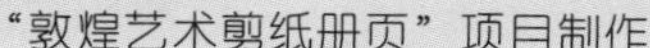
“敦煌艺术剪纸册页”项目制作

创客特训营培训结业

2. 立足教育实践，搭建了模拟训练区—教师工作室—中小微企业三级实践平台

在意识培育阶段，建立了创新创业模拟训练区，以体验式教育和情景式教育为手段，以创新创业文化为主要内容，激活学生创新思维；在融合培养阶段，成立了教师创新创业工作室20余个，以“师傅＋徒弟”的模式吸纳近千名学徒学生参与实际项目操作，促进创新创业教育与专业教育的有机融合；在实战锻炼阶段，校企合作，引企入园，引进专业对口企业10余家，以“老板＋准员工”的模式带动师生创业实战，实现创新创业能力有效提升。

3. 立足能力发展，开发了“一班一项目—一系一空间—科技创新园”三级逐级提升的三级孵化系统

在培育阶段，以班级为单位，以《KAB创业课程》为载体，开展了“一班一项目”

插花艺术社团开展活动

创意面塑手办社开展活动

创意行动计划，累计产生创意 1 万余条，极大地启迪了学生创新创业意识；在融合阶段，开放实验实训平台，改变传统运营方式，融入创新创业文化，增强互动和交流，建立了丝路文化、良种繁育、电商与物流、自由烘焙、机械零部件组装等多个专业化众创空间和创客空间，促进专业知识和创新创业的有机融合；在实战锻炼阶段，以省级科技企业孵化器——大学生科技创新园为平台，建成了集办公、科研、培训、交流、金融、服务一体化的多功能创业服务平台和生态系统，实施创新创业项目落地孵化，完成从创意到公司的转化。

电商与物流众创空间

丝路文化众创空间

4. 立足培养质量，建立了学院—系部—创业团队三级治理机制

成立院长为组长的创新创业教育改革领导小组，负责顶层设计全院创新创业工作，明确总体目标，统筹教育资源，组建创新创业教育中心，协调保障改革各项措施的有序推进和大学生科技创新园的建设；成立系部实施小组，全面推进改革措施落地实施，重点抓好创新创业与专业教育有机融合；以大赛和项目为载体，以头脑风暴、思维导图为基本训练形式，跨年级跨学科组建学生创新创业团队 453 余支，夯实了创新创业的基础。

5. 立足"专创双师"，创建了"师生共创"的创新创业师资培养体系

面对创新创业师资匮乏的瓶颈问题，学院以"专创双师"（专业素质＋创新创业素质）培养为目标，通过师生互学、师生同训、师生共创、师生齐管等途径分专业构建了大赛拉

学院领导视察大学生科技创新园

大学生创新创业团队工作研讨

动型、项目驱动型、科研转化型、跟企锻炼型、工作室撬动型5种师生共创模式。累计培养校内创业讲师35名、市级创业导师25名、省级创业导师2名，大力推行校内外结合的"双导师制"，聘请企业家创业导师26人。通过以上措施，充分调动了专业教师参与创新创业教育的积极性，切实提高了专业教师的创新创业教学能力和实践素质，充分体现了创新创业教育的教育本性和价值本位。

6. 取得成效

（1）人才培养成果丰硕。2017—2018年，64个专业的学生接受了系统的创新创业教育；344支创业团队的3100名学生获得创业体验；425人次参各级各类创业赛事，获得各类创业大赛奖项53项；毕业生创办企业5家，涌现了一批创新创业青年人才，带动就业效果明显。

（2）师资培养成效显著。学院以师生共创为途径，培养专创双师55人，省级创业导师4人，成立教师工作室24个，建成国家教学资源库一个，教育部提升高职学校专业服务产业能力项目一项，获甘肃省职业教育教学成果奖一等奖1项，二等奖4项。开发专业创业实践课程11门，出版创新创业专著教材3部，取得专利17项，发表相关论文70余篇。

（3）示范辐射效果明显。本案例得到了兄弟院校的关注和借鉴，前后接待省内外高校考察交流团队300余次，河西学院、甘肃畜牧职业技术学院、甘肃钢铁职业技术学院、庆阳职业技术学院、青海格尔木职业技术学校等高校纷纷派团前来考察借鉴我院创新创业教育模式。全国高职高专校长联席会议秘书长任君庆、全国金融职业教育教学指导委员会委员兼副秘书长杨则文、宁波大学国家高级职业指导师俞金波等均对成果给予了高度肯定，具有较高的推广应用价值。其成果《高职"三阶四维"创新创业教育体系探索与实践》获2018年甘肃省职业教育教学成果二等奖。

（4）社会评价广泛认可。本案例得到了大禹节水、敦煌种业、广汇能源、华锐风电、山东蓝海等上市合作企业对我院毕业生创新创业能力的高度认可。2017年4月，我院受邀在2017全国大学生创新创业峰会暨第十一届KAB创业教育年会上交流我院高职"三阶四维"创新创业体系构建的经验和做法，中国青年报以"创业教育不再是高职院校的'救命稻草'"为题进行了全文报道。

产教深度融合　培育大国良匠

——兰州资源环境职业技术学院

一、综述

兰州资源环境职业技术学院的前身是隶属于中国国家气象局的原国家重点中专兰州气象学校（始建于1951年）和隶属于甘肃省煤炭工业局的甘肃煤炭职工大学（始建于1984年）。2000年、2001年，两校分别由行业管理划归到甘肃省教育厅管理，2004年两校合并改建为兰州资源环境职业技术学院。

该学院是一所以气象、采矿、水利、电力、安全、地质、冶金、测绘、信息等专业群为主要特色的高等职业院校，共有3个校区，校舍总建筑面积30万 m^2，总占地面积706亩，各类教学仪器设备总值78408.77万元，各类图书文献资料91.96万册，建成了以数据中心、统一门户和统一身份认证为基础的校园信息化平台，建有15个校内实训基地，共包含实验实训室168个。

校园掠影

学院现有教职工922人，专任教师624人，其中教授32人，副教授135人，享受国务院特殊津贴专家1人，甘肃省领军人才1人，省级教学名师5人。共有1名教师获全国“三八”红旗手称号，2名教师被评为省级劳模，6名教师获省级园丁奖，1名教师获全省“三八”红旗手称号，7名教师获省级青年教师成才奖。专业课教师中“双师”素质教师比例在82%以上。普通高职在校生13566人，成人学历教育2000余人。

学院现设有安全工程系、地质工程系、气象系、机电工程系、水电工程系、信息工程系、冶金工程系、测绘与地理信息系、环境与化工系、民族工艺系、财经商贸系、基础部（体育艺术教学部）、安全监管监察学院、图文信息中心、马克思主义学院、继续教育部（国际交流与合作处）共16个教学及附属单位，办公室、组织部、人事处、宣传部（统战部）、监察室、审计处、教务处（教师工作部）、招生工作处、就业工作处、计划财务处、科技处（校企合作办公室）、学生工作处（学生工作部）、团委、后勤管理处、基建处、保卫处、国有资产管理处（招投标管理办公室）、产业管理处、教学督导室、工会共19个党政群团机构。

在多年的办学实践中，学院始终秉承“艰苦奋斗、永不放弃”的办学精神，凝练形成了“和谐教育”的办学理念、“品质至上”的校训、“求真务实”的校风、“立德树人”的教风和“知行合一”的学风。目前，正努力朝着建设充满活力、内涵丰富、基础设施完善、主体专业优势突出、煤炭气象特色鲜明、国内一流、具有良好示范效应的高水平高等职业院校的目标迈进，力争建成“和谐校园、绿色校园、人文校园、特色校园、创新校园、示范校园”。

二、发展历程

兰州资源环境职业技术学院是由原甘肃工业职工大学和原国家重点中专兰州气象学校于 2004 年合并改建而成，属专科层次的普通高等职业院校。

兰州气象学校的前身是 1951 年 2 月成立的中国人民解放军西北军区司令部气象管理处气象训练班，1964 年更名为兰州气象学校，1997 年被确定为全国重点普通中专学校，2001 年由国家气象局划归甘肃省教育厅直属管理。

甘肃工业职工大学的前身为甘肃煤炭职工大学，1984 年 12 月 12 日，甘肃省人民政府批准成立甘肃煤炭职工大学，隶属甘肃省煤炭工业总公司，1985 年将甘肃煤炭干部学校并入，1996 年更名为甘肃工业职工大学，2000 年 8 月将甘肃省煤矿安全培训中心并入，2001 年划归甘肃省教育厅直属管理。

原兰州气象学校

1951年，西北军区司令部气象管理处在兰州市组建气象训练大队

1956年9月，甘肃省人民委员会批准建立甘肃省气象学校

1964年6月，甘肃省委批准建立兰州气象学校

1980年6月，中央气象局决定学校领导体制实行中央气象局与甘肃省人民政府双重领导，以中央气象局为主

1982年，学校被教育部批准为全国重点中等专业学校

2000年2月，教育部将兰州气象学校划归甘肃省，由省教育厅管理

原甘肃工业职工大学

1984年12月，甘肃省人民政府批准成立甘肃煤炭职工大学

1985年6月，甘肃省煤炭工业总公司将省煤炭干部学校和省职工财经学院煤炭分部划归甘肃煤炭职工大学

1996年3月，经甘肃省政府批准，甘肃煤炭职工大学更名为甘肃工业职工大学

2000年8月，甘肃省煤炭工业局将甘肃煤矿安全技术培训中心并入甘肃工业职工大学

2001年2月，甘肃省政府同意将甘肃工业职工大学划转省教育厅管理

兰州资源环境职业技术学院

2004年2月12日，甘肃省教育厅批准同意甘肃工业职工大学与兰州气象学校合并，实行对内一套班子、对外两块牌子同时运行的模式

2004年9月10日，经甘肃省人民政府批准，甘肃工业职工大学、兰州气象学校合并改建为兰州资源环境职业技术学院

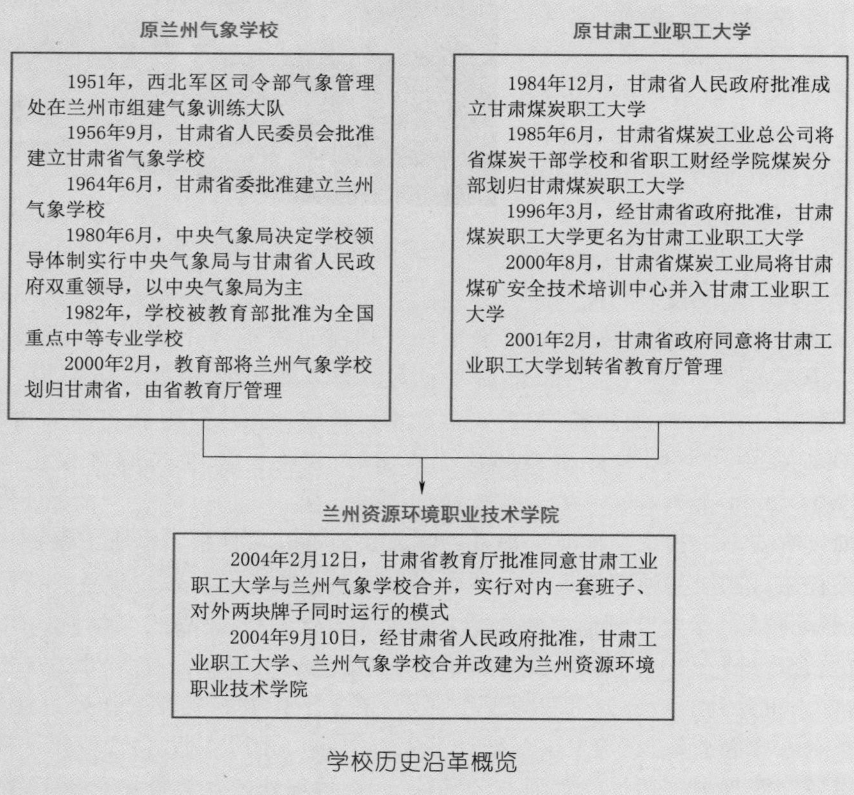

学校历史沿革概览

2004 年 9 月 10 日，经甘肃省人民政府批准，甘肃工业职工大学、兰州气象学校合并改建为兰州资源环境职业技术学院；2009 年，学院被确定为甘肃省省级示范院校；2010 年学院被教育部、财政部确定为国家骨干高职院校立项建设单位；2011 年 5 月，经甘肃省机构编制委员会批准，学院由县级建制升格为副厅级建制；2015 年，入选国家首批现代学徒制试点单位；2017 年 6 月 30 日，国家安全生产监督管理总局复函甘肃省人民政府，同意省部共建兰州资源环境职业技术学院。

经过数十年的发展，学院在办学规模、硬件条件、办学特色、人才培养、就业工作、社会声誉等方面都有了显著的提升，对示范引领甘肃省高等职业教育的发展发挥了积极作用，很好地服务于国家安全生产事业、煤炭工业和区域经济社会发展。2006 年被省委、省政府命名表彰为省级文明单位；2009 年被评定为省级示范性高职院校；2010 年被教育部、财政部确定为国家示范性（骨干）高职院校，获得“2010 年全国高校节能管理先进院校”荣誉称号；2011 年被总参谋部、教育部确定为全国首批 11 个定向培养直招士官试点院校之一；2012 年学院被教育部确定为首批教育信息化试点单位，所属甘肃省第八国家职业技能鉴定所被确定为“百所国家示范性鉴定所”；2014 年获第四届黄炎培职业教育优秀学校荣誉称号、全国职业院校就业竞争力示范校称号、全国职业院校技能大赛突出贡献奖；2015 年被武警部队确定为定向培养直招士官院校，被教育部遴选为首批现代学徒制试点单位，被中央电化教育馆遴选为首批职业院校数字校园建设实验校。2014 年、2016 年中国教育报分别对学院校企合作和创新发展工作，作为全国先进典型进行了约稿报道。2016 年以来名列中国专科（高职高专）院校竞争力排行榜的前 100 名，居甘肃省高职院校榜首。

三、教育成效

（一）创新机制体制，增强办学活力

学院经过多年的建设和发展，已经具备较为完善的现代高职院校办学机制体制，进一步更新管理理念、完善制度标准、改进方式方法，推动规范办学行为、增强办学活力、提高办学质量的运行机制。同时不断提升治理能力和治理水平，坚持创新驱动，坚持及时总结经验，正确处理继承与创新的关系，在巩固和强化成绩的基础上，不断推进办学机制、管理机制、用人机制、人才培养机制、服务保障机制的和谐可持续发展。

——内部治理体系先进高效。依法治校成为全院教职工的共识和自觉行动，“党委领导，校长负责，教授治学，民主管理”得以贯彻落实，管理服务规范化、科学化、精细化水平大力提高，办学活力有效提升。学院章程完善，党委会、院务会、系务会以及学术委员会、教学指导委员会以及教职工代表大会等作用充分发挥。人事制度改革创新，教职员工年度考核体系科学高效。年度经费预算体系完备，预算编制、执行规范。

——专业调整机制科学合理。成功引入第三方评价机构，建成完善的新生的调研分析机制和毕业生社会需求与培养质量评价机制，并建成基于“报到就业率积”和“PDCA”质量管理的专业结构调整与质量保证机制。开发信息化管理平台，实现专业结构的动态调整，诊断改进工作推进有力，示范引领区域职业院校发展。

——协同育人机制完善有效。以“两个校企合作平台、三项核心工程、四种互动方

式”为主要内容的“234”校企合作体制机制高效运转，拓宽产教融合维度的校企合作联盟、职业教育集团“两个平台”作用充分发挥，以系为主体促进产教融合深度的企业冠名学院、科技协同创新中心、大师工作室“三项核心工程”不断加强，三级联系企业、四类行家里手讲台、专业建设咨询委员会、学徒制人才培养“四种互动方式”全面落实，校企合作、产教融合不断深化。

（二）完善学科体系，加强专业建设

学院在专业建设过程中，重点服务于资源环境类，面向气象、地矿、冶金、水利行业，按照“错位设置、非均衡建设，星级管理、专业群发展”的理念，设置专业61个，构建了气象、电力、水利、环保、安全、采矿、地质、测绘、机电、冶金、信息、应用化工、民族工艺、财经、珠宝加工15个专业群。

——培养模式改革富有创新。以“企业与学校、学生签订的两个协议”为纽带，贯穿“多元评价、实时诊改的质量监控”这一主线，以“双主体、双导师、双身份”为基础，以“健全招生与招工一体化、工学结合与分段实施、专职与兼职师资队伍建设、学校与企业共同管理”等为保障的“2134”现代学徒制人才培养模式更加完善。以工作过程为导向并突出思想政治、综合素质、创新创业教育的课程体系改革不断深化，实践教学比例达50%以上。现代学徒制培养规模平均达50%以上。

水利综合智能仿真实训室

——课程教学资源更加丰富。与部队及行业企业深度合作，围绕重点建设特色专业，以工作过程为导向，专业教学资源库、课程试题库和精品资源共享课程建设进一步加强。15个专业群均建成教学各自独立的资源库，新建课程试题库22个，总题量达8600个以上。新建成精品资源共享课程19门，并全部实施“体验式”课堂教学与过程化考核改革。

——实践教学资源充裕高效。按照“特点突出、合作紧密、操作便利、工艺先进、管理高效”的要求，加强特色专业的技能实训中心建设，新建扩建实验实训室21个，新增教学科研仪器设备价值2000万元以上，开发实训指导书21个，全部实行开放式管理，并建成“基准站站长工作室”与“大师工作室”共4个，运行机制健全。同时，进一步深化重点建设专业校企合作关系，建成院外实训基地33个，为开展实习实训和现代学徒制人才培养奠定良好的基础。

其中，水利水电工程技术专业评为国家示范（骨干）院校重点建设省级财政支持专业，水利工程专业（农业水利工程技术方向）被评为甘肃省省级特色专业，水利工程专业2018年被评为水利部教育协会优质水利专业建设点。

（三）引进培养并重，强化师资力量

通过实施专职教师轮训、兼职教师队伍建设、技能大师引进等计划，教师研究生比例达到40%以上，“双师”素质教师达90%以上。每年在国外培训专业群带头人10名左右，在国内培训专业群带头人、骨干教师 100 人次以上，在校内培训教师 1000 人次以上。同时，每个专业群聘用 3～5 名高级职称行业企业技术专家作为客座教授，促进专业内涵建设。每个专业群聘请 1 名行业企业“技能大师”，每年完成技能攻关项目 10 个左右，培养师生徒弟 40 名左右，提升了专业学生技能培养水平。

（四）坚持质量为本，培养高素质人才

遵循职业教育和学生身心发展规律，贯彻“品质至上”的校训精神。我院通过“2134”人才培养模式，借助以工作过程为导向的“三阶段五步骤、通用模块＋个性模块、循环改进”系统化课程建设，整体设计包含课程、实训、素质三个体系的人才培养方案，在主体专业核心课程教学中，采用“体验式”教学法，按照道德素质强、职业技能强、吃苦精神强、创新意识强的“四强”人才培养目标要求，开展了覆盖课堂教学、顶岗实习、课外活动、假期实践的“四维推进”体验式人才培养，实施以过程考评为重点的考核方式，实现全员、全程、全面、全景的“四全育人”。在课堂教学和顶岗实习中设置“德育教育五分钟”育人环节，大力加强社会主义核心价值观教育，使学生树立正确的世界观、人生观和价值观。

（五）紧跟时代特色，完善信息化建设

学院已建成有线和无线两种校园网络，有线网络覆盖率和师生入网率达 100％，实现核心交换设备的双机热备及负载均衡，主干链路速率达 10Gbps；无线网覆盖整个校园，总出口带宽达到 10.5G。

搭建 3 个平台，即集教学、学习、考核为一体的教学支撑平台；各业务系统之间互联互通、数据实时交换与充分共享的业务管理平台；基于教学信息服务、业务管理服务、校园生活服务的一站式公共服务平台。

构建 3 个中心：按用户应用需求分配硬件资源和存储资源的云处理中心；为数据综合查询、统计、分析、决策等应用提供权威数据支持的数据中心；为教学、科研提供情报咨询、资源门类齐全的数字文献资源服务中心。

创建 2 个系统：能够对公共场所出入口分时段进行智能化管理及办公设备云桌面管理的绿色校园生态系统；从学院总体运行态势、教学质量诊断、专业发展状况、学生就业状况等方面进行智能决策和精细化管理的智能决策支持系统。

（六）改善办学条件，提升院校实力

多年来，学院全力改善办学条件，以创新、创业、研发、生产、服务等为特征要素，依托企业生产资源，校企共建校外实训基地 367 个，推动了“引教入企”；校企共建 15 个专业群龙头专业校内实训基地，实现了“引企入教”，有力地增强了学院的综合竞争力。学院现有 11 个教学系，15 个专业群，61 个教学专业。已建成 8 个教育部、财政部重点支持专业，1 个全国高职高专精品专业以及 3 个省级特色专业。2016 年以来，先后被确定为甘肃省人民政府和国家安全生产监督管理总局共建高校、甘肃省“双一流”大学和优质院校项目建设单位。稳居 2018—2019 年中国高职高专院校竞争力排行榜的第 49 位，甘肃省第一。

（七）推进产教融合，强化校企合作

产教融合是汇聚职教资源，推动职教改革的重要举措。创新机制，共建专业，构建产

教联动发展格局，是对高等职业教育的基本要求。我院以“两个校企合作平台、三项核心工程、四种互动方式”为主要内容的“234”校企合作体制机制高效运转；拓宽产教融合维度的校企合作联盟、职业教育集团“两个平台”作用充分发挥；以系为主体促进产教深度融合的企业冠名学院、科技协同创新中心、大师工作室“三项核心工程”不断加强；三级联系企业、四类行家里手上讲台、专业建设咨询委员会、学徒制人才培养“四种互动方式”全面落实，使校企合作、产教融合不断深化。职教集团现有理事单位共计179家，其中，行政单位10家，高职院校9家，中职院校21家，行业协会7家，科研院所2家，培训机构1家，企业125家，其他组织4家，汇聚了政行校企有关产教资源，全面增强了产教融合的活力和服务能力；建立校企互聘共用师资队伍管理机制，双师型教师占比达90%以上；企业主导共建现代学徒制二级学院11个，组建现代学徒制订单班107个，为合作企业定向培养学生4000余人，现代学徒制毕业生到岗率达100%。

（八）加强院校合作，拓展国际交流

遵循高等教育国际化规律，坚持“开阔国际视野，引进优质资源，拓展合作领域，提升合作层次，增强交流能力，扩大国际影响”的原则，学院以“一带一路”倡议实施为契机，发挥兰州位居“一带一路”黄金段的地理优势，通过实施开拓国际化领域、创新国际化合作、提高国际化水平、完善国际化体系等举措，搭建国际合作交流平台，完善国际合作体制机制，建立教师交流、学生交换、学分互认等合作关系。以专业为纽带，以中亚五国为重点辐射带动与欧洲各国的合作，共同开发课程标准、建设课程资源，开展教师交流互访等途径加强技术技能人才培养合作，培养具有国际视野、通晓国际规则的技术技能人才和中国企业海外生产经营需要的本土人才，充实国际合作与交流的内涵，提升相关专业的综合竞争力、社会影响力和国际化水平。

哈萨克斯坦留学生在水利综合仿真实训室进行实践教学

近年来，学院组织人员赴赞比亚、南非、哈萨克斯坦等国家有关企业、高校和科研单位就人力资源需求、职业教育发展等方面进行考察交流，搭建合作平台；与泰国西拉瓦大学、西班牙巴亚多利德大学尝试“专升硕”联合办学项目，并签订框架性合作办学协议；

与台湾兰阳技术学院建立合作关系，并开展机电类和艺术类学生专业课程研修、顶岗实习等工作；与哈萨克斯坦有关机构合作，开展技术人员交流互访、职业院校间学生交流和学分互认、职业教育改革和技术攻关等工作；此外，还组织30名左右学生赴泰国西拉瓦大学游学、访学。

（九）激发学生活力，丰富校园文化

通过加强精神文明建设，全面落实社会主义核心价值观，夯实校园文化内涵。弘扬“和谐教育”办学理念、“品质至上”的校训精神、“艰苦奋斗、永不放弃”的学院精神、“求真务实”的校风、“立德树人”的教风和“知行合一”的学风，不断丰富其展现形式与宣传方式。从每日行为规范、每周专题教育、每月文体竞赛、传统节日活动等方面入手，制定大学生养成教育方案。并借助素质拓展、行为养成、社会实践、美育活动、资助保障等平台，依托团学组织、学生社团、艺术团体进行全面贯彻落实。建立大学生综合素质评价体系实施方案，并将评价结果纳入人才培养方案，监控大学生养成教育效果。

四、典型案例

案例一：产教深度融合——水利工程技术协同创新工作站

水电工程系所属的水利工程技术协同创新工作站成立于2017年6月，位于兰州资源环境职业技术学院云岩实训楼202室，使用面积200m²，拥有指导教师22人，其中拥有硕士学位8人，占比37%，教授（高级工程师）8人，讲师（工程师）6人。工作室依托西藏山溪水利监理公司、西藏雅鲁藏布工程设计公司、甘肃大禹节水股份有限公司、甘肃中东建设工程管理咨询集团等多家校企合作企业，以“弘扬大国工匠精神，培养一流技能人才”为目标，通过水利工程技术协同创新工作站活动的开展，带动教学模式改革，将教学内容融入具体工程，实现学生从学校到企业的无缝对接。培养和造就一批德才兼备、业务精通、创新能力强、层次高的创新型人才队伍，同时促进专业办学水平的提升，增强专业的社会影响力，树立良好的社会形象。

水利工程技术协同创新工作站可以为合作企业提供水利工程项目设计咨询、施工技术支持、项目造价咨询、招投标技术服务。咨询室利用学校现有的试验实训设备可以与合作企业开展技术协同创新活动。同时，咨询室可以作为企业现代学徒制订单班学生的实习基地，由订单企业提供工程任务和培训人员，解决订单班学生理论与实践相结合的问题。

水工创新工作站教师指导学生实施工作任务

工作室依托校企合作企业，以“企业提供任务—现场考察—工作室评估—任务分解—组建教师＋学生工作团队—各小组完成承担分解任务—资料汇集并报企业审核—根

据企业要求完善工程项目设计”的流程完成任务。在项目实施时，平均参与学生30人，分为10个小组，每组3人，每个小组配备1到2名指导教师，项目工作期间全程指导。坚持以“教师+学生”的工作小组形式，以工作过程为导向，以水利工程设计任务为载体，实现“学中做，做中学”。通过项目实施，改进教师实践工作能力，丰富教师教学素材，能更好提升专业教师教育教学水平。通过工作站的任务实施，也显著提升了学生的专业综合能力，使学生的专业知识运用融会贯通，尤其概预算能力、水工设计能力、水工测量能力、水工制图能力等，均能较好满足企业要求，实现学生从学校到企业的无缝对接。

水利工程技术协同创新工作站成立以来，运行良好，成果显著。先后完成了西藏地区、甘肃地区的6项水利工程设计任务，联合申报1项省级科研项目，完成1项横向科研项目。

案例二：国防特色教育——定向培养士官

2012年，兰州资源环境职业技术学院被解放军总参谋部、教育部确定为全国首批11所定向培养士官院校。定向培养士官已经成为学院一张“名片”，是现代学徒制订单培养的典范。目前，学院士官生军种为陆军、空军、海军、火箭军、武警部队与战略支援部队，招生计划逐年增大，招生专业由最初的3个气象类专业扩大到全校的7个专业，其中水电工程系承担电力系统继电保护与自动化、电气自动化技术2个专业的士官生订单培养任务。

学院成立士官二级学院，建立了“院系（部）两级、系部协同”的管理运行机制，明确了工作职责，配备了实力较强的师资队伍，引进了6名复转军人参与士官生日常管理，打造了专业化的管理团队。编撰制定《定向培养士官人才培养标准》，从专业知识、军事技能、政治教育、行为养成、设施保障等方面规范了士官生的培养。出台《定向培养士官生预警淘汰补充管理规定（试行）》，激发了士官生奋发有为的学习动力。

水电系士官生在教师指导下进行实践操作

经学院建议，省征兵办协调，省教育考试院将我省定向培养士官生的招生录取列入高职高专批直招士官，并将投档模式改为平行志愿。即考生可选报六个院校，按“分数优先、遵循志愿”的原则投档录取，进一步提高了生源质量和考生录取满意度。学院全力配合省征兵办做好定向培养士官生的体检面试工作，省征兵办、省教育考试院以及学院有关人员组成巡视组，全过程监督，实现阳光招生。同时，在校士官生主动承担志愿服务工作，引导考生报名、体检、面试、心理测试以及用餐和乘车，“兄长式”的服务，军事化的组织，准军人的士官生，赢得了考生及家长的一致好评。

学院与火箭军96604部队、湖南衡阳空军训练基地、武警甘肃总队训练基地、火箭军青州士官学院等联训单位共同制定人才培养方案、专业教学标准和军事训练科目，按需开发课程，按需建成地面气象观测场、机电实训室等一批功能完备的实训场所，教学内容紧密对接部队岗位。与火箭军96843部队签订了《军地联教联训工作协议书》。与联训单位建立了定期互访机制，通过召开议教议训会、办公协调会和人才培养情况分析会，听取士官生培养工作的意见和建议，及时修订人才培养方案，更新课程体系和教学内容，有力地提升了士官生培养质量，入列优秀率达100%。

栉风沐雨　砥砺前行

——辽宁水利职业学院

一、综述

辽宁水利职业学院是经辽宁省人民政府批准，国家教育部备案的一所隶属于辽宁省教育厅的专科层次的全日制公办普通高等学校。学院前身为成立于 1951 年的东北水利专科学校，2000 年 10 月并入沈阳农业大学，成立沈阳农业大学高等职业技术学院，举办高等职业教育。2012 年 12 月，经辽宁省人民政府批准，成立辽宁水利职业学院，独立举办高等职业教育。

学院成立大会

学院目前具有全日制在校生 5175 名，现有教职工 283 人，专任教师 196 人。具有博士及硕士研究生以上学历的教师 159 人，其中专任教师中有教授 13 人，副教授 53 人，具有“双师素质”的专职专任教师 106 人。

学院始终坚持以市场为导向，不断优化调整专业结构，形成了涵盖水利、工程、农业、经管等多领域的专业格局。学院设有六个教学系部：水利系、建筑与测绘工程系、信息与电气化系、生物工程系、管理系、公共基础部。目前为止全院共有 34 个专业面向省内外招生。

学院成立 67 年来，以“尚德博学，知行并举”为校训，历经坎坷，砥砺前行，形成了“团结、求实、严谨、创新”的校风，彰显了以“勇于探索、勤于实践、甘于奉献”的大禹精神为内核的独特校园文化。自独立办学以来，学院确立了建设“特色鲜明、国内领先、省内一流的高等职业院校”的奋斗目标，坚持以立德树人为根本任务，紧紧围绕服务地方经济，坚持“加强内涵建设，提升核心竞争力”的办学思想，不断深化综合改革，加速实现跨越发展。

多年来，学院始终坚持以教学为中心，以学生为主体，以质量求生存，以特色求发展，以适应经济社会发展需求为目标，高度重视学生职业素养和职业能力培养，积极推行学历证书和职业资格证书相结合的“双证书”制度，重视培养和提高学生职业竞争能力、知识运用能力和可持续发展潜力，使学生的综合素质、实践技能、创新能力不断提升，在德、智、体、美、劳等各方面得到了全面发展。

多年来，学院先后获得辽宁省精神文明先进单位、辽宁省花园式单位、沈阳市先进党委、辽宁省大学生就业创业先进单位、沈阳市平安校园等荣誉称号。目前，学院拥有中国水利教育协会职教名师 5 名，中国水利教育协会职教新星 4 人，中国水利教育协会专业带头人 1 名，全国水利职业院校优秀德育工作者 1 人；省级对接产业集群示范专业建设项目 2 项；省级精品课程 4 门；省级教学名师 1 名，省级专业带头人 2 名，省级优秀青年骨干教师 2 名，沈阳市教学名师 1 人，校级骨干教师 43 人，校级专业带头人 19 名；近年来学院获得省级教学改革成果奖 4 项，立项省级教育教学课题 24 项；编写各类教材 173 部；在各级刊物上公开发表论文 479 篇，其中核心期刊 54 篇，EI 检索 21 篇。

二、发展历程

1951 年 9 月 1 日在辽宁省辽阳市沙土坎成立了东北大区第一所培养水利建设技术人才的学校——东北水利专科学校，隶属东北水利总局。1952 年春节前搬迁至沈阳市皇姑区黄河大街七段二号。1955 年 7 月 7 日，学校更名为水利部沈阳水利学校，隶属水利部。1957 年 9 月 6 日，经辽宁省水利局请示、水利部批准，水利部沈阳水利学校与辽宁省水利学校合并，由辽宁省水利局领导。11 月 1 日，合并后的学校定名为辽宁省水利学校。1958 年 11 月 25 日，辽宁省水利水电建设局辽水电办字〔58〕247 号文件通知：“根据我省水电建设发展的需要，经省委和省人委批准，将原‘辽宁省水利学校’改为‘辽宁省水利水电学院’，由辽宁省水利水电建设局领导。”1963 年 8 月 6 日，辽宁省水电厅〔63〕辽水电人字第 784 号文件下达：根据中央对高等学校调整工作指示精神，经研究决定，撤销辽宁省水利水电学院的建制，恢复辽宁省水利学校。自 1963 年 9 月 1 日起正式执行。1965 年 9 月 1 日，根据省委决定，辽宁省水利学校搬迁至朝阳县西大营子北山山麓。1966—1976 年期间朝阳地区革委会决定将水校与朝阳地区农校、农机校合并，定名为朝阳地区农业学校，后更名为朝阳农学院。1977 年 12 月 28 日，朝阳地区革委会下达朝革发〔77〕98 号文件，撤销朝阳农学院建制，分别成立辽宁省水利学校、朝阳地区农业科学研究所、朝阳地区农业学校和朝阳地区农业机械化学校，并从 1978 年 1 月 1 日起开始对外办公。

1980 年 2 月 20 日，省政府以辽政发〔1980〕9 号文件批示辽宁水利学校在沈阳选定地址，重新建校。同年被教育部确定为全国重点专业学校。1983 年 9 月 20 日学校迁至沈阳市虎石台镇。1992 年再次被确定为全国重点中专校。2000 年 8 月 18 日，辽教发

2013年12月7日学院召开第一次党员大会

〔2000〕7号文件，将辽宁省水利学校并入沈阳农业大学。2000年12月16日，沈农大（人）字〔2000〕17号文件成立沈阳农业大学高等职业技术学院，成为辽宁省首批举办高等职业教育的学校。2012年9月20日，辽政发〔2012〕248号文件批准同意沈阳农业大学高等职业技术学院从沈阳农业大学剥离，成立辽宁水利职业学院，隶属辽宁省教育厅。2013年12月7日，学院召开中国共产党辽宁水利职业学院党员大会。2014年5月24日，学院召开第一届教职工代表大会暨工会会员代表大会。10月28日，辽宁省教育厅评估专家组对我院人才培养工作进行评估，学院顺利通过了评估。2015年6月27日，学院召开第一次团学代表大会。学院重视制度建设，对已形成并正在执行的制度进行定期疏理，并认真讨论研究，对已不适应学院发展需要的规章制度予以废止，对可继续使用的进行修改和完善。基本做到了“立改废”齐头并进，逐步构建了根本制度功能稳定、基本制度体系较为完备的制度体系。

三、教育成效

（一）办学规模不断扩大

60多年来，学院在校生人数由当年的603人增加到目前的5000余人，特别是2013年独立举办高职教育以来，学院办学规模有了显著提升，2017年达到办学历史高峰。目前继续呈现稳步递增的良好发展态势。

自2000年并入沈阳农业大学开办高职教育以来，学院认真实施“阳光招生”工程，坚持录取程序公开、录取结果公开、咨询及申诉渠道公开的原则，建立健全严格规范的招生管理体系、公开透明的招生运行机制。学院招生工作呈现出喜人的态势，考生的录取率、报到率持续保持较高水平，特别是2013年独立开办高职教育以来，学院积极开展招生宣传工作，通过订单培养、校企联合培养、举办“3+2”对口升学等措施，使招生工作持续向好发展，学院生源数量和质量不断提升。

学院自 2012 年来，累计共有毕业生 7843 人。毕业生数由 2012 年的 1154 人增长至 2017 年的 1788 人。

学院召开年度毕业生双向选择洽谈会

面对日趋严峻的就业形势，学院从探索就业指导与服务的有效途径，努力提高毕业生就业竞争力等方面着手，不断加大开拓就业市场力度，切实加强就业指导服务，着力提升毕业生就业竞争力。自 2012 年以来，学院毕业生就业率始终保持在 90%以上。

（二）专业结构不断优化

学院坚持“改革、提升、凝练、建设”的思路，针对辽沈地区产业结构调整及对技术技能型人才的需求，及时设置和调整专业。目前学院已经完成了从中职专业到高职专业的升级，完成了从单一水利、水管、水文、水保为代表的水利产业类专业向农、工、经、管、畜牧等多专业领域的拓展，基本形成了以水利水电建筑工程专业为龙头，以水利工程、工程测量、供用电技术、物流管理、园林技术为核心的五大专业群共同发展的专业结构格局。学院的通信技术专业被教育部确定为第二批现代学徒制试点专业；水利工程专业群被辽宁省确定为高水平特色建设专业群；水利水电建筑工程专业被确定为“省级示范专业、品牌专业”和水利部优质建设专业；供用电技术专业、工程测量技术专业被确定为“全国水利职业教育示范专业”和辽宁省对接产业集群职业教育示范专业。

（三）教学改革不断深化

学院坚持“课程与岗位对接”的原则，优化课程体系，精炼课程内容。现有省级精品课 4 门、院级精品课 13 门。强化“校企合作、工学交替”的人才培养模式改革，形成了以就业工作牵动教学工作，以教学工作支撑就业工作，加强与用人单位及实习、实训基地所在单位密切合作的办学局面。通过把工学结合引入人才培养模式，带动专业调整，将课程设置、教学内容、教材建设、教学方法等方面进行改革，有效的打破了以往传统知识体系的人才培养模式，实现了学生职业技能最大化的目标，教学效果日益改善。

学院代表队参加国赛“科力达”杯测绘竞赛取得优异成绩

学院持续实施“教、学、做、练、赛”一体化“双证书”教学模式，“以赛促教、以赛促改”效果显著，各级职业技能大赛屡创佳绩，全面提升了学生的职业岗位能力。各教学部门根据各职业岗位群和各专业教学计划的要求，定期组织学生参加人社部（局）、行业协会等相关部门组织的职业技能鉴定考试，学院毕业生“双证书”通过率高，促进了学生的发展。学院重视信息化教学，鼓励适合职业教育的各种教学方法的具体应用，不断探索学徒制在专业教学中的应用，教学手段日益丰富，教学方法开拓创新，在各级信息化教学大赛中硕果累累。坚持“校内校外结合”的方针，实训条件不断改善。目前学院共有实习实训基地 119 个，为实践教学提供有力保障。其中水利水电建筑工程实训基地为国家级实训基地。

（四）服务社会和行业成效明显

学院高度重视成人教育、职业培训和社会培训，以服务行业与地方为办学己任。在开展行业培训和地方培训上，学院提供了良好的教学设备设施与教育资源，充分保证了培训质量。不断提高为地方企业提供技术服务的能力。针对水利行业在职职工开展的远程教育培训效果显著。学院充分利用已有的专业教育教学设备、设施及先进的网络教学资源，对全省的基层在职职工开展了专项的远程水利专业培训，近三年来培训人数达千次。

学院整合现有资源成立科研、生产实践等社会服务团队（中心）。根据现有学科、专业、师资力量，充分发挥现有能够承担社会服务的教职工的资源和力量，采取多种形式充分引进，以及利用企业资本和先进设备等方式，实现校企共建校内实训基地；建设一支技术过硬、人员稳定，能为教学、科研服务的实践教学师资队伍。积极主动为企业提供各种技术服务，使其真正成为学生的实训基地、教师能力的提升基地、企业员工的技能培训与鉴定基地，真正实现优势互补，校企双赢。

（五）学生教育和管理工作特色鲜明

学院自1998年开办高职以来，常年开展早训、早操、早跑活动，将早训作为学生晨起第一课，早训后进行集体体育活动，即春夏秋三季组织学生进行早操，冬季组织学生进行早跑。用优秀水利职业人的标准引导、塑造学生，营造出特色鲜明的校园文化育人氛围，育人效果显著，“三早”在校园清晨形成一道靓丽的风景线。

实施“六项工程”，全面培养学生综合素质。多年来，学院学生教育管理工作一直深入贯彻落实“双走进”（走进学生生活，走进学生心里）、“七个一”制度，“尊重学生、理解学生、科学管理、热情服务”的理念，以全面提高学生综合素质为宗旨，着力抓好“六项工程”的落实，已成为常态化机制，学生教育管理效果显著。

（六）师资力量不断强化

学院始终高度重视师资队伍建设。多年来，打造了一支过硬的专兼职结合的令省内外同行羡慕的师资队伍。学院独立以来，共引进具有全日制硕士研究生学历以上专业教师87名，大幅提高了专任教师队伍的学历、学缘结构，35岁以下的专任教师中具有硕士学历学位的青年教师达43.1%，充实了教师队伍，优化了教师学历结构及年龄结构。

学院重视教师职业技能的训练与培养，鼓励教师参加国家、省市、行业等各级各类教学技能大赛。学院“双师型”教师队伍建设成效显著。学院重视教师职业能力培养，加大“双师”队伍建设。目前学院具备“双师素质”的教师达141人，占专业、专业基础课教师总数的74.2%。加强了兼职教师队伍建设。通过校企合作平台，结合专业建设，加大了聘请具有行业影响力的专家和企业专门人才、能工巧匠为兼职教师的力度，实现了各专业与行业、企业的有效联系与对接。现学院拥有具有企业背景的兼职教师达168名。

（七）“三全育人”工作取得新进展

多年来，学院认真贯彻党的教育方针，全面落实中央和省委的重要决策部署，坚持党对学院工作的全面领导，牢牢把握社会主义办学方向，坚持立德树人根本任务，突出职业素质、培育工匠精神，创新开展高职院校思想政治工作，逐渐形成了“全员、全方位、全过程”育人大格局，努力培养高素质技术技能人才。学院制定了《关于进一步加强和改进新形势下思想政治工作的指导意见》等系列文件，健全和完善了全员育人机制。聚焦班级管理模式创新，全体教师都要承担育人工作，每个班级配备辅导员，明确辅导员在班级管理中的主体地位，对辅导员和教师的育人工作进行定量设定、量化考核，与绩效评价挂钩，思想政治工作成效显著。学院重视思政课改革，发挥思政课在思想政治工作中的主渠道作用，不断增强课堂的针对性、吸引力。

四、典型案例

案例一：全面实施创新创业教育，提升教育质量

1. 规范日常管理，完善队伍建设

为鼓励大学生投身创新创业活动，制定了《辽宁水利职业学院创新创业项目管理办法》《辽宁水利职业学院大学生创新创业孵化基地管理办法》等，将学院创新创业工作的日常管理制度化、规范化。在师资队伍建设方面，聘请22名业内创新创业专家作为校外

创业导师。并遴选第一批 30 名创新创业校内导师，并委托辽宁云创企业管理咨询有限公司进行集中培训，使得我院教师更加深入的了解创新创业教育，提高创新思想与创业意识。

2. 依托孵化基地，营造浓厚氛围

“创新创业学院”一直把“服务学院师生创新创业”作为本职工作，逐渐形成了以“大学生创新创业孵化基地”为平台，以“创新创业大赛”为抓手、以“成功孵化项目”为舞台的大学生创新创业教育模式。为了提高参赛者的竞赛水平，在学院内营造良好的创新创业氛围，组织开办了首届“辽宁水利职业学院青创杯大赛”训练营，并成功邀请到了沈阳华府青创空间、方圆加速器董事长姜云鹭女士为训练营学员作了专题培训。

3. 策划筹办活动，注重赛事引领

成功举办了学院首届“青创杯”大学生创新创业大赛，遴选出 20 项优秀作品并成功入驻大学生创新创业孵化基地。学院创新创业项目在辽宁省第四届“互联网+”大学生创新创业大赛中获一银一铜；在“创青春”辽宁省大学生创业大赛中获金奖 3 项、银奖 4 项、铜奖 9 项；在“挑战杯——彩虹人生”大学生创新创业大赛中获国家三等奖 1 项、辽宁省特等奖 1 项、一等奖 1 项、二等奖 2 项、三等奖 6 项的优异成绩。

学院参加第四届辽宁省“互联网+”大学生创新创业大赛并取得一银一铜的优异成绩，在全省高职院校中名列前茅

4. 注重引导培训，指导学生实践

为提升我院师生创新创业能力，“创新创业学院”共计举办了 4 期创新创业大讲堂活动，并协助招生就业指导处举办 1 期“促进就业创业、助力辽宁振兴系列讲座”活动。先后邀请到沈阳华府青创空间、方圆云创加速器董事长姜云鹭女士、朵儿艺术烘焙商学院创始人郝宏文先生、“超级竞赛”创始人孟繁宇先生、沈阳沐诺农业科技有限公司总经理李响先生等专家来为学院师生传授经验，几位专家各自结合自身创业经历分别从市场分析、

创业管理、商业模式、财务管理、实践活动等方面展开培训。

5. 加强宣传力度，拓宽信息渠道

在积极指导学生创新创业活动的同时，还十分重视宣传力度和信息平台的拓宽。为此，创建“辽水创新创业”公众号，对学院各类创新创业活动的实时动态进行报道，让广大师生能够在第一时间了解学院在创新创业活动方面取得的成绩，增强学院创新创业的氛围。

案例二：现代学徒制建设在通信技术专业中的应用与实践

2017 年 8 月，辽宁水利职业学院成为教育部第二批现代学徒制试点建设单位，试点专业为通信技术专业。

通信技术专业 2014 年开始招生，现有专业教师 11 人，其中教授 1 人，副教授 2 人，讲师 2 人，工程师 6 人，助教 1 人，70%的教师具有企业工作经历，85%以上为双师型教师。该专业建有通信技术专业仿真实训室 1 个，专业机房 1 个，网络实验室 1 个，一体化教室 1 个。校外实训基地 22 个，校企合作开发教材 5 部，实施项目化改造“一体化”课程 6 门，学生 90 余人。

2018 年 6 月 26 日，辽宁省教育厅现代学徒制试点工作专家组到校检查试点建设情况并给予了高度评价。

辽宁省教育厅现代学徒制试点工作专家组到校检查试点建设情况

1. 校企协同育人机制——实现校企紧密融合

校企双方签订现代学徒制人才培养合作协议，明确双方职责与分工。建立了现代学徒制试点工作领导机构，由学院党委书记任组长，企业副董事长任副组长，定期召开工作协调会，形成协调有力、快速高效的工作机制。领导结构下设建设工作小组、实施工作小组、教学质量监控小组。

2. 招生招工一体化——有力解决招生困难

校企共同研究制定招生招工方案，校企双方共同开展招生招工宣传与组织工作。对报名的学生，校企专家共同面试，择优录取，被录取的学生由学校、企业、学生（学生家长）共同签订“现代学徒制”试点三方协议书，学生入学即成准员工，待修满学分完成学业，将被企业优先录用。

3. “1.5+1.5”人才培养模式——助力学生技能提升

构建“1.5+1.5”人才培养模式，按照“学生→学徒→准员工→员工”四位一体人才培养总体思路，通过“两段式”育人过程培养人才。将现代学徒制课程体系分为四个模块。现代学徒制班级的教学包括理论集中授课、企业基础培训、专项技能训练和实际岗位培养四种形式，真正实现工学交替。

4. 互聘双导师团队——潜移默化“工匠精神”

成立了由学校教师、企业工程师组成的“校企联合研究院”，对教学工作和实习工作进行过程管理与质量监督。师傅对学徒进行全面培养，严格落实培养计划。强化考核，主要考核评价师徒协议履行情况，学徒理论知识掌握程度和实际操作水平、工作表现、工作任务完成情况及取得的工作业绩等。

5. 质量监控与评价体系——确保质量夯实成果

校企联合成立教学质量监控小组，对学校教学和企业训练过程进行监督指导，制定《教学质量监督考核管理办法》，实行定量评价和定性评价、过程性评价和终结性评价、自评与他评相结合，定期对现代学徒制教学运行情况进行检查反馈、跟踪指导，严格坚持现代学徒制质量标准，抓好全过程管理。

职教改革探新路　产教融合育人才

——山东水利职业学院

一、综述

山东水利职业学院的前身是建于 1958 年的山东省兖州水利机械学校。学校于 1985 年更名为山东省水利学校，1994 年成为国家级重点中专学校，1999 年山东省水利职工大学并入，2000 年开始举办高等职业教育。2002 年经山东省人民政府批准，独立升格为山东水利职业学院。2004 年主体搬迁至日照。2009 年成为全国水利职业教育示范院校，2015 年成为山东省技能型人才培养特色名校，2018 年入选“山东省优质高等职业院校建设工程”。学校占地面积 1500 余亩，校舍总建筑面积 54 万 m^2，教学仪器设备总值 1.38 亿元，现有在校生 1.4 万余人。

学校正门

学校在长期的办学历程中，积累了丰富的办学经验，沉淀了深厚的校园文化，形成了鲜明的办学特色和办学风格，并在社会上享有较高声誉。荣获了“全国水利行业技能人才培育突出贡献奖”“全国职业院校魅力校园”“全国水利职工教育先进集体”“山东省高校体育优秀单位”“山东省校企合作一体化办学示范院校”“山东省教育信息化试点单位”等荣誉称号，是全国优质水利高等职业院校建设单位、全国现代学徒制试点单位、全国首批水利高等职业教育示范院校、山东省首批技能型人才培养特色名校、山东省高校就业工作优秀院校和山东省德育工作优秀高校。

学校始终坚持“以人为本、以水为魂”的办学理念，秉承“上善若水、海纳百川”的校训，确定了“立足水利、面向社会、服务一线”的办学定位，遵循“水利特色、工科优势、凝练品牌、强化服务”的办学思路，走“产教融合、内涵发展、特色立校”之路。

学校根据水利行业及山东省发展战略对人才培养的要求，积极调整服务面向，优化专业结构，形成了“水利特色、工科优势”的专业群，现有水利工程、机电一体化技术、建筑工程技术等 56 个适应产业需求的专业，其中省级品牌专业 2 个，省级特色专业 8 个。学校图书馆藏书 100 余万册，期刊 800 余种，建有水工实训场、工程施工实训中心、机械加工中心、物流仓储与配送中心等 110 个校内实训场馆和 13 个融学生实训、培训和职业技能鉴定为一体的“校中厂”，与企业合作建设了 300 余个功能完备的校外实训基地。

学校面向山东、天津、河北、江苏、安徽、辽宁等 20 个省（自治区、直辖市）招生。近年来，学校每年招生人数均在 4000 人以上，第一志愿上线率超过 100%，毕业生专业对口率达到 86%以上，就业率位居山东省高职院校前列。毕业生赴中国水利水电第十三工程局有限公司、山东省水利工程局、上海水工建设工程有限公司、海尔集团、日照港集团有限公司等行业骨干企业就业比例超过 10%，实现了高起点与高质量就业。学校面向水利行业和山东区域经济发展，输送了近 10 万名高素质技术技能人才。一大批杰出校友立足岗位、奋勇争先，已成为国家和社会的栋梁之才，在各行各业作出了重要贡献。

二、发展历程

改革开放 40 年来，学校全面贯彻党的教育方针，把握时代脉搏，紧跟时代步伐，求真务实，开拓创新，教育教学事业取得了长足的发展。

（一）在发展中前进（1978—1998 年）

学校抢抓机遇，在竞争中不断成长，规模不断扩大，在发展中不断前进。1978 年后，学校按照有关规定，落实知识分子政策，教学工作开始走向正规。1985 年学校更名为山东省水利学校，同年的党代会上提出了“创建国家级重点中专”的奋斗目标。1993 年学校被山东省人民政府批准为省部级重点中等专业学校，1994 年被国家教委批准为国家级重点中等专业学校。1996 年学校校办工厂年产值过千万元，晋升为国家中二型企业。1998 年学校被评为省级文明单位。

（二）在跨越中成长（1999—2008 年）

学校提升办学层次，加强基础设施建设，在积蕴中涅槃，实现主体搬迁日照，办学品牌不断凸显，在跨越式发展中不断成长。1999 年山东省水利职工大学并入学校，开始举办职工教育，开展职工培训。2002 年 4 月山东省人民政府批准将山东省水利学校改建为山东水利职业学院，学校由中专院校独立升格为高职院校，提升了办学层次。学校升格后，于 2003 年在美丽的海滨城市日照征地 1133 亩兴建新校区，2004 年 8 月顺利实现了主体搬迁，为跨越式发展提供了硬件保障。2006 年学校在校生规模达到 12000 人，比 2002 年翻了近两番，实现了跨越发展的第一步，为由规模到质量发展的转变打下了坚实的基础。

（三）在改革中壮大（2009—2018 年）

面对高等职业教育改革发展的新形势，学校在改革中创新发展，取得了新的办学成就。2009 年学校成为首批全国水利职业教育示范院校建设单位，三年建设期间，不断加强内涵建设，根据水利事业和经济社会的发展需要，进一步确立以专业建设为核心、以基础能力建设为重点、以水利为特色、以服务行业为宗旨的理念，深化校企合作、工学结合、顶岗实习的人才培养模式改革，2011 年顺利通过验收，标志着学院在全国水利高等职业教育中已处于领先地位。2012 年学校成为山东省首批技能型人才培养特色名校立项建设单位，通过特色名校建设，学校打造了“人才共育、过程共管、成果共享、责任共担”的紧密型合作办学体制机制，“行企校”合作向纵深发展，建成了充满活力、富有效率、有利于科学发展的体制机制；以 10 个重点建设专业为基础，相关专业群为支撑的重点专业领域，建成了联系紧密、辐射力强、资源共享、特色鲜明、优势凸显、就业率高的专业群；引进和培养了一批具有行业影响力的专业带头人和骨干教师，建成了由企业专家、技术骨干、能工巧匠等组成的高水平人才专家资源库。通过特色名校建设，进一步提升了学校的办学特色、内涵建设水平与核心竞争力，形成品牌优势，在现代职业教育体系建设中谋得有利地位。2018 年 12 月，学校入选“山东省优质高等职业院校建设工程”，这是继山东省高等教育特色名校建设工程之后，学校再次迎来跨越发展的机遇与平台，标志着学校将迈进新的发展时期。学校将坚持走内涵式发展道路，持续深化教育教学改革，深入推进产教融合，切实提升研发创新服务能力，不断提高国际化办学水平，精准培养契合行业需求的高素质技术技能人才，建成行业领先、国内一流、有国际影响力的优质高职院校。

2015 年 12 月山东省特色名校建设项目顺利通过验收

三、教育成效

（一）创新机制体制，增强办学活力

学校全面加强治理结构和治理能力的现代化建设，进一步完善制度体系，构建能够激发人才积极性、主动性和创造性的体制机制，实现了内部依法治理的科学性和有效性。一

是充分发挥水利行业优势，打造校企命运共同体。2013 年 10 月，山东省水利厅依托学校成立了由厅属单位和全省大中型水利企业组成的山东省水利职业教育合作发展委员会。2017 年 7 月，学校牵头成立了山东省现代水利职业教育集团，成员有与现代水利产业相关的院校、行业协会、科研院所和企事业单位，首批会员单位 62 家，合作共建了 10 个水利职教师资培养培训基地和 38 个校外实训基地。二是全面深化学校综合改革，充分激发创新活力。学校以强化教育教学管理为重点，以落实学校章程为核心，深入推进依法治校进程，健全制度体系，进一步完善依法自主管理、民主监督、社会参与的高等职业院校治理结构；深入落实院系两级管理制度，充分激发办学活力。三是实施混合所有制试点改革，全面优化办学效益。学校通过吸纳社会资本投入职业教育，有效破解产教深度融合的体制性障碍，让行业企业成为混合所有制二级学院办学主体之一，企业方把提高办学质量视为内在职责，有助于实施校企深层次合作，先后创办了“韦加无人机工程学院”“智筑侠学院”等 6 个混合所有制学院。

学校牵头成立山东省现代水利职业教育集团

（二）加强专业建设，完善课程体系

学校按照“依托产业办专业，办好专业促产业”的建设思路，根据国家及山东省发展战略对人才培养的要求，积极调整服务面向，优化专业结构，主动适应水利行业和地方经济建设需求，与行业企业合作共同打造水利工程与管理、现代交通工程技术、建筑产业现代化施工与管理、智能装备制造、信息技术等 8 个特色专业群，专业体系更加完善，专业内涵质量明显提升，基本实现高职水利类专业的全覆盖，打造了以水利工程与管理专业群等为代表的一批在山东省乃至全国同类院校中发挥示范引领作用的特色品牌专业，形成了“水利特色、工科优势”专业群，为现代水利事业及区域经济发展提供了强大的人才支撑。学校构建了对接紧密、特色鲜明、动态调整的职业教育课程体系，建成省级精品课程 23 门、院级精品课程 51 门，课程标准 179 个，专业核心课程 86 门，以及 63 门精品资源共享课程。

（三）引进培养并重，强化师资力量

学校注重师资队伍建设，积极与行业企业开展紧密合作，引进和培养了一批在国内具有行业影响力的专业带头人和骨干教师，建成了由企业专家、技术骨干、能工巧匠等组成的高水平人才专家资源库，形成了结构合理、业务精良、师德高尚、富于创新、充满活力的“双师型”师资队伍。构建了适应国际化人才培养的教学团队。近三年，教师出国（境）研修45人，长期聘用外教11人。学校现有专任教师613人，其中具有副教授及以上高级专业技术职务的教师占35%，具有硕士及以上学位的占55.15%，专业教师中双师素质比例达73.74%。教师在全国信息化教学大赛等教师技能大赛中获得二等奖2项、三等奖2项；在山东省信息化教学大赛等教师技能大赛中，荣获一等奖7项、二等奖6项、三等奖9项。

（四）坚持质量为本，培养高素质人才

学校坚持将校企合作作为人才培养质量提升的关键路径，先后与中国水利水电第十三工程局有限公司、中铁十四局集体有限公司、日照港集团有限公司、山东五征集团、京东集团等知名大中型企业开展深度合作，构建了“专业共建、课程共担、教材共编、师资共训、基地共享、人才共育”的紧密型校企合作人才培养体系。以企业岗位能力、素质要求为目标，将企业的职业道德和职业精神融入课程的全过程，并在实训、实习中加强企业所需的能力模块学习。学校把教学、生产、服务、应用与职业教育有机结合起来，实现了校企合作机制和人才培养模式的协同创新，提升了人才培养质量，三次被山东省教育厅评为山东省校企合作一体化办学示范院校。学校面向山东、天津、河北、江苏、安徽、辽宁等20个省（自治区、直辖市）招生，新生报到率分别为93.1%、93.5%、92.3%，毕业生总体就业率分别为98.62%、98.81%、97.44%，毕业生获取职业技能资格证书比例达100%，位居全省高职院校前列。学生在全国高职院校职业技能大赛、全国水利职业院校技能大赛、山东省职业技能大赛等省级以上各级各类大赛中获特等奖45项、一等奖126项、二等奖135项、三等奖96项。

（五）科研提升产教融合，服务社会经济发展

学校始终坚持产学研用一体化战略，教师继承发扬了良好的科研传统，取得了丰硕的科研成果。其中，国家重大技术装备研制计划项目“大型渠道混凝土机械化衬砌成型技术与设备”获国家科技进步二等奖，研究成果在南水北调工程中得到了广泛运用，发挥了巨大的经济效益。近三年，学校教师先后承担以国家重点课题“黄河河口地区骨干生态河网构建与水生态修复技术研究”为代表的地厅级以上科研项目500余项，获奖200余项。学校坚持立足水利行业，服务地方经济社会发展，围绕技术技能积累、科技研发、人员培训、技术服务、技能鉴定、对口支援、社区服务，打造了立体化的社会服务体系，建成了山东水利技术传承创新中心。近三年，完成了全国水利行业专业培训、山东省水利局长培训、库区移民干部培训、农村劳动力转移培训等114386人次。开展了37个工种、16200人次的职业技能鉴定工作。“六环四十二步”培训模式，被中国水利教育协会作为全国水利职工教育研究成果宣传推广应用。近三年，先后完成建设项目水资源论证等60余项技术服务，与企业联合开展污水处理设备、水工机械等10余项新技术研发，共开展社会服务200余项，技术服务到款额1478万元，创造社会经济效益1.6亿元。

学校与中铁十四局签订现代学徒制培养协议

(六) 行业地位创立新高明，服务地方能力增强

学校是全国水利职业教育教学指导委员会副主任委员单位及现代水利管理分教指委主任委员单位、中国水利职教集团副理事长单位、中国水利教育协会职教分会副理事长单位和山东水利与测绘行业指导委员会常务副理事长单位。近年来，学校参与制定了教育部《高等职业院校水利工程专业仪器设备装备规范》和《中等职业学校农业与农村用水专业仪器设备装备规范》，主持制定了全国水利职业教育核心专业水利水电工程管理专业“两标准一方案”(人才培养标准、专业设置标准和人才培养方案)，主持起草了《职业院校水利类重点专业实习实训基地和骨干（特色）专业评选方案》，综合影响力位居全国水利行业高职院校前列，被水利部授予“全国水利行业技能人才培育突出贡献奖”。2017 年，学校牵头制定了“港口航道与治河工程”和“机电排灌”两个专业的国家专业教学标准，牵头开发了“工程测量技术”专业的国家高等职业教育教学指导方案。2018 年初，学校牵头实施了全国《水利行业人才需求与职业院校专业设置指导报告》的研制工作。学校主持编写了全国第一部水情教育读本《山东水情知识读本》，主持完成了《山东省“十三五”水情教育规划》，积极参与了山东省水网规划、黄河三角洲高效生态经济区研究、山东省数字水利重大项目推广等重大课题，为山东水利事业发展提供了强有力的智力支持。学校是山东省春季高考“土建专业类别”技能考试主考院校，连续五年承办了山东省春季高考“土建专业类别”技能考试；作为山东省水利与测绘职业教育专业建设指导委员会牵头单位，负责制定了水利工程、工程测量专业教学指导方案，承办了山东省职业院校技能大赛测绘测量赛项、全国职业院校技能大赛测绘测量赛山东选拔赛等多项重大赛事，发挥了示范引领作用。

(七) 加强院校合作，拓展国际交流

20 世纪 90 年代，学校就与日本、新加坡等国家开展了师生访学、文化交流等方面的

国际交流合作。近年来，与俄罗斯国立农业大学、马来西亚城市大学、韩国国际大学、中国台湾昆山科技大学和朝阳科技大学等 7 个国家或地区的 10 余所高校建立了长期稳固的友好合作关系，实施国际合作项目 9 项。其中，对俄合作项目成效尤为显著，学校与俄罗斯国立农业大学、俄罗斯伊万诺沃国立化工大学开展合作办学，中俄合作办学人才培养质量不断提升，派出的留学生实现了本科、硕士及博士全覆盖，培养了近 500 名通晓国际标准的国际化人才；与俄罗斯教育部合作建立了覆盖华东、华北地区唯一一家俄罗斯国家对外俄语水平考试（培训）中心。学校与中国水利水电第十三工程局有限公司密切合作，主动服务国家“一带一路”倡议，建设了“中水十三局国际化人才培养基地”。

（八）激发学生活力，丰富校园文化

学校因水而名，也因水而厚重，形成了具有鲜明水文化特色的校园文化。通过大力实施水文化育人工程，以具有水利特色的课程体系引导学生，以深厚的水文化熏陶学生、感染学生，促进学生德智体美劳全面发展，为学生终身发展奠定坚实基础，培育了一代又一代践行“献身、负责、求实”水利行业精神的水利人。充分发挥水文化的引领和辐射作用，传承和弘扬“忠诚、干净、担当，科学、求实、创新”的新时代水利精神，把校园文化与行业文化、社会文化相融合，成为省内一流的水文化研究推广基地、水文化培训教育基地。

（九）坚持立德树人，加强思想政治教育工作

学校以培育和践行社会主义核心价值观为主线，以提高大学生综合素质为目标，以特色校园文化活动为载体，打造了融课程体系育人、红色文化育人、心理健康育人、文化艺术育人和感恩特色育人“五位一体”的思想政治育人新平台，进一步推动了育人工作项目化管理和品牌化建设，提升了校园文化软实力，塑造了特色校园文化品牌。充分发挥思想政治课的主渠道作用，牢牢把握学生的思想脉搏和思想政治教育的主动权。拓宽德育工作渠道，微博、微信等新媒体建设取得新突破，正确引导了网络舆论氛围，积极促进了网络思政教育和线上德育工作的开展。2014 年，学校“实施德育成长认证工程”案例成功入选《山东省高等职业教育质量年度报告》。

四、典型案例

案例一：服务“一带一路”倡议，培养国际化人才

山东水利职业学院服务国家“一带一路”倡议，按照国际化技能型人才标准制定培养方案，实现“走出去”人才高级定制。与中国水利水电建设集团公司等大型企业合作，共建国际化人才培养基地。

1. 打破专业界限，定制课程体系

基于企业国际化战略对复合型人才的需求，以专业技能、外语能力、企业基层管理能力为核心，打破不同专业界限，突破传统课程壁垒，整合水利、建筑、机电等专业优质资源，实现课程体系与岗位能力的精准对接。

2. 打造专家团队，定制职业导师

聘请国内外行业企业技术专家和能工巧匠 30 余人，组建了高水平专兼结合教学团队，

承担相应专业课程教学任务。根据学生自身特点配备职业导师，实行一对一个性化职业能力培养。

3. 搭建实践平台，定制轮岗实训

校企双方共同组织学生参与武汉地铁、重庆梁忠高速公路、武汉南国雄楚广场等国家大型项目建设，学生在轮岗实训过程中，掌握了国际先进的工艺流程、技术标准和管理方法，为出国就业积累了丰富的实践经验。

聘请国外技术专家组建教学团队

2013 年以来，先后有 80 余名毕业生赴巴基斯坦、印度尼西亚、阿尔及利亚、刚果（布）等国家，从事水电、道桥、房建等领域工作，有力推动了当地基础设施和民生工程建设，极大促进了当地经济发展，毕业生逐步成长为企业国际化战略发展的有力践行者和推动者。

4. 与俄罗斯高校合作，培养具有国际视野的高端人才

学校与俄罗斯教育部合作建立了覆盖华东、华北地区唯一一家俄罗斯国家对外俄语水平考试认证考试（培训）中心，先后联合培养了 500 余名通晓国际标准的国际化人才。

在俄罗斯合作院校的留学生

案例二：紧贴产业升级，产教融合协同育人

山东水利职业学院根据国家区域发展战略和产业布局的需求，积极推进“产教融合、校企一体”的人才培养模式，紧贴新兴产业需求，建立以需求为导向的人才培养机制，大力发展新一代信息技术、高端装备等产业急需紧缺的学科专业，全面创新课程、机制、学科等教育要素，培养适应产业需求的高质量人才，实现教育和产业的统筹融合、良性互动。

学校响应国家互联网、云计算等战略新兴产业的需要，与慧科集团合作共建“山东水利职业学院互联网＋学院”，与中国电子科技集团公司第五十五研究所合作共建“云计算技术与应用专业人才培养创新创业基地”，开展科研创新、云计算对外服务等项目合作。此外，学校还与京东共建“京东校园实训中心”，将职场化环境植入课堂，将行业标准植入课程，将虚拟教学变成上岗实操，实现了教学与工作在技术上和环境上的接轨，进而实现企业与学校资源共享、企业实务与教学的深度融合。

学校搭建“行业领先企业＋高校＋中小企业群”的产教融合发展平台，牵头成立日照市科技合作促进会，与山东利丰机械有限公司等企业共同建立了“日照市水工机械工程技术研究中心”“山东水利职业学院轻工机械研究所”“山东水利职业学院曲阜恒威水工机械研发中心”等多个产教融合平台，充分发挥学校在水利、机电等方面的人才和技术优势，服务行业和区域经济，为当地中小微企业的技术研发、产品升级提供支持。

京东校园实训中心

学校积极开办专业产业，把产业与教学密切结合，引企入教，引企入研，吸纳引入优秀企业参与学院的人才培养过程，引导企业参与协同科技创新，提升校企协同科技创新的深度和维度。学校与北京韦加无人机科技股份有限公司共同组建“韦加无人机工程学院”，与山东智筑侠信息科技有限公司合作成立了智筑侠学院，校企双方共同参与专业方向的建设，充分利用行业、企业资源和学院教学条件，重构培养目标、修订课程体系、完善教学过程、创新教学手段。

牵头成立日照市科技合作促进会

韦加无人机工程学院实践教学

站在高等职业教育的角度，山东水利职业学院积极探索产教融合人才培养模式和融合发展机制的创新，为新兴产业和区域经济的增长提供人才和智力支撑，走出了一条独具特色的产教融合体系化运作之路。

砥砺奋进不忘初心　职业教育再谱新篇

——山西水利职业技术学院

一、综述

山西水利职业技术学院的前身是始建于1956年的山西省水利学校和始建于1984年的山西省水利职工大学，2002年4月经山西省人民政府批准合并组建全日制公办高等院校，常年在校生8000余人。

学院隶属于山西省水利厅，分别在太原和运城两地办学，形成“一院两地三校区”的办学格局。主校区位于山西省运城市盐湖区安邑水库湖心岛上的魏豹城遗址，小店校区位于太原市小店区汾东教育园区，胜利桥校区位于太原市胜利桥西，总占地面积41.53hm²。

学院以高职教育为主，兼办中职教育、成人教育和行业培训，试办本科教育，设有水利、建筑、信息、测绘、机电等九系四部，开设七大专业群共34个专业。其中，水利工程专业被确定为省级教学改革试点专业、省级特色建设专业和全国水利职业教育骨干专业；水利水电建筑工程专业被确定为全国水利职业教育示范专业、中央财政支持建设专业和省级特色建设专业；工程测量技术专业被确定为省级特色建设专业；工程造价专业被确定为全国水利职业教育特色专业，水利工程制图、水利工程测量和节水灌溉技术等8门课程为省级精品课程。

学院专任教师共299人，其中教授3人，副教授78人，具有双师素质的教师101人，博士学位教师8人，硕士学位教师194人，国家级、省级教学名师12人。同时聘用行业企业专家和技术骨干115人，形成一支基础理论扎实，专业技能精湛，适应人才培养要求的“双师素质、双师结构”的优质教师团队。

学院基础设施完善，其中教学行政用房面积87610m²，院内实验实训场所面积22717m²，固定资产总值1.88余亿元，教学仪器设备总值5005.49余万元；建有标准塑胶田径场、游泳池、篮球场和地掷球场，可以满足体育教学和全院师生强身健体的需要；现代化设施的图书馆面积2797m²，馆藏图书文献43.5万册（套）（含10万册电子图书）；拥有8个校内实训基地和142个校外实训基地，在节水化校园建设、城市与农业节水示范建设以及校内生产性实训基地建设方面取得了显著成效，生产性节水灌溉技术实训场、水利综合实训基地和水利建筑施工技术实训场，被确定为山西省示范性实训基地。

学院围绕“产教融合、校企合作、工学结合、知行合一”的现代职教办学理念，秉承“上善若水、敦学笃行”的校训，坚持“立足高职、瞄准岗位、强化技能、突出特色”的办学定位，发扬“献身、负责、求实”的水利精神，在上级部门的正确领导和关心支持下，办学条件不断改善，办学实力不断提升，屡获山西省、水利部及各级党委、政府表彰。学院被山西省人才培养工作水平评估委员会评为优秀院校，水利部确定为部级示范院校，山西省教育厅确定为省级示范院校，国家发展改革委确定为全国“十三五”职业教育产教融合工程规划项目建设院校，山西省教育厅确定为“山西省优质高职院校”建设单位，水利部确定为“全国优质水利高职院校”建设单位。

主校区鸟瞰

二、发展历程

（一）调整发展期（1978—1984 年）

学校为全日制中专学校，面向全省高中学历招生，学制三年。1983 年起择优招收初中学历毕业生，学制四年，高中后三年制停招。相继开设了农田水利工程、水利工程建筑、陆地水文、地下水开发与利用、水土保持等涉水专业；1981 年山西省水利干部学校在省城太原成立，面向全省水利系统各级干部和技术骨干进行在职培训；1984 年在山西省水利干部学校的基础上成立山西省水利职工大学。

（二）探索完善期（1985—1998 年）

学校励精图治，争先创优，适应地方水利事业发展需求，增设了水利工程、水利工程运行与维护、机电排灌、水政水资源、水利经济管理、水利工程管理、计算机应用和财会与计算机等专业。1989 年被省教委评为“职业教育先进集体”，1991—1992 年间成功创建省部级重点中专。1993 年获“全国水利职工教育工作先进单位”。1997 年获首批省级文明学校。

（三）升格发展期（1999—2002 年）

学校抓住中专学校升格高职教育的有利契机，2000 年成功创建了省级德育示范学校，并成为山西省首批国家级重点中等职业学校，同年开始初中学历“3＋2”高职教育。2002 年 4 月，经山西省政府批准，山西省水利职工大学与山西省水利学校合并组建山西水利职业技术学院，设有水利工程系、建筑工程系、信息工程系、管理工程系和基础部、培训部、成教部、中职部，招收高中后三年制高职、初中后五年制高职、初中后三年制中专、成人大专和函授教育五个生源类型，设水利、建筑、测绘、给排水、自动化、计算机类等18个专业。在国家大力发展高等职业教育的机遇中，实现了中等职业教育向高等职业教育办学层次的攀升。

（四）转型跨越期（2002年至今）

升格后的学院，按照现代职业教育理念，一年一个新台阶，实现由外及里的中专教育向高职教育的转型内涵发展。2006年荣获“省直文明单位”；2007年荣获“人才培养工作水平评估优秀院校”，同年并获“山西省高校思想政治教育先进集体”；2008年荣获“山西省文明和谐单位”。“十二五”以来，学院党委狠抓内涵建设，突出特色办学，积极发挥示范引领作用，各项事业持续、健康、快速发展：2012年，评建为“水利部首批示范院校”，确立了学院在全国水利高等职业教育中的领先地位，为学院的持续健康发展搭建了新的平台；2014年，评建为“省级示范院校”，有效地构建了“2＋1”人才培养模式，为职业教育树立起产教融合、校企合作的办学样板；2016年，获批“全国‘十三五’职业教育产教融合工程规划项目院校”，凸显学院内涵发展、特色办学的示范引领作用，为学院进一步跨越式发展奠定了坚实基础；2017年，学院入驻位于太原小店汾东教育园区的新校区，形成“一院两地三校区”办学格局；2018年，成功申报了“创建山西省优质高职院校、全国优质水利高职院校”，为学院教育教学改革跨越式发展，确立了明确的努力方向。

三、教育成效

（一）创新机制体制，增强办学活力

学院不断完善内部管理体制和运行机制，建立和完善现代高职教育和治理体系，全面提升治理能力和水平。以《山西水利职业技术学院章程》为准绳，坚持依法治校，以“党委领导，院长负责，专家治学，民主管理，社会参与”为基本准则，建立健全了一院两地三校区、院系二级管理制度和系部党政联席会议制度，坚持教职工代表大会制度。以需求为导向，调整行政职能部门，优化教学单位。强化绩效考核，建立以德为先、优绩优酬、激励先进、促进发展的考核评价机制。

（二）完善学科体系，加强专业建设

近年来，结合国家“互联网＋”“中国制造2025”的发展战略，以及经济发展对专业人才的需求，学院不断完善学科体系，加强专业建设，相继增设了电气自动化技术、机电一体化技术、物联网应用技术、测绘地理信息、工业机器人、金融管理、建筑装饰工程技术、市场营销等多个新专业。同时，按照关联性原则，构建重点和特色学科专业群，提高建设效益，发挥骨干专业的示范带动作用，目前共开设七大专业群共34个专业，并完成人才培养方案。特别是加大了学科专业宏观调控力度，根据人才需求调研情况及时对专业设置和人才培养方案进行调整，健全学科专业反馈、评估机制，邀请企业专家对重点专业人才培养方案进行论证，及时对专业建设方案进行动态调整。2017年又优化设置了31个教研室，有力推进专业建设创新改革发展。成立了学院教学质量办，积极推进教学诊改，进一步强化教学质量监督管理。目前，学院已建成省部级重点或特色专业8个，并对省级

以上的重点、特色专业给予1∶1的配套经费支持；已出版国家级规划教材8部，行业规划教材41部，院级自编教材9部，有7部教材被评为水利职业教育优秀教材；已建成8门省级精品课程和资源共享课程，26门院级精品课程，32门院级优质课程。

（三）适应新形势，强化专业新特色

根据国务院办公厅关于全面推行河长制湖长制的意见精神，我院利用人才优势和专业资源，组织教师积极参与到河湖长制有关知识学习和应用推广，积极探索河长制教育新途径，部分教师参加了全国性河湖长制相关知识的培训，将河湖长制的内容写进水利专业课的教材中，组织师生开展河湖长制知识竞赛，编写河湖长制培训教材，制作河湖长制教学数字资源，并荣获第四届水利行业数字资源大赛“三等奖”；组织教师积极参加《一河一策方案编制》，提高教师的社会服务能力。

（四）引进培养并重，强化师资力量

学院坚持师德为先，强化质量意识，完善制度保障，进一步激发教师教书育人的积极性、主动性，营造优良的教师成长发展环境和干事创业氛围。目前有6位教师正在攻读博士学位，已取得硕士学位的教师有194人，占专任教师的63%。此外，学院还专门制定了“双师型”教师的认定与培养办法，目前已培养或引进“双师型”教师101人，占专任教师的33.78%。现有中国职业教育教学名师1人，全国水利职教名师4人，山西省高职院校“双师型”教学名师3人、山西省“双师型”优秀教师4人。取得一级建造师、结构工程师、监理工程师等执业资格证书的教师30余人。从企事业单位聘请兼职教师115人及技能导师2人担任客座教授。

（五）坚持质量为本，培养高素质人才

我院始终重视人才培养质量。2002年学院升格伊始就成立了教学督导室，有效的开展教学督导工作。2017年，成立学院质量管理办公室，组建由16名教师组成的专兼结合的教学质量诊改团队，初步建立了学院质量保证体系框架，引入深圳职院“高校教学质量综合测评与诊断系统V3.0”，试行教师教学质量综合评价，探索“专业、课程、教师、学生”等教学要素的深层次诊改，形成了我院自主保证人才培养的质量保障体系。

（六）紧跟时代步伐，打造智慧校园

学院校园网系统始建于1999年，历经三次扩建升级，已初步形成了覆盖全校、特色鲜明、运行稳定、功能丰富、安全可靠的网络体系。自“十二五”以来，学校先后投入1000余万元，全力打造“互联网＋”环境下的智能化、现代化校园，完成了一卡通系统、校园广播系统、网络升级改造、应用服务系统、视频会议系统、安防监控系统、无线网络工程等建设工程。2017年成立了山西省职业院校移动云教学大数据研究中心运城分中心，购买了“移动云教学大数据管理平台技术服务”，有力地推动了学院信息化建设工程。教师通过手机“蓝墨云班课”“云智慧职教”教学软件组建教学班级，完成学生签到、问卷调查、答疑讨论、头脑风暴、资源共享、小组作业、测试评价等功能，推进教学改革，创新理念和教学手段，提升教学质量，充分发挥育人功效。

（七）创造办学条件，提升院校能力

学院坚持以教学为核心，优先保障教学条件建设。目前学院占地面积41.53hm^2，固定资产总值超过1.88亿元，教学仪器设备总值5005余万元。学院建有标准塑胶田径场、

游泳池、篮球场和地掷球场等体育设施。具有现代化设施的图书馆面积 2797m²，馆藏图书文献 43.5 万册（套）（含 10 万册电子图书）。学院共有 8 个校内实训基地和 142 个校外实训基地，在节水化校园建设、城市与农业节水示范建设以及校内生产性实训基地建设方面，取得了显著成效。生产性节水灌溉技术实训场、水利综合实训基地、工程测量实训基地和水利建筑施工技术实训场等 8 个实训基地，被确定为山西省示范性实训基地，成为地方农业水利建设的示范基地。

水利综合实训场

（八）推进产教融合，强化校企合作

2014 年学院成立校企合作委员会，充分发掘和利用企业和社会资源，对各个专业人才培养方案、课程体系、实践教学、学生全面素质与职业技能等内容进行充分论证，建立了学校与行业企业合作进行专业人才培养的机制，通过校企共建校外实训基地、共同开发课程、联合办学等形式，实现合作育人、合作就业、合作发展。近年来，共建校外实训基地 66 个，签订合作办学企业 14 家。

水利工地生产实习

（九）加强院校合作，拓展国际交流

2015年以来，俄罗斯符拉迪沃斯托克国立经济与服务大学国际交流首席执行官，美洲中国工程师学会全国总会（CIE－USA）专家印向涛博士、陈锦江博士先后来我院开展学术访问及交流。我院一名教师赴美国鲍尔州立大学（Ball State University）进行访学，与北京汉唐知本教育科技有限公司签订《山西水利职业技术学院CCEDA中外合作专业校企联合办学合作框架协议》，使我院国际交流与合作有了良好的开端。

（十）激发学生活力，丰富校园文化

自建校以来，始终坚持传承和发扬优秀的水文化，在以水利专业建设为龙头，打造水文化的基础上，开展了水资源、水利工程、水情的社会调查活动，沿黄徒步行活动，增强了学生学水利、爱水利和献身水利的责任意识；开展了"知水、爱水、节水、惜水"世界水日、中国水周宣传活动、"水之魂""水利情，中国梦"征文比赛、"水利精神代代传"演讲比赛、"保护生态环境、建设美好家园"签名活动，水事纠纷模拟法庭控辩，成立了"水之魂"鼓乐团、"水之梦"合唱团、书韵水香读书社、春柳剪纸社等高职校园文化精品社团；"晋水篮球""善水冬泳"已成为学院的标志文化名片，坚持一月一次周末文化广场主题活动，培养师生崇尚水利精神，增强学习专业知识，造福社会的信心，培育了师生员工"水润万物的奉献精神、水流不息的敬业精神、水滴石穿的进取精神、水乳交融的团队精神"和"献身、负责、求实"的水利精神，推进了学院特色发展。

（十一）以党建统领高校思想政治工作

1956年建校以来，学院的党组织形式由最初的党支部，到1959年9月成立党总支，再到1980年学校设立基层党委，学院党组织形式逐步完善，党建工作扎实开展。2002年4月，组建山西水利职业技术学院，我院正式步入高等职业教育行列。学院党委班子带领全院党员干部，坚持党要管党，从严治党，全面加强党的建设，坚持把思想作风建设和思想政治教育放在首位，坚持党委中心组学习制度、民主生活会制度、三会一课制度、谈心谈话制度等。近年来，学院坚持党委领导下的院长负责制，充分发挥党委在深化综合改革、学院全面发展中的领导核心作用。党委决定重大问题、监督重大决议执行、保证以人才培养为中心的各项任务完成，特别是在全面落实"两个责任"、强化"四个意识"、推动依法治校等方面积累了宝贵经验，进一步健全和落实了基层党建工作主体责任，切实提高了党建工作水平。

学院党委全面贯彻党的教育方针，牢牢把握意识形态主阵地，坚持以党建为引领，全面加强师生思想政治教育工作。

教职工教育方面：坚持政治理论学习，开展各种形式的师德师风教育，不断完善师德考评制度和师德承诺报告制，将师德表现和思想政治教育成效纳入教职工绩效考核。通过丰富多彩的教职工文体活动、教学竞赛活动、职业技能竞赛活动，激发教职工的敬业精神和团队意识，涌现出一批优秀教师、教学新星、教学名师。

学生思想教育方面：依托教师队伍、思想政治工作队伍和党务干部队伍，形成了以思政课为引领，文化课为基础，实践课为平台，社团活动为载体的大思政格局。围绕学生"三观"教育开展党课、团课教育、第二课堂、社会实践、技能竞赛、校园艺术节和周末文化广场等活动，把思想政治教育融入到教育教学全过程。通过实践育人、网络育人、心

理育人、文化育人，学生思政教育突破“水”文化特色，取得了一定的成绩。学院被省教育厅授予“学生思想政治教育先进集体”，被省直文明委授予“文明单位标兵”。

四、典型案例

案例一：弘扬传统文化，突出行业文化，构建特色鲜明的文化校园

校园文化活动是高校加强学习思想政治教育、提高学生素质、以文化人的重要途径，学校的做法是：突出专业地域特色，突出核心价值引领，突出传统文化渗透，不断加强学生社团建设，着力开展行业文化、传统文化、社会主义核心价值观等特色鲜明的校园文化活动，全面提高学生综合素质。

1. 加强学生社团建设，夯实校园文化活动载体

目前，我院活跃着浪花快板宣传队、春柳剪纸社、舞蹈协会、吉他协会、笛子协会、国标舞协会等 36 个学生社团，其中，文艺和表演类社团 7 个，专业与学术科技型社团 12 个，社会实践与公益社团 6 个，运动与竞技类社团 11 个。另外还有团支部书记联谊会、组织委员联谊会、宣传委员联谊会等 3 个特殊社团。经过多年的努力，我院涌现出一批特色鲜明，在社会上有一定影响力的学生社团。其中，浪花快板宣传队，获团省委授予的“省级青年文明号”和“山西省大学生优秀学生社团”荣誉称号，春柳剪纸社创作的“八荣八耻”剪纸作品在省委大楼和山西省第一届高职院校大学生文艺汇演现场展出，其他作品被新华网、山西日报、黄河晨报等媒体报道，产生了积极的社会影响力。社团数量的持续增加，内容形式的丰富多彩，吸引在校 85%以上的同学参加了社团活动，极大地丰富了学生的文化生活，促进了专业学习，展示了学生个性，培养了学生团队精神和协作精神。

文艺和表演类社团在“迎新生　庆国庆”文艺晚会上的精彩演出

2. 挖掘充实水文化内涵，让校园文化活动突出“水文化”特色

作为一所以水命名的高职院校，我院以水为师，以水为魂，打造“水文化”特色鲜明的校园文化活动。建设了绿水环绕、水文化突出的系列水建筑校园，开展了“知水、爱水、节水”“世界水日”“中国水周”系列宣传活动，“水之魂”征文比赛，“水利精神代代传”演讲比赛，“保护生态环境、建设美好家园”签名活动，培养了学生崇尚水利品格，知感恩，学做人，学现代水利人的“献身、负责、求实”的行业精神。

在水文化校园的氛围中，学院精心打造特色品牌冬泳队。目前，学院游泳池已经改造发展成为运城市一个安全、专业、卫生特色鲜明的冬泳基地。历经三十年，师生队员累计达到3500余人次，辐射带动学院驻地350余人次加入冬泳活动，在学院驻地及全国各地享有良好声誉。2002年参加山西省首届冬泳比赛获第六名，2005年运城市赠予“小泳池大天地”奖牌，2008年参加山西省汾酒集团冬泳表演，2017年“山西水院冬泳队”组队参加横渡马六甲海峡、琼州海峡活动，在与全国及世界选手的竞技中均获得了前十名好成绩，成为我院的一张响亮名片。

3. 充分发掘驻地文化，让校园文化活动彰显“传统文化”特色

我院地处河东运城、驻魏豹古城遗址，得中华民族发祥源头之熏。多年来，我院挖掘“关公忠义文化”，构建诚信校园文化；传承“舜帝德孝文化”，加强德育与感恩教育；弘扬“大禹治水文化”，培育当代“大禹”工匠精神；引进“绛州鼓乐文化”，展现鼓与舞的力量之美；继承“民俗剪纸文化”，培养学生细致入微的职业精神。我院报送的“传承剪纸艺术，展现文明风采”作品，荣获第三届全国水利职业院校校园文化建设优秀成果奖。同时，围绕驻地传统文化，在万荣李家大院、垣曲中条山抗战纪念馆、运城烈士陵园、运城禹都法庭建立了校外实践活动教学基地，深入开展中华优秀传统文化、革命文化教育活动。开展了多次以传统文化为主要内容的道德讲堂，让校园文化活动彰显“传统文化”特色。

案例二：精描巧绘琢人生，圃绿花艳晚霞红

——山西水利职业技术学院教师樊振旺先进事迹

樊振旺，1956年10月出生，山西省临猗县人，河海大学毕业，高级职称，国家一级美术师，曾任我院中职部主任，中国工程图学会会员、中国水利学会会员；1976年参加工作，至今一直奋斗在职业教育第一线。执教四十年如一日，他为水利职业技术教育倾注身心，在教书育人、教学科研、教材建设等方面做出了突出贡献。

1. 为人表率，以师德育人

樊振旺说：“关爱学生就是要尊重学生、要呵护学生、要对学生负责”。他用“关爱的态度”关爱每一位学生。他坚持立德树人，把学生思想道德教育贯穿到教学全过程。面对学生在学习和生活习惯上的欠缺，他认为，要尊重学生人格、理解与宽容优先，保护学生自尊心和自信心，对学生的批评教育做到有理有节有度。对有些学生因学习成绩不理想被人冷遇甚至被边缘化的情况，他坚持用爱滋润学生的心田，赢得学生的信赖。他被水利部评为职教优秀教师，在全省教师“德育渗透教学大赛”中获得二等奖，授予“德育渗透教学能手”称号，撰写的论文《水利工程制图课程中渗透德育的尝试》获全国水利职业技术教育协会德育研究年会优秀论文奖，2003年被山西省政府评为“五一”劳动模范，荣立三等功。

2. 热爱事业，教学成绩突出

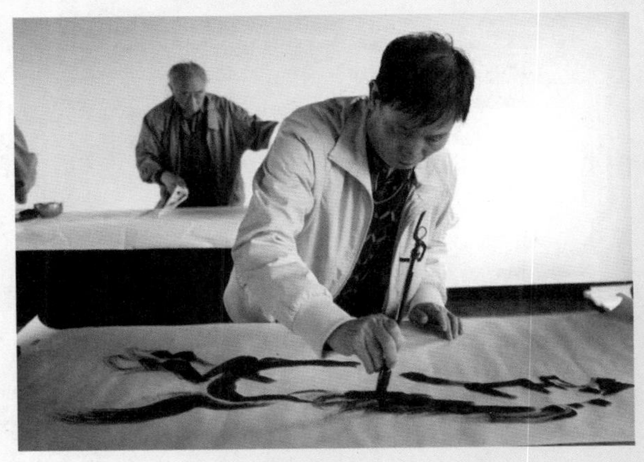

樊振旺老师现场画马

热爱职教、勤恳敬业、甘为人梯、乐于奉献，这是樊振旺对教学工作的基本准则。认真备课、严谨教学、加强实训、注重效果，这是他教学的基本原则。精讲多练、讲练结合、现场观摩、实地教学，这是他教学的一贯作风。上课演练、课后比赛、模拟实战、优胜劣汰，这是他教学的基本规则。

在教学上，他担任制图教学，每学年担任的教学工作不低于 9 个教学班，每学年总学时在 500 学时以上。他的教案多次被评为优秀教案，课堂教学多次被观摩。在课程改革上，他反复研究论证，修改完善学院中职部各专业教学计划。他以制图课程的改革和建设为龙头，建立了专门的制图实训室，使制图课做到了“教、学、做一体化”，带动了兄弟院校制图课程及其他课程的改革建设。同时，他根据社会需求，对学生实行针对性的模块化教学和岗前培训，提高了学生的职业技能。在社会服务方面，以制图和测量为主线，为学院驻地多个单位培训 570 余人次，经常参与山西省地矿局测绘院的绘图工作和技术交流，一直被聘为山西省运城市电力设计室制图指导老师，受到了企业和社会的一致好评。他带领学生设计了《夹马口灌区渠系防渗工程设计》，为节水灌溉作出了突出成绩，受到了临猗县政府的表彰；他连续 4 年担任全国水利工程 CAD 大赛专家组组长，连续 11 年指导学生参加大赛，荣获多个一等奖和特等奖，并获优秀指导教师奖。

3. 潜心钻研，科研成果显著

樊振旺潜心钻研业务，认真开展研究，先后主编的绘图制图方面教材有 12 部。2008 年作为主要负责人把《水利工程制图》建设成为省级精品课程。多年来一直与兄弟院校进行教学经验交流，联合编写适应中职教育的制图课统编教材，在全省甚至全国同行业院校中具有一定的影响力。他先后撰写了多篇论文，其中《水库入库水量分级预报的神经网络建模及应用》2003 年获国际优秀论文奖。

4. 屡获殊荣，德艺双馨树楷模

樊振旺爱好广泛，尤其喜欢画马，寥寥几笔，一匹自由奔放、充满活力的骏马便跃然纸上。他将画马的技艺与对制图课程的钻研结合起来，在他的眼里，制图与书画相辅相成，互相促进，同样的热爱，同样的钻研，让他在育人和绘画上取得了双丰收。他的绘画作品在全国书画展中多次获得金奖，曾被国内外许多博物馆收藏。他先后荣获“百名中国时代新闻人物奖”“共和国书画艺术名家杰出成就奖”，被授予“山西省首届职业教育教学名师”“首届中国职业院校教学名师”“中国爱国书画艺术名家”“中国著名书画家”“德艺双馨艺术大师”“中国载人航天艺术成就杰出贡献艺术家”“中国国宾礼艺术家”“2014 北京 APEC 峰会最具影响力的书画名家”“改革开放 40 周年最具影响力的书画名家”等荣誉称号。

四十载弹指一挥　奋进路桃李满天

——四川水利职业技术学院

一、学院综述

四川水利职业技术学院创立于1956年，因水而起，依堰而兴，前身是四川省灌县水利学校，2003年4月经四川省人民政府批准升格为全日制普通高等学校，隶属四川省水利厅和四川省教育厅领导。建校以来，学院在水利部的亲切关怀和四川省委省政府的坚强领导下，秉承都江堰2200多年深厚的水文化积淀，恪守“禹脉传承，厚德励志”校训，立足四川、面向西部、依托水利、服务社会，牢记建校使命，坚持为国育才，培养了以清华大学博士生导师王兴奎教授等为代表的近七万名技术骨干和管理中坚力量，为我国，特别是四川水利水电事业发展做出了重大贡献，被誉为四川水利“黄埔军校”。

经过60余年的发展，学院现有占地面积854.3亩，建有都江堰老校区、双合生产性实训校区和灾后重建羊马新校区三个校区，建筑面积26万余m^2，藏书量60余万册，教学仪器设备总值近1亿元，资产总值近8亿元。现有在校全日制学生11000余人，开办专业涵盖水利、水电、水产、建筑、测绘、地质、资源环境等行业，其中，省级精品专业1个、省级示范性专业5个、水利部示范专业8个、省级重点专业3个，形成了以工科专业为主，综合类专业和边缘学科并行，省部级重点专业为骨干、院级重点专业为基础的专业建设体系。学院专任教师中有副高级以上职称152人，其中，国务院政府津贴获得者、四川省青年学术带头人、全国水利职业院校专业带头人、全国水利职教名师6人。

60年弹指一挥间，奋斗岁月与光辉历程历历在目。50年代，自力更生建校舍；60年代，坚守工地一线育人才；70年代，工学结合，学院师生自行设计、自行勘测、自行施工建设了新中国成立后四川的第一座大型引蓄灌溉工程——仁寿黑龙滩水库，总库容达3.6亿m^3，发展校办工厂。80年代，创建国家级重点中专；90年代，自建教学科研电站、勘测设计院、工程建设监理公司。2008年“5·12”汶川特大地震，学院遭受重大人员伤亡和财产损失，国家水利部关心学院，全国水利行业鼎力支持，帮助学院走过震后最为艰难的岁月。2011年，学院灾后重建新校区全面建成。学院自2003年起连续多年保持省级文明单位称号，先后获得全国工人先锋号、全国水利抗震救灾先进集体、全国水利系统模范职工之家、全省高校先进基层党组织、四川省直机关共产党员示范集体等荣誉称号。2014年和2015年全面建成全国水利行业示范性高职院校和四川省示范性高职院校，荣膺全国水利文明单位、四川省文明校园和四川省五四红旗团委，入选全国高等职业院校服务贡献50强，并于2017年成功创建全国水利优质高职院校和四川省优质高职院校，一跃进入全国水利职业院校和四川职业院校先进行列。

源头活水——1978年，改革开放初期的四川水利职业技术学院（前身为四川省水利电力学校）

二、发展历程

（一）重心转移

1978年12月，党的十一届三中全会召开，全国各行各业进入了改革开放的新时期。学院全面拨乱反正，推动以教学为中心，恢复、稳定正常的教学秩序，加强基础，培养能力，全面提高教学质量。1980年11月5日，经教育部批准，学校被确定为全国重点中专学校。1992年，学院立足服务行业发展，成立了水电工程勘测设计院、监理公司等经济实体，开展勘察设计服务，每年为学院创收数百万元。1992—1994年，学院在国家水利部的关心支持下，贷款1800余万元，师生自行设计，用两年时间建设了3×1250kW教学科研电厂，并以此为基础，征地200亩，将机械实习工厂迁建，形成了校企合一、产学研紧密结合的校内实训基地。

（二）困局突围

1998年开始，国家取消了中专学校学生计划分配，改为面向市场自主择业。学院生源急剧下滑，在校生规模从原来的近4000人下滑到不足2000人，一度面临无生可招的窘境。面对困境，学院积极作为，一方面突出学校在四川水利大省建设进程中的人才培养优势，积极争取水利部和省委省政府支持，申请创办高职院校；另一方面抓住国家试点五年制大专的机遇，与四川农业大学合作联办五年制专科层次学历教育，加挂四川农业大学水电学院，于2000年将办学规模扩大到3000人，渡过难关。

2003年4月25日，通过全校师生员工的共同努力与奋斗，省政府批文同意四川省水利电力学校升格为“四川水利职业技术学院”，翻开学院发展新的一页。学院以升格高职为契机，新修建教学楼、学生宿舍，合并四川省水电技工学校，租用南校区，截至2007年，学院在校生规模已经达到6000人，与2003年相比增长了一倍。

（三）逆境求生

2008年5月12日，我国四川汶川地区发生8.0级特大地震灾害，学院损失惨重，共有24人遇难，绝大部分教学楼、实验楼、学生及教工宿舍、办公楼严重损毁，直接经济损失约3.5亿元，是受灾最重的高校之一。危难时刻，各级领导和社会各界给学院以极大的支持和帮助。各级领导多次来学院视察指导，全国水利院校、兄弟单位、历届校友和一些国际友人慷慨解囊，伸出援助之手，奉献关爱之心，帮助学院渡过了震后最为艰难的岁月。2008年9月，学院全面启动灾后重建工作，时任省政府副省长黄彦蓉两次对学院灾后重建工作作出重要批示。灾后于2010年7月23日起正式动工重建新校区，历时一年全面建成。新校区占地面积553亩，新建有2栋教学楼、4栋实验楼、行政楼、食堂、活动中心、体育馆、礼堂，以及8栋学生宿舍和1个400m标准田径场，硬件基础设施一跃进入全国职业院校先进行列。

（四）再续辉煌

2012年，学院成功申创全国水利示范高职院校和四川省示范高职院校。2015年和2017年，学院分别荣膺全国水利文明单位、四川省文明校园和四川省五四红旗团委，成功入选全国高等职业院校服务贡献50强。2016年、2017年，学院以完美表现成功举办了建校六十周年校庆和全国水利职业院校技能大赛等重大活动，赢得与会领导、兄弟院校、来访嘉宾和社会各界的一致好评。

历时一年全面建成新校区，展现了新时代四川水院的风采

三、教育成就

（一）党的建设方面

学院积极推进从严治党，出台《加强和改进思想政治工作实施方案》《党员积分制管

理试点工作推进方案》和《“两学一做”学习教育常态化实施方案》，以及《党建工作考核办法》《党风廉政建设考核办法》《支部规范化建设标准》等基础性制度规范，建成12个支部规范化活动室和23个党员学习阵地，强化责任前置和监督考核，开展党建专项督查，抓规范，抓标准，抓考核，抓落实，干部职工的精神面貌和工作作风有了切实转变。

（二）人才培养方面

学院联合行业企业，组建了四川水利职教集团、四川水利职教大校园和四川水利人才教育基地，共建成省级精品课程8门、省级精品资源共享课3门，全面建成2个央财支持建设实训基地和114个实训场于一体的“实践育人中心”。成功申报全国水利行业高技能人才培养基地，被列为四川省首批现代学徒制试点院校，教师获得全国信息化教学设计大赛一等奖，学生参加技能大赛获得国家级省级奖项529人次。学生积极投身创新创业，创办了银量测绘有限公司、成都名阳科技有限公司等企业，吸纳就业数百人，招生第一志愿上线率、新生报到率、毕业生就业率、就业岗位对口率连续多年名列四川高职院校前列，涌现出以四川省能投集团董事长张志远、四川省“五一”劳动奖章获得者曾绍元、优秀西部志愿者闫国安等为代表的优秀毕业生，人才培养得到社会的高度认可。

学院现已建成省级精品专业1个、省级示范性专业5个、水利部示范专业8个、省级重点专业3个、央财支持“提升专业服务产业发展能力”项目2个。拥有专任教师477人，专任教师中高级职称教师比例为29%，具有研究生学历或博士、硕士学位教师200人；国务院政府津贴获得者、四川省青年学术带头人、全国水利职业院校专业带头人、全国水利职教名师6人；近几年，教师参加国家级竞赛获一等奖1项，省部级特等奖1项，一等奖13项；教师参与项目获四川省“四优”设计一等奖2项。

为实现教育教学信息化，学院接入互联网带宽4.0Gbps，实现校园WiFi无线网络全覆盖。2016年，朱自强老师代表四川省参加全国职业院校信息化教学大赛荣获一等奖，并作为全国高职院校代表在闭幕式现场做汇报展示；获四川省信息化教学大赛一等奖2项、二等奖1项、三等奖1项，学院获2016年优秀组织奖（全省共5所）。2017年1月，北京蓝墨云教学大数据研究院在学院成立“成都市高职院校移动云教学大数据研究中心”，将移动教学平台“蓝墨云班”全面引入课堂教学。2017年7月，当选为全国高职高专云教学联盟副理事长单位。

（三）科学研究方面

学院发起成立四川水利创新发展研究院，搭建四川省水利学会、成都水生态文明建设研究重点基地、四川省水利技术科研实训基地、蜀水文化研究培训基地等科研平台，增设四川省一级学术刊物《四川水利》杂志第二编辑部。学院教师参与10项国家自然科学基金项目和国家级教学资源库的课题研究工作，申报实用新型和发明专利10项，联合申报省级以上科研课题50余项，主持承担教育部高等学校哲学社会科学繁荣计划项目1项，主持或参与了《四川教育“十三五”发展规划》《四川水利人才队伍建设“十三五”规划》《四川水利系统廉政文化指导意见》《甘孜州水利人才队伍建设“十三五”规划》的起草编制工作，联合行业企业开展横向科研合作，50项学术成果获得厅级以上奖励。

（四）社会服务方面

学院建设有占地面积200亩的双合实训校区，集3×1250kW教学科研水力发电厂、水工机械制造厂、勘测设计院、工程建设监理公司等院属经济实体于一体，在国内高职高专院校中独具特色。成立李冰继续教育学院，归口实施面向全省乃至全国水利行业，立足行业开展在职培训、继续教育、技能鉴定，每年 3000 人次以上；学院将技术扶贫与社会服务相结合，面向涉藏州县、彝区等贫困地区水利技术人才扶贫培训每年达千人次以上；院属经济实体为四省涉藏州县、彝区数百项基础设施建设项目开展工程勘察咨询服务，设计了 150 余座水电站，增效扩容改造 100 余座水电站，总装机 300 万 kW，工程监理、工程设备安装业绩达百余项，培育年产值近 30 亿元的清洁能源产业集群，西藏墨脱县、四川省稻城县、德格县、甘孜县、壤塘县更是在学院的帮扶下结束了"无电县"的历史；学院对口扶贫甘孜州德格县，帮助德格县和凉山州会理县推进脱贫攻坚，对口帮扶贡空村建设美丽新村，并于 2016 年率先整体脱贫，有力推动了涉藏州县、彝区经济社会发展。2013 年，学院服务涉藏州县水利事业发展的典型经验得到国家水利部陈雷部长的批示肯定。

学院开启产教结合模式，建设集 3×1250kW 水力发电厂、水工机械厂、勘测设计院、监理公司等经济实体于一体的实训校区，在国内高职院校中独具特色

（五）文化传承与创新方面

学院坚持立德为本、树人为要，以水为师，充分利用四川省蜀水文化研究基地、四川省文联创作培训基地、四川中共党史教育基地落户学院的功能优势，将水文化元素融入校园景观。编撰《蜀水文化概论》《成都水文化资料汇编》等学术专著，将蜀水文化研究列入学生公共选修课。打造新年交响音乐会文化品牌，开展戏剧进校园、书法摄影展、传统成人礼、校庆纪念晚会等活动。组建书画社、汉服社等社团，以传统节假日为契机对外弘扬中华优秀传统文化。坚持正面引导和文化传承，积极构建多形式吸引、多渠道渗透、多层次覆盖的文化教育体系，强化了师生对事业的认同、对学校的认同和对文化的认同，凝

聚和传播文化正能量。

学院坚持以文化人，从 2014 年起，连续五年举办新年音乐会，
成为四川高职院校的特色文化品牌

（六）国际交流与合作方面

学院实施教学（管理）骨干境外培训计划，先后组织百余名管理和教学骨干赴加拿大、英国、德国、巴西、阿根廷、澳大利亚、新西兰、新加坡等国家和中国台湾地区开展国际交流学习，参加教育部举办的“千名中西部大学校长海外研修计划”，并与英国斯旺西大学、新加坡南洋理工学院、美国凯泽大学、英国利物浦约翰摩尔大学、中国台湾德霖技术学院签订了合作办学意向。积极参与“一带一路”国家能源建设，帮助南美洲厄瓜多尔、非洲英语国家能源官员培训高级管理人员，承接印尼、越南、缅甸、老挝等国家能源建设项目 20 余个；与四川省送变电公司深度合作，选派师生赴非洲项目工地进行岗位实操锻炼学习；派出水电技术专家赴尼泊尔等国家开展能源建设项目咨询，受到了尼泊尔普拉昌达总理的亲切接见，在合作的广度和深度上取得了新的突破，进一步提升了学院办学的国际化视野。

四、典型案例

案例一：校企深度合作，服务“一带一路”，实现特色发展

习近平总书记提出“一带一路”发展倡议，四川水利职业技术学院积极响应，以项目为依托，实施校企深度合作，在技术咨询顾问、工程勘测设计、设备制作安装、人员岗前培训、后续技术服务等方面提供支撑服务，助推“一带一路”沿线国家能源项目建设和经济社会发展，取得了显著成效。近五年每年实现海外服务产值 1000 万美元，提升了学院

在海外小水电领域勘测设计、技术服务和人员培训方面的核心竞争力，为国内职业院校参与国际合作积累了实践经验，成为全国职业院校服务“一带一路”倡议的明星院校。

1. 校企深度合作

2018年7月，学院与四川省电力企业协会、四川省送变电建设公司签署了战略合作协议，校行企三方深度合作，共同出资1亿元建设混合所有制二级学院“国际电工学院”，以服务国内电力企业海外项目为宗旨，从国内贫困地区和海外项目所在国家招收学员，实行招生—技能教学—定向培养—就业直通全过程解决方案，为四川发电和送变电企业亚洲和非洲项目培养懂外语、会技术、善管理的高素质产业工人，服务“一带一路”沿线国家参与能源建设。

2. 开展技术培训

近三年，学院发挥自身在小水电建设、技能人才培养、水电项目运营管理方面的优势，与国家商务部、东方电气集团合作，先后帮助非洲英语国家培训能源建设技术骨干3批次200余人次，为南美洲厄瓜多尔国家电网公司培训高级管理人员，并与肯尼亚驻华大使馆开展交流互访，就技术技能人才培养、海外技术服务、留学推送计划等达成了合作意向。

3. 参与能源合作

学院以水工机械厂、设计院等院属经济实体为依托，与中国水电顾问集团、中国电建集团、四川宏华石油设备公司合作，拓展国际能源合作产业链，工厂为俄罗斯、伊朗等国石油化工产业配套，设计院前往印尼北苏拉威西省实地勘察，编制美莱因流域水电建设发展规划，学院水电技术专家参加中国“一带一路”商务代表团出席南亚八国投资峰会，考察尼泊尔能源建设项目，受到尼泊尔普拉昌达总理的亲切接见。学院先后与重庆新世纪公司等单位在电站设计、大型水工机械设备制造安装等方面开展校企合作，帮助越南、老挝、缅甸、柬埔寨等国家设计安装芒金电站（3×4500kW）、哈门电站（3×5400kW）、达美电站（3×2500kW）等电站项目20余个，助推“一带一路”沿线国家经济社会发展。

4. 定向顶岗培养

学院在拓展校企深度合作，服务“一带一路”建设的进程中，注重国际化师资队伍建设。从2018年开始，采取以训带学的方式，每年选派10名专业师资和20名学生赴合作单位的亚洲、非洲项目工地开展为期半年的带薪顶岗锻炼，练技术、学语言、学规则，培养一批具有国际视野、语言交流过关、业务技能精湛、适应当地环境的职教师资队伍，提升了学院的职教的国际化水平，为下一步大规模实施海外留学生培养计划和院属经济实体“走出去”战略奠定了坚实的基础。

案例二：精准定位，专项施策，服务涉藏州县，助推发展

党的十九大报告提出，重点攻克深度贫困地区脱贫任务，确保到2020年我国现行标准下农村贫困人口实现脱贫，解决区域性整体贫困。四川水利职业技术学院在认识的高度、重视的程度和投入的力度上全力帮扶甘孜州德格县，集全智，举全力，尽全责，专项施策，精准定位，出实招，求实效，让党员干部受到教育，推动精准扶贫取得实效。

1. 将“两学一做”与精准扶贫相结合

书记院长带头，深入农户和学校进行慰问，现场宣讲党的十九大精神，开展民族团结

非洲水利水电技术人才到校学习培训

教育，通过新旧对比，推动习近平新时代中国特色社会主义思想入脑入心，激发涉藏州县群众对党的民族宗教政策的认同，对国家的认同和对社会主义制度的认同。分批次组织党员干部、青年志愿者 300 余人次前往德格、白玉、色达等地，开展科技、卫生、法制知识宣传，进行脱贫攻坚督导。

学院树立牢固的阵地意识和政治意识，水利工程系党支部和工厂党支部分别与贡空村党支部、燃卡村党支部开展结对共建，制定《村规民约》和《公共设施维护管理办法》，帮助建立完善村务“四议两公开一监督”等规章制度，推进村民自治和依法管理，提升基层党建工作水平。

2. 技术扶贫与社会服务相结合

学院选派 6 名优秀干部赴德格县达马镇、更庆镇、马尼干戈镇和柯洛洞乡锻炼，科学编制了《四川水利职业技术学院精准扶贫实施方案》，邀请村民代表来校交流座谈，选派 70 余人次技术干部入户实地调研，走访科研单位，制定贫困户专项帮扶计划。扶持发展生产和就业一批，移民搬迁安置一批，低保兜底一批，医疗救助一批，实现了贫困户帮扶全覆盖。同时帮助争取国家小农水项目资金，实施安全饮水提质增效入户工程，自来水入村到户率达到 99%以上。

3. 产业扶贫与教育扶智相结合

在产业扶贫方面，学院出资金出技术，在贡空村投资 100 万元建设了玻璃阳光温室和 10km 防兽安全围栏，积极帮扶达马益生芫农民专业合作社，扶持当地农民专业合作社和集体经济发展。在调研基础上，在燃卡村重点围绕特色亮点村建设、脱贫新村牌坊、牦牛养殖方面做好产业帮扶。教育扶智方面，学院与德格县达马镇中心小学结对，捐赠电脑、图书和体育器材，帮助建立全新的图书室和电教室，资助 20 名品学兼优和家庭困难学生。安排 20 万元专项资金，免费帮助德格县教育系统教师提升信息化教学水平，让涉藏州县的孩子也能够享有一流的教学资源。

贡空村美丽新村

四十年弹指一挥间，四川水利职业技术学院沐浴改革开放的春风，一路坎坷，阔步前行，实现了由小到大，由弱变强的历史性变化，以实在的业绩践行了“发展才是硬道理”的至理名言。

2017年10月18日，中国共产党第十九次全国代表大会胜利召开，全面确立了习近平新时代中国特色社会主义思想的指导地位，为实现伟大民族复兴中国梦，勾画了三步走的宏伟蓝图。

回望四十年的历练，记录了岁月的艰辛，铭刻了奋斗的年华，更吹响了迈向新时代的号角。新的时代，新的使命，新的进程。作为四川省唯一、国内知名的优质水利职业院校，四川水利职业技术学院将只争朝夕，百尺竿头，更进一步。我们将高举习近平新时代中国特色社会主义思想伟大旗帜，坚持党的教育方针，坚持社会主义办学方向，紧扣国家发展的大局，全面落实“创新、协调、绿色、开放、共享”五大发展理念，继承和发扬老一辈刻苦钻研、艰苦奋斗、勇于担当、无私奉献的作风，以实际行动积极参与到“推进绿色发展，建设美丽四川”和“治水兴蜀”的伟大事业中，努力把学院建设成为国内一流的水利行业继续教育基地、干部培训基地和技术技能人才培养基地，写好中国水利职业教育的“四川篇章”，以更加优异的成绩为实现“两个百年”奋斗目标和中华民族伟大复兴中国梦再立新功！

创新改革职教路　校企融合共育人

——杨凌职业技术学院

一、学院概况

学院自1934年诞生起，即以于右任先生和杨虎城将军创建的国立西北农林高等专科学校附设高职名世，是我国举办职业教育最早的院校之一，后分支为陕西省农业学校、陕西省林业学校和陕西省水利学校。1999年，经教育部批准，三所学校合并组建为杨凌职业技术学院。办学84年来，培养各类专业技术人才21万余名，先后荣获省级以上奖励60余次，系国家首批28所之一、陕西首所示范性高职院校。

学院位于关中，地处杨凌，交通便利，环境优美。占地面积1630亩，固定资产近10亿，无线网络全覆盖，实训基地遍三秦，师生学习生活极为方便；馆藏图书77万册，订阅期刊1300余种，电子图书62万册，视频和电子期刊1.1万GB；全日制在校生19630余名，函授在册1000余名；教职工940多名，其中教授70名、副教授306名，具有“双师”素质教师412名；国家级教学团队1个，省级教学团队10个，国家和省级突出贡献专家、劳动模范9名，省级教学名师13名、各类学会评选教学名师23名，国内外访问学者9名，省级师德标兵和师德先进个人6名；国家和省部级教学及科研推广成果奖43项，地厅级科研成果奖28项，培育小麦、花椒等新品种8个，专利20余项，研究项目、研究经费、获奖层次多年来居全省同类院校首位。

学院下设16个学院，开设68个高职专业，为西北涉农类专业门类最齐全、课程底蕴最深厚的高职院校。其中，本科联办专业3个、国家级教学改革试点专业4个、省级重点专业11个、省级综合改革试点专业6个、国家优质专科高等职业院校骨干专业17个；主持国家专业教学资源库3个，参加国家级专业教学资源库（主持课程24门）13个，主持省级专业教学资源库3个，建成国家级精品资源共享课3门、省部级和行指委精品课程27门、院级精品资源课96门。

学院不断加大校政、校企、校校合作力度，大力推进百县千企联姻工程，组建国家杨凌现代农业职教集团，先后与省内外142个县（区）政府、1332家企业建立了长期友好合作关系，建立了163个融学生实训、教师锻炼和科研试验、社会服务、毕业生就业为一体的综合基地，学生就业连续多年均在96%以上，位居全省前列。

近年来，学院借力“一带一路”“精准扶贫”“乡村振兴”等国家倡议与战略，拓宽办学空间，提升办学质量，先后与澳大利亚爱迪斯科文大学、德国德累斯顿大学等7个院校建立了友好合作关系；派出学习、合作培训教师200多人次；与新西兰林肯大学、新西兰商学院签订了“专升硕”项目合作协议，打通学生留学通道。开展“十大节庆”活动，弘扬传统文化；实施“六大工程”，创新思想政治教育。坚持走“教学、科研、推广”三结合，形成了六种农业科技推广模式，其中彬县基地被农业部确定为“农业科技创新与集成示范基地”；组建 11 所职业农民培育学院，智力支撑地方经济发展；开设全日制职业农民学历教育班，打通职业农民上升通道，在全国引起轰动效应。

学院秉承“明德强能，言物行恒”的校训、“照准目标，矢志不渝”的精神和“质量立校，特色名校，人才强校，改革兴校，开放办校，依法治校”的办学理念，坚持“以立德树人为根本，以服务发展为宗旨，以促进就业为导向”的办学方针，以内涵建设、质量提升为核心，构建一流的人才培养体系、一流的专业发展体系、一流的人才和人事管理体系、一流的支撑和保障体系，全力打造“国内一流、具有一定国际影响力”的高职名校。

二、发展历程

（一）国家级重点中等专业学校——原陕西省水利学校发展历程（1978—1999 年）

（1）学校多次被评为国家级重点中等专业学校。1980 年、1994 年，学校两次被教育部确定为全国重点中等专业学校。

（2）学校不断深化教育教学改革，优化专业结构。以教学改革为中心总揽全局，不断提高教育质量，修订、制定各专业新的教学大纲和教学计划，其中水文专业的教学计划在行业学校中具有一定的指导作用。1978—1985 年期间，学校结合陕西省水利事业发展实际需求适时调整专业结构，将农水专业与水工专业合并，命名为农田水利工程专业；陆地水文专业增加水资源内容改为水电站与抽水站及电气设备专业，以电为主；保留水文地质与工程地质专业。1986 年新开设了水土保持、水利经济管理、工业与民用建筑 3 个专业，并开展了水土保持专业学生毕业设计改革，以榆林、子洲县 $900km^2$ 的水土保持综合治理规划任务为载体，由单位的专业技术人员和学校教师共同辅导学生进行毕业设计，改革成效突出。1991 年 4 月 6 日，学校成立了“陕西省水利学校教育研究室”，强化教育理论与实践研究。1995 年新开设了水利工程、给水与排水和计算机应用三个专业，1996 年新开设了水电站电力设备、水电站机电设备和文秘与档案三个专业，1998 年新开设了水政水资源管理和建筑企业经济管理两个专业。

（3）学校不断加强专业内涵建设，一是加大实验条件建设，实验开出率达到 98%以上；二是教师主、参编全国统编教材 20 余种，其中《农田水利学》《水力学》等三种教材获国家优秀教材一等奖；三是教师编写的《小型水利手册》在全国发行并推广应用。

（二）国家示范院校——杨凌职业技术学院发展历程（1999—2017 年）

杨凌职业技术学院的发展历程概括为四个时期，即合校建院转型期（1999—2002 年）、评估整改期（2003—2006 年）、示范建设期（2007—2009 年）、示范建设后内涵发展期（2010—2017 年）。

1999 年 9 月 16 日教育部决定在陕西省农业学校、陕西省林业学校和陕西省水利学校三所学校合并的基础上组建杨凌职业技术学院，同时撤销原来三所学院的建制。陕西省政府也做了批复。1999 年 9 月 17 日，杨凌职业技术学院成立大会暨揭牌仪式在原省农业学校操场举行。

建院之初学院设有农学系、林学系、水利水电系。2000 年 6 月随着合校的实质性过渡，教育教学改革的开展，以及教育资源的优化配置，又作了院系（部）设置调整，将原来的三系调整为五系一部。2006 年 6 月，学院进一步优化教育资源，增强发展动力，将原来的五系一部调整为十一系一部。学院高职专业数由建院初的 11 个发展到 68 个，专业优势明显，办学突出农、林、水特色。在校生由建院初期的 7800 人发展到近 2 万人。毕业生就业率多年稳定在 96%以上，就业质量稳步提高。2005 年学院接受省教育厅人才培养工作水平评估，被评为优秀院校。2006 年 12 月 27 日，教育部、财政部确定了学院为“国家示范性高等职业院校建设规划”，2006 年度立项建设院校。2009 年 11 月，经教育部、财政部国家示范性高等职业院校项目建设验收评审，学院正式通过国家级示范性高等职业院校项目建设验收，成为首批国家示范性高等职业院校之一。2010 年 7 月 12 日上午，杨凌现代农业职业教育集团隆重成立。2013 年，学院先后成立“陕建见习学院”“中水十五局水电学院”两个企业冠名学院，并积极探索校企合作理事会运行模式。2016—2018 年，开展《教育部高等职业教育创新发展行动计划（2015—2018 年）》项目、任务建设工作。近年来，学院社会影响力逐年提高，先后荣获第六届“黄炎培职业教育奖优秀学校”称号、全国高等职业院校服务贡献 50 强、实习管理 50 强和教学资源 50 强，并连续两年位列全国百所高职院校竞争力排行榜第 11 名（陕西省第一名）。

三、育人成效

（一）原陕西省水利学校取得的主要教育成效

1. 专业建设与改革成效突出

1986—1998 年，新增专业 11 个，学校在重视专业数量增加的同时，更加重视专业质量的提升，着力打造行业和地域特色鲜明的农田水利工程专业和水土保持专业，并在农田水利工程专业毕业设计教学中大胆进行公开答辩教学改革，邀请行业专家担任学生公开答辩的评审专家，促进教学质量的提升；在水土保持专业毕业设计教学中探索以实际工作任务为载体，培养学生解决工程实际问题的能力，并取得了良好的教学效果。

2. 学校管理工作规范化

学校重视日常的教育和管理，以及精神文明建设会、工会、共青团等思想政治工作专职部门和群众团体力量，逐步形成以党委为核心，以党支部、团委、学生科、班主任和政治课教师为骨干力量的思想政治工作队伍，党、政、工、团发挥各自优势，密切配合，齐抓共管，共同做好学生和教职工的思想政治工作及其他建设工作。

3. 学校取得多项荣誉及成果

学校先后两次荣获全国重点中等专业学校称号，多次获得省水利厅先进单位、省级文明校园称号，13 人获得省级及以上先进个人荣誉称号，教师主、参编教材 20 余种，其中三种教材获得全国优秀教材奖，主持省部级及以上科研项目 10 余项，其中 5 项科研成果获得省级二等奖、2 项科研成果获得省级三等奖。

（二）杨凌职业技术学院在各个时期取得的主要教育成效

1. 合校建院转型期（1999—2002 年）

2001 年 6 月 15 日，学院被国家教育部确定为第二批全国示范性职业技术学院建设单位（见教发〔2001〕29 号），两个实训基地建设被教育部列入资助项目计划。2001 年，学院制定了基本建设整体规划，投资 1700 万元的中心教学楼工程通过竣工验收，完成了 4

幢共计23000m^{2}高标准的学生公寓楼建设任务、400万元的教学实验实训设备更新购置任务（其中10多个多媒体教室、6个语音室、6个计算机室）；补助130万元，为325名教师配备了个人计算机。2002年，修改完善了教育部高教司函〔2002〕71号文批准的水利水电工程建筑、生物技术两个国家级教改试点专业改革实施方案，并在2001级进行试点。2002年水电站机电设备及其自动化、园林工程两个专业被省教育厅陕教高〔2002〕92号文批准为省级教改试点专业，教改方案在2002级新生中进行试点。2002年，《杨凌职业技术学院学报》正式创刊出版。

2. 评估整改期（2003—2006年）

2003—2006年的四年间，是学院"一争二创三示范"奋斗目标落实、抢抓发展机遇的关键时期。在此期间，学院分别接受了教育部和陕西省教育厅的人才培养工作水平的两次评估，完成了评估整改的工作。随后，又组织开展了申报国家示范院校建设计划项目的前期各项准备工作，按照教育部颁布的《高职高专指导性专业目录》，规范了全院38个专业（含专业方向）名称，制定了《杨凌职业技术学院专业设置管理办法》和院内专业建设评估指标体系。2003年4月1日，教育部高等教育司下发了教高司函〔2003〕53号文件《关于确定2003年高职高专院校人才培养工作水平评估试点院校的通知》，学院被确定为全国28所高职高专院校人才培养工作水平评估试点院校之一，并在2003年人才培养工作水平试点评估中被评为良好学校。2005年，学院接受省教育厅人才培养工作水平评估，被评为优秀院校。2006年12月27日，教育部、财政部确定了学院为"国家示范性高等职业院校建设规划"，2006年度立项建设院校。

学院先后获得多项科研及教学成果，其中《关于灌区冬小麦膜缝畦灌溉水技术研究》获杨凌示范区科技二等奖，《U型渠道自动测流仪研究》获省水利厅科技进步一等奖，"水利类专业结构调整与教学改革的系统化研究与实践"获省级一等奖，"高职生物技术专业目标教学体系（OES）的研究与实践"分别获国家级二等奖和省级一等奖，"水利水电工程建筑专业教学改革与实践"获省级二等奖，"高职高专教育文化素质体系改革、建设的研究与实践"获省级二等奖，"高职高专人才水平评估组织与实践研究"获省级二等奖，《小麦新品种武农148选育与推广》获陕西省科学技术二等奖。

3. 示范建设期（2007—2009年）

2007—2009年的三年间，学院围绕国家示范院校建设计划项目实施，启动了两项重大工程，即："国家示范院校建设计划项目"的申报实施与百县千企联姻工程的提出实施。2009年11月，经教育部、财政部国家示范性高等职业院校项目建设验收评审，我院正式通过国家级示范性高等职业院校建设项目验收，成为首批国家示范性高等职业院校之一。

学院以重点建设专业为龙头，以百县千企联姻工程为载体，工学结合人才培养模式取得了突破性进展，建立了紧密结合行业、企业生产实际和基本工作过程的人才培养方案，构建了以岗位工作任务为导向、以职业能力为核心、以预期学习成果为本的人才培养体系。按照工作过程和生产过程重构课程体系和教学内容，进一步丰富了"合格＋特长""平台＋能力＋岗位""EPE""新洛桑""订单式"等人才培养模式的内涵。

2009年，百县千企联姻工程不断推进，签订合作协议的县（区）达到106个、企业达917家。12个重点专业构建起了"校企合作，工学结合"的人才培养模式和课程体系，形成了12个专业人才培养方案范例，建成了一批相对稳定的校内外生产性实训基地。

2009年，学院被水利部确定为全国水利示范院校，水利水电建筑工程、水利工程、机电设备运行与维护3个专业被水利部办公厅批准为全国水利职业教育示范专业。期间，学院先后获得多项科研及教学成果奖。2009年“水利水电建筑工程教研室”获国家级教学团队立项，“建筑工程技术专业教学团队”“园艺技术专业教学团队”分别获省级教学团队立项。

2009年12月，学院被授予“全国普通高等学校毕业生就业工作先进集体”称号。

4. 示范建设后内涵发展期（2010—2017年）

2010年7月12日，学院牵头成立了杨凌现代农业职业教育集团，由政府部门和有关职业院校、企业负责人组成了集团理事会，理事会下设校企合作、招生就业、专业建设、实训基地建设和职教研究5个专门工作委员会和14个专业群产学研合作分会，重点研究解决职业教育中的热点、难点、焦点问题。

2012年，制定了《示范院校后续建设教学改革项目管理办法（试行）》，加强项目实施过程管理，汇编了示范院校后续建设50个子项目的教学改革建设方案及相关文件，完成了2个专业承担的高等职业学校提升专业服务产业发展能力项目建设工作。

2012年，制定了《“双师”素质教师认定实施办法》，认定“双师”素质教师131人，并规范兼职教师、外聘专业带头人和客座教授的管理。建立了中水十五局有限公司等67家企业组成的首批教师实践锻炼基地；40余名教师参加了英国威根雷学院联合举办的职业教育课程开发师资培训班，50余名专业带头人和骨干教师参加了德国双元制教育理论培训班；建立了陕西省中等职业学校校长培训基地和中德职业教育师资（科研）培训中心；成立了国际学院，加强了国际合作交流工作的力度，先后接待了英国威根雷学院、澳大利亚迪斯科文大学、堪培门理工学院德国BSK大学联盟等国外院校的访问交流，签订合作协议两份；与英国威根雷学院合办了2个专业课程合作试点班，与德国德累斯顿工业大学职业教育与继续教育学院合作共同建立了教育师资（科研）培训中心。

2013年，先后成立“陕建见习学院”“中水十五局水电学院”两个企业冠名学院，并积极探索校企合作理事会运行模式。

2016—2018年，开展了《教育部高等职业教育创新行动计划（2015—2018年）》项目、任务建设工作。2017—2018年，学院成功申报立项陕西省优质院校建设单位、全国水利优质院校建设单位。

四、典型案例

案例一：创新校企合作机制　深化合作协同育人

——杨凌职业技术学院与中水十五局合作纪实

1. 学院校企合作概况

2007年学院启动实施“百县千企联姻工程”，2010年学院牵头成立“杨凌现代农业职教集团”。

杨凌现代农业职教集团成立大会

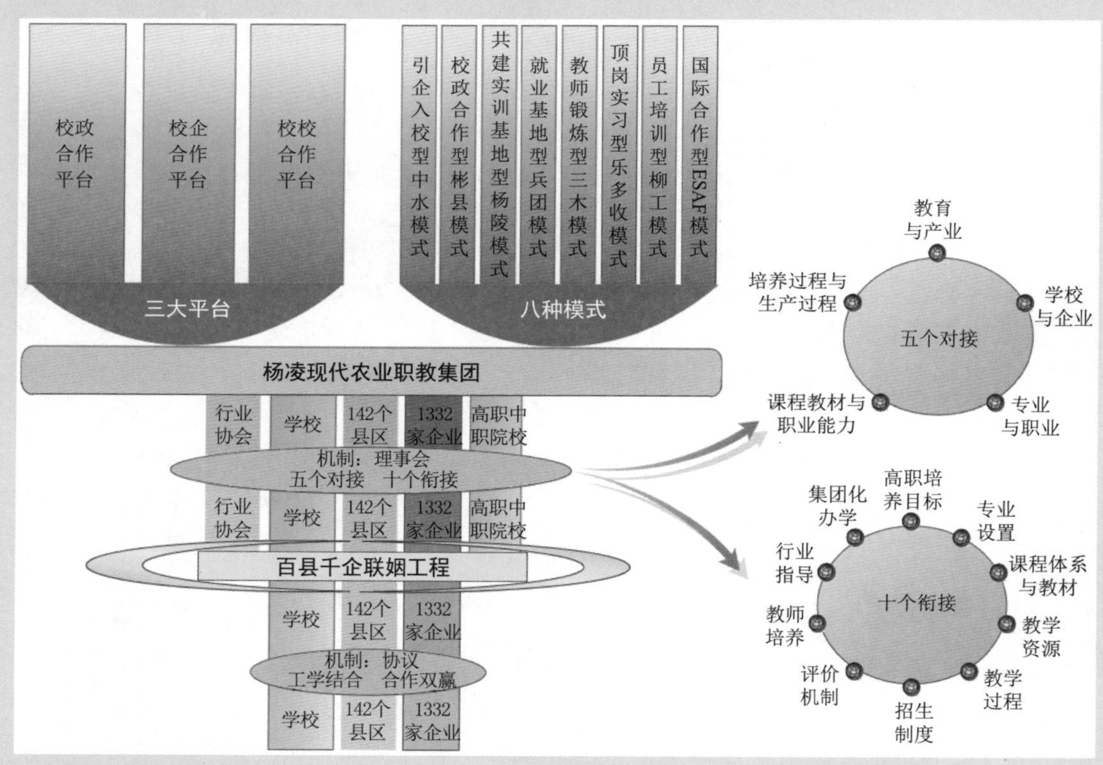

集团化办学内涵图

2. “中水十五局水电学院”基本做法

(1) 成立“中国水电模式”校企合作理事会。理事长由杨凌职业技术学院院长和中国水电建设集团十五工程局有限公司领导担任，理事由中国水电建设集团十五工程局有限公司人力资源部领导、杨凌职业技术学院教务处领导、水利工程学院领导组成，理事会的主要职能是参与议事，协调各方关系并实施监督。理事会下设冠名学院——中国水电建设集团十五工程局有限公司水电学院。

中国水电建设集团十五工程局有限公司水电学院揭牌仪式

(2) 成立中国水电建设集团十五工程局有限公司水电学院。面向全国水利水电施工企业，共同成立了“中国水电建设集团十五工程局有限公司水电学院”，组建了中国水电建设集团十五工程局有限公司水电学院管理组织，该学院设在杨凌职业技术学院水利工程学院，采用理事会管理模式，制定了校企深度合作实施方案。

(3) 签订新的校企合作协议。校企双方在原合作基础上，结合新的合作模式，签订了新的协议，就成立校企合作理事会、成立企业冠名学院、共建学生校外实习基地和教师实践锻炼基地、共建职工培养基地、共享教学资源、共同进行技术研发等方面的深度合作达成了一致意见，为进一步开展合作奠定了坚实基础。

(4) 校企深度合作，协同育人。一是校企共同做好人才培养方案的顶层设计，使2013—2016级水利水电建筑工程专业人才培养方案更加科学。二是校企共同开发符合水利工程建设、生产、管理一线岗位需求的专业教学标准，使专业人才培养更加符合实际需求。三是校企共同编写符合企业生产一线岗位能力需求的系列教材（6门专业核心教材、12个实训项目任务书和指导书）。四是校企双方在学生生产实习和顶岗实习方面通力合作，共同育人，实现共赢目标。三年来，56个教学班学生在该企业承建的省内南沟门水库、亭口水库、洞河水库等工地进行生产实习，累计实习人数达到每天18000人次，企业安排专人负责学生生产实习的现场指导，保证了教学效果。按照校企约定，该企业对

杨凌职业技术学院

中国水电建设集团十五工程局有限公司

校企深度合作实施方案

一、合作目的

在原校企合作协议的基础上，面向行业，以服务企业、合作共赢为宗旨，开展全方位、深层次、多形式的校企合作，形成校企按需组合、相互支持、共同发展，培养“留得住、用得上、能吃苦”的高素质技能型人才，实现校企双赢。

二、合作原则

（一）互利原则：互利是校企合作的基础，学校在合作中提高教育管理水平，学生提升实操能力和就业能力，企业在合作中提升企业文化和择优吸收后备人才。

（二）互动原则：互动是促进校企建立更紧密合作的前提，学校与企业可利用各自优势资源互补不足，建立理论与实践一体化的培训基地，在培训与就业上建立互动平台。

（三）共赢原则：校企深度合作的最终目标是实现学校、企业、学生、家长四方共赢。通过校企深度合作，为企业培养急需的高技能人才，为学生提供就业机会和职业发展，为家长解决后顾之忧，使学校步入招生就业的良性发展道路。

三、合作模式（简称“中国水电模式”）

（一）成立校企合作理事会

成立“中国水电模式”校企合作理事会，理事长由杨凌职业技术学院院长和中国水电建设集团十五工程局有限公司领导担任，理事会的主要职能是参与议事，协调各方关系并实施监督。理事会下设冠名学院——中国水电建设集团十五工程局有限公司水电学院主要职能：共同制定专业人才培养方案，落实年度工作计划，组织对本学院学生进行教育教学组织与管理。

（三）、实行定期联席会议制度

校企双方每学期开学前及学期末召开联席会议，共同研究讨论本学院学生的教育教学组织与管理工作，制定年度工作计划，安排学期工作任务。

1. 企业应安排相关部门及人员积极参与冠名学院学生的教育教学管理。并定期安排生产一线管理技术专家为冠名学院学生作报告。

2. 学校聘请企业有关人员作为学院的客座教授或兼职教师，组建新型的校企合作教育教学与培训团队，提高学生、教师和企业员工技术技能水平。客座教授或兼职教师费用由杨凌职业技术学院承担。

（四）、共同开展学生的考核评价

共同抽调专业技术人员组成考核小组，按照校企共同制定的专业人才培养方案和专业教学标准对学生进行考核评价，及时总结经验教训，不断深化教育教学改革。

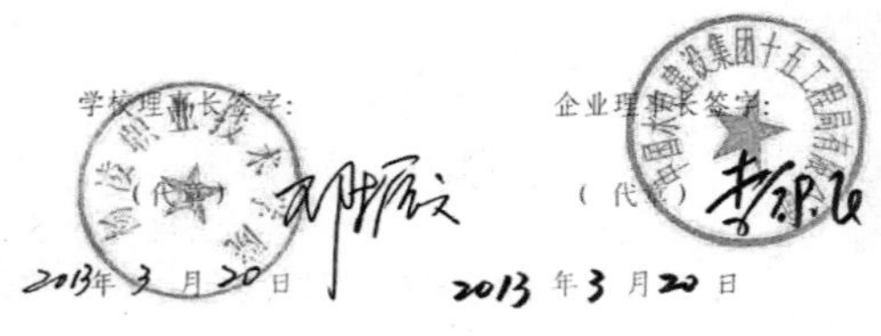

学校理事长签字：（代章）　　2013年3月20日

企业理事长签字：（代章）　　2013年3月20日

校企深度合作实施方案

校企深度合作协议

甲方：杨凌职业技术学院

乙方：中国水电建设集团十五工程局有限公司

经甲、乙双方协商，在原校企合作的基础上，按照“互利、互动、共赢”原则，进一步开展全方位、深层次、多形式的合作，现就深化校企合作内涵达成如下协议。

一、成立校企合作理事会

成立“中国水电模式”校企合作理事会，理事长由甲方院长和乙方领导担任，理事会的主要职能是参与议事，协调各方关系并实施监督。理事会下设冠名学院，具体实施学生的教育教学组织与管理。

二、成立企业冠名学院

面向全国水利水电施工企业，共同成立“中国水电十五局水电学院”，合作开展专业技术技能人才培养。该学院设在杨凌职业技术学院水利工程学院，采用理事会管理模式，其运行模式暂定为以杨凌职业技术学院水利水电建筑工程专业学生为主体，其他相近专业为补充，按照本专业“合格+特长”人才培养模式与企业共同对冠名学院学生进行组织教学，毕业时企业择优录用。

三、共建学生校外实习基地和教师实践锻炼基地

共建学生校外实习基地和教师实践锻炼基地，解决学生实习和教师实践锻炼，甲方向乙方支付有关费用。

四、共建职工培养基地

甲方根据乙方人才培养需求利用教学设施、师资等优势资源，合作开展“订单培养”、“岗前培训”、“在岗培训”“技能竞赛”等多种形式的技能培养，为企业发展提供服务。

五、共享教学资源

甲方向乙方开放校内实验实训条件，为乙方提供技术支撑，实现资源共享，承担乙方的部分生产任务，乙方承担有关费用。

甲方聘请乙方有关专家作为客座教授或兼职教师，组建“双师型”教育教学团队，甲方承担客座教授或兼职教师的有关费用。

六、共同进行技术研发

甲、乙双方结合实际每年提出研发课题，并进行立项、组建研发团队，实现合作研发，共同解决生产中的实际问题。

本协议为校企合作的补充协议，一式六份，双方各执三份。有关项目在执行过程中由双方协商制定实施细则。

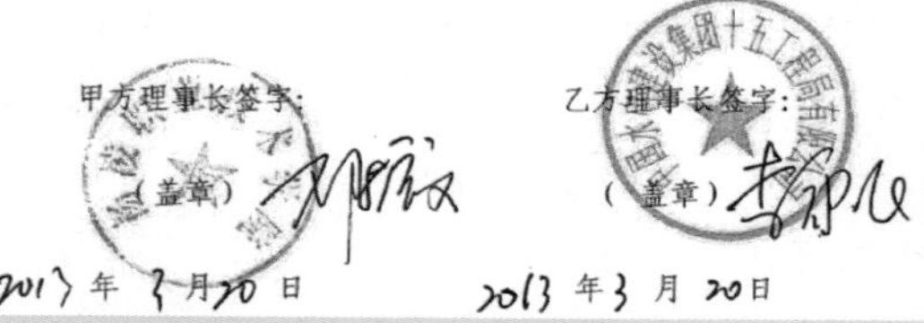

甲方理事长签字：（盖章）　　2013年3月20日

乙方理事长签字：（盖章）　　2013年3月20日

校企深度合作协议书

2013—2017 年接收我院的 62 名水利类专业毕业生统一由人力资源部安排顶岗实习项目部及岗位，并由人力资源部与学生实习项目部联合对实习学生进行顶岗实习综合考核，对考核合格者统一由该企业颁发顶岗实习合格证书。五是校企双方共同加大对学生专业教育和企业文化的熏陶力度。每年企业定期选派一线技术专家或管理干部来校对学生进行专业教育和企业文化熏陶活动，开展形式多样的报告会、企业文化展板，使学生提前了解水利施工企业实际，牢固树立专业思想。六是校企双方共同组织安排考核青年教师实践锻炼活动。2013—2017 年暑期，学院共派 54 名青年教师下工地实践锻炼，实践锻炼结束后由该企业人力资源部和工程项目部实践锻炼教师进行考核，并颁发实践锻炼证书。七是 2014 年校企双方共建共享建材检测中心。2015—2017 年暑假中水十五局检测中心李星照、汤轩林、李晨三位专家来校为我院教师暑期实践技能培训专题讲座。八是依托“中国水电建设集团十五工程局有限公司水电学院”平台，为水利企业和基层水利单位职工培训服务。

中国水电十五局水电学院人才培养方案审定会

中国水电十五局水电学院青年教师实践锻炼

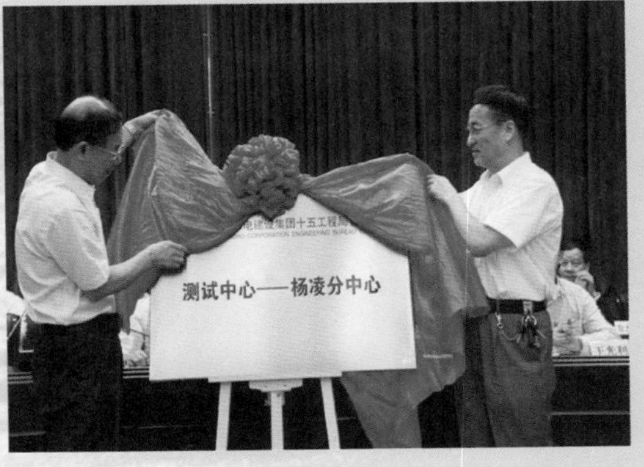

中国水电十五局材料测试中心——杨凌分中心揭牌仪式

3. 主要经验与成效

（1）探索形成校企合作新机制。引企入校，成立校企合作理事会，有效地理顺合作双方关系，增进合作；定期召开理事会工作会议，对重大合作事项进行决策，有力推进合作工作的开展，也为制定校企合作年度工作计划和校企合作执行层操作提供指导。

（2）引企入校，形成产教高度融合。在三个方面开展深度合作办学：一是共同制定人才培养方案，共同实施专业标准建设、课程体系构建、教学内容改革、教学组织管理及职业教育研究工作；二是校企协同育人，学院负责理论教学和校内实验实训教学工作，为学生颁发毕业证及各种职业资格证，企业负责生产性实习和顶岗实习教学工作，并为学生颁发实践技能培训证；三是组建校企共建共享的实验实训中心和教师挂职培训锻炼基地，共同开发实验实训项目，共同培养提高学生实践能力和职业素养，共同培训提高教师实践技能和执教能力，共同培训提升企业员工专业技能，实现合作共建，创新共赢。

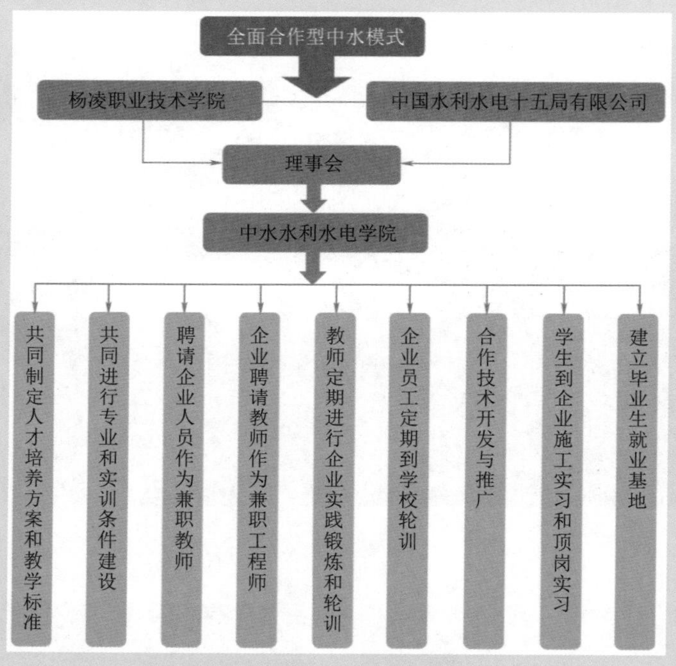

全面合作型中水模式图

（3）校企共赢是目标，更是深化合作的助推器。校企合作的目标是实现双方共赢，只有共赢，才能激发校企双方参与合作的积极性和创造力，使校企合作理事会站在更高层面研究共赢策略，关注重大合作事项研究决策。

（4）毕业生就业质量逐年提高。水利水电建筑工程专业、水利工程专业已成为全国水利示范专业，水利水电建筑工程专业成为名牌专业，各专业的第一志愿报考率稳步提升，水利水电建筑工程专业、水利工程专业每年一志愿的报考率均超过200%，学生就业率连年保持在98%以上，就业对口率平均82%以上，社会声誉和影响力逐年提升。

（5）服务区域经济建设能力显著增强。近三年来，在校内先后举办了榆林水务集团、府谷县水务局、大荔县水务局、白水县水务局等行业职工培训班8期次，派专业教师外出参加中国水电八局、中国水利工程协会（水利工程施工五大员）、千阳县水务局、周至县水务局、宝鸡市河道管理处等职工培训班的授课达15期次，累计培训人员10000多人次。

案例二：服务国家战略，致力订单培养，满足区域紧缺人才需求

——青海水利人才订单班纪实

“三江源”具有“中华水塔”的美誉，战略位置十分重要。然而，地处三江源源头的青海省玉树藏族自治州水利人才队伍难以适应三江源水资源保护和水利改革发展需要。

杨凌职业技术学院是国家首批示范院校、全国水利高等职业教育示范院校和全国优质水利高等职业院校。近年来，针对青海省“三江源”紧缺水利人才的现状，精准施策，开展了订单培养，并取得了良好效果。

1. 校政行多方协商，明确合作方向

2015年10月，水利部时任部长陈雷到青海考察调研时，应玉树藏族自治州和青海省要求，提出帮扶玉树藏族自治州加强水利人才队伍建设。由水利部人事司牵头，中国水利教育协会牵线搭桥，学院作为西北地区唯一一所水利类国家示范院校，与青海省水利厅、玉树藏族自治州水利局沟通协调，提出了一系列帮扶青海省及玉树藏族自治州加强水利人才队伍建设的措施，并于2016年5月在西宁召开专题工作会议，协商合作事宜，明确了“立足本土、多方合作、定向招录、订单培养”合作方向，为青海省水利类专业人才培养奠定了坚实基础。

2. 发挥多方优势，实现协同育人

根据协商合作方向，由学院向陕西省教育厅申报专项招生计划，确保录取工作；青海省水利厅、玉树藏族自治州结合当地人才需求，明确定向招录对象。2016年9月，“玉树水利订单班”40名学生开始专业化三年全日制培养学习。水利部人事司多次调研，对订单班人才培养方向、教学管理等提出建设性指导意见；中国水利教育协会指导合作协议的起草、人才培养方案制订；青海省水利厅协调落实具体合作培养事宜；各州政府、主管部门就教育教学、实践锻炼、课程开设、学生管理等与学院建立长效沟通机制；学院扎实推进各项工作落实，确保订单班教学顺利进行。通过总结经验，之后又开办了“果洛水利订单班”“黄南水利订单班”等精准扶贫订单班。

3. 坚持多措并举，提升培养质量

（1）多方协同制订教学“订单”。根据玉树、果洛的人才需求，我院与水利部人事司、中国水利教育协会、青海省水利厅、玉树藏族自治州（果洛）政府、玉树藏族自治州水利局形成合力，共同开展玉树班订单人才培养方案的制定与实施，确定了玉树班人才培养需求，制定了《水利工程玉树订单班人才培养方案》，并建立定期沟通长效交流机制。

（2）多层次关心注重细心培养。根据学生个性差异和实际水平，实行因材施教。按照“合格＋特长”模式开展教育教学工作，根据玉树藏族自治州需求开展学生特长培养，有的放矢。精心选派教学经验丰富、教学效果好的教师担任玉树班教学工作，要求任课教师针对学生实际实施教学，积极开展教学内容和教学方法手段改革，确保教学质量的稳步提升。

（3）全过程关注弥补学生短板。针对玉树班学生数学基础普遍偏低的现状，教学班主任在学业引导方面积极发挥作用，组织7名“学霸型”的师兄师姐进行学业辅导；针对玉树班学生英语基础普遍不好的现状，安排英语教师利用晚自习为学生补习英语；针对民族学生特点，选派成绩优异、综合素质较高的高年级学生担任学生辅导员，帮助学生提升自我管理、生活适应等方面能力。

（4）强化实践教学活动促技能水平提升。自订单班学生进校以来，组织学生到李仪祉纪念馆、陕西泾惠渠灌区、西安水土保持科普体验馆、杨凌博览园、冯家山水库等地参观学习，丰富学生的专业视野；2017年暑期，组织学生实践锻炼，并受到社会的广泛关注，新华社、三江源报等知名媒体纷纷报道，效果显著；鼓励学生参加技能大赛、“互联网＋”大学生创新创业大赛等，提升学生技能水平，班级38名同学参加过院级技能大赛，23名同学在技能大赛中获奖。2018年，在第四届“互联网＋”大学生创新创业比赛中，班级组建6个参赛队伍，参赛数量位居分院前列。

（5）强化学生管理促全面发展。针对民族学生特点，采取“双班主任”管理模式，由玉树派遣一名熟悉玉树风俗和藏族文化的老师担任生活班主任，学院指派一名专业经验丰富的老师担任教学（副）班主任；引导学生加强对党的认识，加大民族团结、社会主义核心价值观等内容的教育力度，目前班级已有32名同学向党组织递交了入党申请书，并取得了党课结业证书，两名学生被党组织吸收为预备党员，有两名入党发展对象正在考察学习中。结合水利部时任部长陈雷的回信，以及青海省委组织部、水利部人事司及青海省水利厅、玉树藏族自治州政府等部门领导来校调研，班级及时组织开展了“珍惜韶华、砥砺品德、热爱祖国、回报社会”“用感恩之心搞好学习，怀有用之材回报玉树”“开启有温度的人生之旅”等主题班会活动，使订单班同学的感恩心、责任感、使命感逐步加强。

（6）精准帮扶助力扶贫攻坚。针对玉树属贫困地区现状，订单班采用“政府供一年、学校免一年、学生出一年”的帮扶措施，确保每一位学生顺利完成学业。在国家助学金帮扶方面，学院政策向玉树班倾斜，截至目前，班级中16人（次）建档立卡的学生享受了国家和学院的双重帮扶（国家补助3500元/人，学院补助2500元/人），有15人享受了特殊贫困补助（3500元/人）和一般贫困补助（2500元/人）。

4. 探索校政合作新模式，提升综合素质培养

（1）订单班学生综合素质显著提升。通过近三年的培养，订单班在玉树藏族自治州、学院的关心和关注下，学生“保护三江源”的使命感、责任感明显增强，学习动力进一步提升。有两名同学荣获国家励志奖学金，大部分同学已拿到了NIT证书、测量员证书，24名学生获得CAD制图员证书。2017年下半年，班级同学积极参加技能大赛CAD比赛和土工水分测试比赛，参赛报名率100％。

（2）探索出了一条校政合作新模式。高职院校如何更好地服务地方经济发展，满足地方经济对技术技能人才的需求，增强人才培养的针对性，学院与青海省开展的水利订单班人才培养，探索出了一条校政合作新模式，为其他高职院校、政府部门提供了一种可复制的新模式。

（3）形成了多方协同育人的成功经验。院校如何做好民族订单班的人才培养工作，立足于“本土化、民族化、专业化”，学院通过两年的实践，形成了一套完整的多方协同育人新模式，为同类院校提供可借鉴、可复制的成功经验。

打造职教平台　服务兴水强滇

——云南水利水电职业学院

云南水利水电职业学院是经云南省人民政府批准、教育部备案成立的专科层次公办普通高等职业院校，是云南省唯一一所全日制水利水电类高等职业学校，是云南省基层水利水电人才培养的主阵地。

一、学校综述

（一）学校基本情况

学校最早成立于1956年，而后经历搬迁、停办、复学，从昆明水利学校、云南省水利学校、云南省水利水电学校，一直到发展到今天的云南水利水电职业学院，走过了62个春秋，为社会输送了30000多名毕业生，为云南水利水电事业发展提供了坚强的人才保障和智力支撑。

兴水强滇，人才为先。2011年，为破解云南省水利水电事业快速发展对高素质劳动者和专业技术技能人才的需求瓶颈，填补云南水利水电高职教育空白，完善水利水电类教育结构和人才培养体系，加快"五网"（路网、水网、航空网、互联网、能源网）建设，支撑云南水利水电事业发展，省政府决定在水利职业教育发展60年的基础上，新建云南水利水电职业学院。

2014年3月，云南省发展改革委批复学校高职学院建设项目，批复概算总投资8.18亿元，总建筑面积16.72万m^2，建设期两年（2015—2016年），办学规模5000人。2015年5月8日项目正式开工建设，2016年3月省政府批复学院设置，4月教育部备案通过，2016年9月高职学院正式招生办学，10月省委编办批复云南省水利水电学校整体并入云南水利水电职业学院，保留云南省水利水电学校牌子。至此，一个学校，两块牌子，两个校区，两个办学层次的云南水利水电职业教育新格局正式形成。

（二）学校办学情况

学校下设富民和蓝龙潭两个校区，总占地面积近700亩，其中蓝龙潭校区占地91余亩，富民校区占地585余亩，校舍建筑面积23.27万m^2。

学校现有教职工240人。目前学校共有全日制在校生近4000人，其中高职在校生2827人、中职在校生1141人。学校内设19个机构；设有水利工程系、电力工程系、土木工程系、工程管理系四个系；现开设有水利工程、水利水电工程技术、水利水电工程管理、工程造价、建设工程监理、水电站运行与管理、供用电技术、电气自动化技术、工程测量技术、水利水电建筑工程、道路桥梁工程技术、水文与水资源工程、发电厂及电力系统、高压输配电线路施工运行与维护14个专业。

学校以"上善若水、知行合一"为院训。坚持制度立校、人才兴校、特色强校，以立

学校富民校区正大门实景

德树人、知行合一为根本，以面向基层、服务行业发展为宗旨，以促进就业创业为导向，以产教融合、校企合作为途径，以人才培养质量和内涵建设为核心，走产、学结合的发展道路，强化三全育人。着力培养生产、建设、管理、服务第一线需要的高素质劳动者和技术技能人才。学校连续多年被评为“全国水利文明单位”“云南省文明学校”，2014 年被评为“全国教育系统先进集体”。

（三）大、中专招生就业情况

目前，学校全日制中高职在校生近 4000 人。

招生情况：2018 年计划招收三年制大专生 1400 人、三校生 50 人、五年制大专生 440 人，实际招收高职大专生 1310 人（14 个专业 29 个班），三校生 51 人、五年制大专生 382 人（4 个专业 8 班）。高职计划完成率达到 93.86%，五年制大专计划完成率 86.8%。为平衡办学成本、办学条件支撑和满足评估要求，2019 年暂停五年制大专和三年制中专招生，三年制大专新增 6 个专业，计划招生 1650 人。可实现省政府确定的 5000 人招生规模。

学生就业情况：2018 年推荐中专 2016 级 351 名学生参加顶岗实习，最终有 345 人签订协议并到用人单位实习，初次就业率为 98%。12 月 11 日，举办了首届（2019 届）大专毕业生双向选择洽谈会。邀请到 128 家水利、电力类单位到学院参会，提供了 2056 个岗位，人均可选择 4.6 个岗位，且基本都是中字号央企，岗位收入高，并实现了国外就业的突破。云南省水利水电行业的大投入、快发展对应用型技能人才的需求十分旺盛和迫切，多年来毕业生初次就业率均保持在 95%以上。

（四）函授教育教学情况

学校函授继续教育工作严格执行河海大学继续教育学院的有关规定，认真落实到教学的各个环节。始终坚持工作有安排、有协调、有检查、有总结，保证工作的顺利开展，按质按量地完成招生、学籍管理、教学管理等各项工作。2018 年河海大学录取函授新生专升本 18 人，高起专 196 人（其中水利水电工程专业 125 人，机电一体化技术专业 71 人），共计 214 人。1 月份毕业 2016 级 56 人（其中电气专科 16 人，水工专科 23 人，水工专升本 17 人）。7 月份毕业 2014 级高起本 233 人（其中水工 201 人电气 32 人）。完成 1 月份、7 月份两次函授面授教学。

（五）学科专业、实训基地建设情况

在专业建设方面。学院根据发展规划，积极申报新专业，进一步优化学科专业结构，并加强对新专业的建设管理与督导。同时，由于专业建设是龙头，因此设置新专业改造老专业势在必行，2018 年学院新组建了土木工程系和工程管理系。学校 2018 年又申请增设了岩土工程技术、市政工程技术、机电排灌工程技术、水务管理、电力系统自动化技术、建筑电气工程技术 6 个专业，使学校 2019 年秋季学期开办专业达到 20 个。

在实验实训建设方面。实训教学采取校内实训与企业实践相结合的方式，以校内教师、校外技术人员共同指导为特点。开设 CAD、测量、建材、工程概预算、工程施工、电机拆装、内外线安装、电机拖动、电子技术综合、模拟电站、金工、机械制图等实训课程，组织新编、修订完善实训指导书，实现了 14 个专业 29 个班级实验实训教学全覆盖。

（六）师资队伍建设情况

学院现有教职工 240 人，其中在职在编职工 150 人，合同制人员 90 人。124 名专任教师中，副高级专业技术职务以上专任教师 37 人，占专任教师总数的 30%；中级专业技术职务专任教师 46 人，占专任教师总数的 37%；“双师型”专任教师 48 人，占专任教师总数的 38.7%；具有硕士研究生学历的专任教师 28 人，占专任教师总数的 22%。学院为首批招生的 5 个专业均配备了 4 人以上副高级专业技术职务以上的专任教师、7 人以上中级专业技术职务以上的本专业“双师型”专任教师，每门主要专业技能课程均配备了中级专业技术职务的本专业专任教师 2～3 人。学院现有师资条件已经满足《高等职业学校设置标准（暂行）》对高职学院建校初期的师资要求。

二、发展历程

（一）学校高职学院硬件建设

1. 二次选址

2011 年，按照省政府指示精神，省水利厅启动了学院筹建工作。经多方比选，初步确定项目选址为嵩明职教园区，但按其总体规划所提供的用地面积，不能满足 5000 人规模的用地面积要求，因此省水利厅分别到昆明周边进行现场踏勘和方案比选后，拟选址在富民县城旁，土地面积满足教育部规定。时任省政府分管领导在调研的基础上召开了专题会议，并同意选址变更为富民。

2. 二次规划

2012 年，时任省政府分管领导主持召开了 3 次专题会议，同意新建学院；要求按近期 5000 人、远期 10000 人的办学规模统一规划、分期实施。筹建资金初步估算为 4 亿元，争取 2014 年开始招生办学。2013 年，时任省政府分管领导主持召开两次专题会议，要求

按“立足长远、体现特色，统一规划、一次建设”的原则优化调整原规划方案，调整后项目总投资为8.18亿元，推迟至2015年秋季招生办学。在省发改委、教育厅、住建厅和省市县国土、环保等部门的大力支持下，先后完成了项目用地预审、环境影响评估、地震安全评估、节能评估、地质灾害评估、矿产压覆评估、社会风险评估、水保评估、消防、人防、规划图审查等专项审批手续。2014年3月，学院可研报告获得省发展改革委立项批复，校舍建设总建筑面积16.89万m^2，估算总投资8.18亿元。2014年12月，学院建设项目初步设计获得省住建厅、发展改革委批复。

3. 二次建设模式调整

2012年10月，时任省政府分管领导一个月内两次主持召开专题会议，明确学院项目建设采用代建制。但因建设模式不顺，项目无法推进。2014年5月，时任省政府分管领导主持召开专题会议，会议提出建设模式由代建制变更为项目总承包制，建设规模按“一次规划、分期实施”推进，一期投资控制在6亿元之内，组建学院项目公司作为项目总承包单位，负责学院项目一期开发建设，公司组建后又因故搁置。2014年11月，时任省政府分管领导针对学院前期工作推进存在的相关问题主持召开两次专题会议，同意解除代建合同，采用BT模式，2016年秋季实现招生办学的建设目标。

历经二次选址、二次规划、二次建设模式调整，三年的时间过去了。2015年2月设计、造价咨询、监理单位标开标；3月BT总承包标开标；5月初完成施工图初步审查。5月8日，项目正式开工建设，面对工期紧、任务重的客观实际，我们围绕目标、倒排工期、精心组织，克服了连续降雨、村民阻工和现场建设资金两次紧张等不利因素影响，同时推进水、电、路、气、围墙、装修、景观绿化、人防、消防、电梯、太阳能、信息化等专项建设工作，18个单体建筑主体工程比计划工期目标提前1天封顶断水。

学院建设项目提前封顶断水

2016年9月20日，满足学校高职学院首批招生办学要求的土木工程系、综合办公楼、学生食堂、5栋、6栋、7栋、9栋学生公寓及800m道路投入使用。项目开工一年半即投入试运行，创造了“十年树木、百年树人、水职院一年建成”的建设速度。

（二）学校高职学院软件申报

1. 组织申报

校区开工建设2个月后，2015年7月初，临时组成了申报材料组，按照高职院校设置程序，在省教育厅的指导下，按照高职院校设置程序，借鉴省内外同行申报经验，组织人员开展学院总体规划、前期招生专业及相关的人才培养方案，专业建设、课程建设、师资建设、实验实训条件建设、教材建设规划、机构编制及可行性报告和学院章程等学院设置材料编写及申报工作。

2. 设施及台账

设置申报期间，对学校的教学仪器设备（总价值1603万元）、校园网（千兆骨干、百兆桌面）、语音室（3间）、教学用计算机（366台）、纸质图书（9.06万册）和25个校内实训场所、42个校外实习基地进行了系统的新建、改造和提升，以满足教育部《高等职业学校设置标准（暂行）》的要求。同时，对所涉及的全部资料均建立了台账，共建立台账资料100余盒，为专家调研评审提供了充分的保障。

3. 专家调研及评审

2016年1月21日，省教育厅组织省高校设置评议委员会专家组一行7人对设置学院进行了实地考察评议。考察期间，专家组听取了学院筹建工作的情况汇报，实地察看了校园设施、教学和实训场地、图书资料等基础设施的情况，审阅了相关材料，并就有关问题进行了质询。虽获原则通过，但也存在着办学定位和特色不够清晰、文字论述尚欠严谨、背景支撑不够系统等一些问题，需进一步整改完善。

4. 完善与报批

根据专家组提出的合理意见，按要求组织力量在春节期间加班加点修改完善相关材料，春节过后将修改完成的申报材料报教育厅，专家组一致同意将新建学院提交省高校设置评议委员会审议，并按程序上报省人民政府审批。同时，将新拟订完成的学院发展规划和师资队伍等5个规划和首批招生的5个专业的人才培养方案报省教育厅审批。

历经5年的精心筹建，2016年3月，省人民政府以《关于同意组建云南水利水电职业学院的批复》（云政复〔2016〕20号）正式同意组建云南水利水电职业学院；4月教育部《关于公布实施专科教育高等学校备案名单的函》（教发厅函〔2016〕41号）通过学院设立备案，标志着云南水利水电职业学院正式成立。10月省委编办以《关于成立云南水利水电职业学院（云南省水利水电学校）的批复》（云编办〔2016〕196号）同意成立云南水利水电职业学院，为省水利厅管理的公益二类事业单位，不明确机构规格；同意将云南省水利水电学校整体并入云南水利水电职业学院，保留云南省水利水电学校牌子。

2016年9月27日，学校富民校区迎来了首批高职学生，圆了广大教职工多年来的一个高职梦。同时，中职学校在蓝龙潭校区继续办学，“一套人马、两个校区、中高职相互贯通、相互衔接”的水利职教新格局正式形成。云南水利水电职业教育从中职到高职，从蓝龙潭到富民，实现了新跨越，开辟了新征程。

三、教育成效

回首云南水利水电职业教育走过的道路，特别是近40年来走过的道路，国家教育优先发展战略是基础，云南省水利行业的支持是关键。

国家教育优先发展战略是基础

教育是民族振兴、社会进步的基石，是提高国民素质、促进人的全面发展的根本途径，寄托着亿万家庭对美好生活的期盼。建设教育强国是中华民族伟大复兴的基础工程，国家把教育事业放在优先位置，加快教育现代化，办好人民满意的教育战略是学院快速发展的基础。

云南省委、省政府十分重视高等职业教育的发展。根据《云南省“十二五”教育事业发展规划》“建设一批区域性高水平大学、骨干高职院校”“加快发展高等职业教育”的部署，《云南省高等学校设置“十二五”规划》明确提出，重点建设12所高职（高专）学校，云南水利水电职业学院是其中一所。2012年6月，云南省教育厅《关于筹建云南水利水电职业学院的批复》，同意筹建云南水利水电职业学院。2016年学院建设项目列入云南省现代职业教育扶贫工程建设规划，申请获得国开行专项贴息贷款，目前贷款资金已全部到位。

水利行业的支持是关键

云南省是水资源大省，水资源总量2210亿m^3，排全国第三位，可开发的水能资源居全国第二位。但云南省水利基础设施不足，水资源开发利用程度仅为全国的三分之一，洪旱灾害频繁，水土流失和水污染严重，水问题已成为制约云南经济社会发展的头等大事。2011年云南省出台了《关于加快实施“兴水强滇”战略的决定》。“十三五”期间，云南省将按照中央要求加快路网、航空网、能源保障网、水网、互联网五大基础设施网络建设，其中，五年投入2000亿元以加快安全可靠的水网建设。同时，被国务院列为172件重大项目之一的滇中引水等重大水源工程已开工建设；金沙江中游水电开发陆续开工的向家坝、溪洛渡、白鹤滩、金安桥、鲁地拉、龙开口等一批重点水电站建设，总装机容量达4142万kW，相当于2个长江三峡电站。2018年云南省新开工62件重点水网工程，超额完成年度新开工50件目标任务。在建水网工程超过350件，总投资规模超过1600亿元。

行业的快速发展迫切需要技能人才的支撑，云南省委、省政府高度重视“兴水强滇”战略的全面实施和安全可靠的水网建设，面对多年的连续干旱和工程性缺水的客观实际，省委书记、省长等省委、省政府领导多次指出，兴水强滇，经济是基础、人才是关键，必须把基层水利水电建设管理等方面的技术技能人才的培养放在更加突出的位置。为确保学院建设项目的顺利实施，自2012年以来，省政府多次组织到建设现场调研和召开学院筹建专题会议。

云南省水利厅高度重视，成立了由厅长和厅党组书记任组长，相关厅领导任副组长，各处室和直属单位负责人为成员的学院筹建协调领导小组，举全厅之力，统筹各方资源，按省委、省政府的要求，全力推进学院建设。

为加快推进学院筹建工作，2014年4月，云南省水利厅党组决定组建学院筹建处。筹建处工作人员从云南省水利水电学校、厅建设管理站、牛栏江—滇池补水工程办公室、

云南省水利厅领导现场调研学院建设及办学情况

省水利水电勘察设计研究院、省水利水电投资有限公司借调。筹建处在省水利厅云南水利水电职业学院协调领导小组的领导下开展工作，全面履行项目法人单位职责，并从办公条件等方面给予支持。

（一）为云南职教事业发展输送人才

学校持续加大师资队伍建设力度，科学制定并认真落实相关规章制度，拓宽师资来源渠道，构建教师专业化成长平台，促进教师专业化发展，完善“双师型”教师培养体系，建设了一支数量适中、高素能的具有水利水电行业特色的职业教育教师队伍。通过实施“云岭教学名师”培养计划，遴选水利教学和科研水平居全省前列的优秀教师进行重点培养，力争到2020年培养造就1～2名水利类“云岭教学名师”。

学校人才培养以岗位成才为导向，以不断提升职业素质和职业技能为核心，以高技能人才培养为重点，培养出一批批数量充足、技艺精湛、素质优良的高级技能人才队伍。全面提升技能人才的职业能力和素质，加强高技能人才培养选拔，加强职业技能培训、考核和鉴定，大力开展技术创新推广工作。进一步拓宽技能人才成长上升通道，营造技能人才成长的良好环境，鼓励高级技能人才成长成才，为云南职教事业发展输送大量人才。

（二）为云南水利水电事业发展输送人才

我国经济发展进入新的阶段，党中央、国务院提出加快推进创新驱动发展。习近平总书记指出，“人才是创新的根基，是创新的核心要素，创新驱动的实质是人才驱动”。全面实施创新驱动发展战略，必须强化人才优势，加快形成一支规模适度、富有创新精神、敢于承担风险的创新型人才队伍，最大限度地激发人才创新创造创业活力。以云南水利发展需求为导向，适应云南省经济社会发展，迫切需要坚实的创新人才支撑，必须加快推进创新型高层次水利人才培养体系建设。

“十三五”期间，云南省加快实施“兴水强滇”战略，以选拔培养高层次水利人才为引领，以服务发展、强化基层为重点，切实加强水利人才队伍建设，学校为全省水利事业可持续发展提供了有力的人才支撑和智力保障。

（三）为云南经济社会发展做出贡献

学校的发展与云南本省的发展血脉相连、息息相关，建校60年以来，为云南经济社会的发展做出较大贡献。学校高度重视“双创”工作，成立了产教领导小组，下设大学生“双创”办公室，不断完善我院“双创”制度建设，不断推进双创工作，致力于双创示范基地的建设。加强和完善校企合作模式，积极引进企业进驻学校，带动学生“双创”工作。2018年年底建成大学生创新创业实践基地一个，推进校园“格子铺”建设和“跳蚤市场”建设，为学生创新创业提供实践平台，不断开展“双创”教育教学活动，开设大学生创新创业选修课，普及国家鼓励大学生创新创业政策，提高学生创新创业意识，激发学生兴趣，鼓励学生进行创新创业尝试，持续开展大学生创新创业相关活动。

学校积极参与国家精准扶贫项目，党委坚持“党建带扶贫、扶贫促党建，以扶贫攻坚成效检验党建成效”的思路，开展党建扶贫“双推进”活动。在挂包帮扶的文山州西畴县新街镇安乐村委会学校因户施策，制定了“抛砖引玉建新房、教育文化扶贫、地埂经济产业扶贫”等精准扶贫措施，用针对每户捐赠1.5万块砖的引力，引来了30户新房的落成，彻底解决了住房困难的问题。帮助落实各类扶贫资金276万元（其中，学校及党员干部捐款、捐物等折合投入帮扶资金31.3万元）。学校帮扶的32户贫困户，危房改造已全面完成，人居环境提升31户已完成，提振了贫困户脱贫的信心和决心。挂牌成立“安居乐业文化站”，东瓜冲上村共建“党建扶贫双推进”活动室。捐赠物资改善办公条件，送书、送春联、送文化下乡，用点滴细腻之爱，扶起贫困户即将颓废的致富之志。聚合5所省属重点中高职院校，对西畴、广南县的建档立卡贫困户子女实行“两优先全免除一补助”的教育扶持政策，截至2018年，帮扶地区在学校上学的中高职学生一共35名（中专层次15名，大专层次20名）。2018年为帮扶地区学生免除各类费用3.8万元，发放各类奖助学金2.8万元，办理助学贷款4万多元。

走访慰问贫困户，开展“送温暖共度春节”活动

学校积极发挥作用，进一步做好精神文明创建和群团工作，营造育人氛围，深化“平安校园”建设。为构建社会主义和谐社会起到了积极影响和带头作用。

四、典型案例

案例一：教育“补短板”助推云南水利水电职教进入新时代

1. 项目背景

2014 年在省政府的决策部署下，将学院项目建设模式由代建制调整为 BT 模式，不足部分建设资金 4.68 亿元由施工单位融资解决，暂时缓解了建设资金压力，项目得以顺利开工建设。根据与施工单位签订的 BT 合同约定，项目竣工验收后，按“442”的比例分三年回购，即 2017 年回购 40%，2018 年回购 40%，2019 年回购 20%。随着项目的推进，由施工单位垫资建设的回购资金成为学校发展的“拦路虎”。学校是公益二类事业单位，办学经费均来自于生均拨款，因高职学院 2016 年才开始招生办学，当年在校学生只有 470 余人，因此按此人数的生均拨款，无法保证学校的正常运转。2016 年，在省水利厅的协调下，学校向云南水投公司借款 1600 万元，用于保障基本办学条件。学校办学举步维艰，而且还面临着上亿元的融资款需回购，若不能如期回购，将会产生高额的违约金，这对学校来说无疑是雪上加霜。

2. 实施情况

在云南省水利厅的果断决策和协调下，在省教育厅和省发展改革委的大力支持下，2017 年 1 月，省教育厅《关于公布云南省现代职业教育扶贫专项规划获批项目的通知》（云教办〔2017〕3 号），将学院建设项目纳入云南省教育“补短板”行动计划，并争取到国开行贴息贷款 3.3 亿元，对学校来说，这无疑是雪中送炭、解危济困！

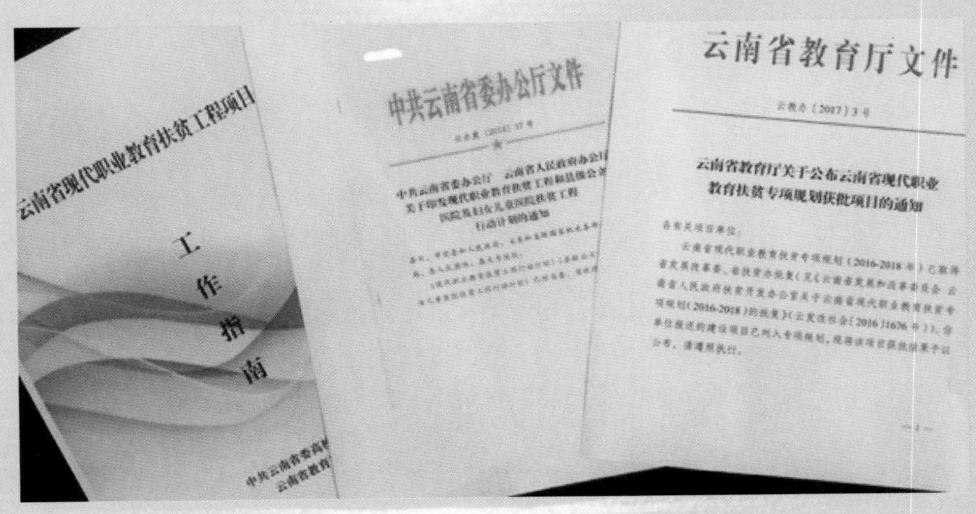

学院建设项目纳入云南省现代职业教育扶贫工程

根据《关于印发现代职业教育扶贫工程和县级公立医院及妇女儿童医院扶贫工程行动计划的通知》（云办发〔2016〕57 号）要求，学校立即启动现代职业教育扶贫工程工作，由院长牵头负责，安排专人负责跟踪落实。2017年，学校完成四方（省水利厅、教育厅、医投、学院）贷款协议签字盖章。按照国开行要求完成立项、环评、规划、土地四项审批资料。随后云南云投职教扶贫开发水职院有限责任公司在盘龙区市场监督局注册成立。职教扶贫专项贷款3.3056亿元一次性拨付项目公司账户。经审计单位审定和国开行多次审核同意后，向施工单位支付工程款2.63亿元，工程款支付比例达85%，其余还有4000万元工程款待项目竣工验收后支付，剩余3000万元用于支付建设期利息和建设管理费，有力地促进了项目收尾建设和竣工验收。

3. 经验和做法

（1）各级领导高度重视。学校高职学院筹建以来，针对项目建设存在的困难和问题，省领导多次到现场调研并召开相关专题会议给予解决。其中时任分管副省长3次召开省政府专题会议，2次到项目现场调研建设进展和资金缺口情况。2016年2月，时任省水利厅厅长率队一行10余人到国开行协调学院建设项目贷款事宜，国开行答复云南省即将出台扶持职业教育的计划，相关政策和措施出台后将积极支持学院建设。现任省水利厅厅长刘刚多次组织召开厅党组会，专题研究学院建设项目职教扶贫贷款工作。从以上情况来看，省厅领导对学院建设资金短缺的问题一直高度重视并提前谋划和打算，为学校顺利争取国开行贷款打下了良好的基础。

（2）依法依规推进职教扶贫工作。通过贷款主体转变，成立项目公司并承接贷款，此做法在云南省尚属首次，是全新的操作模式，部分具体业务部门对此模式尚未充分了解，甚至还与相关政策存在一些碰撞。在推进职教扶贫工程工作中，被“事业单位是否可以出资成立公司？国有资产是否可以划转到项目公司名下？学校领导是否可以在项目公司兼职？”等一系列问题所困扰，因此，学校逐一到相关部门进行落实和请示。单就第一个问题，省水利厅就召开过两次厅党组会议进行研究，并在第一次厅党组会时，提出了调研材料和汇报材料不够充分、翔实的问题，要求要咨询省纪委、审计、财政等相关部门意见和其他学校的做法后再上会研究。会后，分管厅领导带领学校人员分别到上述单位汇报请示，在充分调研和征求意见的基础上，在第二次厅党组会上得以通过，后批复成立项目公司。

上面只是其中一个案例，在职教扶贫工作推进过程中，学校纪检监察室和法律顾问全程参与把关，在每一个决策之前调研清楚并向相关部门汇报请示，在依法依规的前提下确保项目规范的有序推进。

（3）加强配合协调。由于此次职教扶贫工作涉及单位多，协调工作量大，而且时间紧迫，审查审批严格，学校负责此项工作的人员高度认真负责，充分发挥“铜头、铁嘴、橡皮肚”的工作作风。一是要多向主管部门汇报请示，定期汇报工作进展，让主管部门了解和掌握工作动态，以便争取高位协调和推动；二是由于职教扶贫项目多、各家情况不同，具体业务部门需一对一指导和帮助解决，这就要求学校要及时做好与医投、国开行的沟通协调工作，便于拿出每个项目的具体解决方案，有利推动了工作的开展。

教育“补短板”贷款资金的及时到位和支付，切实促进了学院建设项目的收尾和竣工验收，有力助推了云南水利水电职业教育的改革发展，开辟了发展的新征程、标志着教育新时代的到来。

案例二：教育综合改革重点项目“制定高职学院管理体制和运行机制”

1. 学校教育综合改革重点项目总目标

2016年学校高职学院招生办学后，为适应跨越发展的需要，确保学校内设机构的合理配置，规范干部职工的选拔任用和竞聘，建立健全学校选人用人和绩效管理机制，建设一支精干高效、结构合理的教职工队伍，规范和提高教育教学管理水平，促进各项工作又好又快发展，本着“机构设置合理、岗位职责明确、绩效分配公平、人员各尽其能”的目标，形成“人才脱颖而出、干部能上能下、梯队结构合理、队伍充满活力”的用人机制，体现“多劳多得、奖惩并举”，充分调动广大干部职工的积极性。学校进行“定内设机构及职能、定岗位和职责、定人员、定绩效（含系数）”工作（以下简称“四定”），使学校规范高效运行。

以人为本。“四定”工作要充分体现以人为本原则，全面考虑学校全体教职工的实际情况，在“四定”工作过程中，既要保证按规定操作和执行，又要充分尊重教职工的个人意愿。

依法依规。“四定”工作政策性强，工作中坚持按照相关的政策法规进行，保证全体教职工的合法权益。

平稳过渡。“四定”工作涉及中高职的过渡和衔接，要积极做好教职工的思想政治工作，确保各项工作平稳有序推进。

公开公正。“四定”工作的整个程序及相关的政策法规坚持透明公开，整个过程充分征求全体教职工的意见，保证所有教职工享受平等的权利。

双向选择。教职工根据自身实际情况，初步选择适合自己并且能够胜任的岗位，学校（部门）依据相关程序，最终确定各岗位人选。

2. 改革措施

加强组织领导，明确目标任务。2017年2月启动“四定”工作，成立了以党委书记为组长，其他校领导为成员的“四定”工作领导小组，领导小组下设办公室，由7名工作人员负责办公室具体工作。

确定了六项工作任务：一是定内设机构及职能；二是定岗位和职责；三是定人员；四是定绩效（含系数）；五是制定“四定”工作相关配套实施方案和办法；六是编制学校“十三五”规划。

考察学习，方案起草。组织“四定”办人员到省内外各高职院校考察学习，制定学校“四定”工作实施方案，起草学校内设机构及人员编制方案，部门职责，中层干部选拔任用办法、专业技术和部门管理人员竞聘办法、绩效管理办法等讨论稿。

征求意见，摸底调查。将相关方案、办法讨论稿印发并学校各部门组织学习讨论，广泛征求全体教职工意见与建议并通过各类会议进行宣传和解释，结合实际进行修订后完成送审稿（修订稿），将送审稿（修订稿）再次在学校内广泛征求意见与建议并报送省内外专家咨询。同时对全校干部职工的基本情况进行摸底调查，对相关资料进行收集、整理和汇总。

审议和审定。根据内外各方意见建议，结合学校具体实际情况，修改完善相关方案、办法，完成试行稿，经学校职代会审议通过，党委审定后组织实施。同时，将试行稿上报主管部门备案。

中层干部选拔任用、专业技术岗位和一般管理岗位竞聘。中层干部调整，而后空缺岗位职数补缺以竞争上岗方式选拔，启动专业技术岗位和一般管理岗位竞聘上岗工作。

工作交接、学习总结。人员宣布就位后，进行工作交接，学校两校区做好秋季开学准备，“四定”工作总结、完善、试运行。

3. 学院教育综合改革成果

2017 年开展的“四定”工作，开辟了学校建设的第二战场，2017 年暑假前“四定”工作总体完成。学校干部轮岗调整率达 90%以上，中层空缺岗位实行公开竞争上岗；专业技术人员 100%重新聘任；所有部门行政坐班人员实行双向选择，重新聘任；绩效改革向一线教师倾斜，管理人员和专业技术职务人员实行统一的岗位绩效平台，2017 年秋季学期开始全部人员重新上岗就位，全校教育教学秩序稳定有序。

学校召开“四定”总结工作暨学院发展动员大会

为加快改革发展，学校积极推动二级管理改革探索，加强二级（系部）党政领导班子建设，制订出台了《系党政联席会议制度（试行）》，该制度是系党政管理的基本制度和决策形式，系部重要事项必须经过党政联席会议讨论和决定，已初步形成集体领导、党政分工合作、协调运行的工作机制。同时，进一步明确二级预算部门的责、权关系，规范二级预算部门的财经行为，在高职学院成立初期先选取部分经费项目在学生管理部门和直接教学部门进行二级预算管理的改革试点，并制订了《学院二级财务管理实施细则（试行）》。

为满足云南水利水电事业快速发展对人才的新需求，学校在蓝龙潭校区，积极探索“2+2+1”的培养模式，创新办学思路，积极搭建可有机衔接中职到高职甚至本科的，能互通职业教育、普通教育、继续教育的水利水电人才成长“立交桥”。

在全国水利职业教育改革与发展 40 年的基础上，立足新时代、面向新征程，云南水利水电职业学院正积极努力地通过水利水电职教集团和产教融合、校企合作两个渠道合力打造“知行合一”的应用技能特色。全面加快专业建设、课程建设、实验实训建设和师资队伍建设步伐，形成水利、电力类专业为主，建筑、管理类专业为辅，中职与高职、专科与本科、函授相衔接，办学规模、结构质量和效益协调发展的办学格局。着力培养生产、建设、管理、服务第一线需要的高素质劳动者和技术技能人才，为云南省经济社会可持续、跨越式发展提供可靠的技能支撑和人才保障。

厚德笃学育英才　勇立钱江谱新篇

——浙江同济科技职业学院

一、学院综述

浙江同济科技职业学院有近60年的办学历史，前身是1959年成立的浙江水电技工学校和1984年成立的浙江水利职工中等专业学校。1996年，浙江水电技工学校与浙江省水利水电干部学校、浙江水利职工中等专业学校三校联合办学。2001年，浙江水利职工中等专业学校更名为浙江水利水电学校，2007年经浙江省人民政府批准升格为浙江同济科技职业学院，浙江水电技工学校撤销。目前浙江同济科技职业学院与浙江省水利水电干校合署办学，采取的是“一套班子、两块牌子”的管理模式。

学院由校本部（339.4亩）、大江东校区（635.9亩）、城北校区（23.6亩）组成，总占地面积998.9亩，总建筑面积17.68万 m^2。现有教学仪器科研设备总值7000余万元，馆藏纸质图书和电子图书93万余册。校内有18个校内实训基地，130个校内实训室，其中中央财政支持实训基地2个，省级示范实训基地7个，实训场所总面积5.9万 m^2。

学院立足浙江，依托行业，以大土木类专业为主体，以水利水电、建筑艺术类专业为特色，相关专业协调发展，致力于培养生产、建设、管理一线需要的高端技能型专门人才。设有水利工程系、建筑工程系、机械与电气工程系、工程与经济管理系、艺术设计系、基础教学部（思想政治部）6个教学系（部），开设水利工程、建筑工程技术、环境艺术设计等22个专业，在校全日制学生6800余人。有与美国贝茨技术学院、圣马丁大学合作办学专业2个，有中央财政支持建设专业2个，浙江省高职高专院校优势、特色建设专业项目10个，全国水利高等职业教育优质专业、骨干专业、示范专业及水利示范院校重点建设专业11个，国家及省级精品课程、国家专业教学资源库课程16门，省部级以上重点教材、优秀教材、新形态教材等31种，获省部级教学成果奖10项。

学院注重高技能人才培养，建有18个校内实训基地、356个联系紧密的校外实习基地。作为教育部现代学徒制试点单位，成立现代学徒制学院“大禹学院”，积极开展“现代学徒制”人才培养模式改革。设有国家职业技能鉴定所、水利行业特有工种技能鉴定站，开展职业鉴定工作，每年为行业培训考证服务近万人次。

学院秉持“厚德、笃学、修能”的校训，以“水”特色校园文化品牌建设和“忠诚、干净、担当，科学、求实、创新”的新时代水利精神融入为抓手，加强校园文化建设。

学院于2008年获“国家技能人才培育突出贡献奖”；2011年被评为全国水利职业教育先进集体；2012年被评为中国教育改革创新示范院校；2014年高质量通过全国水利职业教育示范院校建设验收；2015年被评为浙江省高职院校中唯一一家“全国文明单位”；2016年被水利部确定为全国水利行业高技能人才培养基地；2018年成为全国优质水利高

职院校建设单位。

浙江同济科技职业学院校训

二、发展历程

浙江同济科技职业学院地处浙江省杭州市萧山高教园区，自1978年改革开放以来，40年励精图治，风雨兼程，坚持扎根行业，服务地方，积极为浙江水利事业发展培养人才、贡献力量，在服务地方中不断发展壮大。2007年升高职以来，学院厚积薄发，办学条件不断改善，办学规模稳步扩大，教育质量持续提高，社会影响日益增强，正在向着高水平建成特色鲜明、国内一流的水利类优质高等职业院校的目标大步前进。

学院前身浙江水电技工学校创办于1959年，1962年和1970年两次停办，1974年恢复办学，1978年恢复统考入学制度，招收初、高中毕业生。1974年复校以后，在专业设置上，以车工、钳工、电工内燃机修理为主，兼顾铸造、铆焊、测量、汽修驾驶等专业，主要为浙江省水利水电系统培养和输送既有专业理论知识，又有劳动技能的中级技术工人。

浙江水利职工中等专业学校（简称“职工中专”）于1984年成立，与浙江省水利水电干部学校合署办学，招收浙江省水利系统具有初中毕业文化程度的青年职工并开展学历教育。1992年12月，职工中专被水利部确定为首批水利行业职工培训基地。

1996年4月，浙江水利职工中等专业学校与浙江省水利水电干部学校、浙江水电技工学校三校合并，联合办学，学校发展进入新的阶段。

2001年3月，职工中专更名为浙江水利水电学校。同年12月，浙江水利水电学校被浙江省教育厅认定为省一级重点职业学校。自2002年起，为进一步扩大学校办学自主权，学校试点提前自主招生。2004年3月，被教育部办公厅认定为首批国家级重点中等职业学校。2005年2月，荣获“中国水利教育协会先进单位”荣誉称号。2006年12月，成功承办了全国水利中等职业学校职业技能竞赛，荣获团体奖第一名，并获得最佳组织奖。同年还被水利部命名为2004—2005年度“全国水利文明单位”。

浙江同济科技职业学院于2007年2月经浙江省人民政府批准正式成立，与浙江省水利水电干部学校合署办公。2009年5月经水利部审核，学院被确认为水利行业定点培训机构。自2011年起，学院组织开展了全国水利职业教育示范院校建设工作，并于2014年成功通过验收。作为水利部首批水利行业高技能人才培养基地之一，学院深耕水利职教树良好口碑，于2016年成功承办了第十届全国水利高等职业院校“浙江围海杯”技能大赛，并举办了十周年成果展，获得综合团体奖第二名和最佳组织奖。学院按照水利部、教育部《关于进一步推进水利职业教育改革发展的意见》以及教育部《高等职业教育创新发展行动计划（2015—2018年）》有关要求，全面推进教育教学改革，于2018年7月被中国水利教育协会认定为全国优质水利高等职业院校建设单位。

校园全景

三、教育成效

（一）创新机制体制，增强办学活力

学院自建院以来，通过出台《浙江同济科技职业学院章程》《浙江同济科技职业学院党委领导下的校长负责制实施办法》等制度，完善管理体系、提升管理效能、激发办学活力。学院以创建优质高职院校为目标，全面推进教育教学体制机制改革。一是推进课堂教学创新行动，以培养“软硬能力”相融渗的职业核心能力为目标，开展混合式教学、翻转课堂等改革探索，“理实融合、实践育人”的人才培养模式改革获2014年省级教学成果奖一等奖；二是开展现代学徒制试点，通过创新“政府推动、行业指导、校企双主体”的四方联动人才培养机制，搭建校企联合培养、一体化育人的校企合作育人平台；三是积极开展创新创业教育，成立翔宇创业学院，逐步形成创新创业教育体系，为学生营造能创业、敢创业、创成业的良好环境。

（二）完善学科体系，加强专业建设

依托水利行业，围绕市场需求，从20世纪60年代学院前身浙江水电技工学校设立水电机械类专业实施招生开始，逐渐拓展到水利工程施工、管理、水电站设备、水资源管理、水利工程造价等专业领域。浙江同济科技职业学院成立后，形成了以土木类专业为主

体，以水利水电类专业为特色，相关专业协调发展的专业格局。经过科学的布局动态调整，目前开设了与现代水利建设相适应的水利工程等专业22个，致力于服务现代水利行业及其他相关产业。在专业格局框架下，以“理实融合、全程实践育人”思想为指导，以水利水电类专业为引领，各专业不断加强专业建设，开展人才培养模式改革探索。经过四十年来的实践，逐渐显现了自身特色，取得了一批专业、课程、教材建设成果和教学成果，得到了社会的充分肯定。

（三）引进培养并重，强化师资力量

在近40年的办学历程中，学院高度重视师资队伍建设，教师数由1978年浙江水电技工学校时期的26人发展到2018年的435人，其中专任教师达261人。教师素质不断提升，专任教师中硕士及以上学位比例为74.72%，双师素质比例达83.91%。近年来，通过实施“一平台、三维度、四梯度”教师培养计划，聘用技能大师、能工巧匠、职业经理人担任技能导师等措施，打造形成了一支数量充足、结构合理、行业认可的“双师型”教师队伍。教师中获得全国优秀教师、享受国务院特殊津贴专家、浙江省“151人才工程”、水利“325拔尖人才工程”等各类人才项目获得人员30余人。

（四）坚持质量为主，培养高素质人才

以提高教学质量为核心，以建立现代质量文化为先导，不断完善院系二级督导评价工作框架。以诊断与改进为抓手，构建“五纵五横一平台”的内部质量保证体系实时构架，强化学院各层级管理系统间的质量依存关系，逐步形成全要素网络化的内部质量保证体系。参照《悉尼协议》探索建立了“六位一体”多元化教学督导评价体系，建立了更为完善的课堂教学质量监控机制。多年来学院不断完善针对课堂教学诊断和改进的督导评价工作体制和机制，推进常态化、智能化、全覆盖，具有较强预警功能和激励作用的质量管理和保证体系建设，已成为学院培养水利行业高素质人才的重要保障。

（五）紧跟时代特色，完善信息化建设

经过多年的智慧校园建设，学院建成了以信息门户、数据中心和统一身份认证三大平台为基础的信息化应用支撑平台；建有协同办公、教务、学工、科研、人事、资产、一卡通等核心业务系统；建有产学研一体化的BIM（建筑信息模型）中心、水利农业智能实训中心和多个专业的虚拟仿真实训系统；拥有网络课程、教学资源库、微课、慕课等多种形式的网络教学平台与数字化资源。学院以服务师生为中心，大力推进网上办事大厅、大数据采集和分析平台建设，利用信息技术助力师生实现“最多跑一次”和“最多报一次”；积极打造个性化的“移动同科”APP和丰富多样的微信公共平台。通过校园无线网络全覆盖，为师生提供高效、智慧化的校园服务。

浙江同济中技BIM创新创业中心挂牌仪式

（六）创造办学条件，提升院校能力

作为长三角地区唯一一所水利类高职院校，学院紧密依托长三角经济优势和水

利建设事业高速发展及所处国家级高新区的开发战略，加快基础设施建设，为未来发展打下了良好基础。学院逐年增加办学经费投入，从 1978 年的 30 万元，到 1996 年三校合并时的 254 万元；从 2007 年正式建院时的 11036.5 万元，到 2018 年年底 18706.9 万元；2018 年与 1978 年相比，增加了 18676.9 万元，增长率达到 622.6%。从建校之初到三校合并办学，从钱塘江南岸搬迁至萧山高教园区，随着校园面积的扩大，学院不断加大基础设施和实训基地的建设力度，建筑面积达 17.68 万 m^2。目前，生均占地面积 109.06m^2，生均实训场所面积 9.57m^2，生均教学仪器科研设备值 1.085 万元，生均基本条件均居同类院校前列。

（七）推进产教融合，强化校企合作

学院认真贯彻落实党中央、国务院关于推进职业教育综合改革的决策部署，深化产教融合、校企合作，着力推进人才培养供给侧和产业需求侧结构要素全方位融合。学院主管厅局大力支持学院的产教融合工作，成立了浙江省水利行业校企合作办学协调委员会，制定出台了《关于进一步推进我省水利职业教育发展的意见》《关于推进厅属院校与水利行业融合发展的意见》等系列文件，支持引领学院开展产教融合工作。学院组建了浙江同济科技职业学院职教集团，并与省内 11 个地级市水利局合作建立校企合作工作站。经过不断的探索实践，构建了以学校、企业、学生等三方共赢为“一个目标”、以企业和学院为“两个育人”主体、以上级主管部门、学院和各系等“三个层面”的组织机构为基本框架、以五个系校企合作办公室为联络纽带的校企合作“5321”模式。

（八）加强院校合作，拓展国际交流

2013 年以来，学院积极拓展国际交流与合作，不断推进办学国际化进程，人才培养等工作逐步与国际接轨。2014 年，学院设立“国际交流中心”，具体负责开展对外教育交流与国际合作、与港澳台地区的交流合作及其他相关工作。学院积极引进境外先进教学及管理理念，聘请外籍教师，不断加强国际交流的深度与广度。同时，派遣师生前往友好院校进行交流研习，为宣传本土文化做出了贡献，促进了文化交流与理解。近年来，学院先后与美国、澳大利亚、泰国、中国台湾等国家与地区的 10 余所国（境）外院校签订了友好合作协议。与美国贝茨技术学院合作的机电一体化专业中外合作办学项目已运行培养了一届毕业生，和美国圣马丁大学合作的水利工程专业中外合作办学项目 2019 年正式启动。

（九）激发学生活力，丰富校园文化

学院以“立德树人”为中心，坚持对水文化传承创新，注重特色品牌文化培育工程和校园文化景观提升工程，大力加强“扬伟人精神、树厚德之人”的“伟人文化”和“承大禹之志、传治水文化”的“治水文化”两大核心文化建设，努力构建具有历史传承、水利特色、时代特征和高职特点的校园文化体系。围绕两大核心文化，学院已建设形成“1+4+5”特色文化品牌格局：1 项全国高校优秀品牌（扬伟人精神、树厚德之人“周恩来班、邓颖超班”创建工作），4 项全国水利职业院校文化品牌（“亲水之旅”、情感育人文化、勤学文化、“三干”文化），5 系形成“一系一品”系列文化品牌。学院校园文化建设获得了社会高度好评，中国水利报、浙江教育报、浙江电视台等多家省部级以上媒体都做出了相关报道。

2018届中美合作机电一体化专业毕业典礼暨副学士学位授予仪式

（十）强化思政教育，坚持立德树人

奕永庆节水大师工作室揭牌仪式

学院以习近平新时代中国特色社会主义思想为指导，切实落实全国全省思政工作会议精神和党的十八大、十九大会议精神，全面加强思想政治工作。通过建强思想政治教师队伍、推行课堂教学改革、优化教学管理模式、调整考核评价体系等提升思想政治课教学质量；大力强化专业课程育人导向，推动"思政课程"向"课程思政"转变，积极探索第一、二、三课堂结合，实行"三合一"实践教学模式；深入实施文化育人工程、实践育人工程，加强文明寝室建设和大学生心理健康教育，全方位推进大学生思想政治工作改革创新。以党建引领内涵建设，积极引导广大师生服务水利中心工作，"'五措并举'显身手'五水共治'当先锋"项目入选浙江省高校党建特色服务品牌案例。

四、典型案例

案例一：积极探索产教融合新模式，创新打造现代学徒制学院

党的十九大报告提出"深化产教融合"，紧紧围绕新时代推进人力资源供给侧结构性改革的迫切要求，对新时代教育工作作出新部署，是指引新时代教育工作的行动指南。学

院根据当前水利事业发展的人才需求，结合水利职业教育内涵式发展的实际要求，积极探索产教融合理念在水利职业教育领域的实践，率先成立现代学徒制学院（即“大禹学院”），对水利行业技能人才培养起到了促进作用。

大禹现代学徒制学院成立大会

1. 搭建统一平台，实施标准管理

2014 年，学院按照国务院文件精神，打破“学”与“用”的藩篱，试水“现代学徒制”人才培养模式，开设了水利类工程专业现代学徒制人才培养改革试点班——大禹班。创新“政府推动、行业指导、校企主体”的四方联动人才培养机制，搭建校企联合培养、一体化育人的校企合作育人平台。学院相继开展了“1＋N”（1 个专业与多家企业）、“1＋1”（1 个专业与 1 家企业合作）、“X＋1”（多个专业与 1 家企业）等多种合作形式的现代学徒制人才培养，2016 年，学院被确定为浙江省现代学徒制试点单位。在此基础上，成立“大禹学院”，实行二级学院管理模式，采用理事会制度，管理层由学校和企业共同组成，在理事会的直接领导下，实施“资源共享、人才共育、校企共管”三位一体的校企紧密型管理模式，在学徒选拔、人才培养方案制订、课程设置等方面建立新的标准体系。

2. 校企共同育人，实现工学交替

大禹学院的人才培养模式有三个主要特征：一是双主体，即学校和企业两个育人主体；二是双身份，即培养对象具有学校学生和企业学徒双重身份；三是双场所，即在学校和企业两个场所实施教学实践，实现工学交替。水利类专业开展“三阶段三交替四环节”现代学徒制培养，将三学年六个学期划分为三个阶段，通过三次工学交替，实施“学中练、练中学、学中做、做中创”四个环节培养，实现学生（学徒）向技术技能人才转变。其他专业根据不同的专业特点，通过校内教学和项目实践相结合的形式，采用交互教训、双师共育的教学形态，实现“实践成长、岗位成才”的“双成”培养目标。

3. 改革管理模式，实践教学创新

大禹学院创新提出“三制”管理模式，即在学业完成效果评估上采用“学分制”，在教授主体上采用学校导师和企业导师的“双导师制”，在管理过程中营造积极向上竞争氛围的“进入退出制”。大禹学院灵活教学过程，实施“三小”教学，即在课程设置中增加培养沟通、管理、团队协作等可迁移能力的“小学分”课程，在教学过程中采用更有利于师生互动交流的“小班化”教学，在实践过程中开展方便企业导师更好指导的“小组别”实训。

大禹学院通过签订培养三方协议、建立多方考评体系、构建质量保证机制等多环节、多举措的保障措施，确保现代学徒制成为深化产教融合、校企合作，推进工学结合、知行合一的有效途径。作为教育部（第三批）现代学徒制试点单位，学院正按照国务院关于加快发展现代职业教育的精神，加大水利技术技能人才的培养力度，提供现代学徒制人才培养的“同科”方案。

案例二：弘扬伟人精神　培育时代新人

——“周恩来班”“邓颖超班”创建工作

1. 精心筹划，开篇创建活动的顶层设计

学院升格为高职院校后，把“如何促进学生成长成才”作为德育工作的首要问题，立足新时代大学生的身心特征，提出了创建“周恩来班”“邓颖超班”的愿望，获得中共中央文献研究室、周恩来邓颖超研究中心的批准，成为全国第一所申请成立“周恩来班”“邓颖超班”的公办高职院校。2009 年 6 月，成功举行首届“周恩来班”“邓颖超班”命名仪式。经过十年探索实践，逐步建立了以“周恩来班”“邓颖超班”创建为抓手的大学生德育工作新途径、新举措，鼓励大学生勇立新时代潮头，做新时代的坚定者、奋进者、搏击者。

2. 严格评选，构建创建活动的工作机制

学院成立创建研究会并邀请周恩来、邓颖超原秘书赵炜同志以及周恩来、邓颖超亲属周国镇同志担任名誉会长，纪东将军、周秉德女士担任顾问，为创建活动提供保障。在创建过程中，建立 360 度考评机制，设置考评指标体系和指标分数，构建系部初评、创建办复评、领导小组总评的三级考评制度。十年来，学院累计组织 800 多个班级，合计 3 万余名学生参与“周恩来班”“邓颖超班”的创建活动，完成创建“周恩来班”“邓颖超班”各 10 个，创建奖班级 27 个，赵炜等周恩来、邓颖超亲属及其生前工作人员多次到命名仪式现场为“周恩来班”“邓颖超班”授牌，创建活动荣获教育部 2010 年校园文化建设优秀成果三等奖。

3. 三全育人，搭建创建活动的育人平台

学院以学习和弘扬伟人精神为己任，以“周恩来班”“邓颖超班”的创建为抓手，形成“全员育人、全过程育人、全方位育人”的三全育人工作格局，重视扩大育人品牌影响力。与绍兴周恩来纪念馆共建学院思想政治教育基地，与杭州市萧山区各乡镇街道、衢州江山、丽水松阳共建“双百双进”社会实践教育基地，在服务地方的过程中，取得了一大批共建成果。近年来，全院师生坚持以伟人精神为指引，积极推进“五水”共治，努力当好“河小二”，高水平打造经济社会发展的“同科铁军”，中国水利报、浙江日报、浙江水利网、新浪网等媒体纷纷报道学院师生的“最美行为”。2018 年，“扬伟人精神、创‘周恩来班’‘邓颖超班’”伟人文化育人载体入围浙江省高校文化育人示范载体。

4. 砥砺前行，履行创建活动的根本任务

“周恩来班”“邓颖超班”的创建活动坚持以习近平新时代中国特色社会主义思想为指导，以立德树人为根本任务，围绕学生、发展学院、服务社会，做到创建工作与服务学生全面发展相结合、与学院中心工作相结合、与提升校园文化品牌相结合、与弘扬伟人精神圆梦民族复兴相结合的“四大结合”；做到始终为立德树人服务，始终为党治国理政服务，始终为改革开放和社会主义现代化建设服务的“三个服务”；做到因事而化、因时而进、因势而新，不断调整和创新创建工作的内容和形式，立足新时代、学习新思想、开启新征程，不忘初心，砥砺前行。

2018年6月21日至22日，学院隆重举行周恩来精神与大学生德育教育高校论坛、第十届“周恩来班”“邓颖超班”命名仪式。全国各级相关部门与30余所高校共100余名领导嘉宾参会，与我院1000余名师生代表共聚一堂，共同分享创建、命名的红色荣誉。

第十届“周恩来班”“邓颖超班”命名仪式

正道而行　大道至简

——山东水利技师学院（山东省水利职工大学）

一、综述

山东水利技师学院创建于1958年，隶属于山东省水利厅，是一所以培养技师、高级技工等高技能人才为主的高等职业院校，承担全省水利行业职业技能鉴定工作。山东省水利职工大学创办于1982年，是归口山东省教育厅指导的成人大专院校，2004年挂靠学院办学，2013年并入学院，保留牌子，承担成人大专（脱产）教育。

学院位于山东省淄川经济开发区教育园区，占地面积722亩，建筑面积20万m^2，固定资产4.3亿元，教学设备总值7000余万元，建有校内实训基地和专业实训室73个，校外实习基地143个。

学院设水利工程系、交通工程系、智能制造系、信息技术系、现代管理系和通识教育部等教学部门，校企合作设立唐骏汽车学院和电力工程技术系。现有教职工249人，其中副高级职称以上教师61人，硕士研究生76人，“双师型”教师96人；全国水利行业教学指导委员会专家1人，全国水利职教名师2人，全国水利职教教学新星3人；设立技能大师工作室3个；现有全国水利高等职业教育示范专业2个，省级示范专业群1个、省级名牌和重点专业2个、全省“百强专业”1个、省级一体化试点专业1个。在校生规模7000余人，年短期培训规模5000余人次。

改革开放40年来，学院为水利事业和经济社会发展输送了61000多名技能人才，被确定为国家级重点技工院校、国家级高技能人才培训基地、全国水利行业高技能人才培养基地、全国水利文明单位、全国职工教育培训示范点、抗震救灾突出贡献学校，以及山东省高等职业教育与技师教育合作培养试点院校、山东省“金蓝领”培训基地、省级花园式单位、全省水利系统文明单位，淄博市文明单位。

二、发展历程

1958年10月，山东省人民委员会批准成立了山东省水利技工学校，隶属于山东省水利厅，校部设在省水利厅工程局，实行“统一领导、队为基础、分散办学”方式，设“机械专业”和“建筑安装”两个专业。于当年11月招收学生1570人。

1960年4月，山东省人民委员会批准学校定址于淄博市周村区办学，批准规模2000人，建筑面积16600m^2，增设机械化、电气化专业，将开设专业增加到4个。当时学校占地仅195亩。由全校师生自力更生，发扬艰苦奋斗精神，开展劳动建校，完成基本建设建筑面积5645m^2，学校的宿舍、伙房、实习车间、餐厅全部由师生亲手修建。学校从此扎根淄博这块热土，栉风沐雨，浸润齐风鲁韵，传承稷下学风，弘扬工匠精神。1969年起，

2015 年学院被人力资源和社会保障部、财政部确定为国家级高技能人才培训基地

由于历史原因，学校停办 10 年。

1980 年，在改革开放的春风中，省计委批复同意学校恢复重建，选址张店，并改名为山东省淄博水利技工学校，规模定为 900 人。设内燃机运行与维修、汽车拖拉机驾驶与修理、水利电工工程安装等工种；后陆续设置水文地质钻探、挖泥船轮机（船舶轮机）等专业。

恢复建校以来，学院几代人适应职业教育发展形势，紧紧抓住历史机遇，发扬艰苦奋斗精神，与时俱进、励精图治，学院不断发展壮大，办学条件和办学功能不断改善，如同一颗璀璨明珠在全国水利职业教育领域中冉冉升起。

1993 年 11 月，学校恢复原名“山东省水利技工学校”，并被确定为全省重点技工学校。1994 年被原劳动部确定为全国重点技工学校，是全国水利系统第一个获此殊荣的技工学校。1999 年 2 月升格为山东省水利高级技工学校，是全国水利技工学校中第一所高级技工学校，被誉为“一枝独秀”。

2002 年 12 月更名为山东省水利技术学院。

2006 年 6 月，省发展和改革委员会批准学院在淄博市淄川经济开发区建设新校区。新校区规划占地 700 亩，规划建筑面积 18244m^2。2006 年 9 月，学院新校区正式开工建设。在山东省水利厅和地方政府的大力支持下，学院克服种种困难，在一年时间内完成了一期工程建设任务。2007 年 10 月学校整体迁址至淄川经济开发区新校区，实现一年建设、当年入驻的目标。2010 年 11 月改建为山东水利技师学院。2015 年，学院被确定为国家级高技能人才培训基地，2016 年被确定为全国水利行业高技能人才培养基地、山东省高职和技师合作培养试点院校，2017 年被确认为全国水利文明单位。

山东省水利职工大学创建于 1982 年，2004 年 8 月迁至淄博挂靠学院办学，开展普通高职教育。截至2008年共培养全日制普通高职学生2749人。2009年开始，开展成人专科（脱产）教育。2013年6月，并入学院，保留牌子。2004年以来，水利职工大学毕业学生近万人。

站在新起点回眸，学校从泉城济南到聊斋故里，四迁校址、六经易名，披荆斩棘，传薪继火。矢志不渝的水院人，用智慧和心血谱写了学院历史的壮丽篇章，逐步发展成为基础设施完善、实训条件先进、办学特色鲜明的技师学院。

三、教育成效

1980年恢复建校后，学校坚持中国特色社会主义教育发展道路，坚持“以服务为宗旨，以就业为导向”的办学方向，认真落实“立德树人”根本任务，立足水利，服务社会，高技能人才培养水平和服务经济发展的能力不断增强，被确定为全国重点技工学校、国家级高技能人才培训基地、全国水利行业高技能人才培养基地、全国职工教育培训示范点、全国水利文明单位、山东省高职和技师合作培养试点院校、山东省“金蓝领”培训基地。

（一）完善基础设施，改善办学条件

办学条件特别是实习实训条件是学院发展的物质基础，在技师学院尤为突出。学院克服建设资金困难，始终高度重视改善办学基本条件，特别是实习实训条件。近40年来，学院办学条件发生了巨大的变化，取得了显著的成就。2007年，在上级领导的关怀支持下，整体搬迁入驻新校区，校园面积由不足百亩增加到722亩，校舍面积由不足3万m^2增加到现在的20万m^2，教学设备总值由不足500万元增加到现在的7000余万元，并建有校内实训基地5个、国内先进一体化专业实训室68个。如今的山东水利技师学院校园山拥水绕、四季常绿、三季有花，实现了“山水校园、绿色校园、生态校园”的建设目标，2012年被省住房和城乡建设厅授予“省级花园式单位”称号。

学院全景

（二）坚持校企双制，深化产教融合

学院始终在专业建设和人才培养方面探索和深化校企合作模式，坚持“八个共同”原则，实现优势互补和共建双赢。目前共与143家大中型企业建立了良好的合作关系。2012年学院依据国家新能源汽车产业战略，依托汽修专业优势，增设新能源汽车检测

与维修专业，并与山东唐骏欧铃汽车制造有限公司合作成立了“山东水利技师学院唐骏汽车学院”。2017 年，与山东黄河河务局合作设立“技能大师工作室”，聘请中华技能大奖获得者张洪昌，全国水利行业首席技师、国家技能人才培育突出贡献个人亓传周担任技能导师。

2018 年，唐骏汽车学院校企融合人才培养平台项目与电动汽车大功率交流异步电机控制器关键技术研究与开发项目，纳入淄博市 2018 年校城融合建设项目，获得 87 万元的市财政经费扶持。

（三）突出技能特色，培养大国工匠

深入推进教学改革，加强师资队伍建设，引进和培养相结合，请进来和走出去相结合，不断提升教师教书育人本领。“十二五”以来，受到省市表彰教师 60 余人次，主编参编教材 91 部，获国家职业教育规划优秀教材、精品教材 2 部；申请专利 10 余项，完成省级课题和科研成果 10 项，获山东省水利科学技术进步奖一等奖 2 项、省软科学优秀成果二等奖 1 项；参加全国技工院校微课比赛获一等奖 1 项，教师参加省级以上竞赛获奖人数 18 人。

坚持“以赛促教、以赛促改、以赛促学、以赛促建”，打造技能竞赛品牌。学院设立“校园技能竞赛月”、组建专业兴趣小组，突出技能培养特色，广泛营造“技能宝贵、创造伟大”的浓厚氛围，使得学生技能水平有了显著提高。参加各类职业技能大赛获奖人数 400 余人，荣获全国比赛特等奖 3 项、一等奖 9 项、二等奖 50 余项，省级一等奖 10 项、二等奖 27 项。2017 年，在第十一届全国水利高职院校技能大赛中水工制图 CAD 赛项获团体第一名，实现了单项团体第一名零的突破；2018 年荣获全国机械行业职业院校创新创业大赛决赛创新创业赛项一等奖、第十五届山东省大学生机电产品创新设计大赛一等奖，在第十二届全国水利职业院校“鲁水杯”技能大赛中，以 12 项一等奖、4 项二等奖的优异成绩获综合团体第一名。

学院在第十二届全国水利职业院校“鲁水杯”技能大赛中获得综合团体第一名

（四）优化专业设置，打造专业品牌

正确把握“专业布局与市场需求、行业优势与特色发展、重点建设与全面发展”的关系。坚持走产教融合发展之路，逐步形成以水利施工、建筑施工、工程造价等专业为特色，以汽车维修、数控加工、机电一体化等专业为骨干，以计算机网络应用、多媒体制作等专业为补充的专业建设体系，多个专业步入全省乃至全国职业教育前列。现有全国水利高等职业教育示范专业2个、省级示范专业群1个、省级重点专业2个、省级名牌专业1个、省级一体化试点专业1个。

（五）坚持立足水利，服务经济社会发展

发挥学院优势资源，积极面向水利基层单位和技术人员开展库区移民订单就业培训、全省基层水利服务专修培训、全省乡镇水利站长培训等培训服务，年均培训5000人次。2014年，被全国总工会确定为“全国职工教育培训示范点”。

1989—2000年，承担了中德合作山东粮援项目80%的培训任务，先后为该项目培训了18个不同岗位的管理与技术人员共计3813人次，得到了国家有关部委和德国政府官员的高度评价，被时任德国驻华大使誉为“中德合作最好的范例”。

2015年7月至2017年，承担全省水利施工企业各类人员培训22000余人次，完成36个工种的“万人大培训”任务。

（六）坚持文化育人，完善校园文化

校园文化是一所学校特有的价值取向和环境教育力量，校园文化核心理念则是校园文化的灵魂。学院建校60年来，特别是改革开放40年来，秉承齐风水韵，融合职教文化、行业文化、地域文化，突出自身特色，逐步建构形成以“正道而行，大道至简”为主旨，具有自身特点、符合未来发展需要的校园文化核心理念，凝练了校训、校风、教风、学风，确定了发展理念、治校理念、运行机制、办学目标、办学治校基本策略，培育打造“五大办学特色”。

学院坚持培育打造“基本素质＋专业技能”的“双轮驱动”人才培养特色，在专业教师的指导下开设专业兴趣小组40个、文体社团专业兴趣小组39个，满足学生职业生涯和个性发展需求，拓宽学生成长成才路径。坚持月月有主题，周周有活动，依托社团广泛开展校园文化活动，营造快乐学习、多元发展的氛围，积极建设和谐校园、阳光校园、美丽校园。

（七）坚持党建引领，创建文明单位

始终坚持党建引领，以培育和践行社会主义核心价值观为核心，广泛开展精神文明创建活动，扎实推进道德讲堂和“四德”榜建设，组织开展传统节日和重要纪念日活动，弘扬优秀传统文化；积极开展群众性文明创建活动，广大师生热情参与志愿服务活动，以实际行动践行志愿服务精神，积极传播文明风尚；贯彻落实市委部署和各级文明办要求，切实做好精准扶贫和老旧社区挂包工作；坚持人人创建，广泛参与，讲好“水院故事”，形成“人人是窗口、个个是形象”的文明单位创建氛围。学院校容校貌和校园环境有了明显的改善，师生精神面貌蓬勃向上，是山东省水利系统文明单位、淄博市文明单位，并于2017年被水利部文明委确定为“第八届全国水利文明单位”。

四、典型案例

1. 制度是管校治校的“金钥匙”

院党委以“定位准确、职责清晰、管控有力、运行高效”为目标，深化内部管理体制与运行机制改革，全面开展制度建设，构建现代职业学院管理制度体系。2015年以来，开展规章制度“废、改、立”工作，新制定或修改完善规章制度140项（党建65项、行政75项；2015年20项，2016年50项，2017年32项，2018年38项），平均每月出台近3项制度。现已形成了党务、纪检监察、日常行政管理、人事管理、教学科研管理、绩效考核管理、后勤服务管理共七个类别的制度框架体系，健全和完善了从决策到执行、从日常管理到核查惩处等各个环节的工作程序，基本实现了学院各项工作的有章可循、有制可遵，有据可依，有度可评。

在制度建设过程中，学院坚持民主公开、广开言路，广泛深入地征求教职工意见建议，保障职工参与权利，达成最大程度的改革发展共识，使制度讨论出台的过程成为统一思想的过程，使教职工在共同目标的基础上，实现自我管理、自我发展。比如“十三五”发展规划、职称评聘办法、绩效工资方案等，都坚持民主公开程序，经过讨论、修改，再讨论、再修改，达成最大程度的思想共识。同时，在印发制度时，一并对修改内容和教职工意见建议采纳情况作出详细说明，力求公开透明。每项制度出台后都发布到办公内网，做到及时公开；重要制度发布时召开职工大会，人手一份纸质文件，由学院领导或职能部门起草人进行解读，以使教职工熟悉熟知、理解到位。

制度建立不难，关键是落实和执行。为了推进制度管校理念落地生根，学院将已公开印发的规章制度汇编印制成《制度手册》（第一册、第二册），便于大家按制度办事，用制度指导开展工作；同时坚持每年组织规章制度考试，督促每位教职工深入学习制度。按照“周纪实、月小结、学期考核”的工作运行机制，建立重点工作任务分解立项、重点工作任务督查督办，重点工作任务考评问责的工作督查考核体系，加强重点工作事项全过程的督促检查。强化执纪问责，加强日常检查，实行每周考勤公示和每周教学督导通报制，开展突击抽查，对违纪违规行为发现一起、通报一起，并将违纪违规行为与绩效工资、职称评聘挂钩，发挥制度的导向和激励约束作用，使制度管校入心入脑。

2. 特色铸就办学品牌

学院以培养高素质技能人才为目标，始终坚持“质量立校”这个工作核心，以德为首、以能为本，不断深化教育教学改革，在专业建设、人才培养、教学、学生管理、后勤保障等方面打造特色和品牌，已发展成为一所特色鲜明的技师学院。

（1）“立足水利、面向社会、打造品牌”的专业发展特色。专业建设在学校内涵建设中处于核心和龙头地位，是一个学校办学方向、办学定位、办学特色的具体反映。专业品牌则是学校的内涵表现和形象载体，是专业发展的灵魂，是学校办学水平、发展水平的象征。“立足水利、面向社会、打造品牌”体现了学院在专业建设上正确把握“专业布局与市场需求、行业优势与特色发展、重点建设与全面发展”的关系。

学院坚持走产教融合发展之路，逐步形成以水利施工、建筑施工、工程造价等专业为特色，以汽车维修、数控加工、机电一体化等专业为骨干，以计算机网络应用、多媒体制作等专业为补充的专业建设体系。

学院水工实训室三峡大坝模型教学场景

（2）“基本素质＋专业技能”的“双轮驱动”人才培养特色。“双轮驱动”人才培养特色是指学院坚持以学生成长成才为中心、追求学生全面发展的职业教育观。突出表达了学院关注学生的职业生涯和可持续发展，使学生既具备从事职业活动所必需的专业技能，又具备能为整个职业生涯提供持续发展动力的职业人文素养。

学院高度重视学生的思想品德、社交礼仪及兴趣特长等方面的素质培养，坚持开展校内外技能竞赛活动，推动“以赛促学、以赛促教、以赛促改、以赛促建”，形成学技能、练技术的良好氛围。

“双轮驱动”人才培养特色，坚持德育为首、能力为本的育人理念，坚持知识学习、技能培养与品德修养相统一的培养目标，是我院人才培养最鲜明的特征。

（3）“理实一体化＋工学一体化”的教学特色。“理实一体化”即理论与实践紧密结合、融为一体的一种教学模式，强调充分发挥教师的主导作用，通过设定教学任务和教学目标，让师生双方边教、边学、边做，全程构建素质和专业技能培养框架，丰富课堂教学和实践环节，调动和激发学生的学习兴趣。

“工学一体化”是将学习和工作结合在一起的教学模式。“工学一体化”以学生为主体，以“综合职业能力培养为目标、以典型工作任务为载体”构建课程体系，把实训课题与企业生产项目紧密结合，充分利用校内外不同的教育环境和资源，突出解决学校教育和企业需求脱节的问题，使教学与实践紧密结合，使学校与企业保持“零距离”，使“学生”与“工人”角色实现“无缝对接”，融“学”“做”于一体，学习的过程即是工作的过程。

（4）“准军事化管理＋专职辅导员队伍”学生管理特色。“准军事化管理”是指学院在学生管理工作中，学习、借鉴军队优良传统和军事化管理模式，力求做到“一日生活条令化，班级运转连队化”。

学院学生社团歌舞队《洪湖水》参加 2018 年山东电视台组织的
中华传统文化传承暨关爱留守儿童春晚

“专职辅导员队伍”是指学院通过选拔聘任有爱心、有经验的具有较高政治素质与管理能力的教师和退役军官从而组建的一支专业化学生工作团队。

学院按照部队军事化管理的模式，通过建立专业化的辅导员队伍，构建全方位、全天候、无缝衔接、责任可追溯的学生管理网络体系。通过规范学生日常行为，养成纪律严明、令行禁止的良好习惯；通过组织开展丰富多彩的校园文化活动陶冶学生、引导学生，动之以情、晓之以理，把教育融入管理，用管理强化教育。

（5）“平安校园＋社区化服务”后勤保障特色。“平安校园”是指校园环境和谐、校园秩序井然、人与人之间平和相处的一种环境，是实现学院持续发展的基础。学院按照人防、物防、技防相结合的目标，聘有专业安保队伍，建有“全覆盖、全天候、高清晰”的视频监控系统。

“社区化服务”是指学院按照“管理手段信息化、服务产品标准化、从业队伍职业化、保障设施现代化”的思路，融合政、校、企多方力量构建的校园服务体系。学院设有医务室、超市、浴室、快递服务、银行自助服务等生活服务设施，设有高标准的田径运动场、球类运动场和体育馆、学术报告厅等文体活动场所，保障了学生在校期间的生活需求和文体活动需求。

“平安校园＋社区化服务”后勤保障特色，以完善的硬件基础设施为保障，以提高服务软实力为手段，以提供安全、有序、规范、便捷的服务为目标，打造全方位的智慧管理与服务平台，有效提高了学院的后勤保障水平、后勤服务质量和后勤运行效率。

栉风沐雨改革路　创新发展树典范

——四川水利水电技师学院

一、综述

成立于1973年的四川水利水电技师学院隶属于中国电建集团旗下的中国水利水电第五工程局有限公司，是一所集职业教育、学历教育、职业培训与技能鉴定为一体的综合性国家级示范职业学院。建校45年来，为企业、行业和社会培养了5万余名技术技能人才，合格毕业生100％就业。

学院现有广元、成都两个校区，占地面积360亩，建筑面积9.3万m^2，实验、实习面积5万余m^2，各类实习设备3000余万元，现有校外实训基地21个，能够满足现代高技能人才的培养要求。在册各类学生2500余人，年培训、鉴定17000人次。下设国家开放大学学习中心（水电五局电大）、水电五局驾校（国家一级）、汽车维修中心（一类）、国家职业技能鉴定所（川—059）。2005年由劳动和社会保障部评估认定为“四川水电高级技工学校”，2016年四川省政府批复为“四川水利水电技师学院”。它是首批国家中等职业教育改革发展示范学校、国家技能型紧缺人才培养培训工程院校、国家高技能人才培训基地、电力行业高技能人才培训基地、四川省高技能人才培训基地、四川省专业技术人员继续教育基地、四川省安全培训机构、四川省特种设备作业（焊工考试）培训考试机构、四川省建筑工人职业培训考核机构，建筑行业九大员培训考试机构、广元市创业培训定点机构、广元市高技能人才培训定点机构、四川省第一水电建设国家职业技能鉴定站（51003093）、全国职工教育培训示范点。还先后获得“能源系统职业技术教育先进学校”“四川省职业教育先进单位”“广元市职业教育先进单位”，被中国水利水电建设集团有限公司授予“文明单位”和“双文明单位”。

二、发展历程

（一）艰难起步，开启了职业教育的第一步

学院于1973年在广元市三堆宝珠村创建，第二年秋季迁址至甘肃文县碧口“风雷激”电站工地。1976年意外发生大火灾校舍尽毁，搬回原址并新建两栋平房继续办学。1978年由于国家重点建设项目宝珠寺水电站的建设，学院又迁址到广元市宝轮镇水电五局职教园区。1980年因办学条件太艰苦而停止招生整改，兴建了水泥篮球场、学生宿舍，并于1982年恢复招生。

（二）不断发展，奠定了学院发展的坚定基石

1992年被认定为四川省重点技工学校。1994年被认定为国家级重点技工学校。1997年将水电五局技校和水电五局电大合并，成立职教中心，2000年成立了水电五局职业培

学院鸟瞰图

训院。2001 年原水电五局职工函授中专更名为“四川省水利电力机械工程学校”。2003 年 12 月被国家六部委确定为国家技能型紧缺人才培养培训工程院校。2005 年被教育部确定为国家重点职业学校，同年荣升为四川水电高级技工学校。2007 年被中电联认定为首批电力行业高技能人才培训基地。

（三）灾后重建，铸就了新兴的职业院校

2008 年汶川特大地震发生后，3000 余名学生在全体师生的共同努力下，由学院组织三地市（汉中、略阳、广元）汽车运输集团的车辆送往汉中火车站，铁道部派出专列运送到西安疏散，中央电视台财经频道进行了专题报道，大灾面前无一人受伤。2010 年 3 月 18 日，灾后重建工作全面启动。总投资为 2123 万元的新食堂、宿舍、实训车间、体育场等设施开工兴建。

（四）不断腾飞，展开了学院发展新篇章

2011 年国家示范校建设全面启动，全校师生齐心协力，同甘共苦，历时 2 年完成建设并迎来四十年校庆。同年获批四川省高级技能人才培训基地、四川省专业技术人员继续教育基地。2014 年 1 月被教育部、财政部评估认定为国家首批中等职业教育改革发展示范学校。2014 年 12 月被中华全国总工会授予全国职业教育培训示范点。2015 年 6 月获批国家级高技能人才培训基地。2016 年 7 月由四川省政府批准设立四川水利水电技师学院。

三、教育成就

（一）不断完善机制体制建设，促进办学

学院 45 年来始终坚持“把先进的技术教给学生、把优秀的学生送给企业”的办学宗旨，以“立足水电、服务社会”为办学理念，以“团结、求实、从严、创新”为校训，以“平等、尊重、理解、信赖”为管理理念，以“用标准管理、按制度治理、以法规约束、

学院发展新景象

拿指标验证”为管理方法，以“校企一体化、员工经理化、学生员工化”为管理目标，坚持走产教学研相结合的发展道路，培养出高技能、高素质的学生。围绕培训与教学两个质量提升，不断深化改革三项（人事、机构、薪酬）制度，建立完善质量管理体系，确保学院快速发展。

（二）建立健全专业和课程体系，创新教学

学院设有机械工程系、电气工程系、建筑工程系、文化教育系、数字信息部“四系一部”，开办有 14 个专业，其中工程测量、水利水电工程、汽车维修、电气自动化安装与维修专业是四川省重点专业。预备技师层次的常设专业有水利水电施工、电气自动化设备安装与维修、汽车维修、机床切削加工（车工）。

学院以“产教融合、校企合作、专业产业”共同培养人才模式与思路，以就业为导向，加强校企合作，积极推进人才培养模式改革，不断完善“以企业职业岗位需要为目标，以职业能力培养为核心，以工学结合为手段”的校企合作人才培养模式。依托校内外实训基地，工学交替，将课堂搬进企业、把企业引进学校，加强人才培养与企业生产零距离对接，使企业技术骨干参与人才培养全过程、师生参与企业岗位的全过程，职业标准与职业素养融入贯穿人才培养全过程，加强课程体系建设的构架。

如“水利水电工程、测量、试验”等专业结合校企合作单位的工作岗位对专业技能和职业素质的要求制定专业教学标准和课程标准。以工作过程为主线，重构以就业能力为导向的模块化、项目式、任务型的课程体系，坚持学生在“工作中学习、在学习中工作”。体现“工作即学习、学习即工作”的理念，推行“项目教学”“任务教学”“情景式教学”“案例教学”等课程教学方法改革。“教、学、做”融为一体，实现“做中教、做中学”理实一体化的教学模式，突出教学过程的开放性、实践性和职业性。

（三）引进与送出长效机制，强化师资

依托企业办学优势，引进行业内企业专家及技术骨干人员来学院授课，让学生更早接触到企业的各种新流程、新工艺、新技术。建立了教师到企业实践的长效机制。按照专业发展要求和教师的培训计划，专任教师每年至少有两个月时间到合作企业进行顶岗锻炼，提高专业技能，更新专业知识，积累企业工作经历，提高教师的专业实践能力和核心课程建设能力。

（四）注重技能与品德并重，综合培养

学院采取四段式专业教学，一、二阶段为校园情景下的教学培养阶段，三、四阶段企业情景下的生产实践教学培养阶段，在三、四阶段学生需参加企业实践6个月，教师分期分批到行业企业生产实践1个月以上，推行工学交替、行知一体的教学模式强化动手能力，实现了理论教学和实践教学的融合、能力培养与岗位对接，全面提升了学生技能水平。毕业时严格按照职业技能鉴定标准进行技能鉴定，中级工班100%达到了中级工技能水平，高级工班90%以上达到了高级工技能水平。

学校长期开展以德育教育为抓手的首周收心成长德育课、技能成就梦第一课等贯穿教育教学全过程的学生素质教育。坚持立德树人，通过德育课的主渠道和各类有针对性的主题班会活动、爱国主义教育活动、社团活动、社区公益活动、法制讲座、学生荣誉表彰、德育操行评定、心理健康教育等，进一步提高了学生的内涵和素质。学生通过三年的理论学习和跟岗、顶岗实习，具备良好的事业心和社会责任感，高尚的思想品德和道德意识，爱岗敬业，吃苦耐劳，遵纪守法。毕业生大部分被大型国企录用，就业率达100%。并且在企业能够留得住、干得好、用得上，得到了企业、家长及社会的一致好评。

（五）顺应时代发展趋势，提升教学

近几年，根据各级政府和教育主管部门出台各项政策，要求切实推进中职教育信息化建设广泛、深入、有效地实施。我院将加快信息化建设作为各项工作的重中之重，一手抓基础设施硬件更新，一手抓师资能力软件升级，借助现代信息技术策略优化教育教学手段，紧扣“适用、实用”的原则，以资源共享为核心创设教育教学管理新平台，以数字设备投入为重点，不断优化教育教学辅助手段，先后建设了OA办公系统、数字校园管理系统、精品课程平台、WiFi全覆盖、云教室、一卡通等，有效地提升了学院信息水平。投入200多万元完成部分信息化基础设施的改造，更新了服务器与交换机等，为每名教师配备了笔记本电脑，教室配置智能黑板，率先实现了从原来的一支粉笔，擦过就忘，到如今的演示、录播、交互式授课的转变，教学效果明显提高。同时学院建设了国家开放大学云教室，实现了国家开放大学总部、分部、地方学院和学习中心的互联互通，促进了优质教育资源共享。

随着移动互联网的高速发展，学生使用手机的频率越来越高，为课堂管理带来难题。为了有效地解决这一问题，我院使用了蓝墨云班课教学平台，把课堂教学与手机移动终端有效结合起来，使手机变成了学习工具。云班课中提供的教学功能大大激发了学生的参与热情，使沟通变得更加顺畅。

为顺应“互联网+”的发展趋势，结合我校专业建设，全力打造教学资源库建设，先后建设了水利水电专业方面的“水利工程施工技术”“地形测量”“电力拖动控制技术及实训”“建筑制图与识图”等精品课程16门。同时我院还是国家数字化资源中心的成员，每年为中心提供丰富的教学资源。

云教室教学课堂

（六）推进产教融合与科研创新，共同发展

学院一直以“依托专业促进产业发展，借助产业反哺专业建设，专业产业互动协调发展”的工作定位，以“校企合作，产教融合，共同培养，提高质量（师资队伍质量、高技能人才培养质量）”的职责目标，按照共建共享的原则共同研究制定人才订单式培养方案，建立完善管理制度与运行流程、课程标准及考核评价体系。先后与 30 余家大、中型企业建立校企合作关系，签订产教融合校企合作共同培养协议；近年来新增校外实习实训基地 8 个，洽谈企业“冠名”班 6 个。通过公司相关资质以及与诚信单位企业合作，在学院内已经形成了测量队、实验室、生产施工队、产品加工组等产业队伍，独立承接工作项目。

学院依托中央企业办学，具有良好的企业背景和实训研发环境。2012 年完成“击实仪”样机的机械设计制作及电气控制设计与调试，为公司在研发制造超大型击实仪过程中

校企合作签约仪式

提供了原始数据。超大型击实仪及坝料含水率快速检测于 2011 年列为学院主管单位中国水电五局科研立项项目，2012 年与电建集团签订科研合同。历经 5 年研发并成功应用到水电站大坝建设中，其中锁定装置、锤击系统、气动装置、转动系统、电气控制系统等相关部件共获得 8 项实用新型专利，全自动击实仪等 2 项获发明专利，土样含水率快速检测仪获新型实用专利。

四、典型案例

案例一：技能精湛人自信

2018 年 6 月 8—11 日，一年一度的全国职业院校技能大赛中职组（工程测量）在南京落下帷幕。在“大赛点亮人生，技能改变命运”的口号越喊越响的同时，四川水利水电技师学院也在技能大赛中脱颖而出。

6 月 11 日，全国职业院校技能大赛中职组工程测量颁奖仪式上，四川水利水电技师学院代表队获得了三等奖，位列四支四川省代表队之首。这是我院已连续三年代表四川省进入国赛并取得佳绩。

获奖证书

四川省代表队

在2018年全国职业院校技能大赛中职组工程测量比赛中荣获团体三等奖。

学校名称：四川水利水电技师学院

选手姓名：徐飞.邵鲁正.[illegible]

指导老师：[illegible]

ChinaSkills

全国职业院校技能大赛组织委员会

二〇…年五月

编号：201804039

获奖证书

谈及获奖感受时，学院精准扶贫全额资助的邵鲁正同学倍感激动，因为他回想起在老家四川凉山金阳县甲谷村的日子，那用双脚丈量过的土地竟可以用一串串的数字来体现，家境不好，信息滞后，他以为自己会成为最容易被遗忘的那个人。然而，来到四川水利水电技师学院就读之后，在众多老师的关系和培养下，他发奋图强，立志要改变自己。上课特别认真，尤其是在专业课程的学习上，遇到问题都会主动、积极地询问老师。他多次参加职业院校的技能大赛并获得优异成绩。

荣誉证书

邵鲁正同学：

荣获20 18 年四川省中等职业学校学生技能大赛

“工程测量”比赛二等奖。

四川省职业院校技能大赛组织委员会

二〇…年…月

参赛学员邵鲁正及个人获奖证书

提到二位指导老师时，队员们一致表示敬佩，认真细致是他们留给队员们最深刻的印象。程景忠老师曾指导全国职业院校技能大赛“工程测量、建筑 CAD”赛项的参赛选手并获得第一名的优异成绩。他觉得正所谓“不积跬步，无以至千里；不积小流，无以成江海”，不断总结的经验教训是前进路上的助力器，会转化成学习、比赛乃至以后工作中的“制胜法宝”。张贝贝作为最“年轻”的指导老师参与了备战全程。他认为基础扎实和注重细节是成功的关键。当专业技能的比拼不相上下时，胜出的必定是细节更完美的一方。

获奖学员及指导教师合影

案例二：培训鉴定质量过硬，合作单位屡获佳绩

2018 年 4 月 23 日下午，由武警水电指挥部举办，武警水电某总队承办，四川水利水电技师学院具体实施的武警水电部队 2018 年度专业技术培训班开班仪式在报告厅举行。

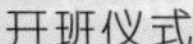

开班仪式

获奖学员

自 2011 年同武警水电部队“结缘”以来，我院多次承担部队培训与鉴定任务，均取得喜人佳绩。今年我们再次与武警水电部队合作，承担推土机、挖掘机、装载机、钢筋工、模板工、混凝土工、测量工等多个工种官兵的技能提升培训。

每次培训我院都组成技术过硬的师资培训队伍，配备优良的实习设备，本着精益求精、专业负责的精神，以优质的服务、谨慎的态度，高标准、严要求的规范培训过程，确保各项培训任务的圆满完成。学院曾还派出技术全面过硬，业务素质高超的技能鉴定考核组赴外地，对参培官兵进行从初级工到高级工的技能鉴定考核工作。

赴外地考核现场

聚力职教促改革　砥砺前行著华章

——北京水利水电学校

一、综述

北京水利水电学校是北京市唯一一所公办水务类中等职业学校。学校隶属于北京市水务局，教育主管部门为北京市教育委员会。

学校校门及教学楼

学校创建于 1953 年，前身为北京水力发电学校，1980 年与北京市水利学校合并扩建为北京水利水电学校，1983 年保留原建制作为北京水利电力经济管理学院中专部。1992 年学校在北京市水利局（现北京市水务局）领导下，实现了完全独立办学。2005 年，学校被评为国家级重点中等职业学校。

学校现为国家级重点中等职业学校、全国水利中等职业教育示范学校、首都文明单位、北京市职业教育先进单位。学校水利水电工程技术专业是北京市骨干示范专业，与机电技术应用专业共同被评为全国水利中等职业教育示范专业，水工专业为北京市特色高水平骨干建设专业，水工创新团队是北京市教委首批认定的 25 个专业创新团队之一。

学校校园占地 60 亩，教学楼、学生宿舍楼、食堂、图书馆等教育教学设施完备，建筑面积 4 万 m^2，校园内有集 50 余个实训室为一体的实训楼，建有生态循环水务实训基地、电工电子实训基地、现代化测绘实训基地等与现代化生产并行的实习实训场所，校外与企事业单位合作建设的校外实训基地共 60 个。

学校现有水工、机电、建筑三个专业系部，开设有水利水电工程技术、给排水工程施工与运行、建筑工程施工、机电技术应用、工程造价、工程测量等 9 个“3+2”中高职衔接专业，与北京市自来水集团、北京市热力集团开办 3 个“订单班”专业。

学校现有教职工 153 人，师资力量雄厚，拥有一支经验丰富、治学严谨、专业理论水平高、业务熟练、具有奉献精神的教师队伍。学校教师历年来获得北京市优秀教师、全国水利职教名师、全国水利职教教学新星、北京市职业院校优秀青年骨干教师、北京市职业院校专业带头人、首都市民学习之星和北京市“紫禁杯”优秀班主任等荣誉。

为服务首都经济社会发展和水务事业进步，学校坚持学历教育与职业培训并举。校内设有北京水利水电学校培训学校、北京开放大学水务学院和北京市水务行业职业技能鉴定所，充分利用职教资源，搭建终身学习平台，发挥辐射带动作用。

学校秉承“修德、勤奋、求实、兴水”的校训精神，坚持以立德树人为根本，以服务发展为宗旨，以促进就业为导向，不断深化教育教学改革，强化内涵建设，提升技能人才培养质量。

二、发展历程

学校于 1978 年恢复办学，1992 年实现独立办学，2005 年被评为国家级重点中等职业学校。

国家级重点中等职业学校

1978 年，学校恢复办学。

1980 年，水利部和北京市政府决定将学校和北京市水利学校合并，扩建为北京水利水电学校，实行部、市双重领导且以部为主的领导体制。

1982 年，经北京市政府批准，学校在定福庄征地 60 亩，开始现有校址的建设。

1983 年，学校与北京水利干部学校、华北水电学院北京研究生部合并，成立北京水利电力经济管理学院，保留原建制成为学院中专部。

1985—1986 年，学校学生宿舍楼、教学综合楼与食堂等相继竣工使用。

1992 年，经国家能源部、水利部和北京市政府联合决议，学校管理体制转变为部、市共同领导且以市为主，并由北京市水利局具体领导和管理，学校实现了完全独立办学。

1995 年，学校与密云职业学校联合办学，合作开办工民建专业。

1999 年，学校被评为北京市普通中专骨干学校。学校与延庆第一职业学校联合办学，合作开办饭店服务与管理、机电技术应用、计算机及应用 3 个专业。

2000 年，学校承办的北京开放大学水务学院的前身，北京广播电视大学水利局工作站在校设立，为北京水利职工提供了学历晋升、继续教育的平台。

2002 年，学校新建男生宿舍楼竣工投入使用。北京水利水电学校培训学校正式成立。

2003 年，市水利局局长焦志忠为学校题校训：修德、勤奋、求实、兴水。

2004 年，学校承办北京市第七十六职业技能鉴定所工作，为首都水利技能人员提供技能培训与鉴定服务。

2005 年，学校被评为国家级重点中等职业学校。

2007 年，学校与北京市自来水集团签订校企合作办学协议书。

2009 年，学校被评为全国水利职业教育示范建设学校，水利水电工程技术专业、机电技术应用专业被评为全国水利职业教育示范建设专业。

2014 年，学校与北京市自来水集团和排水集团签订校企合作协议，与北京农业职业学院联合开设首个“3＋2”中高职衔接专业。学校实训楼工程动工建设。

2015 年，学校在北京市第七十六职业技能鉴定所的基础上，成立了北京市水务行业职业技能鉴定所，提供水工检测工等 20 个工种的技能鉴定服务。

2016 年，学校实训楼工程完工。实训楼共 13 层，建筑面积近 13000m²，内部规划建设 50 个实验实训室，为学生提供现代化的实训条件。

三、教育成效

（一）加强专业建设，推进人才培养模式改革

改革开放以来，学校不断加强骨干特色专业建设，目前已形成水工、机电和建筑三大专业集群，共有 15 个招生专业，其中：水利水电工程技术专业是全国水利中等职业教育示范专业、北京市骨干示范专业，机电技术应用专业被评为全国水利中等职业教育示范专业。

（1）不断拓展“3＋2”中高职衔接项目。近年来，学校紧跟北京职业教育发展形势，与北京农业职业学院、北京劳动保障职业学院、北京交通职业技术学院、北京工业职业技术学院等高职院校合作，开设了水利水电工程技术、给排水工程施工与运行、建筑工程施工、机电技术应用、工程测量、工程造价等 9 个“3＋2”中高职衔接专业，基本覆盖学校现有招生专业，实现了学校中职技能人才培养与高职教育接轨。

（2）不断深化校企合作的人才培养模式。学校始终坚持深化校企合作的人才培养模式，通过调研企业和岗位需求，以召开座谈会和回访毕业实习学生等形式，与企业研讨人才培养目标与方案、修订专业教学模式等内容，现已形成校企共同定制、课堂对接岗位的人才培养模式。学校与北京市自来水集团、北京市热力集团等企事业单位合作，开设了水利水电工程施工、给排水工程施工与运行、机电技术应用 3 个校企合作“订单班”专业。

（二）优化师资结构，打造特色专兼职教师队伍

学校始终重视教师队伍建设，现有专任教师 82 人，其中“双师型”教师 33 人，中级职称 34 人，高级职称 28 人。

（1）建设专业水平精湛的专任教师团队。学校现已形成以专业带头人、骨干教师为核心的教学团队，通过“传帮带”的活动，在教育教学改革、教科研水平提升、企业实践锻炼、班主任班级建设等多个方面，有效的发挥老教师经验丰富和年轻教师敢于创新的特点，保障教师队伍不断奋进。历年来，学校教师在中国水利教育协会的相关评审中均受到肯定，现有全国水利职教名师 5 名，职教教学新星 5 名，水利行业“双师型”教师 13 名。

（2）打造具备水务特色的兼职教师队伍。学校设立有水专业大师工作室和技能导师工

作室，聘请水利行业专家、劳动模范及技术标兵担任学校兼职教师，并在中国水利教育协会的指导下，聘任全国水利行业首席技师刘海鹏作为学校技能导师，进一步推动了校企合作的人才培养模式。

（三）强化实践能力，提高技能人才培养质量

学校坚持以技能竞赛、第二课堂等活动为抓手，培育技艺精湛、综合素质强的技术技能型人才。

（1）锤炼技能，大力开展技能竞赛。学校坚持每年开展校级技能竞赛，并在活动中不断完善竞赛工作机制，培养选拔的优秀学生在北京市级技能竞赛、全国水利职业院校技能大赛和国家级技能大赛中斩获颇丰。近两年，学生参加市级技能竞赛，获奖 30 余人次；参加全国水利职业院校技能竞赛、全国职业院校技能大赛，近 20 人次获奖。

参加“蜀水杯”全国水利职业院校技能竞赛获二、三等奖

（2）提升综合能力，坚持开设第二课堂。为进一步加强学生综合能力，学校坚持开设第二课堂活动，并且鼓励学生跨专业选择课程学习，在机械拆装、建筑 CAD、英语口语、计算机应用、书法等课程中，学生职业综合素养得到了提升。

（四）加强软硬件建设，践行教育信息化要求

学校紧跟北京市职业教育现代化步伐，坚持加强软硬件建设，持续提升信息化教育教学能力。

（1）加强硬件建设，搭建数字化校园。近年来，学校通过数字化校园建设，不断优化和改善校园内外网平台，校园无线网覆盖整合全校信息资源为统一平台，为实现数字化的教学、教学管理和办公创设了条件。

（2）加强软件建设，推进信息化教学改革。学校构建了在线学习的课程平台，引入中国知网（CNKI）的数字资源，为教师教学、学生学习，提供了内容丰富的在线资源平台。学校为加强数字化校园建设成果的应用，开展了信息化教学改革，通过举行信息化教学系列讲座培训，提升教师教学信息化理论水平，通过开展信息化教学竞赛，全面提高教师信息化教学应用能力。近年来，学校教师在北京市级、国家级信息化技能竞赛和水利部微课资源大赛中均有获奖，实现“以赛促教”的信息化成果转化。

（五）加强设施建设，增强基础办学能力

近年来，学校积极争取财政经费支持，不断改善基础设施建设条件，扩大实训基地建设水平和规模，扎实提升基础办学能力。

（1）加强办学基础设施建设。近年来，学校年均基本办学经费保持在4000万元左右，基础设施逐年改善。学校积极争取上级资金支持，年均投入500余万元用于基础设施建设，完成了教室升级改造、办公室办公设备更新、食堂内部改造、男生宿舍楼装修和女生宿舍楼抗震加固等一批基础设施改善项目。

（2）增强现代化实训能力建设。学校不断加强校内实验实训条件建设，年均投入500万～600万元，用于改善实训条件或新增教育教学仪器设备。2016年，学校争取资金6000余万元，在校园内建设了近13000m^2的实训楼，并将逐步新建或改造实训室50余个，有效整合校内实训资源，为学生提供更为优质的实训条件。

学校实训楼

（六）坚持校企合作，深化产教融合办学模式

学校不断深化校企协同育人的产教融合办学模式，通过合作办学、合作育人、合作就业、合作发展，实现校企共赢的局面。

（1）发挥水务行业办学优势，深化产教融合模式。学校充分发挥水务行业的办学优势，与北京市南水北调办、北京市自来水集团、北京市排水集团等企事业单位建立了长期稳定的合作关系，在实训基地开发、实习人才提供等方面提供平台支撑，形成课堂与实践教学相结合、理论实践一体化的产教融合机制。

（2）优化技能人才培养机制，促进教育教学对接岗位实际。学校建立了校方、行业、企业共同组成的校企合作委员会、水专业大师工作室等机构，构建行业专家与企业技术骨

干参与学校专业人才培养方案定制、专业论证、教育教学改革的工作机制，实现“教、学、做一体化”的教学目标，推动学校专业设置与产业需求、课程内容与职业标准、教学过程与生产过程对接，实现产教融合、校企共赢。

（七）提升综合素养，涵养优秀校园文化

（1）开展主题德育活动，推进学生素质养成。学校为提升学生综合素养，始终坚持组织各类主题德育活动。近年来开展的“世界水日，护水走河”“水校演说家”“经典古诗文诵唱”“十八岁成人礼”“大国工匠进校园”“青年理财和职业生涯规划课堂”等文化和主题教育活动，将水文化、校园文化与传统文化相融合，搭建了学生发挥个人才能的平台，为良好校风的形成起到积极作用。

（2）注重体育文化建设，打造阳光校园。学校坚持“阳光体育”和“健康第一”的理念，保证学生体育课、两操和体育活动时间，着重抓好学生课外体育兴趣小组建设，每年组织田径运动会和各类体育运动比赛，促进学生身心健康、协调发展，营造积极健康活泼的校园体育文化氛围。历年来，学生参加北京市职教体协运动会均有收获。

（八）坚持育德育心，涵养先进师德师风

（1）筑牢学生思想政治教育根基。学校多年来始终坚持开展思想政治教育，筑牢学生思想根基。党的十九大召开之际，学校开展“青春喜迎十九大·不忘初心跟党走”主题系列德育活动，组织学生观看党的十九大开幕会，参观“砥砺奋进的五年”大型成就展，组织“不忘初心跟党走，青春建功新时代”党的十九大精神知识竞答、学生团课、读书分享等活动，制作系列主题教育宣传展板，引领学生树立远大志向，打牢思想基础。

（2）弘扬优良师德师风。学校高度重视教师师德师风的建设，以习近平总书记做“四有”好老师和“四个引路人”为要求，开展主题宣讲、人文素养课堂、参观学习等多种形式的教育活动，倡导教师在教育教学工作中爱岗敬业、乐于奉献，引导教职工坚定理想信念，潜心教书育人，涵养浓厚教风，努力成为受学生爱戴、让人民满意的教师，不断推动师风、学风、校风建设。

四、典型案例

案例一：水利水电工程技术专业“3＋2”中高职衔接试点项目成功

为贯彻《国家中长期教育改革和发展规划纲要（2010—2020年）》，落实国家教育体制改革试点工作任务，2012年，北京市启动了中高等职业教育衔接办学工作试点。此次试验工作以“3＋2”模式为主推进，首次开展以“3＋2”为主体的中高职衔接办学试验，即学生在完成3年中等职业教育的基础上，再接受为期2年的高等职业教育，毕业后取得相应中等和高等职业教育学历证书及相关职业等级（资格）证书的一种教育形式。

2014年，北京市教委继续扩大“3＋2”中高等职业教育衔接办学改革试点工作，经过认真调研分析，学校决定联合北京农业职业学院（以下简称“农职院”），两校联合申报水利水电工程技术专业“3＋2”中高职衔接改革试点项目，并于当年获市教委批准开始首届招生。

1. 密切合作，加强项目联动

“3＋2”中高职衔接改革试点项目，有效促进了中高职两校间的联动联合，发挥各自

专业学生进行 CAD 专业技能转段测试

优势，共同培养技术技能人才。

该项工作启动前，两校多次开展双向调研，探寻合作意向，确定合作专业。项目确定后，两校联合研讨专业培养目标、招生对象、就业岗位、课程体系、教学进度、课时分配和保障措施等具体内容，共同研究制定了《水利工程技术“3＋2”中高职衔接人才培养方案》。

项目实施中，两校共同成立了组织管理机构，由农职院主管教学工作的副院长牵头，两校教学管理工作负责人及专业（系）部负责人为组成人员，同时分设中职学段和高职学段组织管理机构，明确工作职责，加强工作联动。两校加强了教学资源互通，联合制定各学年教学计划，并建立了滚动调整机制，统筹安排和整体设计各学段课程结构。

2. 科学考核，建立评价体系

2016 年，学校首届“3＋2”中高职衔接改革试点项目专业班级学生通过严密的转段考核，顺利升入农职院开始高职段学习。转段考核工作由两校联合研讨并制定工作方案，并制定了转段考核细则及课程测试标准，采取过程评价与终结评价相结合的方式，共分为：公共基础课评价、专业能力评价和转段测试三部分。

公共基础课评价、专业能力评价，是依据专业教学标准和课程对应的岗位职业能力目标要求，分别制定理论课程、理实一体化课程和实操课程的考核评价方案，明确考核内容和分值占比，形成完整的课程评价体系。

转段测试包括在校表现、学业成绩和转段面试三部分组成，满分 100 分，各项分别占比为 2：6：2，淘汰率控制在 5％以内，确保了遴选成绩好、技能强、水平高的学生进入高职学院继续深造。

3. 辐射推广，实现专业覆盖

学校水利水电工程技术专业“3＋2”中高职衔接改革试点项目的圆满完成，标志着新时期学校办学定位的调整，同时也为学校与其他高职院校间的专业合作奠定了基础。

一是办学定位更加明确。学校启动的“3＋2”中高职衔接改革试点项目，是符合北京水务发展和首都经济发展方式转变、产业结构调整要求，不断提高北京水务技能型人才培养质量和水平的有效途径，同时明确了学校作为技能型人才培养的中职阶段教育“基地”的办学定位。

二是专业覆盖面逐步扩大。此次水利水电工程技术专业“3+2”中高职衔接改革试点项目的成功，为后续院校合作奠定了坚实基础。2015年至今，学校不断拓展合作院校和合作专业，相继与北京劳动保障职业学院、北京工业职业技术学院、北京交通职业技术学院等院校，在给排水工程施工与运行、机电技术应用、建筑工程施工、工程测量等专业合作开展了“3+2”中高职衔接项目，专业覆盖率达到80%。

案例二：贴近水务，突出特色，创新创优水务培训品牌

近年来，在北京疏解非首都功能、职业教育改革不断深化的背景下，学校围绕“完善职业培训体系”的目标要求，以服务北京水务事业发展、服务水务职工继续教育为宗旨，坚持开展水务行业培训工作。现已形成水务基础知识、专业综合素质和南水北调对口支援（帮扶、协作）三大主要项目。面向水务系统新入职人员、基层管理人员和水务专业技术人员，建立起覆盖面广、针对性强，自主灵活、特色突出的水务培训体系。

1. 量体裁衣，定制培训套餐

北京水务工作复杂而艰巨，市水务局下属30多个单位围绕“洁水、节水、保水、管水、兴水”的重点工作承担不同职能。为使培训能够更贴合各单位的工作实际，学校提供了导向需求的培训课程，为水务系统职工继续教育和职业发展提供了平台保障。

学校不断加强课程资源的开发，现已形成包含50余项课程的资源库，同时创新采用模块化的课程设置，将培训课程划分为侧重水务前沿技术的水务专业技术课程、助力水务新人熟悉工作岗位的水务基础课程、提高职业综合素质的综合能力课程和典型水利工程现场教学四大模块，通过单位培养需求、个人发展需要等因素，动态组合各模块内容，实现了培训课程与工作实际的精准对接。

2. 突出优势，课程理实结合

学校为切实提升培训质量，历年来不断聚集行业内外尖端人才40余位，形成以水务行业专家、高等院校教授为主，强强联手、优势互补的优质师资力量。

学校凭借“理实一体化”的教学模式，发挥行业办学优势，与市南水北调办、密云水库等水务单位紧密合作，在培训中增设现场教学环节，通过开展永定河五湖一线水生态修复工程、密云水库调蓄工程等水利设施的现场教学，将理论知识与水务实际相融会，取得良好的培训效果。

学校发挥职业教育优势，向水务培训开放校内实训资源。在污水处理技术课程中，培训学员进入学校的仿真模型教学实训室，利用信息化教学平台，深入了解污水处理设施的主体结构、工作原理及工艺，借助平板电脑模拟岗位工作，学习污水处理的技术和操作流程，受到学员的广泛欢迎。

3. 成果喜人，服务水务发展

学校主动适应北京职业教育改革发展布局，服务首都社会经济发展和水务事业进步，支撑建设“学习型城市”工程，不断提升水务培训质量，取得了良好的培训成果。几年来

北京市水利规划设计研究院高级工程师邓卓智（左一）进行现场教学

提供培训近2000人次，通过培训问卷调查，不断改善培训的服务水平和质量，综合满意度达到95%以上，被评为“北京市职工继续教育基地”。

未来，学校将以水务培训为抓手，继续建好水务职工终身学习的平台，为北京水务事业发展持续提供智力和人才支持。

德技双馨　止于至善

——重庆市三峡水利电力学校

一、综述

重庆市三峡水利电力学校，是一所国家级重点中等职业学校，也是重庆市改革发展示范校。学校占地面积约193亩，建筑面积8.9万余m^2。学校教职员工278人，专任教师210人，大学本科以上学历108人，硕士以上学历43人，高级职称43人，“双师型”教师48人。下设汽车工程系、水利及建筑工程系、机械工程系、电气工程系、基础艺术部、电子与信息工程系6个教学系部，开设有能源与新能源、土木工程、加工制造、信息技术、交通运输、商贸服务六大类共18个专业，建有校内实训基地12个，校外实训基地6个，拥有实训设备近3500余套，教学实训设备总值达3400万元。全日制中职学历教育在校注册学生人数5044人。

学校是原四川省革委会于1978年6月以川革函〔1978〕112号文批准成立的一所全日制中等专业学校，原名称为“四川省万县水利电力学校”，校址位于云阳小江电站。学校规模为300人，设置专业为水利水电工程建筑和农村电站。经请示原万县地区革命委员会同意，将校址改定在万县市，学校临时设在原万县电力公司修配厂内，利用该厂仓库空房并临时修建了几间简易平房作为教室和师生生活用房。当年招生80名，其中水工高中起点30名，农村电站初中起点50名（后退学一名实为49名），1978年11月1日正式开学。

1998年重庆直辖后更名为重庆市万州水利电力学校。1999年，学校再次更名为重庆市三峡水利电力学校，沿用至今。2002年，为了扩大办学规模，积极推进建新校、创省重、创国重的工作，在当地政府与主管局的大力支持下，与龙都街道岩上村原大化工土地签订购地合同，准备新建龙都校区。2003年9月部分班级迁址到龙都校区，开始了两地办学阶段。2004年1月，学校被重庆市人民政府确认为重庆市重点中等职业学校。2005年1月，学校被教育部命名为国家级重点中等职业学校。2005年6月，因万州区行政体制调整，将天城农业机械技术学校合并于我校。2007年9月全部搬至龙都校区，结束了两个校区办学的状况。2013年12月学校主管单位由重庆市万州区水利局变更为重庆市万州区教委。2014年10月，被重庆市教育委员会、重庆市人力资源和社会保障局、重庆市财政局确定为市级中等职业教育改革发展示范学校。

水电校成立以来，共培养输送2万多名中专生，1200多名大专生和上万名短训学员。毕业生遍布中国20多个省市，甚至欧洲，非洲五个国家都有我校毕业生。40多年来向重庆及浙江水利二局，新疆水利厅和水利部直属工程局及万家寨水电站输送毕业生9000多人。特别是原万县地区三区八县水电系统中层以上干部70%来自我校。因此我校被称为万州水电“黄埔军校”。毕业生们为水电事业的发展作出了巨大贡献，在事业的战场上取得了重大功绩。

学校坚持“德技双馨”的校训，推行以“自强教育”为核心的学生综合素质教育和以“技能模式”为核心的教学改革，不断提高办学质量和效益，坚持技能教学引领。坚持“以赛促教、以赛促学”的教学理念，近10年，我校学生参加重庆市技能大赛获一、二、三等奖人次均列万州区第一名，近5年学校师生在国家级、省市级职业技能大赛上摘金夺银，共取得69枚金牌、125枚银牌，充分展示了我校师生高超的技能水平，培养的学生深受用人单位欢迎。学校以建立现代职业教育体系为目标，在做“真文化、开放文化、积极文化”的理念指导下，围绕“水”主题建构以“一训三风”为核心的校园文化，形成“自强不息，止于至善”的自强精神。长期坚持开展特色双创教育工作，建立起双创活动为引领的“1—2—2—1”特色双创教育体系，产生了龚伦勇、王永江、付泉等一批创业典型。2017年，双创教育项目荣获重庆市政府颁发的“优秀教学成果奖”。

在新的历史时期，学校将立足于工科专业优势，努力把学校建成产教深度融合、工科优势突出，在双创教育、自强教育、水利人才培养上特色鲜明、西部领先，在全国具有一定影响力的一流的职业教育名校。

二、发展历程

1978年，改革的春风吹遍神州，祖国大地百废待兴，四川省万县水利电力学校孕育诞生。建校之初，学校选址云阳县小江电站，隶属万县地区水电局，批准规模300人，设置专业为水利水电工程建筑和农村电站。由于交通不便，管理不便，经请示原万县地区革命委员会同意，校址改定在万县市，成立中共万县水利电力学校支部委员会，设校长办公室、教务处、总务处等管理机构，教职工14人，后相继设立学校工会委员会，共青团总支委员会。由于场地缺失，学校临时借用原万县电力公司修配厂（占地3亩）办学，当年招生79人，同年11月1日正式开学。1978年，经上级批准，国家拨款24万元征地5亩新建校区，修建教学楼1幢。1980年5月，教学楼落成，学校发展由此开端，极大地缓解了当地水电建设人才不足的燃眉之急。

为进一步服务发展，学校积极争取上级支持，1984年，经四川省水电厅、高教局批准，开设职工中专班，跨地区招生，设置水利水电工程建筑、水电站电力设备两个专业。1988年3月，经原万县地区行署批准，设立万县地区水利电力技工学校，开设发变电电气设备运行与检修、电厂热动设备运行与检修专业，实行两块牌子，一套班子的管理体制。1992年12月，万县地区编委确定学校为县级单位，校区面积逐年扩大至15亩，教职工79名，在校生规模1000余人。1998年，随着重庆直辖，学校更名为重庆市万州水利电力学校，次年更名为重庆市三峡水利电力学校，沿用至今。在此期间，学校积极承担起三峡库区水电行业人才培养重任，被誉为三峡库区水电系统“黄埔军校”。

随着国家教育改革的不断深入，中专教育走下“神坛”。1999年，中专并轨对中专办学的影响完全显露，使中专办学举步维艰。为走出困境，学校成立了万州太白中学，探索普通初、高中教育，专业范围逐步扩大，专业数量逐年增多。为拓展办学渠道，求得生存，2000年伊始，学校先后同华北水利水电学院、重庆工学院、重庆广播电视大学、重庆电力高等专科学校、重庆三峡学院联合开展各层次的函授教育、成人脱产教育、普通专科学历教育。同时，积极面向社会开展电工、电网作业、建筑等职业技能取证工作。通过系列举措，学校积累了高等教育办学经验，丰富了办学门类，既提升了办学水平，培养了师资队伍，又扩大了办学规模，增加了办学收入。

伴随着国家职教政策趋好，学校发展驶入快车道。为扩大办学规模，学校积极推进建新校、创省重、创国重的工作。在区政府与水利局的大力支持下，学校积极争取政策支持，新建龙都校区，2003年实现部分搬迁，开始两地办学。2004年，学校被重庆市人民政府评定为重庆市重点中等职业学校，2005年，学校被教育部评定为国家级重点中等职业学校。2005年6月，因行政体制调整，天城农机校并入学校，2007年，学校整体搬至龙都校区，结束两地办学历史，实现了跨越发展。2011年，学校深化改革，实行系部制管理，2012年，经过多方协调，万州区政府为学校增加编制100名，增加划拨土地80亩，学校实现了快速发展，成为“万人级学校”。

为提高办学水平，增强办学实力，学校借力国家政策支持，积极开展项目建设工作，促进内涵发展。2010年以来，学校先后报送并获批项目建设12个，建设资金10050万元。为捋顺关系，2013年学校归属万州区教委管理，2017年学校成功创建重庆市中等职业教育改革发展示范学校，被教育部认定为国防教育特色学校，2018年学校成功申报重庆市高水平中等职业学校项目，并获批为建设学校。通过项目建设，实训条件明显改善，办学实力显著增强，育人质量明显提升，极大地推动了学校内涵发展。

经过多年努力，学校占地面积达到193亩，教职工278人，在校生规模稳定在5000人左右，技能大赛成绩喜人，产教融合、校企合作成果丰硕，成为重庆一流，全国知名学校。

三、教育成效

（一）创新机制体制，增强办学活力

学校以中央职业教育改革发展为引领，坚持“以服务为宗旨，以促进就业为导向”，面向社会、面向市场、面向企业，完善规章制度，深化教育教学体制改革，优化学校治理结构，增强水利职业教育的办学活力。

1. 贯彻党的教育方针，深入实施素质教育

改革开放40年来，学校全面贯彻党的教育方针。提出了“服务学生终身发展”的核心理念，明确了“重内涵建设、创品牌学校、育技能英才”的办学宗旨，确立了“着眼产业发展，培养中高级技术技能型人才”的培养目标。成立了学生活动中心、学生职业生涯规划发展中心、心理健康教育中心，每周举办专业学术讲座、学生总裁研修班、管理学大课堂、名人大讲堂等活动，促进了学生综合素质的提高。我校的“自强德育”，吸引了众多兄弟学校前来学习，并作为典型案例向教育部推荐。

2. 着眼人才培养质量，服务地方经济发展

学校坚持“以服务为宗旨、以就业为导向、以能力为本位”的职业教育办学方针，创新工作思路，改革开放40年来，不断推进教育教学模式改革，实现了“五六工程”。五大进步：①招生成绩有进步。自2011年以来，学校每年招生突破2000人。②校企合作有进

步。工学交替、订单培养等新型人才培养模式建设效果显著。学校先后与多家品牌企业建立了良好校企合作关系。③专业建设质量有进步。学校形成了以服务城镇化建设与地方产业发展为宗旨的建筑、汽修及制造类主体专业集群建设。④职业技能培训有进步。自2011年以来共培训6000余人。⑤中高职立交桥建设有进步。与多家高校合作，实现了“3＋2”中高职衔接办学。六大提升：①基础能力建设得到提升。实训设施设备齐全，夯实了办学基础。②教育教学质量得到提升。学生养成教育的培养，教师业务能力提升，评价机制健全。③师资建设水平有了很大的提升。学校具备研究生学历的教师达24人。④服务地方经济发展的能力得到提升。学校每年为各大企业输送2000余名合格毕业生。⑤示范引领作用有所提升。每年多达10余所兄弟学校来校交流学习，办学经验得到推广。⑥社会声誉度得到提升。学校的办学成绩得到了社会各界的广泛认可。学校先后被评为国家级重点中专、全国教育科研先进单位、重庆市市级示范中职学校、重庆市文明单位、重庆市职教工作先进单位等。在职教界享有较高声誉。

（二）完善学科体系，加强专业建设

改革开放40年来，学校从1978年建校时最初的水利水电工程建筑和水电站电气设备两个专业为基础，围绕教材建设、精品课程建设、人才培养方案开发、专业教学标准修（制）订、实习实训基地建设、示范专业建设、教育教学评估等方面系统总结学科体系建设和水利专业建设，不断加强专业建设，发展到现有的六大类18个专业。

我校根据国家政策规定的“加快发展现代职业教育，以服务为宗旨，以促进就业为导向，推进教育教学改革。”根据市场和社会的需求并结合我校的历史、专业优势和师资力量等因素形成了特色鲜明、重点突出的专业结构体系。目前我校有6个专业大类，18个专业（专业方向），重点构建两个专业群。一是“水利工程建设”专业群，以“水利水电工程施工”专业为核心，包括“工程测量”“工程造价”“建筑工程施工”共计四个专业；二是“智能制造”专业群，以“机电技术应用”专业为核心，包括“工业机器人应用”“数控技术应用”“模具制造技术”共计四个专业。这两个专业群中“建筑工程施工”“数控技术应用”为市级示范校重点建设专业，“水利水电工程施工”“机电技术应用”为市级重点（特色）专业，以上四个专业在建设期间已形成标准的人才培养方案和课程体系，共计制定完成32门课程标准、出版13门专业教材。以上四个专业在项目建设期间完成了数字化教学资源库建设并形成了实践教学体系，历年来依托中央财政，建设了“水利水电工程施工实训基地”（2012年）、“建筑技术职业技能实训基地”（2007年）、“数控技术实训基地”（2009年）、“电工电子与自动化技术实训基地”（2011年），并通过示范校和重点（特色）专业建设，完善了部分与之配套的实训室建设。通过示范校和特色专业建设，该四个重点建设专业共新增了9个校外实训基地，并在示范校及重特专业建设期间大力加强师资队伍建设，共培养了4名专业带头人、14名骨干教师、新增16名双师型教师、聘用具有企业经历的兼职教师17名，构建了校企合作长效运行机制，制定并完善了“工学结合”运行机制。教学常规管理制度健全并执行到位，充分利用网络和现代教育技术推行信息化管理，建立了适应学生个人发展要求的“学生全程多元发展”评价体系。学校整合了库区企业、职业院校资源，牵头组建了“三峡职教集团”，初步建立了校企常态沟通机制。

（三）引进培养并重，强化师资力量

学校从稳定教师队伍规模、优化专任教师结构、强化双师型教师队伍建设、兼职教师队伍建设（技能导师工作）等方面强化了水利职业教育教师的规范化发展。

改革开放40年来，我校对于师资队伍的建设持续投入了大量的资金，以示范学校建设为抓手，师德师风建设与教师职业能力、专业能力建设并重的原则，投入了几百万元资金用于提升教师的专业技能与综合能力。按照“稳定、培养、引领、联动、服务”的思路，通过“请进来”“送出去”的方式，培训师资达2000余人次，形成了以专业带头人领军、骨干教师为支撑，双师型教师结构合理，专兼结合的教师团队。

学校教职员工278人，其中在编教职工161人，有全国优秀教师1名，重庆市优秀班主任1名，市级骨干教师3名，区级骨干教师15名，校级骨干教师6人，高级职称40人，校级专业带头人15名。学校拥有专任教师210人，生师比17.68：1，其中专业教师153人，占专任教师的72.8%；兼职教师66名，占专任教师的19%；大学本科以上学历166人，占专任教师的77%；双师型教师111人，占专任教师的53%；硕士以上学历43人，占专任教师的20%；高级职称40人，占专任教师的20%。

学校教师参加各级各类比赛或指导学生参加各级各类比赛，表现突出。在技能大赛教师组方面，自2014年以来，我校教师共获得市级比赛一等奖2个、二等奖8个、三等奖2个，库区比赛二等奖2个、三等奖6个。信息化大赛方面，我校教师在2017年“凤凰创壹杯”重庆市中等职业学校信息化教学大赛中取得一等奖1个、二等奖1个、三等奖5个。

（四）坚持质量为本，培养高素质人才

学校以质量为本，从专业人才培养能力，开展教学诊断与改进，人才培养质量评价、职业院校学生技能竞赛等方面，完善质量保证制度，探索技能人才培养新途径。

改革开放四十年来，学校励精图治，锐意进取，为库区及周边地区培养了数以万计的水利电力方面的技术技能人才和管理人才，担负起了水利电力行业的建设任务，为三峡工程建设及库区移民、水土保持及治理等后续建设做出了巨大贡献，被美誉为三峡库区水利人才的“黄埔军校”。

近年来，我校学生参加全国技能大赛荣获一等奖4个、二等奖7个、三等奖12个；水利部技能大赛荣获一等奖3个、二等奖9个、三等奖3个；市级技能大赛荣获奖一等奖14个、二等奖58个、三等奖60个。我校学生参加全国“文明风采”荣获二等奖2个，市级“文明风采”荣获一等奖9个、二等奖57个、三等奖63个。

（五）紧跟时代特色，完善信息化建设

学校从智慧校园建设、“互联网＋”教学平台建设、优化教学资源库建设、信息化在人才培养和教师教学能力提升等方面实行信息化建设，并取得了一定的成效。

我校已经具备较为完善的规章制度，已建成数字化校园，并建有YNedut智慧校园管理平台，通过该平台学校已经对部分日常事务进行了信息化管理。正常开展教学工作诊断与改进，建立了教学质量年度报告发布制度，牵头组建了重庆三峡库区职教集团，建立了校企合作和工学结合管理机制并开展工作，取得了较好的效果。

学校大力加强信息化建设工作，目前已拥有多媒体教室11个，计算机教室15个。学

校建设有数字化校园平台，方便师生之间交流、教学资源共享，为教学信息发布、文件传递提供了支撑，基本实现了数字化管理。学校制定信息化教学考核奖励办法，鼓励教师使用和开发多媒体课件。在2017年“凤凰创壹杯”重庆市中等职业学校信息化教学大赛中取1个一等奖，1个二等奖，5个三等奖。

（六）创造办学条件，提升院校能力

改革开放40年来，学校从基础设施建设、经费投入、办学规模实训基地建设等方面完善学校办学条件，不断提升学校办学能力。

截至目前，学校占地面积193亩，学校布局结构合理，教学区、实习区、运动区和生活区利用道路和绿化进行分隔，互不干扰又相互联系。体育设施齐备，建有标准塑胶篮球场4个、塑胶网球场、羽毛球场、乒乓球场及环形跑道和足球场。学校建筑布局合理，大气美观，建有教学群楼、图书楼、艺术楼、学生活动中心、实训大楼、精密加工中心、办公楼、学生宿舍、汽车工程实训中心等。总建筑面积89000m^2，各类用房建筑规划合理，保证了学校正常的教育教学活动所需场所。

学校建设有丰富充足的校内实训基地。经过多年的努力，学校先后投入9000多万元，用以改善校园环境，完善实验设备。组建有专用建筑力学实验室、工程测量实训室、供配电实训车间、电气运气仿真中心、精密加工中心、钳工实训车间、模具制作实训车间、精密研磨实训室、供配电实训车间等各级各类实训、实作室63个，建立实习、实训基地23个，拥有各专业计算机1700余台，多媒体演播室20多个，多媒体阶梯教室3个。2010年以来学校继续改善硬件设施，争取中央财政职业教育基础能力建设专项资金2300万元，重庆市职业教育基础能力建设专项资金370万元，北部新区对口支援专项资金430万元，购买数控车床20台，磨床15台，加工中心3台，新建电力、电子、计算机实训车间2100m^2，新建施工技术综合实训场、测量实训室、建筑类专用软件应用室、汽车发动机教学实训中心、汽车底盘教学实训中心、汽车电气设备教学实训中心、汽车维修服务实训中心、汽车整车及配件营销实训中心等校内实训基地。

学校先后与重庆江东机械有限责任公司、重庆长江涂装机械厂、重庆建工集团、宝利根精密模具公司、仁宝科技集团、鸿准精密模具公司、重庆长安福特公司、万州地方建筑公司、重庆勘测设计院、富士康科技（重庆）、格力电器（重庆）公司、重庆九源精机公司、重庆登科金属制品公司、鑫源集团、重庆龙江汽车公司、重庆北方影视传媒公司、重庆市万州区雷士集团、浙江东蒙集团等35家企业合作，建立了稳定的校外实训（实习）基地。制定了相关合作专业教学计划、实施方案以及学生实习就业制度。在专业教学、专业实训（实习）等方面实现全方位合作，相关专业学生按计划到基地进行教学实训、职业技能训练、职业技能鉴定。同时，学校与基地定期开展教育教学经验交流活动，实现了资源共享、优势互补、共同发展。

实训基地充分发挥其优势和效益，起着示范引领作用。基地的建设按照“统筹规划、开放联合、充分共享”的原则，在为本校学生提供教学实践的同时，面向库区开展相关专业技术人员培训并承办万州区技能大赛。每年面向企业在职人员、下岗再就业人员、农村富余劳动力、待业人员及兄弟学校、成人高校的学生开展职业技能鉴定工作，为集团内学校提供实训基地建设的有益经验，实训基地的利用率和社会效益不断提高。

（七）推进产教融合，强化校企合作

学校积极与行业企业沟通融合，广泛开展产教融合、校企合作，实现校企合作办学、合作育人、合作就业、合作发展。以服务地方经济发展为办学宗旨，学校近年来加强校企合作，为重庆市地方经济发展培育了几万名优质的高技能型人才。学校各系部分别制定了《校企合作管理机制》。

（1）签订订单式培养协议，为深圳远洋祥瑞机械有限公司、鸿准精密模具有限公司、浙江田中精机股份有限公司、遂宁宏继精密模具有限公司等企业培养并输送精密研磨、模具设计制造、数控技术、机电技术专业技术人员 300 余名；为重庆长安汽车有限公司、上汽通用汽车有限公司、上海大众、长安跨越输送汽车运用与维修专业人才 500 余名；为浙江温州金银岛大酒店、重庆希尔顿逸林大酒店、北京轨道交通集团、首都机场等企业输送酒店、文秘、航空、信息技术专业人才 200 余名；为中国水利水电第四工程局、浙江杭州疏浚工程有限公司、中电建、中电投、福建泉州热电厂等企业输送水利、电力专业人才百余名。

（2）为重庆本地企业输送各专业人才达 1000 人进行为期 3 个月的教学跟岗实习，派驻厂老师统一管理学生，学生进入企业学习操作，企业派职员到学校教学，从而真正实现了“校企融通”。

截至目前，学校通过深入开展校企合作、产教融合工作，与 66 家企业建立了紧密合作关系，校企合作开发专业实训教材 15 本，新建立校外实训基地 20 个，实现近 1700 人上岗就业，完成全年就业的 84%，合作企业为学校教师提供企业实践岗位 182 个，并成功牵头组建“重庆三峡职业教育集团”。同时，学校加强了对机电技术应用、水利水电工程、计算机网络等重点特色专业的建设，努力培养拥有高技能的专业性人才。

（八）加强院校合作，拓展国际交流

为了借鉴、吸收国际先进经验，我校于 2006 年 5 月特邀澳大利亚职业教育专家来校开展职业教育专题培训；2010 年 10 月，我校专家团队到德国、意大利、荷兰等国家开展了系列学习交流活动；2016 年，中德国际合作联盟专家团队来校开展学术交流活动；2016 年，俄罗斯圣彼得堡国立技术大学到校开展交流活动，将为我校培养具有更多国际视野的高技术技能型人才提供强力支持。

（九）激发学生活力，丰富校园文化

学校打造各具特色的校园文化，激发学生群体的活力，使校园文化更加丰富多彩。学校以建立现代职业教育体系为目标，在“真文化、开放文化、积极文化”的理念指导下，围绕“水”主题建构以“一训三风”为核心的校园文化，形成“自强不息，止于至善”的自强精神。长期坚持开展特色“双创”教育工作，建立起“双创”活动为引领的“1－2－2－1”特色“双创”教育体系，产生了龚伦勇、王永江、付泉等一批创业典型。2017 年，“双创”教育项目荣获重庆市政府颁发的“优秀教学成果奖”。40 年来，立足水利，为三峡库区水利行业培养了大批专业技能人才，被誉为三峡库区水利系统的“黄埔军校”。

（十）思想政治教育工作

大力发展教育工作者和学生的思想政治教育工作，有效的开展思想政治教育，学校党建工作取得了一定的成果。

学校高度重视学生的思想政治状况，严格执行教育部标准，规范开设相关课程，将思

想品德、职业道德、人文素养教育、心理健康教育等贯穿至学生培养全过程。充分利用开学典礼、升国旗仪式、重大纪念日、民族传统节日等时点，培养学生爱国、敬业、诚信、友善、感恩等价值准则，培育和践行社会主义核心价值观。学校实施学生综合素质“全程多元化评价体系”评价改革，从文化成绩、技能成绩、艺术成绩、体育成绩、操行成绩、活动成绩、劳动成绩、实习成绩八个方面全面对学生进行评价，使学生的综合素养得到全面提高。学校广泛组织丰富多彩的学生社团活动，深入开展学生文明礼仪、行为规范以及珍爱生命、防范风险等方面的教育，培养学生为人处世的素质和能力，增强社会责任感和担当精神。

四、典型案例

案例一：创新创业，翱翔水电蓝天

——记重庆市三峡水利电力学校“双创”特色教育

1. 实施背景

2002 年国务院《关于大力推进职业教育改革与发展的决定》中指出：“职业学校要加强职业指导工作，引导学生转变就业观念，开展创业教育，鼓励毕业生到中小企业、小城镇、农村就业或自主创业。”因此，职业学校如何主动适应经济社会发展的要求，从传统上的就业教育向创业教育转变，成为当前和今后各中职学校面临的重大课题。

2012 年我校围绕“创新教育、创业教育”，开展了多种活动，走职业技术教育与“双创”教育双向融合的路子，以培养出既能创新又能创业、既有专业特长又有经营管理等综合性能力的复合型人才。

会长
副会长
宣传部
办公室
组织部

学校创业协会

2. 主要内容

（1）组织建设。建立了学校办公室、各科室、学生职业发展中心等多级“双创”教育管理机制，成立了组长、副组长、小组长、成员阶梯式“双创”教育工作组。

在“双创”教育工作组的领导下，学生成立了创业协会，协助开展学校创新创业活动。

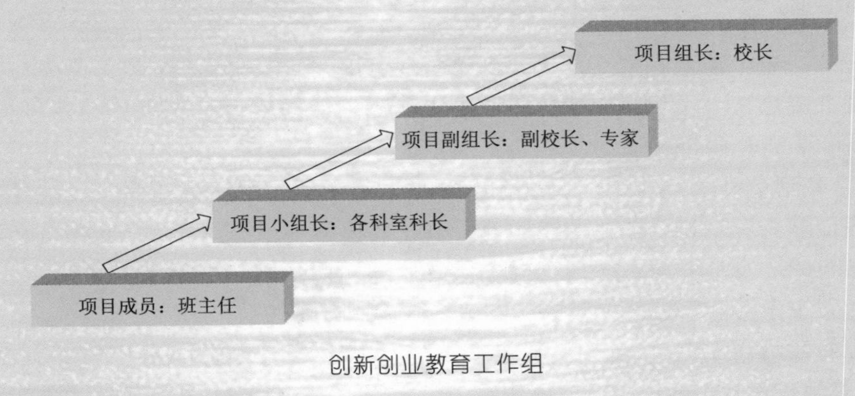

创新创业教育工作组

（2）制度建设。制订并实施《学生创新创业教育实施意见》《学生创新创业教育管理办法》等多个建设文件，做好“双创教育”评价的设计和实施工作，定期对创新创业教育成果进行评价。

（3）体系建设。本着“广泛参与、循序渐进、发展自我”的原则，我校着力构建起“1—2—2—1”的创新创业教育体系，切实提升学生就业创业品质。

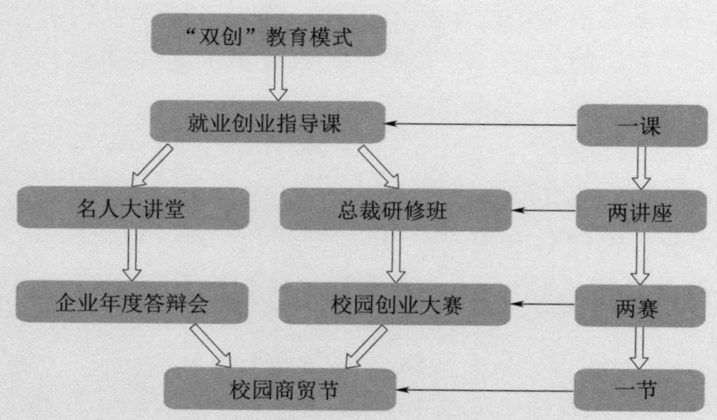

“1—2—2—1”创新创业教育体系

1）“一课”。以“就业创业指导”开展活动课为引领，切实抓好创业就业指导的开展。

2）“两讲座”。学校定期开展“名人大讲堂”“总裁研修班”两个系列讲座。

3）“两赛”。举办“校园创业大赛”和“企业年度答辩会”。

4）“一节”。继校园创业大赛开展之后，相应举办了大型“校园商贸节”活动，为各个模拟企业提供实体经营的平台。

3. 推广应用效果

我校以“活动”为引领的“1—2—2—1”实践教育模式在实践中产生了良好的效果和影响，主要表现在：

（1）校内影响。

1）促使学生综合素质提升。通过创业理论、创业案例分析课程以及创业实训课程和创业情景模拟训练等方式，强化了学生的创业意识，激发了学生的创业动机，提高了学生对创业基本知识的了解和认识。

2）涌现众多创业成功典型。开展创业教育以来，成效收获颇丰，不断涌现出一批又一批创业成才典型，涉及社会各个行业。包括食品行业重庆诸葛饮食文化公司党支部书记、重庆腾联集团董事长付泉，建筑行业重庆江源工程勘察设计有限公司董事长王永江，等等。

3）形成浓厚创业文化氛围。通过开展创业系列活动，给学生搭建起实战的平台，不管是激情的创业大赛，还是热血的校园商贸节，我校学生积极主动，以班级为核心，自己策划、自己组织、自动开展，全面挖掘个人潜能和团队精神，展示了我校学生积极向上、自信自强的人文素养和特色。

（2）校外影响及推广。

1）兄弟学校来校参观、交流。近几年在重庆等多个成果教学交流研讨会上，我校建构的“1—2—2—1”教育模式得到了兄弟学校的充分肯定和好评。在与开县巨龙中等职业学校、云阳职教中心等20所学校的调研中，就我校的实践教育理念和具体操作规范进行了交流并加以推广，已有不少院校准备开始把这种实践教育模式付诸实施。

2）各级各类比赛取得优异成绩。在市级、全国级文明风采大赛中，我校学生凭借“双创”实践教育模式成果的优先开展，多次荣获职业生涯设计类、创业计划设计类比赛的一、二、三等奖，在2017年中华职业教育创新创业大赛中取得优异成绩。

3）荣获重庆市政府教学成果奖。我校“双创”特色教育，经过多年的实践和不断的提炼总结，形成了具有水电校特色的教学成果。在2017年参加重庆市政府组织的教学成果评比中荣获三等奖。此教学成果奖项的获得既是对过去“双创”教育成果的肯定，更是对未来我校创新创业教育的鼓励。

案例二：建设国防特色学校，创新职教发展模式

——重庆市三峡水利电力学校积极开展国防教育纪实

为贯彻落实《国防教育法》《中小学德育工作指南》和《关于加强新形势下学校国防教育工作的意见》以及《教育部关于开展中小学国防教育示范学校创建活动的通知》的精神，我校以国防教育特色学校建设为契机，积极构建军校联动机制，强化军事训练过程，丰富国防教育形式，彰显国防教育特色，把国防教育融入学校是常规教育工作，将军队纪律融入学生管理，促进了学校的创新发展。

1. 构建军校联动机制，培养军人作风

青少年学生是全民国防教育的重点，学校国防教育是全民国防教育的基础，我校从维护国家主权、安全和发展的大局出发，积极构建军校联动机制，形成军校协作、齐抓共管的学校国防教育工作体系，培养师生令行禁止、雷厉风行的军人作风。

（1）领导重视，机构健全。学校领导非常重视国防教育工作，自觉学习国防知识，增强国防意识。学校成立了国防教育领导小组，由校长任组长，分管副校长任副组长，各科室主要负责人任成员，负责制定学校国防教育规划，定期研究国防教育工作中的问题，检查、督促计划实施情况，对国防教育中涌现的先进事迹进行表彰。领导小组下设办公室，负责与武装部、驻地部队、国防教育基地联络沟通，就国防教育具体事宜作出安排。

（2）措施具体，组织有力。学校积极与驻地武警、消防部队互动共建，建立起军校联动机制，定期开展沟通衔接，共同规划学校国防教育的内容、形式、措施。在部队指导下，学校成立了专门的军训团，保卫科长任团长，学生科长任政委，聘请武装部、驻地部队在职军人为参谋，教官由保卫科退伍军人担任，教导员由各班班主任担任，扎实有效地开展学校国防教育宣传及军事训练工作，定期组织学生前往驻地部队军营参观学习，目睹军人风采，体验军营文化。

（3）服务国防，保障有力。为服务国防，学校建立了兵役服务中心，负责《国家安全法》《国防动员法》《兵役法》的宣传，征兵季政策咨询、政审服务，退伍军人服务、安置等工作。为保证服务质量，我们做到时间、人员、地点、活动“四固定”并积极落实，每年为参军入伍学生办理政审材料百余份，累计安置退伍转业军人50余名，利用每年八·一建军节等节日，积极开展驻地军队慰问活动。

2. 强化军事训练过程，塑造军人品格

军事训练是学校对学生实施国防教育的重要形式，有利于塑造学生能吃苦、有责任、守纪律、肯服从、愿牺牲等军人所具备的重要品格，这些品格必将伴随其终身发展。

（1）制度保障，规范有序。军训是中职学生进入学校的“第一课”，是规范学生行为、养成良好习惯的重要手段。为规范开展军训活动，学校制定了《年级军训工作方案》《学生军事化管理制度》《副营长选拔管理制度》《优秀连队、教官、学生评选办法》《违纪学生周末军训制度》等一系列规章制度，确保了军训工作“入训即成军，入军即有范”，为学生养成严明的组织纪律奠定了坚实的基础，确保军训工作的圆满完成。

（2）目标明确，内容丰富。学校把军事训练工作作为深化爱国主义、集体主义和革命英雄主义教育的重要手段。培养学生组织纪律性和艰苦奋斗的作风，增强国防观念，提高政治觉悟，激发爱国热情，推进素质教育、促进学生的全面发展。军训结束后，要求学生认真填写军训考核登记表并撰写军训体会。

训练中，军训内容丰富，形式多样。军姿站立、队列训练、内务整理，让学生告别了稚嫩，拥抱了成长；消防讲座、灭火训练、逃生演练，让学生告别了恐惧，提升了本领；感恩教育、拉歌比赛、团体比武，让学生告别了自我，收获了友谊。

（3）强化宣传，突出效果。军训过程中，学校积极营造国防教育及军训氛围，让学生在神圣的仪式中感受保家卫国的重任；嘹亮的军歌、整齐的口号，点燃了学生心中的军人情怀；优秀连队、模范标兵，激发了学生不甘落后，奋勇争先的进取精神。学校在做好新生军训的基础上，针对违纪学生开展周末常态化军训工作，对顽劣不化、屡教不改学生用铁的纪律来约束、规范其行为，改造其思想。

经过严格要求，军训工作成效显著。同学们第一次穿上了军装，了解了人民军队的光荣历史和国防现代化建设的历程，学习了现代军事科学知识，掌握了队列操练等基本军事技能。真切地感受到作为军人的深刻内涵和神圣职责，极大增强了家国意识、国防意识、民族意识和天下兴亡、匹夫有责的责任感、使命感，培养了学生高度的组织纪律性和强烈的集体荣誉感。

3. 丰富国防教育形式，提升国防意识

（1）运用科技，普及国防。我校在开展国防教育过程中，积极运用投影、互联网等现代教育技术，将国防知识传送给每位师生。学校利用“三防”教育课、班会课组织学生收听中国之声的《国防时空》，收看央视七套《讲武堂》《今日关注》等军事节目，观看《百年叱咤风云》《国防科技》等电视纪录片，以“纪念抗战胜利”为契机，组织学生集体观看《王二小》《地道战》《战狼2》等爱国主义题材影片，激发学生的爱国热情，引导学生认识到今天的幸福生活的来之不易。生动直观的感人画面把知识性、思想性、趣味性、新颖性、科学性融合为一体，激发学生爱国热情的同时，也使其了解和掌握了现代化战争核武器、生化武器等杀伤性武器的防御技能，有力地增强了国防教育的普及性。

（2）树立典型，榜样引领。学校坚持开展思想道德主题系列宣传教育和道德实践活动，深入挖掘典型人物和事例用以教育学生，引领、提升学生的国防素质。利用“五四”“九·一八”“十一”“国难日”等纪念节日及“9·20”公民道德实践日，大力宣传革命战争年代和抢险救灾特别是汶川地震后的抗震救灾中涌现的大量英雄事迹，使学生在这些典型人物和事例上接受革命传统和中华民族传统美德的教育，引导学生弘扬民族精神，增进爱国情感，增强国防意识，提高道德素养。

（3）广开渠道，提升意识。学校借助文学艺术等特殊手段，将国防教育贯穿于直观的、生动活泼的、具有强烈感染力的文化娱乐活动中。积极开展主题班会活动，以国防知识和“三防”教材为主要内容，将教材中的重点知识编成问答题，让大家阅读、理解、记忆。此外，老师还指导同学们就中国应如何应对美国“9·11”恐怖袭击事件、叙利亚战争、南海局势、“台独”分裂活动等问题进行讨论，由于紧扣时事，同学们兴趣高涨，讨论十分热烈，取得了很好的教育效果。积极开展“筑我长城，巩固国防”的墙报比赛和“军训手抄报”等比赛，宣传“三防”教育的重要意义和“三防”知识，使学生在艺术美的熏陶中接受和巩固所学到的国防知识。

4. 彰显国防教育特色，创新发展模式

（1）注重融合，课程渗透。为了有效地渗透国防教育内容，学校积极发掘和利用教材中的国防教育因素，有意识地把“三防”教育渗透到各科教学中去，以达到潜移默化的效果。例如：在德育课教学中，突出爱党、爱国、爱军、爱社会主义的教育；开展形势教育时，注意介绍国际、国内的重大形势及其变化；每年聘请法制副校长到校进行国防教育和法制教育时，注意强调保卫祖国、应征参军是宪法规定的每个适龄青年的神圣义务；在新生入校时，融进领土、主权、疆域等内容，使学生了解到我们伟大祖国的疆域辽阔，山河壮丽，资源丰富，从而激发学生爱国主义的思想感情，增强青年爱国、爱军、保卫祖国；在体育课教学中，按照解放军的三大纪律命令，强化队列训练，组织“三防”综合演练，学会在遭受核、化、生武器袭击时的正确防护动作，开展军事游戏活动，增强学生体质，适应未来需要。

（2）因校制宜，彰显特色。学校积极配合区武装部门开展征兵宣传活动。每年的1月、3月、4月、5月、6月，学校利用广播、主题班会、微信等形式积极开展征兵宣传活动。近五年来，学校累计为部队输送新鲜血液700余名。为将军营文化融入学校管理，学校成立了学生护校队，每年保持300人左右，参照部队军事化管理，每天进行国防教育、军事训练。校园时时处处都看得见穿军装的学生，形成了一道亮丽的风景线，对培养学生的国防意识，引导他们积极参军、保家卫国起到了良好的带动作用。

（3）成效显著，示范引领。学校通过开展多种形式的国防教育活动，让学生学习了基本的国防知识，掌握了初步的军事技能，不断增强国防观念，激发爱国拥军的热情，自觉履行国防义务，逐步成长为有理想、有道德、有文化、有纪律的社会主义建设者和接班人。我校军训团每年帮助5所兄弟学校开展军训，获得了一致好评。在全校师生的共同努力下，国防教育工作成效显著，同学们树立起牢固的国防观念，增强了居安思危的忧患意识，激发了爱国热情，提高了保卫祖国、建设祖国的自觉性。同时，通过国防教育，促进了学校的精神文明建设，提高了广大学生的综合素质，为巩固国防培养了一批合格的预备役兵源。学校国防教育成果获得了上级肯定和社会好评，2017年被教育部评为国防教育特色学校。

不忘初心育人才　砥砺前行创佳绩

——甘肃省水利水电学校

一、学校基本情况

甘肃省水利水电学校于1951年在甘肃省政府举办的水利培训班基础上始创，1956年开始全国招生，1959年设置为甘肃水电学院，1961年恢复为甘肃省水利学校，1973—1976年改名为甘肃省水利电力学校，此后停止招生。改革开放的号角吹响，1979年复办甘肃省水利专科学校，1982年恢复为甘肃省水利学校，1997年更名为甘肃省水利水电学校。

学校是国家级重点中等职业学校、国家中等职业教育改革发展示范学校、全国水利职业教育示范学校、全国第三批现代学徒制试点学校、甘肃省水利水电职教集团理事长单位。学校内设有甘肃省水利人才培训中心、兰州市建筑工人培训基地和国家职业技能鉴定站。2006年、2011年被省教育厅评选为全省招生就业工作先进单位，2006年、2008年、2012年先后三次被省人社厅评为甘肃省非师范院校毕业生就业工作先进单位；2012年、2014年、2015年、2017年被省教育厅党组授予基层先进党组织称号；2017年9月，被甘肃省人民政府授予“甘肃省教育系统先进集体”荣誉称号。

学校占地面积161亩，建筑面积50140m^2，在建教学实训楼、食堂等6822.4m^2，学校与景泰川电力提灌工程管理局共建实训基地面积近10000m^2。学校现有六个校内专业实训中心，两个中央财政支持的专业教学实训基地，三个省级财政支持的共享型实训基地。校内用于教学的实训设备总值3430万元，生均设备值为1.80万元。图书馆藏书10万余册，报纸期刊200余种。

学校设有水利水电工程技术、建筑工程施工、工程测量、机电设备安装与维修、电气技术应用等22个专业，形成“水利类”“机电类”“工程测量类”“土木工程类”等具有甘肃水文化特色的四大专业群，年招生规模在1000人以上。

学校现有教职工168人，其中125名专兼任教师均具有本科以上学历，在读博士2人，硕士和在读硕士研究生20余人，正高级讲师4人，高级讲师45人，全国水利职教名师5人；全省三八红旗手、省级“园丁奖”、全省技术标兵17人，省部级技能比赛“优秀指导教师”18人；专任教师队伍中双师型教师比例达80%，56名教师考取了各类资格证书。

学校以“立德树能，知行合一”为校训，以“立足甘肃，辐射西北，服务全国；立足水利水电，辐射交通能源，服务生态建设”为发展定位，以学历教育为主，兼顾成人继续教育、非学历教育、在岗培训、再就业培训等，通过多形式、多层次办学模式，搭建水利水电人才培养立交桥，打造具有浓郁职教氛围和水利水电特色的职业学校。

多年来，甘肃省水利水电学校通过抢抓机遇、创新管理、不断深化教育教学改革，严格实施“双证毕业”制度，毕业生就业率长期稳定在96%以上，学校办学成效显著，得到了国家和社会的广泛认同。

二、发展历程

学校欢送2004届毕业生赴三峡、南水北调等工程工作

学校自建校以来，由于历史原因几经迁徙，直至1979年定址兰州后，才稳固了办学基础。改革开放40年，是我校取得长足发展的40年。学校规模由小变大，专业覆盖由单变广，真正形成了多层次、多方位的办学格局。学校的发展可以概括为四个阶段：

1. 恢复建设期（1979—1989年）

1979—1989年学校处于恢复建设期，边建设边招生。1982年正式启用自己的校区，学生人数由1979年年初的40人，增加到400余人；专业由起初的水工、水管两个专业，发展到水工、水管、水文、水保、机电五个专业。学校成为甘肃水利系统成人高等函授教育基地，1985年起，北京水利水电函授学院、河海大学都先后在我校设立了函授站。

2. 稳步发展期（1990—1999年）

1990—1999年，学校处于稳定发展期。学校办学能力初步显现，在校生800余人，超越了规划时700人的办学规模，并保持逐年稳步增长态势。1997年9月，更名为“甘肃省水利水电学校”。

3. 快速上升期（2000—2009年）

2000年12月，学校被甘肃省教育厅确认为“省级重点普通中专学校”。2002年10月，甘肃省人事厅批准学校为“甘肃省专业技术人员继续教育基地”。

2003年，学校被教育部评定为国家级重点中专。

2006年8月，学校办学规模不断扩大，在校生人数突破3000名。10月18日，举行甘肃省水利水电学校50周年庆典大会，中国水利教育协会理事长、水利部原党组成员周保志等各界人士共5000余人参加。

2008年11月，学校开始全国水利职业教育示范院校建设。2012年1月，水利部批准学校为全国水利职业教育示范院校。

2009年4月，学校正式由水利厅划转教育厅直属管理。

4. 创新完善期（2010年至今）

2010年6月，省人社厅批准并挂牌“甘肃省第八十六国家职业技能鉴定所”。

2012年6月，学校“国家中等职业教育改革发展示范学校建设计划”获准批复。学校按照批复的任务书开展国家中等职业教育改革发展示范学校建设。2015年10月，学校通过国家中等职业教育改革发展示范学校建设验收。

2016年12月，以学校为理事长单位的甘肃水利水电职教集团成立。

2018年6月，学校入选“全国第三批现代学徒制试点学校”。

中国水利教育协会原会长周保志（左一）为甘肃水利水电职教集团揭牌

三、教育成果

（一）人才培养成效显著

1. 立足行业求发展

随着改革开放40年的发展，学校形成了立足水利行业，推动产教融合，服务区域经济，打造技能人才的办学定位，形成了学校长效发展的价值追求。

2. 紧握特色不动摇

学校始终把“水利特色”作为发展的基础牢牢不动摇。专业建设以“水”为核心，对接产业办专业，对接岗位设课程，顺应市场需求搞教改。随着改革开放的深入，进一步触发了学校教育与产业需求的精准对接，根据产业需求调整培养目标、针对市场需求进行专业设置、依照产业要求修订教育教学内容，实现了职业教育与产业需求的精准、无缝对接，实现了学校与企业合作协同、互惠公平的共同体，为地方经济建设和甘肃精准脱贫做出了应有的贡献，同时也促进了学校高质量的稳步发展。

3. 实施就业民生工程

在提高就业率的同时，突出就业质量，强调专业对口率、就业稳定率。建校近70年来，依靠几代人的辛勤耕耘，为甘肃乃至全国水利水电建设单位及相关行业输送了4万余名优秀毕业生，为甘肃水利水电事业的发展培养了大批人才。学校毕业生几乎参与建设和管理了全省所有大中小型水利水电工程项目。同时学校为甘肃水利水电高等教育发展提供了人才和智力支持，被誉为“甘肃水利人才的摇篮”。

4. 技能竞赛成绩喜人

学校建有CAD、焊接、测量三个工匠工作室及一个工程算量竞赛团队，指导学生参加各级技能竞赛。近年来，获得全国职业院校技能大赛中职组竞赛三等奖的有3人，优秀奖的有 1 人；获得全国水利中职学校技能大赛一等奖 1 人，二等奖 8 人，三等奖 26 人；获得甘肃省中职技能大赛一等奖 22 人，二等奖 31 人，三等奖 44 人。

5. 建设大禹精神的校园文化

学校以社会主义核心价值观为统领，将核心价值观进课堂，以技能节、艺术节、体育节、第二课堂等活动培养学生基本素养，将“献身、负责、求实”的当代水利人精神、大禹治水的科学精神、大禹节水集团的创业精神融入到广大学生的学习生活之中，为广大学生彰显个性、完善自我提供了广阔的平台，宏扬“立德树能，知行合一”主旋律。

（二）教育教研区域龙头

学校主持编制的中职学校农业与农村用水专业教学标准，已列入教育部组织制定的首批《中等职业学校专业教学标准（试行）》目录，获教育部公布在全国实施。学校作为主编单位参与起草的《高等职业学校水利工程专业仪器设备装备规范》（JY/T 0601—2017）、《中等职业学校农业与农村用水专业仪器设备装备规范》（JY/T 0600—2017）两项国家教育行业标准，已由教育部于 2018 年 1 月 4 日正式发布实施。承担了中国水利教育协会“水利职业教育示范院校建设和重点专业建设”研究，获中国水利教育协会“十一五”水利教育优秀研究成果一等奖，承担“黄土高原丘陵区水土保持生态系统服务功能评价研究”“甘肃省河流泥沙分布及其演变规律研究”“半干旱区护坡植物根系分布特征和配置技术研究”分别获得获 2012 年度、2015 年度、2017 年度甘肃省水利科技进步一等奖。近 5 年来，教师编写全国职业学校规划教材和校本教材 38 部，发表论文 116 篇。

甘肃省原省长刘伟平（左三）视察我校

（三）集团化办学深化校企合作

学校是教育部全国水利职业教育教学指导委员会副主任单位，是中国水利教育协会职教分会副会长单位，是全国水利教育协会职教分会中职教研会主任单位。学校借助水利教育协会和全国水利职教集团、甘肃省水利水电职教集团等平台与水利行业等企事业单位保持着友好交往和良性互动，在教学改革、专业建设、课程开发、企业员工培训、教师企业实践、学术交流和毕业生就业等多方面都体现了行业、企业和学校的合作共赢。

以甘肃省水利水电学校为理事长单位的甘肃省水利水电职教集团共有 68 家成员单位。集团成员企业设立专项奖学金、签订订单培养冠名班协议、成立专业建设指导委员会、设立名师工作室、开展教师和企业员工培训、校企共建实训中心等，把产教融合、校企合作提升到深度合作、务实合作的新高度。2017 年我校毕业生在集团内就业 60%以上，2018 年我校毕业生已全部在集团成员单位内就业实训。在 2017 年集团年会上，12 家集团成员单位与我校签订了订单培养协议，2019 年毕业生已全部预定，毕业生供不应求。

（四）服务社会呈现职教风采

建校以来，学校以服务社会、服务水利为己任，积极参与甘肃地方经济建设，服务社会成绩显著。先后承担了定西关川河流域水土保持规划，成县黄渚镇小城镇土地规划，景泰芦阳镇土地利用调查，天水、平凉、定西、陇南市土地确权登记，白银电力提灌工程规划设计等生产任务。

多年来，为皋兰西电、榆中三电、肃南水务、中铁隧道等单位进行职工培训和新员工岗前培训。近两年，为甘肃水利水电职教集团成员单位中国水利水电第三、第四工程局有限公司、大禹节水等单位培训员工 400 余名。2017 年兰州市城乡建设局批准我校为建筑工人职业培训机构，兰州市建筑业联合会建筑工人培训基地已在我校挂牌，并完成了首批培训。2018 年，完成了对中国水电四局六分局班组长级测量专业的高层次培训。

（五）继续教育依托行业发展

学校自 1985 年以来开展成人高等函授教育，曾设立过北京水利水电函授学院、河海大学、丹江口职工大学等函授站。目前，学校与华北水利水电大学、兰州交通大学和国家开放大学联合举办函授教育和远程网络学历教育。先后培养了本专科毕业生 4000 余人，为社会、企业培养储备了一大批实用技术人才。设在我校的甘肃省第八十六职业技能鉴定所先后完成了 8400 人次的技能培训和取证工作，体现了学校服务社会、服务集团成员单位的崇高责任。

（六）参与“一带一路”服务经济发展

十九大对职业教育的发展作出明确要求，提出要“完善职业教育和培训体系，深化产教融合、校企合作”。“一带一路”倡议为职业教育发展提供了新的机遇。我校积极响应国家号召，在职业教育和培训体系建设方面迈出了可喜的步伐。近年来，有近 200 名毕业生通过中国电建集团下属的水电工程局参与“一带一路”项目，走出了国门，在卡塔尔、尼日尔、巴基斯坦、越南、老挝、缅甸、刚果、几内亚等国家基础设施建设项目上发挥了重要作用。同时学校积极主动为参与“一带一路”项目建设的企业开展职工培训和学历教育，提升员工素质和企业核心竞争力。创建“甘肃水利水电职业技术学院”，学校将为“一带一路”沿线国家项目建设培养更多高素质技能型人才。学校的办学能力、服务能力将显著增强，为国家“一带一路”倡议提供了坚强的人才支撑。

（七）助力脱贫攻履行社会职责

在积极参与国家“一带一路”倡议的同时，学校以职业教育助推甘肃精准脱贫为己任。近几年学校深入边远贫困地区，特别在 23 个深度贫困县加大招生宣传力度，接纳贫困地区更多的学生来我校接受职业教育，提高贫困家庭的自我发展能力。2012—2017 年我校共有 5173 名学生毕业，就业人数 5007 名，就业率为 96.8%。58 个贫困县的毕业生共计 4096 名，就业人数 4002 名，就业率为 97.7%；23 个深度贫困县的毕业生共计 1922 名，就业率达 99.2%；17 个插花型贫困县的毕业生共计 864 人，就业人数 839 名，就业率为 97.1%。在国有企业就业的学生占就业学生人数的 41.6%，上市企业占 22.4%，民营企业占 18.5%，自主择业占 16.7%，专业对口率、就业稳定率高。学生在国家的资助和学校奖学金的支持下，保证了学业的完成。就业后毕业生的初期工资达到 3000 元左右，工作 3～5 年后，工资基本达到 5000 元左右，真正实现了一人就业全家基本脱贫的目标，这也进一步说明，教育是拔穷根的唯一渠道，是精准扶贫的正确选择。

好风凭借力，扬帆正当时。在习近平新时代教育思想的引领下，学校将向着与全国同步全面建成小康社会、建设幸福美好新甘肃的目标一路高歌前行。

四、典型案例——现代学徒制下“大禹班”的探索与实践

校企合作共建专业，按照现代学徒制精髓组建“订单班”，通过建立校企师资团队，制定完全符合企业要求的人才培养方案，企业参与职业教育人才培养全过程，实现专业设置与产业需求对接，课程内容与职业标准对接，教学过程与生产过程对接，改革教学内容、方法和手段，开发教学资源，促进教学研讨和教学经验交流，提高订单班教学质量。甘肃省水利水电学校根据教育部印发的《关于开展现代学徒制试点工作的意见》（教职成〔2014〕9 号）文件精神，开展与大禹节水集团股份有限公司合作共建现代节水灌溉专业和“大禹班”，依据现代学徒制的要求和精髓，共同制定和实施人才培养方案。

（一）校企合作的背景

现代学徒制是通过学校、企业的深度合作与教师、师傅的联合传授，对学生以技能培养为主的现代人才培养模式。

我校杰出校友、大禹节水集团董事长王栋先生与学校签订了校企合作框架协议，初步达成大禹冠名班协议，并捐资 5 万元。双方达成合作事宜：第一，大禹节水集团将与我校共建“节水灌溉专业”，并共同开发“合同节水管理”新专业；第二，王栋董事长为“节水灌溉专业”的建设捐赠一套节水灌溉实训设备；第三，大禹节水集团招聘我校 2017 年毕业生 50 名，组建“大禹班”，为公司新中节水合同管理项目预定员工，并设置“大禹奖学金”。

（二）项目实施

现代学徒制有利于促进行业、企业参与职业教育人才培养全过程，实现专业设置与产业需求对接，课程内容与职业标准对接，教学过程与生产过程对接，毕业证书与职业资格证书对接，职业教育与终身学习对接，提高人才培养质量和针对性。

1. 建班背景

因大禹节水集团股份有限公司与云南省、河北省政府合作建立 300 多万亩的合同节水管理项目，需培养一批从事新的投融资模式和管理方式下的项目建后运营管理的应用性专门人才，本着校企“资源共享、优势互补、互惠互利、共同发展”的原则，根据以上项目的建设情况，在甘肃省水利水电学校建立水管班，即“大禹班”。

2. 成立教学团队

教学团队作为专业建设和课程群组建设的重要组织，通过建立团队合作的机制，强化教学基层组织建设，改革教学内容、方法和手段，开发教学资源，促进教学研讨和教学经验交流，提高订单班教学质量。根据学校专业带头人选拔办法，综合考查，学校决定成立“大禹班”教学团体。

3. 共同制定人才培养目标和培养方案

为能达到水管班学生毕业后就直接为企业所用的目的，“大禹班”采用理论实践相结合的方式进行学习，校企双方共同制定培养方案，系统设计人才培养方案、教学管理、考试评价、学生教育管理、招生与招工以及师资配备、保障措施等工作。

我校专业带头人尹亚坤负责组建教学团队，大禹节水集团股份有限公司安排人力资源部部长、项目经理和工程师组成教学团队，共同制定人才培养方案、教学方案、教学内容、选定教材，安排实习实训。

4. “大禹班”双元制下的教学组织

学校教师和企业专家共同进行研讨，达成共识。建立符合企业用人标准的课程体系的建构，一是对接职业能力标准；二是符合学生的认知规律；三是兼顾职业生涯发展的新知识新技术。

（1）课程结构的模块化。专业课程分为专业技术技能课程、学徒岗位能力课程、专业拓展课程三类。专业技术技能课程，即专业核心课程，是为解决实际工作问题而设置的课程。该类课程以工作领域的典型工作任务转化为学习领域的工学结合课程为主，也包括少量的学科课程和技能训练课程，以及综合实训课程。学徒岗位能力课程，即专业方向课程，是指根据学徒岗位的特定要求而专门设置的岗位课程，对于生源为企业员工的学徒岗位能力课程要更加突出创新创业能力培养。

（2）课程对接职业能力要求。课程是实现目标的载体，课程内容对接职业能力要求。明确该课程与哪些典型工作任务及职业能力对接，并据此概述该课程的主要教学内容和要求。

（3）教学时间安排突出双元育人。现代学徒制应遵循教学规律，按照循序渐进的原则，合理安排课程进度。课程由学校和企业共同承担。

大禹节水集团有限公司董事长、甘肃省 2014 年科技功臣、甘肃水利水电职教集团副理事长、我校杰出校友王栋先生前后三次莅临我校，给学生进行授课，并与我校教师交流校企合作、专业建设、课程建设等方面的经验。大禹节水集团有限公司原董事长王栋、总工杨振武、项目经理张战祥、工程部王磊等来校担任“大禹班”学生教学和实训任务。

（4）理论学习与生产实训相结合。2017 年 3 月，大禹节水冠名班 33 名学生，经过为期半年的集中理论学习和考试后，分别前往大禹集团云南、重庆、内蒙古、酒泉、武威等基地的分公司进行岗前实习。学生通过岗前实习能把学校所学理论知识运用于实际的工作中，并提升自身的职业素养及技能。

（三）现代学徒制人才培养模式实施的成效

1. 提升了学生质量

通过调查，实施现代学徒制后，70.1％的学生提升了学习兴趣，75.3 ％的学生增强

“大禹班”同学与大禹集团董事长合影

学生到大禹工地实习

了团队合作意识，90.8%的学生提升了专业能力，70.3%的学生提高了沟通能力，87.8%的学生认为对就业有很大帮助或比较有帮助，教学效果得到了明显的提升。

2. 提高了教师专业水平

通过实施现代学徒制，推动了教师的教学研究和改革，提高了教师的专业水平。

3. 实现了产教深度融合、扩大了学校社会影响力

现代学徒制专业教学标准建设既要与普通专业教学标准一致，又要彰显现代学徒双元育人、岗位培养的特征。必须以职业能力标准为逻辑起点和核心，遵循标准化原理，运用科学的方法开展供需调研、职业能力分析和课程体系建构，实现课程内容对接职业能力标准，保证教学过程对接生产过程，从而编制出具有实施价值的专业教学标准，推动现代学徒制的深入开展，提高人才培养质量。

以德为先促改革　德技并修育人才

——河南省水利水电学校

一、综述

学校1979年经河南省革委批准兴建，名称为“周口水利学校”，隶属周口地区管辖；1984年经河南省政府批准收归省管，隶属于河南省水利厅，更名为“河南省周口水利学校”；1999年经河南省教委批准，更名为“河南省水利水电学校”至今。

学校地处淮河流域沙河、颍河、贾鲁河三川交汇处，位于河南省周口市，占地面积121.6亩，各类建筑面积6.1万m^2。建有千兆校园网络、校园无线网全覆盖，建有校园数字安防监控系统，多媒体教学系统和闭路电视系统，建有标准化的餐厅、公寓、塑胶篮球场、文体馆等完善的学生服务设施。拥有3103m^2涵盖了测量、土力、建材、实体比例建筑模型、实训集成箱在内的校内实验实训场所，拥有全站仪、经纬仪、水准仪、GPS工程测量仪等大批土木水利类实验实训设备1067台，拥有1380个终端的网络版仿真软件，实验实训仪器设备总值达3140万元。

实训馆

学校开办有“3+2”大专、普通中专、技能培训和电大函授本科等办学层次，开设有水利水电工程施工、建筑工程施工、道路桥梁工程技术、建筑装饰、工程造价、计算机应用技术等专业，其中建筑工程施工专业是河南省教育厅认定的省级重点专业，该专业和工程造价、道路桥梁工程技术又为省级品牌示范专业。我校还是河南省建设厅认定的“建筑企事业单位专业管理人员”培训点。目前学校各类在校生4389人。

学校现有教职工202人，专兼职教师169人，其中河南省教育厅学术技术带头人10人，硕士研究生37人，高级职称39人，中级职称62人，教育厅认证的“双师型”教师89人，全国水利职教名师4人，全国水利职教新星4人，河南省教学名师2人，中原名师1人。

学校坚持质量立校、特色兴校、人才强校，致力于培养具有创新精神和实践能力的优秀专业技术人才，秉承“明德谨学，致用善成”的办学理念。建校40年来，学校先后被评为国家级重点中专、全国德育工作先进集体、河南省文明学校、河南省教育系统先进集体、全国水利系统“五五”普法先进集体、中央财政支持的职业教育实训基地、河南省第一批职业教育品牌特色院校、河南省中等职业学校第一、第二、第三批品牌示范专业建设学校、河南省中等职业学校数字化校园建设试点学校、河南省中等职业教育信息化提升工程和中等职业教育实训基地建设项目学校、河南省中等职业教育第一批教学诊断与改进试点学校、全国教育改革创新示范（院）校、首批河南省中等职业学校管理强校。

目前，全校上下正按照“扩规模、提层次、增专业、练队伍、强技能、拓出口、优管理、夯基础、争项目、谋福利”的工作思路，为建设新时代需要的特色鲜明、多学科协调发展的职业强校而努力奋斗。

二、发展历程

（一）建校初期（1979—1994年）

1979年7月，河南省革命委员会批准成立周口水利学校，按在校生500名的规模进行初期建设，开设农田水利工程专业，办学层次为普通中等专业学校，隶属河南省水利厅和周口地区双重领导。1980年开始招生，首届招收高中毕业生120名，学制二年。

1984年9月，河南省人民政府批准周口水利学校隶属于河南省水利厅，并更名为河南省周口水利学校。开设农田水利工程、水利水电工程两个专业，招收高中毕业生，学制二年。经过十多年的发展，截至1994年，学校教职工达到119人，学校招生规模达到500人，在校生规模达到779人，共培养2393名水利技术人才。

（二）振兴发展期（1995—2011年）

1996年9月，在全省事业单位机构改革中，根据河南省编委《关于河南省水利厅所属中专（干校）、技校、职工培训学校机构编制方案的通知》，保留河南省周口水利学校，机构规格相当于处级，经费实行全额预算管理。认真贯彻落实党的教育方针政策，做好以农田水利工程、水利工程、水利水电建筑工程、工业与民用建筑等专业为主的有关专业的教学工作。

1999年7月，河南省教育委员会批准学校更名为河南省水利水电学校。2001年5月，河南省编委批复同意学校更名，明确学校机构规格、事业编制、领导职数、人员结构比例和经费管理形式不变。2001年7月开始与黄河水利职业技术学院、河南交通职业技术学院相继联合开办“3+2”大专班，与华北水利水电学院、中央电大联合开办本、专科成人教育，初步形成多层次、多渠道办学格局。

（三）全面提升期（2012年至今）

2012年以来，在新一届领导班子的带领下，学校紧跟时代步伐，适应职教发展新形势，以项目建设为抓手，以立德树人为根本任务，不断拓展招生渠道，全面深化教育教学改革与创新育人模式，强化技能培养，取得了显著的办学成效，成为河南省首批职业教育特色院校和中等职业教育管理强校。

教学楼

三、教育成效

（一）办学规模稳定，就业态势良好

一是办学规模稳中有升。学校根据国家、省中等职业教育形势，积极创新招生宣传方式，通过制作播放学校形象宣传片和微视频、建立学校宣传微信公众号、增加网络自媒体宣传、印制发放招生简章和印有学校徽标的宣传用品等形式，加强学校对外形象宣传，提高学校知名度。建立全年招生、全员招生机制，组建片区招生组，建立完善招生奖励机制。通过加强联合办学，深化校企合作，不断拓展招生渠道，办学规模实现稳步增长。

二是就业实现新突破。学校以中央职业教育改革发展战略为引领，坚持“以服务为宗旨，以就业为导向”，面向社会、面向市场、面向企业，深化教育教学改革，提升技能培养。通过建立就业指导师团队，组建QQ就业群，举办优秀毕业生报告会和就业招聘会，及时发布就业信息，加强毕业生就业指导工作。学校还加强校企合作，拓展就业渠道。近年来学校先后与河南拓普天地测绘有限公司、北京华星信阳测绘院、河南永畅建工集团等单位签订订单培养协议，与新迈尔（北京）科技有限公司签订校企合作协议。学校加入河南省水利行业职业教育校企合作指导委员会，参与中国水利教育协会、河南省职业技术教育学会工作，不断加强与水利行业部门、社团组织和企业的合作联系，增强办学活力，有力推进毕业生就业安置工作。近年来，学校毕业生就业率一直保持在98%以上，毕业生受到用人单位的一致好评，就业呈现良好态势。

（二）德技并修，构建特色鲜明的人才培养模式

一是突出技能培养，坚持举办“鲁班杯”技能竞赛月活动。学校自2013年开始，每

年11月定期开展以工程测量、建筑CAD、土工试验、工程算量、建造师知识竞赛等比赛项目的“鲁班杯”技能竞赛月活动，充分调动了学生学专业、练技能的热情和兴趣，形成了“以赛促学、以赛促练、以赛促教”的良好机制，2012年以来学校先后在全国职业技能大赛中获得一等奖5个、二等奖3个、三等奖2个；在全国水利中等职业学校技能大赛中，获得特等奖2个、一等奖6个、二等奖7个、三等奖4个；在河南省中等职业教育技能大赛中，获得一等奖14个、二等奖12个、三等奖8个。

第五届“鲁班杯”技能竞赛月活动比赛现场

二是注重学生素质能力培养，坚持举办“雷锋杯”素质能力大赛。学校坚持每年3月开展以演讲、征文、中华经典朗诵、数学基础素养与应用、Word应用文写作、Excel数据处理、幻灯片设计制作等项目的“雷锋杯”素质能力竞赛月活动，为学生展示自我、锻炼自我、提升自我创造了良好的平台。学校积极组织学生参加河南省中等职业学校学生素质能力大赛和“文明风采”竞赛活动。2012年以来，荣获全国一、二、三等奖23个；荣获河南省一、二、三等奖181个。

（三）打造名师团队，师资队伍培养彰显成效

学校以名师工作室为依托，积极发挥老、中、青教师之间“传、帮、带”作用，进一步推动“一师一优课、一课一名师”活动的深入开展。打造一支有理想信念、有道德情操、有扎实学识、有仁爱之心的精品辅导团队，培养一批教学名师，建成一支师德高尚、业务精湛、勇于创新、结构合理、富有活力的高素质专业化教师队伍。2012年以来，学校先后选派310人次教师分批次参加国家级、省级骨干教师培训，到企业实践锻炼，到清华大学、同济大学进行综合素质提升培训，参加河南省水利厅厅属院校骨干教师和教学管理人员培训，选拔有潜力、素质优的9名非工程类专业教师参加工程类专业校本培训。经过多种形式培训，教职工培训率达到96%，专业教师培训率达100%，学校师资队伍整体水平显著提升。2012年以来学校教师共发表论文641篇，主编、参编教材217部，优秀课件、论文、成果奖146个，发明专利和实用新型专利103个，主持参与教科研项目68个，荣获河南省级优质课一、二、三等奖16个，教师教科研能力进一步加强。

（四）创新活动育人机制，育人成效显著增强

学校坚持以活动为载体，增强育人成效。学校不断创新活动形式，建立长效活动育人机制，通过组织开展丰富多样的育人活动，提升学生综合素质，推进校园文化建设。学校每年定期举办春季运动会、歌唱祖国歌咏比赛、“大禹杯”篮球赛、元旦文艺晚会、乒乓球比赛、羽毛球比赛、拔河比赛、棋类比赛、校园歌手比赛、校园摄影比赛、校园书法比赛和校园绘画比赛等文体活动，组织开展文明礼仪演讲比赛、感恩教育征文比赛、法制安全专题讲座、志愿者服务活动，加强学生道德素质教育。

（五）以项目建设为抓手，强化学校内涵式发展

一是完成品牌特色校项目建设，学校社会影响力显著提升。我校2012年被河南省教育厅遴选为河南省第一批职业教育品牌特色院校项目建设学校，并顺利通过河南省教育厅验收，被授予“河南省职业教育特色院校”。学校社会知名度持续提升，品牌影响力不断增强。

二是完成中央财政支持的实训基地建设项目，提升办学实力。我校2013年被遴选为中央财政支持的实训基地项目建设单位，完成了建筑CAD、工程施工、工程造价、工程测量四个仿真实训室的建设，进一步改善了办学条件，提升了办学实力。

三是推进省级示范品牌专业建设项目，优化专业建设。我校先后获批了河南省中等职业教育第一批“建筑工程施工”、第二批“工程造价”、第三批“道路桥梁工程技术”省级示范专业建设项目，完成了14本校本教材的编写和出版，7门精品课程课件的制作。学校特色专业建设得到进一步的强化。

四是推进学校信息化建设，稳步向智慧化校园迈进。2015年学校被遴选为河南省中等职业教育数字化校园试点学校，2017年7月又被教育厅遴选为中等职业教育信息化提升工程。完成了中心机房升级改造，网络出口带宽增至400M，学校实现了教室多媒体全覆盖，校园无线网全覆盖，建成了功能完善的数字化校园应用服务平台，丰富了数字化教学资源，搭建了网络技能学习平台，建成网络数字高清监控终端260个，建成了1380个终端的网络版仿真实训软件，建成了BIM电子招投标数字化技能教室综合实训平台，建成了网络录播教室，购置了丁博士数字图书馆系统，强化了学生动手能力和专业技术水平，提高了教师运用信息化教学水平，学校信息化建设向智慧化校园迈进。

五是推进河南省中等职业教育实训基地建设项目，完善学校实训条件。2017年学校被教育厅遴选为河南省中等职业学校实训基地建设项目学校。学校按照项目建设方案，完成了实训基地建设，建成了总面积3103.68m^2的实训场馆，涵盖建筑工程99个主要节点的1∶1实体比例建筑教学模型和建筑实训集成箱。基本达到一步一景、一景一学、一学一做的效果，解决了建筑构造理论与建筑工程实际相脱节的困境，实现了课堂教学场景化，学习信息多样化和教学做一体化。学校还结合学生测绘实操需要，经过土地平整、起坡造型、标高控制、高程点埋设等一系列施工，完成了4748m^2测绘实训基地建设，进一步改善了实践教学条件。

河南省教育厅“双百工程”建设项目评审验收

（六）加大基础设施建设，改善办学条件，提升办学能力

由于办学规模逐年提升，学校教室、实验实训场所、餐厅、宿舍等基础设施用房日益紧张。2013年5月，学校3181.22m²的两层学生餐厅投入使用，为学生提供了良好的就餐条件。同年8月，建筑面积4000.97m²的学校实验实训综合楼如期竣工并交付使用，进一步改善了教学条件。2014年9月，学校改建的文体馆投入使用，铺设了室内塑胶，规划了乒乓球、羽毛球场地，配备了体育器材，改善了师生室内运动条件。2015年9月，学校与周口市水产技术推广站签订了期限30年联合办学协议，增加学校土地面积41.6亩，建成了环形跑道、足球场、活动广场、测绘基地和实验实训基地，同时完成了绿化、硬化、亮化、美化。2017年学校新安装400kV箱式变压器、增设和改造线路，实现学生公寓空调全覆盖，改善了学生的住宿条件，进一步完善了办学条件、提升了办学能力。

四、典型案例

案例一：德技并重育人才，全面发展成效显

学校坚持以立德树人为根本，培养德、智、体、美、劳全面发展的社会主义建设者和接班人，形成了长效活动育人机制。3月举办“雷锋杯”素质技能竞赛月活动；4月举办春季运动会；5—6月参加国家、河南省技能竞赛；9月举办“歌颂祖国，放飞梦想”歌咏比赛；10月举办“大禹杯”篮球赛；11月举办“鲁班杯”技能竞赛月活动；12月组织学生参加河南省“文明风采”竞赛。同时学校每年定期举行拔河比赛、演讲比赛、校园歌手比赛、书法比赛、绘画比赛、校园手机摄像大赛、象棋比赛、跳棋比赛、乒乓球比赛和羽毛球比赛等一系列文体活动，全面提升学生综合素质和专业技术水平。特别是学校坚持举办“雷锋杯”素质技能竞赛月和“鲁班杯”技能竞赛月活动以来，充分调动了学生学专

业、练技能的热情和兴趣，形成了“以赛促学、以赛促练、以赛促教”的良好机制。2012年以来，我校学生在中等职业学校学生素质能力竞赛、传统文化大赛、文明风采等竞赛中荣获全国一、二、三等奖 23 个，荣获省一、二、三等奖 208 个。建校 40 年来，为社会培养和输送了 2 万多名毕业生。

2018 年我校国赛获奖选手与辅导教师合影

案例二：名师团队起示范，引领作用得体现

我校周俊义名师工作室是河南省教育厅认定的“河南省中等职业教育建筑工程施工专业名师工作室”，李长安名师工作室是河南省教育厅认定的“河南省中等职业教育道路桥梁工程技术专业名师工作室”，自工作室运行以来，积极发挥在专业建设、师资队伍培养、学生技能提升等方面的引领示范作用。

周俊义名师工作室

1. 名师工作室推动优势专业群建设

我校省级周俊义名师工作室、李长安名师工作室的成立，进一步完善了专业人才培养方案，推行“理论与实践结合、德育与技能结合、职业资格与毕业证书结合、顶岗实习与就业结合”的人才培养模式。先后完成了《建筑CAD》《建筑结构与识图》《建筑工程测量》《建筑工程计量与计价》《建筑施工技术》等共计14本校本教材的编写和出版，完成了《工程测量》《工程识图》《建筑施工技术与机械》《建筑CAD》《建筑材料》等7门精品课程课件的制作。

2. 名师工作室促进师资队伍建设

名师工作室自成立以来，积极发挥名师示范效应，老中青教师的传、帮、带作用，先后选拔9名骨干教师采取跟班听课的形式，组织开展校本培训，同时积极选派专业教师参加国家、河南省骨干教师培训，2013年以来学校累计培训教师310人次，专业教师培训率达100%。先后有89位教师取得“双师型”教师资格。积极开展校企合作，组织专业教师参与企业实践，提升专业教师业务水平。

3. 名师工作室助力学生技能提升

学校以名师工作室为依托，以课题小组为纽带，以“鲁班杯”技能大赛、“雷锋杯”素质大赛为抓手组建学生课程兴趣社团，成立学习兴趣小组，开展自主学习。工作室面向全体学生免费开放，名师团队专业教师参与学生辅导管理，对组建的学生专业学习社团进行专业技能指导训练，不仅提升了学生的技能水平和毕业生的就业竞争力，同时也为学校参加河南省赛、国赛选拔了优秀的选手。我校周俊义工作室名师团队辅导的学生2014年代表河南省参加全国职业院校技能大赛（中职组）建筑CAD项目荣获全国三等奖，2016年荣获全国二等奖，2018年荣获全国一等奖，连续三届刷新我省该项目国赛成绩，实现历史性突破；李长安名师工作室辅导的学生先后参加建设类院校省赛国赛4次，获得团体总冠军3个，团体一、二等奖5个，个人总冠军3个，个人一、二、三等奖21个；工程测量名师辅导团队辅导的学生2018年代表河南省参加全国职业院校技能大赛（中职组）工程测量项目荣获全国三等奖。2012年以来，我校土木工程类专业学生先后在全国职业院校技能大赛、全国水利职业院校技能竞赛、全国建设类院校技能竞赛、河南省中等职业学校技能竞赛中取得一、二、三等奖共95个。

强内涵厚积薄发　新时代砥砺前行

——黑龙江省水利学校

改革开放40年来，黑龙江省水利事业实现历史性跨越，科学治水方略不断完善，传统水利向现代水利加快转变，为全省经济社会发展提供了坚强的水利支撑和保障。作为省内唯一一所水利职业学校，黑龙江省水利学校既为水利建设培养了大批应用型人才，也受益于水利事业的快速发展而得以成长壮大。40年来，学校沐浴着改革开放的春风，在黑土大地生根发芽、成长壮大，成为40年改革开放壮丽画卷中的一组精彩掠影。

一、综述

黑龙江省水利学校始建于1956年，建校60多年来，学校为全省水利系统和社会其他行业培养了上万名各级各类技术人才，其中绝大多数已成为水利系统和其他行业的技术骨干，有的还走上了领导岗位。学校也因此被誉为“黑龙江水利黄埔”。改革开放以来，学校办学规模和师资水平不断提升。特别是近年来，学校坚持以人为本，提出了“推行立体式教育，实现一元到双元转变，打造专业技能人才，争创全国水利名校”的办学理念，秉承“深学笃用，立德兴水”的校训，明确了服务发展，促进就业，加快构建现代职业教育体系的办学方向，确立了晋升水利职业学院的发展目标。学校根据市场需求，不断调整专业设置，现开设水利水电工程施工等13个专业。

近10年来，学校领导班子团结协作，奋发进取，带领全校师生，以“规模、结构、层次、布局”与经济社会协调发展为目标，进一步解放思想，加大产教融合，突出学习成果实战演练，加强实训基地建设，加强职业能力和岗位训练，深入推进教育教学改革。人才培养质量持续提升，科研成果不断涌现，专业建设、人才队伍建设成效显著，办学实力和综合排名明显上升，党的建设得到进一步加强，学校发展呈现出积极向上的良好局面。2017年7月，学校迁址至大庆。目前，占地面积19.22万m^2，建筑面积4.01万m^2，实验实习设备2730多台（套），设备设施总值达4000多万元。目前，学校是黑龙江省级文明单位标兵，黑龙江省职业教育先进单位、黑龙江省级花园式单位、黑龙江省绿色学校，全省水利系统先进集体、全国水利文明单位、国家重点技工学校、国家重点中等职业学校、国家高技能人才培训基地、国家中等职业教育改革发展示范学校、国家技能人才培育突出贡献单位。

二、发展历程

黑龙江省水利学校的前身是1956年在哈尔滨市建校的黑龙江省水利工程学校，“文化大革命”运动初期学校搬迁至五常县拉林镇。1958年学校升格为黑龙江水利电力学院，1962年黑龙江水利电力学院降格为黑龙江省水利工程学校。1977年黑龙江省水利工程学

黑龙江省水利学校

校开设大专班，1983年黑龙江省水利工程学校升格为黑龙江水利专科学校，1994年黑龙江水利专科学校更名为黑龙江水利高等专科学校。2004年黑龙江水利高等专科学校并入黑龙江大学，2005年黑龙江省水利工程学校（部分资源）与黑龙江省水利工程技术学校合署办公，并更名为黑龙江省水利水电学校，2014年再次更名为黑龙江省水利学校。物换星移，几经易名、几次易址，在特殊的办学环境和艰苦的办学条件下，学校不断发展壮大，办学实力日益增强。

2012年，教育部、人力资源和社会保障部、财政部联合批准我校为“国家中等职业教育改革发展示范建设学校”。通过对三个重点专业和一个特色项目的建设，学校办学实力大幅度提升，服务经济建设能力显著增强，对职业教育改革发展的示范作用明显提高，实现了“将学校建成办学规范化、信息化、现代化的省内领先、国内一流的全国中等职业教育改革创新示范校、提高质量示范和办学特色示范，在中等职业教育改革发展中发挥引领、骨干和辐射作用”的预期目标。

2013年，人力资源和社会保障部、财政部批准我校为“国家级高技能人才培训基地”。我校以推进校企合作为主线，以改革创新为动力，树立大培训理念，重点建设水利水电工程施工、数控加工和农业水利技术三个专业。通过建设，大大提升了高技能人才培训能力和校企合作能力。2014年，学校被国家人力资源和社会保障部评为国家技能人才培育突出贡献单位；2015年，学校被水利部评为国家技能人才培育突出贡献单位。

2017年3月3日，学校与大庆市政府举行迁址签约仪式。7月，学校迁址至大庆市，开启学校发展的新征程。目前，在校生2236人。随着新一届领导班子的成立，学校逐步完善了能够主动适应国民经济与社会发展需要的、符合水利科学发展趋势的水利人才培养体系；科学合理的调整专业设置和课程结构，达到基础扎实、知识面宽、实践能力强、综合素质高的人才培养目标；不断完善与提高的人才培养质量保障体系以及规范的人才培养监督评估体系。

三、教育成效

（一）整章建制，优化学校育人环境

学校在改革开放的发展浪潮中，坚持贯彻党的职业教育方针政策。近年来围绕人才培

黑龙江省水利厅、大庆市政府和学校签署迁址协议

养目标，完善各类规章制度75项，优化工作流程，加强监督管理，构建多元评价体系与激励机制，推动改革创新，优化育人环境，不断提高办学水平和教育教学质量。

（二）项目引领，推进专业改革建设

学校积极推进国家中职示范校项目建设和国家级高技能人才培训基地建设。重点建设专业牵头，围绕人才培养模式和课程体系改革、师资队伍建设和校企合作机制建设，践行“校企合作、工学结合、顶岗实习的‘2112三轮法’”人才培养模式。深入行业、企业调研，根据专业发展特点探索创新具有专业特色的育人模式。制定并实施“以工作过程为导向，教、练、战为驱动”的课程体系。制定并实施“教练结合、战练并举”教练战三轮驱动的教学模式。建成《机械基础》1门国家级精品课程，开发22门主干专业课程教材，其中17门已公开出版，《水利水电施工与工程造价》荣获全国水利职业教育（中职类）优秀教材。严格按照教学管理规定，对任课教师进行“5＋1”考核并对教师进行业务培训。构建“多元性、过程性、校企共评性”的教学质量保障体系。

（三）内培外引，强化双师队伍建设

教师队伍实施“四阶一进”培养机制。通过国外、国家、省级、校内四个阶段的培训和轮换进企业实践锻炼，强化“双师型”队伍建设，打造教师“亦工亦教”的双重身份。近五年来，赴国外进修学习9人次，参加省级培训78人次，国家级培训13人次，进企业锻炼21人次。积极开展省教育厅和人社厅的省级24个课题的研究工作，教师发表论文84篇。目前，“双师型”教师比例达到64.8％。

（四）以赛促教，提升技能应用水平

2009—2013年，学校连续承办5届由教育厅主办的黑龙江省数控技能大赛。2010年10月，学校承办由省人力资源和社会保障厅、省教育厅、省科技厅、省工业和信息委员会、省总工会、省行业协会主办的黑龙江省第四届数控技能大赛。近几年，学校有46名学生在全国职业院校技能大赛中获得26个奖项，其中一等奖5名、二等奖23名、三等奖18名；有125名学生在全省职业院校技能大赛中获奖，其中一等奖39名。

技能大赛（部分）获奖证书和奖杯

（五）狠抓创建，优化智慧校园环境

学校投入近 1600 万元精心打造“平安校园、美化校园、绿色校园、数字校园”。提高管理效率，降低管理成本，建有功能齐全和运行流畅的校园网，实现了千兆进校园、百兆到桌面、WiFi 全覆盖。开设了一卡通，建有智能办公系统、教学教务管理系统，随时开展远程教育和网络教育。极大地提高了学校的信息化管理水平。学校被教育部中央电化教育馆确定为第三批职业院校数字校园建设实验校，标志着我校数字校园建设进入一个新的时代——信息技术与职业教育深度融合的时代。

（六）加大投入，夯实学校基础实力

迁址至大庆后，学校占地面积达到 19.22 万 m^2，建筑面积 4.01 万 m^2，实验实习设备 2730 多台（套），设备设施总值达 4000 多万元。2017 年投入近 7000 万元用于校园基础建设。目前，学校正在规划、建设一体化教学楼，预计投资 2600 万元，一体化教学楼的建成，将进一步深化我校整体办学的信息化、数字化和一体化。

（七）双元培养，推进校企深度融合

搬迁后，学校抓住大庆被列为国家技术技能人才双元培育改革试点城市的契机，依托大庆水利设施齐全、湖泊众多、企业层次较高等良好资源，双元教改开展得轰轰烈烈，各专业纷纷制定了双元培育计划，聘请企业技术大师及能工巧匠，开展双元培育。双元培育改革在众多层面上走在了大庆市各中职学校的前列。校领导带领水利水电工程施工专业骨干教师深入肇源县对该专业课程设置，人才市场需求进行调研；内蒙古华德牧草机械有限公司将四名技术工人送到学校数控技术应用专业委托培训，促成了该专业首批双元培育。该公司还与学校建立了涵盖技术攻关、员工委培、学员实训、订单就业等多项内容的长期合作意向。计算机平面设计专业与国家级服务外包基地——大庆服务外包产业园内的骨干企业华拓数码公司签订双元培育校企合作协议，使得该专业双元改革开展有了强大的知名企业依托。汽车运用与维修、铁道运输管理、楼宇自动化等专业也在双元改革校企合作等领域迈出了可喜的步伐。与中国一汽集团签订人才培养协议，成为中国一汽高端技术人才培养基地。还先后与黑龙江省地理信息工程院、北京普惠集团、大庆讯腾航空等大中型企业签订了顶岗实习、就业协议，实现校企深度融合。

（八）导向需求，拓宽院校合作渠道

近年来先后与日本英智国际学院签署协议，开展校校合作，进行国际人才交流。与黑龙江农业经济职业学院、黑龙江农垦科技职业学院、黑龙江旅游职业技术学院等院校签订了中高职衔接贯通培养合作协议，与东北农业大学签订了联合办学协议，帮助学生规划中职升高职、高职升本科学历提升计划，实现院校深度融合。

（九）活动育人，丰富校园文化生活

利用“五四”青年节、“一二·九”、端午节、教师节和国庆节等重大节日和纪念日，举办校园文化艺术节、演讲比赛、球类比赛等活动，寓教于活动。2017 年 9 月 8 日，学校以“跨入新时空、奔向大时代”为主题举办了“庆祝第三十三个教师节暨第十届校园文化艺术节”活动，省市各级领导，校企、校校合作的领导共计 150 余人参加了活动。节目题材丰富、精彩纷呈，充分展示了我校师生爱国爱党、朝气蓬勃、积极向上的精神风貌。

“庆祝第三十三个教师节暨第十届校园文化艺术节”活动

四、典型案例

案例一：打造职业学校“三结合”的社会主义核心价值观教育体系

1. 具体问题

由于诸多原因，目前来到中职的大多数学生有着以下特征：一是学生自由散漫，纪律意识弱，不服从管理。二是自我管理，自我服务能力差，没有养成良好的生活习惯。三是自我个性强。四是在学习上缺乏主动性，学习目的不明确，严重缺乏学习动力和学习兴趣。

2. 问题背景和原因

党的十八大以来，全国上下掀起贯彻落实社会主义核心价值观高潮。如何在中等职业学校落实好中央精神，培养出高素质的技能人才，是我校面临的重大课题。

基于学生存在的问题，我校自觉地把社会主义核心价值体系融入教育教学全过程，推行“严管与养心相结合，活动与养心相结合，关爱与养心相结合”的三结合育人德育工程，着力培养学生的职业道德和综合素质，把社会主义核心价值观教育实践活动落到实处。

黑龙江省水利学校“友爱互助 暖心龙江”学习雷锋志愿主题活动

3. 解决问题的思路

落实社会主义核心价值观，实现“推行立体式教育，实现一元到双元转变；打造专业技能型人才，争创全国水利名校”的办学理念，大幅度提升学生道德素养，培养高素质的技能型人才。

4. 解决问题的方法

（1）严管与养心相结合。学校按照“真心、耐心、细心”的六字方针，构筑立体化的学生管理教育桥梁，寓教育于严格管理之中。一是实行封闭式军事化管理模式。坚持推行新生入学后为期一个月的军训及入学教育；坚持推行早操、课间操、课后操的“三操”训练；以班级目标管理为核心，以十项评比为重点，全面开展班级量化考核工作。二是建立教职工全员服务机制，全面推行教职工对学生要有真心、爱心、耐心的“三心”育人法。实行班主任对育人工作的主体责任制。三是把社会主义核心价值观与优秀传统文化教育融为一体，进校园、进课堂、进头脑。一方面，组织学生学习社会主义核心价值观系列辅导材料；另一方面，重点开展传统文化教育、“国学”教育、“五爱”教育、“三字经、弟子规”教育，进行感恩教育、勤俭节约教育、吃苦耐劳教育，在全校学生中开展国学经典学习实践活动和道德大讲堂等活动，并在学生中广泛弘扬以孝文化为核心的家庭教育理念。

（2）活动与养心相结合。一是每年春秋两季举办校园文化艺术节，进行渗透教育；二是将德育课程与企业文化有效整合，印制《企业文化手册》，在开发能力本位校本教材时，将职业素养的培养融入到任务实施过程中，充分体现岗位特质，实现校园文化与企业文化的有机统一；三是每学期举行一次拓展训练；四是充分利用班会和晚自习展开德育教育。

（3）关爱与养心相结合。一是每学期有计划的聘请公安系统、消防系统的老干警，作为专职法制教育讲师，为学生开展普法教育讲座、消防知识讲座；二是聘请公安、司法人员担任法制辅导员，开展法律进课堂活动；三是设立家长委员会，作为学校和家庭联系沟通的平台，家校联合育人。

5. 成果成效

一是教师德育能力普遍提升，理念更新；二是活动参与度提高；三是“三操三餐一寝”活动秩序井然；四是全校学生违纪行为显著下降，无一例打架斗殴现象；五是学生的德育考评合格率连续多年为100%，特别是优秀率大幅度提高；六是学校被评为全省职业教育先进单位、省级文明单位标兵，全国水利文明单位。

6. 体会与思考

一是学生管理德育工作的对象是人，尤其是中职学校的特殊性决定了各项制度措施的制定必须从学生的角度出发，真正能做到“以人为本”；二是学生管理是一项长久的系统的培养人的工程，要充分调动社会、家庭资源共同进行，否则，会有6天的学校教育抵不住1天的社会熏陶，即6<1（我校5天常规教学，1天特色教育）的被动局面的出现。

案例二：架设毕业生与企业的连心桥——“零距离”跟踪式就业服务

1. 具体问题

一是学生不能很好地适应并融入企业，就业后适应企业能力差，违反企业相关规章制度；二是学生在企业竞争力较弱，找不准自己的发展方向，就业后工作不稳定；三是企业注重生产效率，学生在企业遇到困难时，不能及时给予心理疏导，从而影响工作；四是就业服务跟踪信息机制建设和信息网络资源反馈平台不够完善。

2. 问题背景与原因

中职学生就业年龄基本在18岁左右，这个年龄段，学生的世界观、价值观、人生观和认知社会的能力正处在形成阶段，对工作的概念处在懵懂状态，从在校学生转变为社会职业者的准备不够充分，对自己的专业技能估计过高，对自己的能力估计过高，对所从事的工作特点、性质了解不够，没有充分的思想准备。

3. 问题解决思路

以“服务、服好务、总服务”为宗旨，以提高“就业率、就业稳定率”为中心，以发挥“学校、企业、家长三个作用”为重点，以完善“就业评估到位、跟踪服务到位、‘二次职业生涯规划’到位、法律援助到位、‘学校、企业、家长’信息沟通到位”为抓手，为学生就业提供支撑。通过教师下企业锻炼、聘请企业专家来校讲课，整合校企合作的资源优势，为我校专业建设提供了有力支撑。

4. 问题解决方法

针对我校“零距离”跟踪式就业平台运用过程中出现的一些问题，我们对在校学生的专业技能和思想品德进行调查，建立学生教育成果档案，形成有效的查询机制，化被动调查为主动调查。提前完成学生就业岗位的评估，确保学生就业稳定，提高“零距离”跟踪式就业平台的服务质量和效率。

（1）依据跟踪对象的不同，制定差别化的跟踪目的、跟踪内容。一是对全部毕业生跟踪调查，调查内容为上岗半年后毕业生对岗位的适应情况；二是对毕业生进行抽样跟踪调查，主要研究近三年毕业生的岗位变动情况和发展趋势。

通过跟踪调查，摸清毕业生就业状态，给就业不满意的学生提供再就业机会；对毕业生感到不能适应单位工作需要的，提供“回炉重造”。建立毕业生跟踪服务制度。发放《就业服务卡》，使学生清楚走上工作岗位后该怎么做。创新服务渠道，依托专业 QQ 群、班级 QQ 群、手机飞信平台、微信平台，对毕业生适时进行指导帮助。以贴身化、人性化、专业化的就业服务面对每一位毕业生。

校领导跟踪回访就业学生

（2）完善就业跟踪服务运行机制，确保平台应用落到实处。学校对就业工作实行“一把手”工程，由校长亲自抓，招生就业办为主体、全校教师积极参与的毕业生就业跟踪服务运行机制，把毕业生的就业工作纳入学校的日常工作。一是设立“零距离”跟踪就业服务专职教师，专门从事毕业生就业跟踪服务；二是建立健全毕业生跟踪服务各项制度；三是划拨“零距离”跟踪式就业服务经费，保障使用资金足额到位。

5. 成果成效

一是毕业生全部就业，薪酬高，稳定率高。二是就业跟踪服务发挥示范带动作用，同类院校到我校参观交流就业跟踪回访模式，实现就业资源共享、就业跟踪共管、加强校际合作，共建共赢。三是把原来分散的跟踪调查以职业生涯规划的过程为基础进行统一，实现了有逻辑的跟踪，加强了跟踪调查的连贯性、全面性。以毕业后跟踪学生的就业情况对其在学校的学习和表现进行反跟踪，总结有效的学生教育管理方法，大大提高了我校的办学质量。

6. 体会与思考

一是加大就业市场调研的深度和广度，根据市场和社会需求调研结果，提出专业设置调整意见，使教学内容与社会需求保持一致。二是加大“订单式”人才培养力度。进一步拓宽与省内外用人单位的联系，了解企业对毕业生需求的标准和要求，为学校教育教学改革提供决策依据。密切实践教学与职业岗位要求的结合。继续推进“校企合作办学、订单培养、顶岗实习”的人才培养模式，拓宽毕业生就业渠道。三是加强就业工作研究，提高就业指导队伍专业化水平，认真探讨和研究“职业生涯规划和就业指导”课的内容，做好毕业生的就业跟踪调查及毕业生就业市场的调研，及时总结经验与不足，撰写就业工作论文，同时向兄弟院校学习就业工作先进经验，不断提升就业工作的研究能力。

截至目前，学校各项工作亮点纷呈，呈现出一派千帆竞发，百舸争流的喜人景象。“往者不可谏，来者犹可追”，站在新的历史方位，面对新的历史使命，需要新的历史担当。学校制定了《黑龙江省水利学校2017—2050年顶层设计报告》，客观科学谋划学校发展。全校教职工正以习近平新时代中国特色社会主义思想为指引，在省水利厅党组的正确领导下，在大庆市委市政府的关心支持下，以饱满的工作热情、踏实的工作作风、激扬的竞进态势，促进教育教学再上新台阶。为争创“全省排头、东北一流、行业领先、全国闻名”的中职学校和争取晋升职业学院，为全省水利人才队伍建设做出新贡献，为全省经济社会发展做出新贡献！

提升内涵求发展　强领职教创示范

——宁夏水利电力工程学校

一、综述

（一）建校时间及关键节点

宁夏水利电力工程学校坐落于宁夏回族自治区银川市滨河新区鸣翠湖畔。学校成立于1976年，2005年组建宁夏水电职业教育集团，2006年自治区人民政府在原宁夏水利技工学校基础上批准设立宁夏水电技师学院。2009年成为国家级重点中等职业学校，2015年成为国家级高技能人才培训基地，2016年成为现代学徒制项目试点单位，2018年成为国家中职教育改革发展示范学校。

（二）院校面积及主要设施

学校校园面积440亩，校舍建筑面积65131m²，校内建有实训室36个、多功能教室3个、电子阅览室1个，拥有计算机1000余台，校外建有实训基地21个。

（三）院系专业及招生规模

学校现有专兼职教师150余人，全日制在校生近2000人。学校以土木水利类、机电类、信息类三大专业群为主，开设水利水电工程施工、建筑工程施工、工程测量、工程造价、建筑装饰、电子商务、计算机平面设计、电气运行与控制、机电设备安装与维修、机电技术应用、楼宇智能化设备安装与运行等常招专业16个。

（四）办学理念、模式及校训

学校秉承“修德强技、进取自立”的校训，坚持“育人为本、技能至上、质量立校、和谐发展”的办学理念，实施“校企合作，产教结合，工学交替，做学合一”的办学模式，形成了“学历＋技能、成才＋就业”的办学特色。

（五）获奖情况及荣誉称号

学校先后荣获“全国职业教育先进单位”“中国教育创新示范单位”“全国心理健康教育工作先进实验学校”“宁夏职业教育先进单位”“宁夏教育系统先进集体”“宁夏职业培训工作先进单位”“全区普通大中专院校招生工作先进集体”“全区普通大中专院校就业工作先进集体”“农村劳动力转移培训先进单位”“农村成人教育先进单位”。学校连续多年在全国、全区职业技能大赛中获得“技能人才培养奖”“优秀组织奖”等，参赛学生在建筑工程技术等项目中连续荣获自治区级团体及个人一、二、三等奖。

二、发展历程

1. 建校发展初期阶段（1976—1986年）

1976年5月，在新市区废弃的知青点“方家圈”，宁夏水电局技工学校在荒凉的盐碱

承办“中海达杯”全区职业院校技能大赛

滩上成立，仅有九名教师、近百名学生，教室、办公室和宿舍均为土坯房，办学条件特别艰苦。1979年，在原校址进行的校区建设竣工后，更名为宁夏水利技工学校。1981年，学校开始增设普通中专班。1985年3月，学校整体搬迁至兴庆区清和街96号，并成立宁夏水利学校，学校规模随之扩大。

2. 统招统分的计划办学阶段（1986—1998年）

计划经济时期，学校脚踏实地、稳步发展，为宁夏水利系统培养和输送了一大批农田水利专业技术技能型人才。目前，宁夏水利系统各管理单位50%的员工和60%以上的中层干部和技术骨干均来自我校在这一阶段的毕业生。

3. 改革发展阶段（1999—2006年）

随着计划招生、计划分配模式被打破，水利学校与许多同类学校一样，经历转型时期的复杂选择。在自治区有关部门的关心和支持下，经过全体教职工的共同努力，学校度过了危机，开始走上了自主招生、推荐就业的发展道路。

新校区掠影

4. 开始二次创业阶段（2006年至今）

学校于2006年9月启动新校区建设，2008年5月一期工程竣工并投入使用。占地面积实现了由老校区30亩到新校区440亩的大跨越，建筑面积由老校区1.2万m^2增扩到现校区6.5万m^2，资产规模从2006年的1542.28万元增加到2018年的1.83亿元。

新校区的建设，标志着学校办学条

件发生质的飞跃，翻开了学校发展史上新的一页，学校逐步发展成为一所集普通中专、技工技师、成人大专本科函授及各类培训、技能鉴定于一体的综合性职业学校。

三、教育成效

（一）创新机制体制，增强办学活力

在水利厅党委的正确领导下，在自治区发展改革委、财政厅、教育厅、人保厅等上级部门的关心指导下，学校坚持全面贯彻党的教育方针，坚持“创建特色鲜明的一流职校，培养合格加特长的高素质技能人才”的办学目标，遵循职业教育规律，全面落实科学发展观。以服务为宗旨，以就业为导向，以增强学生适应社会能力为重点，巩固已有发展成果，保持适度教育规模，着力抓好关键环节，全面提高教育质量。推动办学体制、管理体制及运行机制的改革创新，优化校内资源配置，提升竞争能力，走质量高、效益好、品牌响、特色鲜明的内涵发展之路。

（二）完善学科体系，加强专业建设

学校构建以土木水利类、机电类、信息类三个专业群为重点，以水利水电工程施工等区级特色骨干专业为龙头，以工程测量技术、建筑装饰技术等校级重点专业为支撑，面向现代水利、现代制造业、现代服务业和宁夏新能源产业设置专业。学校从行业、企业、职业调查入手，根据毕业生的就业部门、就业岗位（群），确定各专业的工作岗位、业务范围和工作领域，确定了“学生职业素质模块、专业职业基础模块、职业技能模块”三位一体的教学体系，构建了“基础课程、能力与素质活动课程、专业课、专业基础技能训练、专业技能及考证训练、工厂顶岗实习”六位一体的课程体系。

（三）引进培养并重，强化师资力量

学校按照“稳定、培养、引进、发展”的师资队伍培养思路，致力于“调结构，提层次”，引育并举，全面提高师资队伍素质，优化师资结构，优先配置重点专业的师资队伍资源，注重加强“双师型”教师队伍建设。每年除了招考还聘用专兼教师，由42年前的9名教师发展到现在的150余名，其中高级职称教师40余名，较好地解决了师资队伍数量不足和结构不合理的问题。专职教师数量稳步递增，高学历教师明显增多，青年教师师资引进与培养成效显著，师资队伍建设态势良好。近些年来，学校年均开展师资培训200人次。

（四）坚持质量为本，培养高素质人才

根据现代水利发展的需求，学校深入市场调研水利发展的新思路、新技术、新专业、新方向，创新办学新思想、新模式，始终把加强教学管理，深化教学改革，提高教学质量作为学校工作中的重中之重。学校在做强中职教育的同时，在高级技工、预备技师培养和“3＋2”五年制培养模式上有新的突破，构建了纵向层次衔接、横向类型沟通、学历和资格互认、职前和职后相连的职业教育“立交桥”，实现专业与职业岗位对接、教材与岗位技术标准对接、教学过程与生产过程对接、学历证书与职业资格证书对接、职业教育与终生学习对接，培养具有良好职业道德的高素质高技能专业人才。

（五）紧跟时代建设，完善信息化建设

学校充分应用已经建成的校园数字化信息平台、教室数字化演示平台和教学资源库，

推进课堂教学使用多媒体辅助教学，促进中青年教师必须掌握专业教学所需的最新多媒体课件制作方法，80％的中青年教师在教学过程中运用多媒体课件开展教学，提高了教学信息技术应用能力。将信息化融入到日常教学中，在全校师生中推行使用“网络学习空间人人通”，利用人人通上传文本材料、视频、作业布置等学习资料，汇聚基础教育名校精品课程资源，构建了“以问题为中心、以任务来驱动”的教学方式，为学生提供了一个全新的相互学习、相互交流和共同提高的学习体验。推行无纸化办公，发挥校园网数字化办公平台的作用，提高工作效能，加强学籍学业信息化管理。

（六）创造办学条件，提升院校能力

学校实施项目带动战略，职教基础能力建设得到了极大的提升。近十年，教育厅安排中央和自治区职教专项资金6500多万元，人力资源和社会保障厅安排500万元的培训基地建设资金，这些项目资金的支持，对学校基础条件改善、实训中心建设、人才培养方案优化、师资培训等方面起到了关键作用。先后建成水利综合实训中心、建筑材料检测试验中心、工程造价理实一体化实训室、泵站运行与电气设备安装理实一体化实训室、水利施工综合实训室、维修电工一体化实训室、电子商务专业实训室、土木工程综合实训场、工业机器人实训室、电子商务沙盘模型实训室等实训室，这些实训室已应用于日常教学及技能鉴定工作，为学生创造了优质的教学实训条件。建成了智能化师资培训中心、心理健康教育中心、青少年素质拓展训练中心、校园广播系统、校园安防系统、学生活动礼堂等，进一步改善了师生学习生活和活动环境，完善了校园整体建设。

学校实训场所

（七）推进产教融合，强化校企合作

学校建立高技能人才校企合作培养制度，搭建校企对接服务平台，构建校企合作新机制，推动教育教学改革与产业转型升级衔接配套，加强行业指导、评价和服务，发挥企业重要办学主体作用，推进行业企业参与人才培养全过程，实现校企协同育人。由企业投资学校服务性设施，自主经营，自负盈亏；由企业投资建设校办工厂，作为学生的校内实训基地；按照企业需求设立“冠名班”和“订单班”，对学生进行定制式培养，注重教育与生产劳动、社会实践相结合，突出做中学、做中教，强化教育教学实践性和职业性，促进学以致用、用以促学、学用相长。学校设立了校内职业介绍所，为毕业生提供优质的就业岗位。目前共有稳定的区内校企合作企业 60 余家，毕业生就业稳定率达 98.6%以上。

（八）加强院校合作，拓展国际交流

学校注重加强与兄弟院校之间的沟通交流，先后与自治区内同类职业院校以及昆明冶金高等专科学校、吉林水利电力职业学院、广东水利电力职业技术学院、陕西职教集团、鞍山市交通运输学校等职业院校开展参观考察；与福建两所职业院校建立闽宁合作关系，采取互派教师、共同培养学生、共建实训基地的方式开展合作；落实政府精准扶贫政策，支援南部山区贫困学校，招收贫困学生并免除所有学杂费。

学校注重加强国际区域友好合作，马来西亚伊马富公司主席、阿联酋埃尔古拉集团公司副主席阿拉克姆尤素福一行来校交流，就中阿职业教育合作发展进行交流洽谈，对学校发展建设和立体化教学形式给予高度评价；卡塔尔 MZ 董事局主席马尔祖克察兰博士在宁夏文化投融资公司经理焦连新先生、宁夏驻马来西亚经贸代表处杨华祥先生的陪同下来校交流，通过就办学模式、教学形式等方面的交流，为共同创办中阿国际职业技术培训学院，促进深度合作做好铺垫。

（九）激发办学活力，丰富校园文化

学校连续多年开展校园之星卡拉 OK 大赛、团务知识竞赛、主题征文比赛、中华经典诗文朗诵比赛、学生大合唱比赛、“庆元旦”师生文艺汇演、“学雷锋”志愿活动、水法宣传活动、“清凉宁夏”专场文艺演出等活动。建立艺术团工作阵地，组织社团积极开展第二课堂活动，并进行成果展示。师生多次参加水利厅、教育厅等举办的大型活动并取得了优异成绩。

（十）加强思想政治教育工作

学校将思想道德、职业素质、行为养成教育贯穿思想政治教育工作全过程。积极引导学生增强爱国情感，树立正确的理想信念；健全思想政治教育工作机构，成立思想政治工作领导小组，坚持制度育人，进一步规范学生行为；发挥德育课的主渠道作用，切实增强思想政治教育工作的针对性和有效性；全力推进校园文化建设，突出环境育人和校训的激励作用；加强班主任队伍建设，提升教育工作整体水平；加强学生干部队伍建设，引导学生参与学校管理，形成自我管理、自求进步的工作局面；重视心理健康教育，设立占地 $400m^2$ 的心理健康教育中心，设施完善，对预防和干预学生心理危机起到了良好作用；加强共青团工作，开设团课，举办“五四”青年节等活动。

（十一）河湖长制建设

宁夏回族自治区建立健全各级河长体系，落实五级河长 3770 名、巡查保洁人员 6510 名，县级以上河长先后巡河督导 900 余次，主动扛起河湖管理保护主体责任，实现了所有河湖水系河长制全覆盖，比中央要求提前一年全面完成。通过全面推行河长制，基本形成了全区河湖管理保护共识，河湖实现了从“没人管”到“有人管”、从“多头管”到“统一管”的历史转变，自治区水生态环境整体好转、局部优化，黄河干流宁夏段 6 个国控断面全部达Ⅱ类水质。学校作为自治区唯一一所水利类职业院校，肩负着培养高素质水利技能人才的重任。目前，学校毕业生占水利厅直属事业单位总人数的30%。

四、典型案例

案例一：推行“教、学、做”教学模式，促进教育教学质量全面提高

宁夏水利电力工程学校水利水电工程施工专业以“节水灌溉技术”课程为例，与企业合作研究专业技能的教学实训项目，在行业引领、专家指导、企业合作三大力量支持下，率先成功形成了“教、学、做”立体化教学模式。按照工学结合人才培养模式的要求，在教学设计过程中，引入企业新技术、新工艺。校企合作共同开发课程教学资源，实现课程内容与职业标准对接、教学过程和企业的生产过程对接、学历证书与职业资格证书对接。重视学生在校学习与实际工作的一致性，有针对性地采取工学交替、任务驱动、项目导向、真实情境、边学边做、案例教学等立体化教学模式。

节水灌溉实训教学

1. 以培养学生职业能力为主线，确定工作任务和情境

本教学模式开发是在校企共同参与下，以企业真实工程项目为背景，以培养学生岗位职业能力为主线，兼顾学生可持续发展，融入行业最新标准及规范，引入企业先进的技术和管理理念，以学习项目为载体，源于实际、高于实际构筑学习型工作任务。既强化了学生岗位职业能力，又提高了职业素养和综合素质。

2. 以立体化节水灌溉教学示范中心为载体，开展模块化教学

本课程以“项目化”教学为主线，利用课堂教学、校内立体化节水灌溉教学示范中心和校外实习基地进行“工学交替”，反复训练岗位基本技能，培养学生综合职业素质。合理设置教学过程，安排教师的教学任务。学生在完成每一个学习型工作任务时，在立体化节水灌溉教学示范中心内进行全真技能情境化实训，实现了教学过程交替化、教学内容模块化、实践技能岗位化，凸显了工学结合优势。

3. 以认知规律和职业能力培养规律为基础，由易到难层层递进

本课程技能训练是在教师指导下完成一些简单的基本技能操作，如系统的安装、测试、节水设备的选择与使用，在校内立体化节水灌溉教学示范中心进行实训。顶岗实习是学生由企业兼职教师指导，在真实职业情境中依据岗位要求完成一定的工作任务，理论联系实际，全面培养学生分析解决实际工程问题的能力，提高学生职业能力及社会能力。在行业标准及规范的应用、设备日常维护和运行管理等项目中，由行业内长期从事技术工作的专家以专题讲座的形式实施教学。

4. 把企业评价纳入衡量学习效果的标准之一，实施动态化考核

采用项目教学过程评价和综合技能评价相结合的过程评价。打破传统的教师“一言堂”评价方式，以学习项目为单元，从知识、能力和素质等方面对学生进行全方位、动态化、开放性综合评价。通过学生自评、小组互评、专业教师评价和企业兼职教师评价，最终确定学生的成绩。

5. 以现代教学技术手段的应用为亮点，激发学生学习兴趣

本课程教师以工作过程学习方法论为指导，经常到施工工地搜集、拍摄视频资料，理解和掌握现代教育技术，将多媒体技术、虚拟实训环境和互联网等现代教育技术运用于教学过程，创造更逼真的学习环境，使学生对节水灌溉技术课程有关教学内容有更直观的认识。

案例二：加强学生心理健康教育 引导学生健康快乐成长

宁夏水利电力工程学校心理健康教育中心占地面积 $600\mathrm{m}^2$，包括感恩教育室、团体辅导室、音乐放松室、沙盘游戏室、情绪宣泄室、个体咨询室、青爱小屋、心理测评室、档案资料室九个功能室。多年来学校在整个教育、教学和管理过程中全面实施积极心理健康教育，心理健康教育中心通过多角度、全方位地开展工作，逐步构建了积极心理健康教育新模式。历经多年的探索和积累，学校心理健康教育工作做出了特色，取得了成果，具有引领和示范作用，形成了较为成功的典型案例。

1. 建立健全组织，完善管理制度

学校成立了心理健康教育领导小组，决策指挥、引领指导、统筹协调全校积极心理健教育工作的开展。中心加强内部管理，建立健全的规章制度，完善工作流程，在管理上形成独具特色的日常运行模式。

2. 开展心理健康课程进课堂

在自治区中等职业学校中，学校率先把心理健康课作为必修课纳入课堂教学，向学生传授、普及心理健康知识，帮助学生正确认识自己、有效地调控自己心理和行为。在课堂教学中学校还注重学科渗透，尤其在语文、政治、英语、礼仪、就业指导等课程中突出了心理健康教育。

3. 建立学生心理健康档案

学校购置了专业的心理测评软件，每年对新生进行心理测试，建立心理档案，掌握其心理健康水平、筛查问题学生，以便有针对性地开展工作。

4. 引导学生进行自我教育

学校通过团体活动课和每周两次的社团活动，如“盲阵”“团结就是力量”“独一无二”“大风吹”“拍卖”“生命的体验”“心理剧表演”等活动，让学生尝试角色扮演，缓解情绪、释放压力，实现自我教育。

5. 开展个体咨询与辅导

学校建立了学生心理健康监控网络，通过班主任、学生心理帮扶社团的成员及班级心理委员掌握了解学生的心理动态，定期发放“学生心理状态晴雨表”，及时发现有心理问题和情绪障碍的学生，有针对性地给予积极、有效的心理辅导及心理干预，帮助他们消除困惑、走出情绪的阴影。

心理健康教育中心团体活动课

心理健康教育中心个体咨询与辅导

6. 关心关爱特殊群体

2010 年学校被选定为中国社会福利教育基金会适龄孤儿职业技能培训学校，首批 43 名适龄孤儿进入学校接收培训。学校心理健康教育中心的老师单独为孤儿班建立了心理档案，通过课堂教学、团体活动、心理辅导与治疗，引导学生积极快乐地学习和生活。

7. 专题讲座和主题活动见成效

学校有计划地安排“如何适应新环境”“暴力让青春失色”“甲流的防控知识”“乙肝的传播途径及预防”等专题讲座及“阳光总在风雨后”“珍爱生命”“学会感恩”“直面困难与挫折”“做情绪的主人”等主题活动，有针对性地解决问题，潜移默化地提高学生心理素质。

8. 以“5·25”心理健康日为契机大力开展宣传教育活动

学校坚持每年举办“5·25”心理健康日主题系列活动，通过举行启动仪式、笑脸征集、阳光下的宣言征集、“21天不抱怨”紫手环活动、感恩教育、主题板报（手抄报、征文）比赛、团体活动展示、文艺演出、心理健康知识讲座、致家长信、心语广播、心理电影等活动，在全校范围内宣传普及心理健康知识。

9. “青爱小屋”开展青春期性教育

“青爱小屋”是对学生进行性健康教育，帮助学生学习和掌握艾滋病防治知识，对青少年进行爱的教育的场所。学校通过专题讲座“预防艾滋，人人有责”“女生悄悄话”“远离毒品，拒绝诱惑”“顺利度过青春期”，举办主题活动“走向生命的尽头”“珍爱生命，感恩生命”，观看影片、问卷调查、预防艾滋病知识答卷等多种形式，对学生进行性健康教育。

10. 课题研究以点带面，探索工作新思路

学校参加了国家基础教育实验中心、中国教育学会“十一五”重点课题“中国学校心理健康教育行动研究——中等职业学校学生健康情绪情感的培养”的研究。通过对课题探索的由点及面，对职业学校心理健康教育工作进行系统、深入地研究。通过努力，研究取得了一定的成果，并将近年来的研讨交流文章和个案辅导手记编辑整理为《心理健康教育研讨交流文集》《驱散阴霾，让心灵沐浴阳光——个案辅导手记》。

职教改革40年　产教结合育工匠

——新疆水利水电学校

一、综述

新疆水利水电学校始建于1978年，隶属于自治区水利厅，1990年为整合教育资源，优化办学结构，加强学校管理，将新疆水利水电学校、新疆水利水电技工学校和河海大学乌鲁木齐教学中心合并，实行统一党委班子领导。2007年被评为自治区重点中职学校；2008年被水利部认定为部属定点培训机构；2011年成功申报“国家中等职业教育改革发展示范学校建设”项目；2015年验收通过。2018年新疆水利水电技工学校通过自治区人社厅评估评为新疆水利水电高级技工学校。

学校占地面积228亩，建筑面积共计80982.64m^2，有满足各专业教学需要的教学设施，教学科研仪器设备6789台套。

学校在职职工193名，其中教师人数为152名，占职工总数的79%。目前全日制在校生共2963人。

新疆水利水电学校开办40年来，不断发展壮大成为一所集技工、中专职业学历教育、社会培训教育、成人函授高等教育为一体的，以水利类、水电类和新能源类专业为支柱的自治区水利厅直属的综合性全日制公益二类学校。新疆水利水电学校始终坚持全面贯彻落实党的教育方针政策，坚持以习近平新时代中国特色社会主义思想为指导，以服务为宗旨，以就业为导向，立足于新疆水利及相关行业、企业。将建设“特色鲜明，行业品牌”的职业院校作为“十三五”办学目标，坚守“学纳百川、德能同契”的校训精神，坚持德育为先，教书育人，注重培养学生树立正确的社会主义核心价值观和马克思主义“五观”，引导学生将“水利人精神”融于心践于行，勇于扎根于水利建设一线的艰苦环境中，为新疆水利建设事业的发展和新疆社会稳定、长治久安尽责尽力。

二、发展历程

1. 调整发展期（1978—1984年）

新疆水利水电学校于1978年4月经自治区人民政府批准成立，1981年9月开始招生，开设了水利工程、水电站两个专业，各招了一个班，共招生80人。

1980年5月新疆水利水电技工学校经自治区劳动局批准成立。

2. 探索完善期（1985—1998年）

1985年《中共中央关于教育体制改革的决定》的发布，将我国高等职业教育正式纳入国民教育体系。1994年，第二次全国教育工作会议确定高等教育发展的重点是高等职业教育，这一时期水利职业教育在探索中进行发展。

中共新疆水利水电学校委员会第四届党员代表大会

1987年，经国家教委、水利水电部教育司、自治区教委批准成立的河海大学乌鲁木齐教学中心，挂靠在新疆水利水电学校。

1990年，新疆水利水电学校、新疆水利水电技工学校和河海大学乌鲁木齐教学中心合并，实行统一党委班子领导。

新疆水利水电学校可开设21个专业，实开办专业15个，成人函授专业8个，实开办专业6个。水利水电工程施工，水电厂电力设备与运行维护专业每年近100名毕业生在全疆水利行业发挥着巨大作用。

3. 快速发展期（1999—2004年）

2001年我校被国家教育部评定为国家级重点职业学校。水利水电工程技术、水电站电力设备两个专业被自治区确定为自治区级重点专业；水电站运行与管理专业被自治区教育厅评定为自治区级精品专业；水利类专业实训基地被列为自治区第一产业职业教育园区中央财政支持的职业教育建设项目；我校成功申报的“自治区级示范性中职”项目学校，第一阶段建设项目验收取得了较好的成果；顺利通过新疆维吾尔自治区“水电站运行维护”精品专业，“水利水电工程施工”“水电站继电保护”精品课程的中期验收；成功申报《2010年国家中等职业教育改革发展示范学校建设计划项目》，并已通过国家教育部的审定，已进入建设期。

经过多年建设和发展，我校已建成建筑面积45000m²，教学楼2栋，实训楼1栋，学生宿舍4栋，学生餐厅2个，运动场1个，教学设备总值799万元。

新疆水利水电学校可开设35个专业，实开办专业26个，成人函授专业16个，实开办专业13个。现有专职教师134名，校内兼职教师31名，专兼职教师占总教职工人数的81%，大学本科学历教师128名，占教师总数的77.6%。

4. 全面提升期（2004年至今）

2008年学校被国家水利部认定为“全国水利行业定点培训机构”；2012年被评为自治

自治区水利厅党组书记、副厅长伊力汗·奥斯曼视察我校实训室建设情况

区级精神文明单位；新疆水利水电技工学校2011年成功申报成为第一批“国家中等职业教育改革发展示范学校建设计划”项目学校。

三、教育成效

1. 创新机制体制，增强办学活力

学校定位于为水利建设事业培养政治合格、业务过硬的高素质技术技能型人才，始终坚持教育教学与生产实际相结合的办学原则，注重学生操作技能的培养，使毕业生在经过顶岗实习后，不仅能够即刻实现就业上岗，并且能够很快的担负起自己的岗位职责。

办学40年来，学校已经为新疆及周边地区培养输送3万余名合格的中职毕业生，因为学校紧紧围绕企业用人需求设置教学标准，因此毕业生广泛受到企业用人单位的好评。

2. 完善学科体系，加强专业建设

学校根据企业岗位需求，依据教学突出技能训练的针对性和实用性原则，以专业技术应用能力和职业综合素质培养为主线，以就业、创业为导向，不断探寻和完善高素质应用技能型人才培养方案，形成了工学结合的人才培养模式。

学校各专业课程建设本着为新疆经济建设和社会发展服务的思想，优化课程体系，调整教学内容。目前，学校已形成了以公共基础课、专业技能课、实训项目三个系统相互支撑的教学体系。在教学中开展了“教、学、做一体化”教学。在行业企业专家指导下，不断完善专业课程体系，调整创新教育内容。

学校长期坚持使用国家通用语言授课，针对少数民族学生特点，重构具有区域特色的职教课程体系。通过入学测试、分层教学、每月测试、滚动编班，强化学生国家通用语言文字学习。教师、企业普遍反映学生的汉语水平明显提升，企业连续3年主动到学校选拔少数民族学生，学生的社会竞争力显著增强。

3. 引进培养并重，强化师资力量

学校拥有一支专兼结合、理实互补、政治过硬、能力突出的职业教育教学团队，使各专业教育教学、培训教学、专业建设和教学改革等各项工作顺利开展，为人才培养和教育质量的不断提升提供了有力保障。学校注重抓好专业带头人、骨干教师和“双师型”教师队伍建设，通过内部培养、毕业生招聘、企业员工的引进、企业专业技术人员和能工巧匠的兼职聘用，使学校教师队伍的专业结构、年龄结构、学缘结构日趋合理。形成了专业带头人、骨干教师、企业技术骨干组成的专兼结合的高素质教学团队。学校在职职工 193 名，其中教师人数为 152 名，占职工总数的 79%。专业技术人员中：高级职称 44 人，中级职称 65 人，初级职称 43 人。企业外聘兼职教师 25 名。师生比为 1∶17，学校教师队伍精干，结构合理，学历层次较高，能够满足学校的教学工作。

新疆水利水电学校教师说课大赛

4. 坚持质量为本，培养高素质人才

学校本着“以人为本、以服务为宗旨，以就业为导向”的办学方针，根据职业教育过程的实践性和开放性要求，依照不同专业的特点，不断创新人才培养模式，形成了由“产教一体”“岗位实习与就业相结合”“订单培养”“工学交替”等模式组成的人才培养模式特色体系，使学校培养的学生具备理论基础厚、操作技术精、实践能力强等特点。

学校建立了比较完善的教学质量监控与保证体系。首先，《教学管理制度汇编》对教学的各个环节都制定了严格的标准，坚持教学校长参与，教育督导室和教务处负责的听课小组集中听评课活动，教学处主任每月听评课活动。建立了学生信息员制度，邀请对口企业献计献策，实行毕业生跟踪调查，构建了校长—教务处—督导室—纪检监察室—学生五个层次的教学质量监控体系和信息反馈系统。制定实施了《教师教学督导评估办法》，全面评价教师授课质量、教学工作量、学术科研工作和教学规范执行情况。

5. 紧跟时代特色，完善信息化建设

建成校园教师信息和校园学生信息平台，总监控室可以将 186 个覆盖全校园的摄像头信息实时视频输出。建有覆盖 68 间教室的音视频导出教学观摩室，前后两组音视频采集系统对教室声音、图像全覆盖监控。

学校建有设施先进、功能完备的计算机网络中心。拥有机房 8 间，教学用计算机 400 余台套。建有网络中心控制室，并建有校园网站。拥有语音教学室 2 间，多媒体教学室 10 余间，并且几乎每间教室、实训室都实现了多媒体或理实一体化教学。

6. 创造办学条件，提升院校能力

学校有满足各专业教学需要的教学设施，水利工程施工实训中心（含钢筋加工场、混凝土施工实训场、模板工实训场等）、测量实训中心、水电站（室内）仿真实训中心、风力发电仿真实训中心、模拟生产性 35kV 变电站面积共计 2600m²。上述实训中心为学校积极有效地推进教学一体化教学模式的实施和工种培训搭建了平台，可确保每位学生都有规定的实习工位。

人社部技工教育专家（左二）黄景荣来新疆水利水电学校调研

学校建有标准 400m 塑胶跑道田径运动场一座，球类运动操场、单双杠等健身器材场区，共计达 30 万 m²。另拟扩建 5500m² 排球、羽毛球场地。

7. 推进产教融合，强化校企合作

学校建立了完善的校企合作办学制度，成立了校企合作指导委员会。制定了《校企合作管理制度》，并设立相关组织机构专门负责校企合作事宜。校企合作办学制度在学校与合作企业实现师资和实训（生产）场所共享，企业通过接收学生进入企业进行工学交替、顶岗实习，以及安排企业职工进入学校参加教学实践等形式，将学校教育与企业培养相融合。

多渠道开展校企合作，实现校企双方共同育人，开展订单办学，促进学校在人才培养模式上与企事业单位实行“零距离对接”。学校引进4家企业落户校园，校企共建13个校内外实训基地。与金风科技有限公司共建了风电厂机电设备运行与维护实训基地；与新疆成业建筑工程公司共建了水利工程施工实训基地；与国统管道公司共建了建材实训检测基地；与新疆迈图测绘公司共建了测量实训基地，并依托实训基地开展新型学徒制人才培养试点工作。

校企合作企业成为学校教学与就业双基地，保证了实践教学的开出率，满足了学生专业实践能力的培养要求，提升了专业人才培养质量。

8. 激发学生活力，丰富校园文化

学校确立了“以学生需求为出发点，以素质教育为核心，以追求科学精神与人文素养相统一”的校园文化发展思路，充分发挥思想政治工作处、工会、团委、军事化管理教官、班主任和每位教职工在营造浓郁的校园文化方面的主导作用，将“水利人精神”等企业文化引入校园。通过军事化管理、法制教育、消防讲座、爱国主义教育、公民道德讲座、“民族团结杯”文艺书法球类比赛等常规活动，抵御“三股势力”“双泛思想”和宗教极端思想进校园。持续开展发声亮剑等意识形态领域教育活动，使每位学生牢固树立起公民意识和中华民族共同体的观念，筑牢防范“三股势力”和宗教极端思想渗透的藩篱。

学校引进军事化管理团队对全校学生实行准军事化管理，全天24小时封闭式管理，教官团队从日常行为习惯、仪容仪表、身体素质、文明礼貌、组织纪律、汉语学习等方面进行系统训练。

学校教职工积极响应自治区党委号召，在学校全面扎实推进“三进两联一交友”活动，了解和掌握学生思想动态、学习状况，关心关爱问题学生和困难学生，在对学生思想教育、学习帮助和生活帮扶过程中，增进了师生感情，促进了民族团结，推动了校园文化建设，维护了校园和谐稳定。

学校还十分重视对学生的心理健康教育，以引进和培养相结合的方式培养学校的心理健康指导教师团队，每年接受心理健康教育和心理疏导的学生均在2000人次以上，为学生身心健康成长发挥了巨大作用。

9. 思想政治教育工作

学校一贯坚持育人为本、德育为先的教育原则，始终把思想政治工作、德育教育工作和意识形态领域的“反分裂”“反渗透”工作放在教育教学工作的首位，给予高度重视。

为了强化思政和德育工作，学校专门设立了思想政治工作处，选调政治觉悟高、工作能力突出的同志担任部门领导和思政工作专干。由校党委领导思想政治工作处牵头，构筑起学校、社会、企业、家庭“四位一体”工作网络。学校把德育课堂作为弘扬社会主义核心价值观、教育学生牢固树立马克思主义“五观”和“五个认同”正确观念的主阵地，培养学生建立自觉抵御宗教极端思想和“双泛”思想的觉悟和能力，把学生政治合格作为衡量毕业生是否合格的首要条件。

十九大召开后，学校将学习十九大报告精神贯穿于德育教学工作中，切实依照自治区教工委将十九大报告和“新疆历史若干问题座谈会纪要”进教材、进课堂、进师生头脑的要求，把德育课主题改为十九大报告和纪要内容，专门成立了以党委书记、支部书记和党员为骨干的十九大宣讲团，针对学校师生和培训班学员积极开展十九大报告宣讲，将十九大精神深深植入每位师生和培训班学员的头脑中。

同时，学校在努力提升职业学历教育培养的同时，充分发挥自己的教育资源优势，积极开展社会服务。近年来，先后开办过企业工种培训、关键岗位职业资格培训、安全饮水工程培训、水政水资源管理培训、专业技术职称继续教育培训、农村劳动力转移培训等一系列培训教学活动，年均培训规模达4000人次。

四、典型案例

案例一：以"立德树人"为本，培养政治可靠的接班人

近年来，新疆水利水电（技工）学校，紧紧聚焦实现"新疆社会稳定和长治久安"的总目标，在教学实践中，始终把德育教育摆在首位，把政治是否合格作为审核学生毕业资格的优先条件，大胆创建出一种符合新疆地域特点和教育特色的德育教学新模式。

由于疆内外"三股势力"与国外敌对势力勾结一气，为了破坏民族团结和分裂祖国的罪恶目的，采取暴力恐怖和宗教极端思想、"双泛"思想渗透等手段，从意识形态领域入手，把青少年作为拉拢、侵蚀、毒害的主要对象，为实现他们的最终梦想配置后备力量。尤其令人震惊的是"问题教材"长达十多年充斥在中小学课堂，使得我们的教育阵地一度失守。因而，"为谁培养人？培养什么样的人?"成为新疆教育领域不可回避的重要问题。

我校是一个由多民族学生组成的中职学校，在校生中绝大多数都受到过"问题教材"不同程度的侵蚀毒害，为了重新净化学生的头脑，让学生真正掌握正确的"新疆四史"，牢固树立马克思主义"五观"，具备自觉抵御"三股势力"和"双泛"思想的能力，就必须强化和充分发挥德育教育的重要作用。

我校德育教育工作主要有如下特点。

1. 领导重视，机构健全

校党委领导班子始终将德育教育工作作为意识形态领域的头等大事来抓，并按照自治区教育工委的要求，由党委书记携多名党委成员、支部书记率先垂范，亲自担任思政课教师，为学生讲解十九大报告，讲解新疆"四史"。

学校为加强德育教育工作，专门成立了思想政治工作，引入了准军事化管理教官团队，并充分发挥德育教研组、"阳光（心理健康）工作室"和青年志愿者等社团组织的作用，为做好德育教育教学工作夯实了基础。

2. 专师为主，全员参与

德育课教师、心理咨询师、心理健康辅导员、专职辅导员等作为德育教育的主力军，发挥专业优势，进行专门化教育。全体教职员工也本着教书育人、德育优先的原则，积极投身到"立德树人"的教育教学实践中。尤其是在"三进两联一交友"活动中，教师通过进班级、进食堂、入住学生宿舍、假期家访，对结对子学生进行思想上教育引导、学习上关心帮助、生活上关爱帮扶，拉近了与学生的思想距离，解决了学生思想问题和学习生活困难问题，与学生交流交融交心，形成了新疆特色的德育教育实践新模式。

3. 课内课外，形式多样

德育教育教学不仅仅体现在课堂中，更多地采取了第二课堂、社团活动、各种讲座、

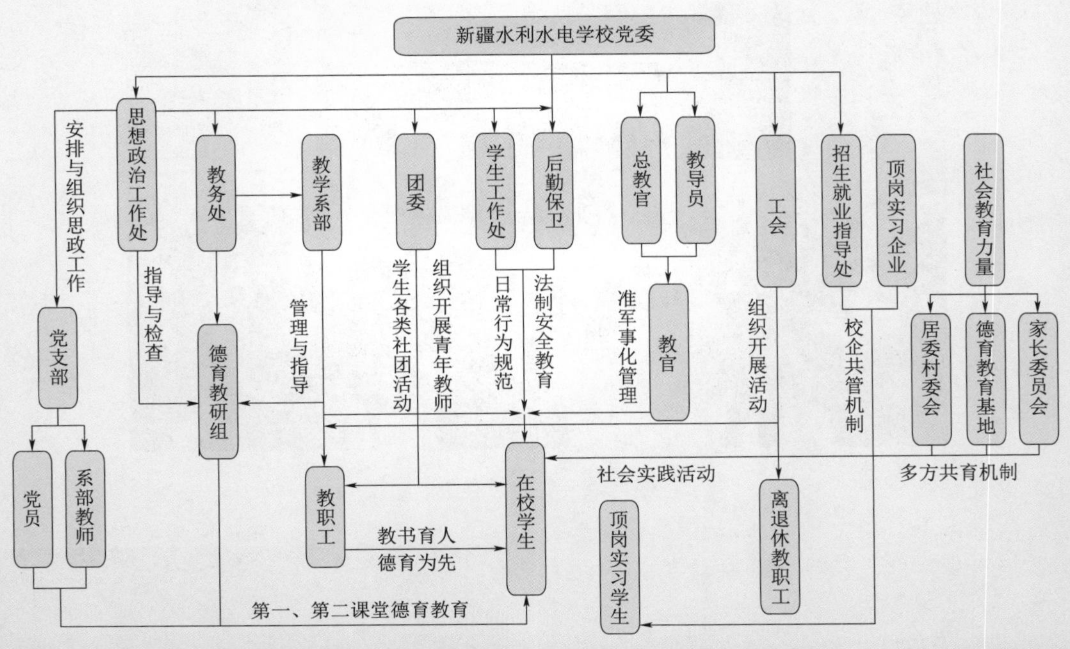

新疆水利水电学校德育工作组织结构框架示意图

现场演练等形式。学校每学期都定期进行爱国主义教育、民族团结教育、法制宣传教育、消防知识讲座及演练等宣传教育活动，且每月都有不同的活动主题。比如每年 3 月的学雷锋做好事活动月，5 月的民族团结教育月，12 月的爱国主义教育月等，真正做到了月月有主题、周周有活动、人人都参与。

“三进两联一交友”联谊活动

“三进两联一交友”联谊活动

学雷锋主题活动

“12·9”主题活动

4. 校社联动，多方共育

学校与社区、企业、家庭建立了“四位一体”的德育教育联动机制，并通过学生假期社会实践手册、学生顶岗实行管理手册、与家长的日常联系和假期的家访工作，实现了校社共育、校企共育、校家共育的多方管理和教育，真正做到了学生离校不离管理，离校不离教育。学生也在假期社会实践和顶岗实习阶段更有效的融入于社会，了解和感知社会。

案例二："全仿真"实训室助力技能培养

新疆水利水电学校始终把水电、风电、供用电技术专业作为学校的支柱专业，不断建设完善，并逐渐形成了自己的专业特色和亮点。近年来，随着国家产能结构的调整和新疆水资源优势潜能的大力开发，电力类专业的运行与维护专业更是人才需求旺盛，这为学校发展注入了活力与生机。

大家都知道，办好职业教育的基础条件是：符合职业教育理念的人才培养模式、理实一体专兼结合的师资团队和满足职业教育教学需求的实训条件，三者缺一不可。

前两个方面的条件在学校不断深化教育教学改革的过程中，较早得到了相应的解决。然而，由于资金短缺、技术支持不够造成的实训教学条件不足，一度成为制约学校水电站设备运行与维护专业人才培养质量有效提升的瓶颈。

2010年前，学校为弥补校内实训教学条件的不足，与多家企业合作办学，建立了校外学生顶岗实习基地。但由于水电站企业的生产过程中，出于安全的考虑，没有实际操作经验的实习学生无法被安排到生产岗位，只能现场观摩，甚至一个生产周期下来都未必能够真正遇到实际故障，而真正遇到生产运行中出现的故障时，却又没有能力解决。因此，顶岗实习学生或毕业生能够独立上岗工作的适应周期长，解决运行故障的能力差，是我校学生普遍存在的问题。并且，企业为满足生产任务需求和安全生产条件，无法专门“人为制造”生产故障来使学生获取发现问题、解决问题的生产经验。

通过自主研发和校企合作，学校投入400多万元资金，建立水电站仿真实训中心、风力发电机组仿真实训室、35kV仿真变电站。以上三个仿真实训中心均采用电力系统真实设备，按照实际设备进行布置和安装，搭建了高度仿真的工作环境和具有真实工作岗位和真实工作流程的仿真实训平台。为了减少实际设备的动作次数，提高设备的可用率，延长真实设备的使用周期，还建有一个220kV/35kV变电站计算机仿真实训室。

水电站仿真实训中心

由于电力系统的特殊性，正常投入运行的发电厂的电力设备在运行操作、事故处理过程中，不允许学生进行实际操作，只能观摩。我校三个仿真实训中心及计算机仿真实训室不受电力生产限制，不仅为学生提供了真实设备和真实工作环境，还提供实际动手操作的机会，极大地提高了学生的学习兴趣和热情，提升了其掌握正确的操作技能和判断、处理事故的能力。学生在规程规范限制下完成工作，以安全运行为目标，培养了学生日常、操作、安全、沟通等方面良好的职业素养。

此外，全仿真实训中心的建设，使我校电专业师资团队积累了宝贵的经验，并成功激发出他们对自行开发满足职业教育教学要求的水电站仿真设备的自信心。

风力发电机组仿真实训

35kV 仿真变电站

大事记篇

1978 年

1 月 10—19 日 水电部在京召开高等学校、中专专业学校教学计划和教材规划座谈会。会议讨论印发高校“水利水电工程建筑”“发电厂及电力系统”“电厂热能动力”专业、中专“水利工程建筑”“发电厂及电力系统”专业教学计划（征求意见稿）。印发“1978—1980 年高等学校、中等专业学校水利电力类五个专业教材编审规划（草案）”、中专水利电力类其他二十多个专业的教学计划和 1978—1980 年教材编审规划。会议草拟了“关于编审高等学校（包括中等专业学校）水利电力类专业课和部分技术基础课教材的意见”。

1 月 郑州水利学校、辽宁省水利学校恢复建制。

2 月 3 日 水电部印发《关于印发高等学校、中等专业学校“水利水电工程建筑”等五个专业教学计划、教材编审规划和组织拟定其他专业教学计划、教材规划的通知》[(78) 水电计字第 30 号]（简称《通知》），并召开会议布置其他专业教学计划修订事宜。《通知》公布了中等专业学校的“水利工程建筑”“发电厂及电力系统”两个专业教学计划，并依据此计划制订了教材编审规划，明确主编及参编学校。

4 月 22 日 全国教育工作会议在北京召开，邓小平出席开幕式并发表重要讲话，指出教育事业必须和国民经济发展的要求相适应，学校要造就具有社会主义觉悟的一代新人，要在全社会形成尊师重教的风气。

5 月 6 日 水电部印发《关于建立水利电力部教材编辑室并启用印章的通知》[(78) 水电办字第 43 号]，根据国务院国发（1978）23 号文件关于“恢复、建立和健全必要的教材工作机构”的指示精神，决定建立水利电力部教材编辑室，并开始组织编写水利水电类专业中专第一轮统编教材。至 1982 年基本完成，共计编写出版了 29 种，初步解决了“十年动乱”后水利中专教材奇缺的难题。

7 月 水电部在京召开教育工作会议，制订《水利电力部关于认真办好中等专业学校的几点意见》及《关于 1978—1985 年中等专业学校专业规划（草案）》。

12 月 26 日 水电部在长江流域规划办公室“七·二一工人大学”的基础上筹建水利电力全国水文培训中心。1982 年 9 月 3 日“中心”转到扬州水利学校。

1979 年

6 月 26 日 水利部教育司印发《关于制定 1978—1985 年水利教育培训规划的通知》。通过建立培训制度，创造条件，通过电视、函授、业余大学、业余中专等多种形式，系统提高广大职工的科学文化水平。

7 月 河南省周口水利学校成立。

11 月 15—24 日 水利部在北京召开水利教育工作会议。会议讨论修订《关于 1979—1985 年水利教育事业发展规划》《关于进一步办好中等专业学校的几点意见》。水利部刘向三副部长致开幕词并做了会议总结，提出中等专业学校和高等学校要在继续整顿、提高的基础上适当发展，搞好院校合理布局和专业调整，加强师资、设备和教材建设，提高教学质量。

12 月 25 日 水利部发布《关于印发三年调整时期 1979—1981 年水利教育事业计划》

《关于开展职业教育工作的意见（草案）》及《关于进一步办好中等专业学校的几点意见》（草案）三个文件。文件明确了水利水电学校的基本任务和管理体制、提出了专业的设置和调整意见，对加强学校管理、整顿学校秩序提出了具体要求，对三年调整时期水利水电中专办学起到了很好的规范和指导作用。

本年 教育部先后印发了《关于中等专业学校工科二年制教学计划安排的八点意见》（明确1979年可以招高中毕业生）、《全日制中等专业学校工作条例（征求意见稿）》及《中等专业学校学生学籍管理的暂行规定》。

本年 全国有水利水电中等专业学校26所，在校生11914人，当年招生5186人，已接近“文化大革命”前1965年的招生数量。

1980年

1月 水利部召开全国水利高等和中专教育工作会议。会议确定了部属高等学校（3所）、部属中等专业学校（4所）、全国水利系统34所中专校1979—1981年招生计划，拟定逐步增办七所面向全国和地区招生的水利类高等学校规划。

2月 国务院批准教育部《关于中等专业学校确定与提升教师职务名称的暂行规定》。7月，印发《关于中等专业学校确定与提升教师职称试点工作的通知》[(80）教专字007号]（简称《通知》）。7月28日，水利部转发《通知》，提出在东北水利水电学校、黄河水利学校先行试点。

4月10—25日 经国务院批准，教育部在北京召开全国中等专业教育工作会议。会议总结了新中国成立30年来中等专业教育工作的基本经验，研究了中等专业教育在新时期的任务；讨论了如何贯彻“八字”（调整、改革、整顿、提高）方针。会议认为，新时期中专教育的任务就是多办和办好中等专业学校，培养德智体全面发展、又红又专的中等专业人才。

5月13日 水利部印发《关于制订（修订）中等专业学校部分专业教学计划的通知》[(80）水教字第27号]，对水利工程建筑、农田水利、水电站动力设备、陆地水文、水利工程测量、水利工程机械、水利工程自动化、工程地质与水文地质、农村水电站、机电排灌十个专业两年半制（招高中毕业生）和四年制（招初中毕业生）的教学计划组织制订（修订）。

10月7日 国务院批转教育部、国家劳动总局《关于中等教育结构改革的报告》，把改革中等教育结构，大力发展职业技术教育作为教育改革的重要内容之一。

10月24日 水利部印发《关于将部属单位技工学校改归教育司领导管理的通知》[(1980）水教字65号]。为了集中统一管理，进一步把技工学校办好，部职工教育领导小组第一次会议决定将部直属单位所办技工学校的领导管理工作，由劳动工资司归口到教育司，劳动工资司配合。

11月5日 教育部发布《印发〈关于确定和办好全国重点中等专业学校的通知〉的通知》[(80）教专字011号]，公布全国重点中等专业学校239所，水利系统有12所：成都水力发电学校、四川省水利电力学校、陕西省水利学校、黄河水利学校、湖南水利水电学校、广西水电学校、扬州水利学校、安徽省水利电力学校、福建水利电力学校、山东省水利学校、辽宁省水利学校、东北水利水电学校。

本年 水利部批复三三〇工程局，成立“三三〇职工大学”。据统计，从20世纪80年代初起全国成立了许多水利水电职工中专学校，其中水利部管理4所：黄河水利职工中专、长江水利职工中专、丹江口枢纽管理局职工中专、松辽委职工中专。8所归能源部管理。

本年 水利部教育司印发《关于修订中专学校水利工程建筑等六个专业教学计划的通知》[(80)水教教字第39号]，决定将“水工”“水文”“水动”“机械”“地质”“农水”6个专业12个教学计划修改稿合并成6个。以四年制教学计划为基础，两年半制的不同要求可在文字上补以说明。

1981年

4月25日 水利部在北京召开部直属单位职工教育工作会议。会议由刘向三副部长主持，钱正英部长做总结讲话。会议贯彻学习中共中央、国务院《关于加强职工教育工作的决定》(中发〔1981〕8号)和全国教育工作会议精神，讨论修改《水利系统1981—1985年的职工教育规划》。

8月1—11日 教育部在北京召开全国学校思想政治教育工作会议。会议强调，要以《中共中央关于建国以来党的若干历史问题的决议》为教材，加强学生的思想政治工作，全面贯彻党的教育方针，积极引导学生德、智、体全面发展，走又红又专的道路。

8月7日 水利部批复成立北京水利水电职工大学。

8月17日 水利部印发《关于建立〈水利部丹江口工程管理职工大学〉的通知》[(81)水教字第23号]，批复丹江口管理局在办好工程管理培训中心的同时，建立水利部丹江口工程管理职工大学。

11月18日 教育部发出通知：凡“文化大革命”以来参加工作的青壮年职工，其语文、数学、物理、化学的实际水平不及初中毕业程度者，一般应补课。1982年1月12日，全国职工教育管理委员会、教育部、国家劳动总局、中华全国总工会、共青团中央发出《关于切实搞好青壮年职工文化、技术补课工作的联合通知》。此后，各地及企业开展“双补”工作。

1982年

3月6日 水利部批复长江水利委员会成立“长江职工大学”[(82)水教字第16号]。

6月3日 水电部批准成立黄河职工大学，隶属黄河水利委员会领导，学制三年，设置水利工程建筑，陆地水文两个专业，规模240人。

6月 水电部发文《关于组建中专学校发电、热动两专业教学研究会的通知》[水电教字(82)第43号]。

7月6日 水电部印发《关于确定第一批重点技工学校的通知》[(82)水电教字第33号]，确定重庆电力技工学校、湖州电力技工学校、大连电力技术学校、牡丹江电力技工学校、湖北省电业技工学校、丰满水电技术学校及三三〇工程局技工学校为水电部第一批重点技工学校。

8 月 4 日 水电部印发《水利电力部关于学生到部属单位实习的暂行办法》的通知［(82) 水电教字第 41 号］，促进学生实习与水利一线工作相结合。

10 月 7 日 水电部在北京召开教育工作座谈会。主要内容是：讨论“六五”职工教育规划、中等专业学校规划、技工学校调整方案和改进管理办法；讨论部、流域机构、网局、省局关于教育工作的管理职责。

本年 全国共有水利电力类重点高校 20 所，其中，部属高校 7 所，与水电部联合办学高校 7 所。重点中专学校 19 所。

本年 在黄河水利学校成立中南地区中专水利水电学校协作会（片会）。这是校际交流教学改革和办学经验、互通信息提供教学协作的一种协作研究形式。中南地区 8 所学校参加了协作会，第二届年会又有西南地区成都、云南等 3 所学校参加。

本年 水电部发布《关于黄河水利学校增设水土保持专业的批复》［(82) 水电教字第 17 号］，同意黄河水利学校自 1982 年起，增设水土保持专业。

1983 年

1 月 水电部印发《关于组建中专学校三个教研会的通知》［水电教字（83）2 号］，确定成立中专学校水利水电工程建筑与农田水利工程、陆地水文、水电站机电类专业三个教研会，并确定了包括 1982 年成立的发电厂及电力系统、电厂热能动力设备两个专业教研会共五个教研会主任、副主任及课程组组长、副组长人选。发电类的两个专业教研会以及水利水电类的三个教研会的成立，奠定了水电部领导管理下职业教育教学正规化研究的良好开端。

2 月 11 日 水电部教育司发文《印发〈关于中专学校水利电力类专业教材评选择优出版暂行办法〉的通知》［(83) 教学字第 8 号］。

3 月 21 日 “水利水电工程建筑与农田水利工程专业”教学研究会成立暨第一次教研会议在河南开封召开。专业教学研究会下设 13 个课程研究组，共有 17 所学校的 54 位教师参会。会议制定了教研会和各课程组 1983 年的活动计划。会议由黄河水利学校承办。

3 月 水电部在重庆市召开部属单位技工学校校长会议。其主要内容是：研究加强生产技能教学的措施；讨论有关技工学校规章制度等文件。

6 月 水电部教育司印发《1983—1987 年中等专业学校水利电力类专业教材编审出版规划》，确定 1984—1988 年间出版第二轮中专专业教材 40 种共 1000 余万字。

8 月 13 日 教育部印发《关于筹建北京水利电力经济管理学院的通知》［(88) 教计字 143 号］，经国务院批准，同意在水利电力部干部进修学院基础上筹建北京水利电力经济管理学院。

10 月 1 日 邓小平为景山学校题词：“教育要面向现代化，面向世界，面向未来”，为我国教育体制改革和发展指明了方向。

11 月 中南、西南地区水利水电学校第四届教学协作年会在广西南宁召开。参加会议的有黄河、长江、郑州、周口、湖北、湖南、广东、广西等中南地区的 8 所水利学校的负责人及代表共 44 人；云南、成都、黔西南地区的三所学校也派代表 5 人列席会议。会议由广西水电学校承办。

11 月 22 日 水电部印发《关于印发〈高等学校水利电力类专业教材评选出版的暂行办法〉的通知》[(83) 水电教字第 104 号]，在水电部制订的《一九八三——一九八七年高等学校水利电力类专业教材编审出版规划》中，有 24 种教材经评选择优出版。为保证教材出版评选工作顺利进行，制订了《高等学校水利电力类专业教材评选出版的暂行办法》。

本年 江西水利水电学校升格为江西水利专科学校，1987 年更名为南昌水利水电高等专科学校，2004 年升格为本科院校南昌工程学院。黑龙江水利工程学校升格为黑龙江水利专科学校，1994 年更名为黑龙江水利高等专科学校，2005 年并入黑龙江大学。

1984 年

4 月 16—22 日 水电部在北京召开部属中等专业学校工作会议。其主要内容是：讨论中专教育事业“七五”发展计划及部分中专校办专科的问题；研究如何进一步办好中等专业教育；讨论关于全日制中专毕业生的管理使用意见。

9 月 黄河水利学校由世界银行贷款发展中国农业教育科研项目 43.55 万美元贷款到位。这是我国水利职业教育首次接受世行贷款。该校利用贷款进口了一批先进的仪器设备，增添了新的实验项目，加强了电化教学，组织赴西德职业技术教育考察，完成了国家教育委员会下达的“中外职业技术教育比较研究”课题。

12 月 中南、西南地区水利水电中专学校“政治理论课”教研会首届年会、全国水利水电中专学校“工程水文”课程组教研会、全国水利水电中专学校“制图”课程组教研会分别在广西南宁举行，来自全国 30 余所水利水电中专学校 90 余位代表参加会议。会议由广西水电学校承办。

本年 扬州水利学校升格为江苏水利工程专科学校（1992 年 5 月与扬州师范学院等 6 所本专科院校联合组建扬州大学）。山东省水利学校升格为山东水利专科学校（1999 年 7 月，山东农业大学、山东水利专科学校合并组建新的山东农业大学）。浙江水利水电学校升格为浙江水利水电专科学校（2014 年升格为浙江水利水电学院）。

1985 年

2 月 “中南、西南地区水利学校协作年会”在湖北武汉召开，会议由湖北省水利学校承办。

5 月 15—19 日 党中央、国务院在北京召开改革开放以来第一次全国教育工作会议，邓小平出席了会议闭幕式，作了题为《把教育工作认真抓起来》的重要讲话，要求各级领导要像抓好经济工作那样抓好教育工作，把中央的教育体制改革决定落到实处。会议研究讨论了《中共中央关于教育体制改革的决定（草案）》，确立了“教育必须为社会主义建设服务，社会主义建设必须依靠教育”的根本指导思想。

5 月 27 日 《中共中央关于教育体制改革的决定》（简称《决定》）发布。《决定》指出把职业技术教育作为教育体制改革的重点，使之成为教育体制的重要组成部分，并决定大力发展职业技术教育。《决定》要求发展职业技术教育要以中等职业技术教育为重点，发挥中等专业学校的骨干作用，同时发展高等职业技术学校。

6 月 15 日 水电部教育司发布《关于拟定“七五”发展职业技术教育意见》的通知。

7 月 水电部教育司召开教研会及管理改革会议，在原有的五个专业教研会的基础上组建了水利水电类、电力工程类、热能动力类和管理类四个中专专业教学研究会，并另成立了学校管理协作组与德育协作组。水利水电类专业教学研究会主任学校为黄河水利学校，电力工程类专业教学研究会主任学校为沈阳电力专科学校，热能动力类专业教学研究会主任学校为西安电力学校，管理类专业教学研究会主任学校为郑州电力学校，学校管理研究协作组主任学校为重庆电力学校，学生德育研究协作组主任学校为北京电力学校。

10 月 全国水利水电工程建筑与农田水利工程专业教学研究会“土力学”“地质学”课程组教研会在广西南宁召开，会议由广西水电学校承办。

12 月 10—16 日 水电部在北京召开“水利电力教育工作会议”。会议主要议题是学习中央关于教育体制改革的决定，讨论部党组《关于加强教育工作的决定》《职工教育管理条例》《部属中专、技工学校“七五”事业发展计划》。

本年 东北水利水电学校升格为东北水利水电专科学校（1992 年更名为长春水利电力高等专科学校，2000 年与其他 2 所高等专科学校合并组建长春工程学院）。

1986 年

1 月 水电部印发《水利电力部职工教育暂行工作条例》《1986—1990 年职业技术教育发展计划》。

2 月 26 日 水电部教育司印发《关于成立中专学校水利水电类专业六个教育研究组织的通知》[（86）教中字第 5 号]，决定成立水利电力系统中等专业学校水利水电类专业、电力工程类专业、热能动力类专业、管理类专业等四个专业教学研究会，以及学校管理研究和学生德育研究两个协作组。

3 月 27—31 日 在郑州电力学校召开“水利电力部中专学校教学研究会（协作组）主任委员会议”。水电部教育司许英才司长参加会议并讲话，参加会议的有水利水电类、电力工程类、热能动力类、管理类专业教学研究会和学校管理、学生德育研究协作组的主任、副主任、顾问、秘书等 29 位同志。会议研究讨论 1986 年中专教育工作；部署各教研会（协作组）近期研究课题和活动；介绍西德职业技术教育状况。

3 月 水电部教育司召开专业调查和专业目录修订工作会议。会后印发了《关于修订中专、技校专业目录工作的通知》。这是水电部 1986 年改革中专教育和技工教育的一项重要工作。

3 月 在原水电部水利水电工程建筑与农田水利工程专业教学研究会、水文专业教研会和水电站动力设备专业教学研究会的基础上，成立水利水电类专业中专教学研究会（中专教研会）。中专教研会挂靠黄河水利学校，由邵平江同志任主任，陶国安、袁辅中同志任副主任，黄新同志任秘书。

5 月 12 日 水电部教育司转发国家教委印发的《关于制定和修订全日制普通中等专业学校（四年制）教学计划的意见（试行）的通知》[（86）教职字 004 号]（简称《通

知》），要求部属各校根据《通知》精神和要求修订好 1986 级各专业实施性教学计划，并对其他年级教学计划作出必要调整。

7 月 12 日 水电部印发《关于成立部属技工学校“输配电”专业等五个教学研究会的通知》[(86) 教中字第 32 号]，决定成立技工学校“输配电”“水工建筑”“施工机械”三个专业和“钳工工艺”“电工工艺”两门课程教学研究会。研究会在部教育司领导下，开展教育科学研究和专业及课程教学研究，并发挥指导和咨询作用。

9 月 4 日 水电部教育司印发《关于制定和修订全日制中等专业学校专业基础课和专业课教学大纲的原则意见》，要求各专业根据专业教学计划和颁发的中等专业目录和专业简介，组织制定和修订各专业基础课和专业课教学大纲。

9 月 水电部教育司在北京召开了专业目录审订会预备会，对各单位各校所报材料进行归纳、分析和研究，提出修订专业目录的基本原则，草拟了《水利电力部中专学校、技工学校专业目录和专业简介》《水利电力部中专学校、技工学校专业目录的说明》。

11 月 水电部召开了部属中专、技校专业目录审定会议。部属各局委、各校，部有关司局，国家教委职业技术教育司和劳动人事部培训就业局负责人参加了会议，审订了《水利电力部中专学校、技工学校专业目录和专业简介》和《水利电力部关于中等专业学校、技工学校专业目录实施办法》。

本年 水电部印发《关于修订中专、技校专业目录工作的通知》[(86) 水电教字第 17 号]，对修订中专、技校专业目录提出了要求。

1987 年

2 月 20 日 水电部颁发《中等专业学校、技工学校专业目录和专业简介》，为学校教学改革提供了依据。

3 月 25 日 水电部教育司印发《关于制定和修订全日制中等专业学校专业基础课和专业课教学大纲的原则意见》[(87) 教职字第 16 号]，提出组织制定和修订各专业基础课和专业课内容等方面的要求。

3 月 27 日 水电部教育司印发《关于组织制定和修订全日制中等专业学校教学计划的几点意见》[(87) 教职字第 18 号]，要求在修订专业目录，明确专业培养目标和业务范围的基础上，抓紧搞好教学计划的制定和修订工作。

5 月 5 日 水电部教育司发文《印发〈关于制定和修订水利电力技工学校（三年制）教学计划的意见〉的通知》[(87) 教职字第 22 号]，对制定和修订专业教学计划及课程教学大纲进行了布置。

5 月 13 日 水电部教育司印发《关于一九八七年部属中专教研会活动内容和经费安排的通知》[(87) 教职字第 27 号]，对 1987 年度部属中专教研会活动内容和经费安排提出意见。中专学校开设 54 个专业，其中水利水电教研会分管 21 个专业，电力工程教研会分管 14 个专业，热能动力教研会分管 11 个专业，管理研究会分管 8 个专业。

7 月 水电部教育司在成都召开教研会及管理改革第二次会议，审核定稿 21 个专业指导性教学计划，对教学大纲进行了广泛研讨，并对修订和编写教学大纲统一了认识及编写的规格要求。

7 月 水电部中专第三轮教材选题编审规划会议在辽宁省水利学校召开，决定出版第三轮统编教材 101 种，总计 2000 余万字。

8 月 10 日 国家教委职业技术教育司召开中专教改座谈会，提出当前中专教改的重点有三项，一是继续推进中专教育管理体制改革，大力支持中等专业学校广泛开展联合办学，尽可能挖掘潜力，扩大学校的服务面向；二是认真研究和试验招生及分配制度改革，促进学生学习的积极性和用人单位选择用人的积极性；三是要把加强实践教学作为教学改革的突破口，推动教学内容和教学方法的全面改革。

本年 中专教研会参与拟定了《水利电力部中等专业学校、技工学校专业目录和专业简介》，组织了普通中等专业学校 21 个水利水电类专业的指导性教学计划和近 200 门教学大纲的全面制定修订工作。

1988 年

4 月 11 日 水电部教育司印发《关于印发〈水利电力中等专业学校学生思想政治教育纲要〉的通知》[(88) 教职字第 12 号]。

4 月 12 日 水电部教育司印发《关于调整水利电力中专学校教研会部分教研组和委员职务的通知》[(88) 教职字第 17 号]。调整后的教研会有五个：水利水电类专业教学研究会、电力工程类专业教学研究会、热能动力类专业教学研究会、管理类专业教学研究会、学生德育研究会。根据教研会工作需要，在水利水电专业教学研究会内成立工程测量专业教学研究组和水土保持专业教学研究组；撤销管理类专业教学研究会的水利经济教学研究组，其业务工作并入水利水电类专业教研会的水工、农水专业教学研究组。文件还对部分委员职务做了调整。

4 月 12 日 水电部教育司发文《关于调整部属技工学校教学研究会的通知》[(88) 教职字第 18 号]。撤销原输配电、施工机械、水工建筑三个专业教学研究会；组建电气类、动力类、水电施工类、焊接类四个专业教学研究会和学校管理研究会。

7 月 因水电部撤销，成立水利部和能源部，原水电部管理的院校调整如下：一是两部共管挂靠水利部管理的高校：河海大学、华北水利水电学院、南昌水利水电专科学校；二是中专学校归属流域机构管理的有：长江水利水电学校、黄河水利学校和黄河水利技工学校；三是成人教育中水利部管理的有：北京水利电力函授学院、南京水利电力管理干部学院、黄河职工大学、长江职工大学、丹江口枢纽管理局职工大学和黄河职工中专、长江水文职工中专、松辽委职工中专及丹江口枢纽管理局职工中专共 9 所院校。

11 月 水利部中专水利水电类专业教学研究会印发《关于加强实验教学的几点意见》(简称《意见》)。《意见》中提出了实验教学中存在的问题，要求学校各级领导和教师必须提高对实验教学重要性的认识，加强对实验学教学的领导。

12 月 27 日 根据人事部《关于成人高等教育试行专业证书制度的若干规定的通知》，水利部科教司印发《关于 1989 年举办高等成人教育专业证书班的通知》，并批准河海大学、华北水利水电学院、长江职工大学、松辽委职工中专、北京水利电力函授学院共 5 校举办专业证书班。

本年 水利部先后成立全国水利职工教育学会、全国水利职业技术学会和中国水利高等教育学会。

1989 年

1月13日 水利部科教司发文《转发劳动部〈关于试行“职业技术培训教师专业证书”制度的实施意见〉的通知》（技成字〔1989〕3号）。

1月30日 水利部印发《关于印发一九九〇—一九九五年中等专业学校水利水电类专业教材选题和编审出版规划的通知》（水科教〔1989〕4号），列入规划的教材共91种，1866万字。

3月21—24日 根据水利部科教司总体部署，水利水电类专业教研会受部委托在黄河水利学校召开深化中专教育改革研讨会。水利部科教司周凤瑞副处长、教研会主要成员以及来自13所中专学校的校长共23人参加了会议。会议讨论了《全国水利职业技术教育研究会章程（讨论稿）》。

6月16日 水利部科教司印发《关于召开中专水利水电类专业教材建设专题研讨会的通知》（科教学〔1989〕85号），对第三轮教材建设有关问题进行专题研讨。

8月24日 为迎接新中国成立40周年暨教师节5周年，水利部印发《关于表彰水利职工教育和职业技术教育优秀教师、优秀教育工作者、职工教育先进单位的通知》（水科教〔1989〕28号）。经评选决定授予王文祥等13名同志为水利职业技术教育优秀教育工作者；授予钱季伟等51名同志为水利职业技术教育优秀教师。

9月16—18日 水利部科教司在黄河水利学校召开成立水利中专优秀教材评选委员会和优秀教材评选会议。由水利部科教司、水利电力出版社及8所学校共13位同志组成评选委员会。在全国37所水利中专学校初评的基础上，最终从前两轮共63种教材中评出水利水电类专业优秀教材9种。会议期间水利部张春园副部长到会看望代表并讲话。

水利部教育司1978—1989年间组织了三轮中专教材选题编审出版规划：1978—1982年为第一轮，共编审出版29种（838万字），初步解决了“十年动乱”后教材奇缺问题。1983—1988年为第二轮，共审编出版34种（1040万字）。1990—1995年为第三轮，编审出版规划91种（2000多万字）。

9月15—18日 全国水利中专学校水土保持专业教材研讨会在陕西咸阳武功农业科学城召开。会议期间，编审和主编、参编人员对水保农牧措施、水保工程和水保规划等教材的编写及教材编写过程中的具体问题进行了认真讨论，并就其中普遍存在的问题进行了广泛的交流和研究。

9月 全国水利职业技术教育学会会刊《水利职业技术教育》创刊，主编为谭方正。

本年 全国共有水利技工学校43所，水利中专学校46所。中专学校中水利部、能源部、武警部队主管的7所，地方主办的39所。

从4月1日起，山东省水利高级技工学校承担“中德合作山东粮援项目”培训工作。该项目实施11年，到1999年止将完成11个县（市）包括项目的管理、规划设计，水土保持等全部18个技术岗位80%以上的培训任务，培训各类人才4000余人。德方称赞该项目是“中德合作最好的范例”。

1990 年

3 月 28—30 日 中专水利水电类专业教学研究会在北京召开了专业组长会议。水利部科教司周凤瑞处长参加了会议。会议研讨了各专业、各课程教学研究的中心内容，对各专业急需和特缺的教材提出了补充规划的初步意见，安排了 1990 年和 1991 年专业组和各课程组的教学研究活动计划。

8 月 全国水利职业技术教育学会水利经济与管理专业研究组于 8 月中旬在辽宁省水利学校召开了首次会议，共有 11 所学校的 29 名同志参加。会上交流了水利管理类专业的办学经验，对水利管理专业的发展方向、培养目标、知识结构、课程设置、教材内容等问题进行了讨论。

8 月 15 日 水利部科教司发文《转发国家教委关于“印发〈关于制订成人中等专业学校教学计划的原则意见〉（试行）的通知”》（科教成〔1990〕108 号）（简称《通知》），指出水利行业各职工中专学校要按照《通知》要求及时修订所设专业教学计划，并对修订教学计划提出四点补充意见。

8 月 18—20 日 《水利职业技术教育》编委会在北京水利水电学校举行成立大会暨第一次会议。国家教育委员会中专处刘玉林处长、水利部科教司周凤瑞处长出席会议。会议由全国水利职业技术教育学会顾问、编委会主任周文哲主持。学会副理事长、编委会副主任谭方正代表编辑部作了工作报告。

11 月 1—4 日 水利行业专业证书教育工作会议在黄河职工大学召开。

1991 年

1 月 4—7 日 在北京召开了水利中专教学研究会主任及专业组长联席会议。会议听取了 1990 年各专业组工作情况的汇报。为了健全教研会的组织机构，在各水利水电学校推荐的基础上，会议调整、确定了教研会下属的 37 个课程的正、副组长，明确了各课程组分管的课程及主要服务的专业。

3 月 29 日 水利部科教司发文《关于印发〈一九九〇年—一九九五年中等专业学校水利水电类专业教材选题和编审出版补充规划〉的通知》（科教学〔1991〕13 号），公布了第三轮教材选题和编审出版补充规划（共 10 种教材，177.3 万字）。

5 月 22—25 日 全国水利职业技术教育学会德育研究会首届教学改革经验交流会在广西水电学校召开。全国水利水电系统 35 所中专学校的 51 名代表出席了会议。与会代表就德育在水利水电学校中的地位、作用，德育的内容、途径、机构设置，德育教师工作守则等问题进行了研讨。会议还讨论并修订了“水利水电中专学校德育教师工作守则”。

5 月 29—31 日 全国水利职业技术教育学会首届学校教学管理研讨会在福建省水利电力学校召开，水利电力系统 27 所学校的 37 名代表参加了会议。会议特邀辽宁省水利学校侯逵校长介绍了该校在本省选优评估的做法，8 位代表就各校教学管理的经验及办学水平评估等内容做了发言。

9 月 7 日 水利部发布通知，成立以严克强副部长为首的水利部中专评估工作领导小组。12 月，组织专家制定了《普通中等专业学校水利水电类专业教育质量评估指标体系

（试行）》，分期分批对各水利水电类学校进行评估。1992 年 5 月，在湖北水利水电学校对水利水电工程建筑和水电站电力设备专业进行了复评。

10 月 17 日 国务院发出《关于大力发展职业技术教育的决定》（国发〔1991〕55 号），指出要高度重视职业技术教育的战略地位和作用，积极贯彻大力发展职业技术教育的方针，采取有力措施积极支持职业技术教育的发展。

11 月 18—25 日 全国水利职业技术教育学会中专教研会水利工程建筑类专业组会议在湖南省水利水电学校召开。会议讨论了 1988 年部颁教学计划，提出了改革意见；各课程组汇报了各门课程的实践性教学的补充文件和第三轮教材编写进展。

12 月 13—17 日 水利中专专业教育质量评估专家组第一次会议在山东省水利学校召开。会上审议了由水利工程建筑类专业组和水利机电类专业组提交的水利水电类专业教育质量评估指标体系（第二稿），修改制定了《全国水利水电类普通中等专业学校专业教育质量评估指标体系》（送审稿），并确定湖北省水利学校为专业教育质量评估的试点学校。

本年 为支援西藏水利建设，黄河水利学校为涉藏州县开办西藏农田水利专业中专班。全班学员 40 人，其中藏族 39 人，门巴族 1 人。学生在校学习 3 年，成绩合格并取得中专毕业证书后，回涉藏州县参加水利建设。

1992 年

1 月 12—15 日 全国水利职业技术教育学会常务理事会在北京召开。学会常务理事、顾问及正副秘书长等参加了会议。会议总结了学会成立一年多来的工作，讨论了今年的工作要点，并对有关问题作出了决议；各研究会及会刊编委会提出 1992 年的工作计划。

4 月 6—10 日 根据国家教委《关于修订普通中等专业学校专业目录的通知》，水利中专教研会受水利部科教司委托，组织开展水利水电类普通中等专业学校专业目录的修订工作。通过论证，提出在普通中等专业学校专业目录修订时的专业大类中增设“水利类”的建议，以及水利水电类专业目录，共三类十五项，上报国家教委职教司审批。

5 月 17—22 日 《四年制水利水电中专学校德育系统工程实施方案》讨论修订会在福建水利电力学校举行。与会人员讨论了福建水利电力学校于 1990 年制定并实施的《四年制水利水电中专学校德育系统工程——四段八环一百二十步方案》，提出了建设性意见。

6 月 9—14 日 全国水利中专教研会水土保持专业工程课程组、生物课程组在辽宁省水利学校召开。来自山西、陕西、黄河、郑州、甘肃、内蒙古及辽宁等学校的有关教师参加了会议。会议对各校编写的专业讲义及实践性教学环节的教学文件进行了选优和评审，并研究确定了已列入第三轮教材出版规划的课程的主编、主审，落实了水保专业内部教材的编写任务。

6 月 北京水利水电学校正式确定由能源部、水利部和北京市共同领导，以市为主的管理体制，由北京市水利局具体管理。

本年 据统计，截至本年，水利行业职工院校、培训中心，由 1989 年的不足百所发展到 170 所。其中，10 所职工大学，27 所职工中专（挂牌的中专）和 126 所培训中心。这些办学单位拥有教师 2320 人，校舍面积达 45 万 m^2，年培训能力达 30 万人，职工教育管理干部 3511 人。

本年　能源部、水利部印发《关于明确北京水利电力经济管理学院及所属西郊分部隶属关系的通知》(能源人〔1992〕643 号),同意将北京水利电力经济管理学院西郊分部(华北水利水电学院北京研究生部、北京水利电力函授学院)的隶属关系,由能源部划转水利部。划转后,西郊分部定名为北京水利水电管理干部学院;保留华北水利水电学院北京研究生部和北京水利电力函授学院。划转完成的同时,北京水利电力经济管理学院由能源部领导、管理。

1993 年

2 月 13 日　中共中央、国务院印发《中国教育改革和发展纲要》(中发〔1993〕3 号)(简称《纲要》)。制定了我国教育 20 世纪 90 年代发展的目标、战略和指导方针。《纲要》指出,职业技术与教育是现代教育的重要组成部分,各级政府要贯彻积极发展的方针,充分调动各部门、企事业单位和社会各界的积极性,形成全社会兴办多种形式、多层次职业技术教育的局面。到 20 世纪末,中心城市的行业和每个县,都应当办好一两所示范性骨干学校或培训中心,同大量形式多样的短期培训相结合,形成职业技术教育的网络。

5 月　经河南省劳动厅批准,黄河水利技工学校被评为省部级重点技工学校。该校是水利部唯一的一所部属技工学校,由黄河水利委员会主管。

5 月 26—29 日　水利部音像函授中专“农田水利”专业教学研讨会在黄河水利学校召开。水利部科教司成教处李乃升副处长、黄河水利委员会科教外事局邓香春副局长参加了会议。

10 月 18—23 日　全国水利职业技术教育学会德育研讨会在山东省水利学校召开。会议传达了全国职教学会德育工作会议精神,交流了学习建设有中国特色社会主义理论和贯彻《中国教育改革和发展纲要》的体会,17 名代表分别就改进和加强德育工作进行了交流。

1994 年

2 月 18 日　民政部批准“中国水利教育协会”注册登记,“中国水利教育协会”正式成立。其宗旨是促进我国水利教育事业的改革和发展;业务范围是学术交流、咨询服务;活动地域是全国;会址设在北京。其前身“中国水利高等教育学会”“全国水利职工教育学会”和“全国水利职业技术教育学会”,相应成为协会分支机构“中国水利教育协会高等教育分会”“中国水利教育协会职工教育分会”和“中国水利教育协会职业技术教育分会”。

3 月 14 日　国务院发布《教学成果奖励条例》(国务院令第 151 号),以鼓励教育工作者从事教育科学研究,提高教学水平和教育质量。

6 月 1 日　中国水利教育协会第一次工作会议召开,决定自即日起开始启用协会及其分会、办事机构印章和财务专用章。

6 月 14—17 日　党中央、国务院在北京召开改革开放以来第二次全国教育工作会议,会议的主要内容是:以邓小平同志建设有中国特色社会主义理论和党的基本路线为指导,贯彻党的十四大和十四届三中全会精神,进一步落实教育优先发展的战略,动员全党全社会认真实施《中国教育改革和发展纲要》，为实现90年代我国教育改革和发展的任务而奋斗。江泽民总书记和李鹏、朱镕基、李岚清等领导人出席会议并讲话。江泽民从我国社会主义现代化建设的全局和国家、民族前途命运的高度，强调要进一步落实教育优先发展的战略地位。这一战略地位必须始终坚持，不能动摇。

7月3日 国务院发布《关于〈中国教育改革和发展纲要〉的实施意见》（国发〔1994〕39号），提出大力发展职业教育，逐步形成初等、中等、高等职业教育和普通教育共同发展、相互衔接、比例合理的教育系列。

7月20—22日 全国水利职业技术教育学会（即“中国水利教育协会职业技术教育分会”）第二次常务理事会议在山东省水利学校召开。水利部科教司学校处陈自强处长、中国水利教育协会秘书长窦以松教授出席了会议。陈自强总结肯定了学会成立五年来的工作成绩，并提出了新组建分会今后的任务。窦以松通报了中国水利教育协会组建筹备情况。

8月22日 国家教委印发《关于公布国家级重点普通中等专业学校的评选结果的通知》（教职〔1994〕10号），共249所学校，其中水利水电类学校8所：黄河水利学校、广西水电学校、辽宁省水利学校、陕西省水利学校、福建水利电力学校、山东省水利学校、郑州水利学校、成都水力发电学校（电力工业部属）。

10月18日 水利部科教司印发《水利行业职工教育管理部门评估办法和职工学校（培训中心）评估指标体系》《水利部职工中等专业学校办学水平评估指标体系》。

10月27—29日 山西、黄河、西北五省（区）水利学校办学联合体第七届年会在黄河水利学校举行。水利部科教司高而坤副司长到会作了关于深化水利学校教育改革的讲话，国务院三峡办技术与国际合作司副司长陶景良向与会人员作了《认识三峡、支持三峡、宣传三峡》的报告。

10月28日 第四届全国水利水电学校政治理论教育研讨会在湖南省水利水电学校召开，18所学校的26位代表参会。会议交流研讨了一年来政治理论教学和德育工作的改革经验，讨论了《水利职业道德（送审稿）》。

10月 全国水利水电技工学校教育研究会的筹备工作会在黄河水利技工学校召开。会议研究并草拟了研究会的组建方案和研究会的工作条例，确定1995年4月在山东省水利技工学校召开成立大会暨学校管理改革研讨会。

11月7日 中南、西南地区水利水电学校第十五届协作年会在河南周口水利学校召开，14所学校的37名代表参加。河南省水利厅领导胡俊生、咸绍玉，周口市市长张秉来，全国水利职业技术教育学会理事长邵平江等同志出席会议并讲话。会上围绕深化学校改革、加强和改进德育工作、教学管理、提高教育质量等问题进行交流探讨，并从交流的125篇论文中评选出24篇优秀论文。

11月12—16日 中国水利教育协会职业技术教育分会（以下简称“职教分会”）成立大会在广西南宁召开。全国32所水利大中专院校、技工学校以及7个水利企事业单位及主管部门的50多名代表参加了会议。职教分会除保留原中专教学研究会、学校管理研究会和德育三个研究会外，决定成立技工学校教育研究会和咨询服务机构。通过民主选举，邵平江同志任分会理事长，吴光文等8位同志任分会副理事长，水利部科教司学校教育处李肇桀副处长任分会秘书长，分会秘书处设在黄河水利学校。

1995年

2月16日 吉林省教委印发《关于同意成立吉林省水利水电学校的批复》(吉教委计复字〔1995〕21号)，主管部门为吉林省水利厅。同时，撤销吉林省水利职工中等专业学校，原吉林省水利职工中等专业学校的培养、培训任务，由吉林省水利水电学校承担。

3月18日 全国人大八届三次会议通过《中华人民共和国教育法》，自1995年9月1日起施行。《教育法》规定了我国教育的基本性质、地位、任务，基本法律原则和基本教育制度，明确"国家实行职业教育制度。各级人民政府、有关行政部门以及企业事业组织应当采取措施，发展并保障公民接受职业学校教育或者各种形式的职业培训"。

4月5—8日 职教分会中专教学研究会主任扩大会议在北京水利水电学校召开。会议讨论了当前水利职教面临的形势和任务，听取了第三轮教材出版情况通报，并讨论了第四轮教材规划。

5月23—25日 职教分会技工学校教育研究会成立大会暨学校管理研究组第一次研讨会在山东省淄博市山东省水利技工学校召开。水利部人事劳动教育司学校处陈自强处长、劳动组织处宁志泉副处长出席会议并讲话。大会讨论并通过了研究会组建方案、工作条例、会费收缴管理与使用办法三个文件；选举产生德育研究会正、副主任及教学、管理、德育研究组正、副组长。

6月29日 全国水利行业中专自学考试工作会议在陕西省水利工程局召开。会议确定开办中专"水利工程建筑与管理"专业自学考试，并组建了"全国水利行业自学考试管理中心"。先后有1万名职工报名参加自考。

7月7—10日 职教分会中专水文水资源专业组会议暨"水文测验与资料整编""水文统计与水文水利计算""天气气象与水文预报"三个课题组会议在长江水利水电学校召开。专业组组长曹贵才传达了4月在京召开的主任扩大会议和5月在陕西召开的组长会议精神，提出了本次会议的任务和要求。

7月25—28日 中国水利教育协会第一届理事会在厦门召开，会议审议了协会工作报告，通过了协会章程（草案），选举了原水利部副部长张季农为理事长，科教司副司长高而坤等14人为副理事长，窦以松为副理事长兼秘书长，推荐了张春园副部长为名誉理事长。

10月6日 水利部副部长张春园在全国水利工作会议上作关于加强水利教育工作的讲话中指出，"九五"期间水利教育应突出重点：水利职业教育要积极开展各种层次的职业培训，要大力发展水利职工教育，并强调加强师资队伍建设，增加教育投入。部党组决定实施"科教兴水"战略，并确立了"九五"期间水利教育发展的三个总目标和七项总任务。

11月16日 水利部发布《关于实施科教兴水战略的决定》（水办〔1995〕480号），提出"水利改革发展目标的实现，最终取决于人的素质，取决于人才的数量和质量"，并提出到2000年要在实施"2240工程"的基础上，全面实施"四个一"工程。

12月12日 国务院发布《教师资格条例》（国务院令第188号）。实行教师资格证书制度是教育法制建设的重大举措。

12 月 职教分会中专教研会水利水电工程建筑专业组会在广东省水利电力学校召开。主要议题是修订“水利水电工程建筑”“水利工程”两专业的教学计划，提出第四轮教材建设规划。

本年 《水利职业技术教育》首次被评为全国优秀职教期刊一等奖。

本年 职教分会中专教学教研会布置了专业教学计划的修订工作。这次修订是在社会主义市场经济逐步完善。中专教育环境发生了一定变化的形势下提出的，是为适应新工时制实行而进行的一次较大范围的计划修订，共涉及水利水电类的主干专业和特色专业 13 个。修订工作是在教研会提出统一要求，由指定学校提出初稿、专业组组织研讨，教研会进行审定完成。

1996 年

3 月 28 日 水利部、国家教委联合印发《水利普通中等专业学校招收有实践经验人员的暂行办法》。此前，山东、黄河等部分水利学校已进行试点。

4 月 5—9 日 职教分会中专教学教研会主任扩大会议在安徽怀远召开。参加会议的有教研会主任、副主任、专业组长等共 15 人。会议总结了 1995 年教研会工作，提出 1996 年工作设想，安排专业组、课程组活动计划；提出了第四轮教材规划方案。水利部人教司学校教育处李肇桀副处长参加了会议并讲话。会议由安徽水利电力学校承办。

5 月 6—9 日 水利部水利行业中专《水利工程与管理》专业自学考试第二次工作会议在西安召开。国家自考办公室冯术处长、水利部成教处彭建明处长出席会议，水利行业中专自考管理中心刘润奇书记、刘浩祥主任、主考学校黄河水利学校吴曾生副校长参加了会议。

5 月 15 日 第八届全国人大常委会第 19 次会议通过了《中华人民共和国职业教育法》，确立了职业教育的地位与作用；规定了政府、各行业、企事业及社会各方面兴办职业教育的职责、义务；提出了发展职业教育筹资的原则和各项保障条件与措施；指出了发展与改革职业教育应该遵循的重要原则；明确了职业教育管理职责分工的基本原则。

5 月 21—23 日 职教分会教学和德育工作研讨会在四川省都江堰市召开。水利部人教司学校教育处副处长李肇杰、分会常务副理事长邵平江等同志参加了会议。会议认为水利类专业教材统编势在必行，刻不容缓；必须切实加强技校德育工作，并真正落到实处；建议统编《思想品德》教材。

7 月 26 日 黄河、山西、西北五省（区）水利学校联合体第九届年会在新疆水利水电学校召开。会议代表认为，西北省区各校的水利教育发展与内地、沿海发达地区学校比差距很大，必须加大改革力度，赶追先进学校，以加快西部水利教育事业的发展。

10 月 4—7 日 职教分会中专教研会普通测量课程组会议在山东省水利学校召开，12 所学校的 16 位代表参加了会议。会议研讨了测量学教学大纲、第四轮教材编写规划并进行了教改、教学经验的交流。

10 月 7—11 日 职教分会中专教研会水利勘测类专业组《工程地质与土力学》《基础地质》《专业地质》三个课程组会议在山西省水利学校召开。与会代表本着“强化专业、淡化学科、突出实践教学、注重能力培养”的精神，认真讨论了实施性教学计划修订后的教学大纲。

10月29日 水利部人事劳动教育司印发《关于颁发〈水利行业技校毕业生、职业技术学校毕业生职业技能鉴定办法〉的通知》（人组〔1996〕88号），技校及中专毕业的学生，以及具有行业特有工种的毕业生，均可参加技能鉴定。

10月 职教分会配合水利部人事劳动教育司组织全国水利职业教育论文评选活动；职教分会管理研究会进行“招生就业制度改革与水利中专学校的对策”和“水利中专学校内部管理体制改革”两个课题的研究。

11月1—4日 职教分会教学管理研究会在福建水利电力学校召开会议，24所水利水电学校的43位代表参加了会议。会议认为，中专学校应坚持社会主义办学方向，全面贯彻党的教育方针，正确处理改革、发展与稳定的关系，努力探索和加强教学管理，提高教学质量，增强办学活力。

11月13—16日 职教分会水利水电中专教学教研会专业组长扩大会在湖北蒲圻市召开。中专教研会主任、副主任、各专业组组长、副组长、水电出版社教材编辑室人员及水利水电中专学校代表参加了会议。会议总结了一年来中专教研会工作，确定了水利水电中专第四轮统编教材第一批11本教材的编审人员报批方案，通过了教材编审办法，审查并原则通过了有关重点专业的指导性教学计划，进一步落实了中专教研会的课题研究工作。

12月1日 职教分会水利水电中专教学教研会建筑结构课程组会议在贵阳召开。参会人员交流了建筑结构教学经验，讨论了第四轮教材建设的有关问题。全国17所水利水电学校的代表参加了会议，会议由贵州水利水电学校承办。

12月10—15日 职教分会水利水电中专教学教研会水电站、水泵与水泵站课程组会议在福建永安召开。会议交流了第三轮教材使用情况，研讨了第四轮教材编写规划和教学大纲。15所水利水电学校的23位代表参加了会议，会议由福建水利电力学校承办。

12月21日 全国水利行业中专自学考试水利工程与管理专业的数学、政治两门课程首次开考。黄河水利学校为全国水利行业中专自学考试的主考学校。

本年 水利部成立“蓝色证书工作领导小组”，并发布了“水利技术资格证书管理办法”，其主要任务是对水利基层技术人员通过培训、考核建立“蓝色证书制度”。

1997年

1月9—10日 职教分会在黄河水利技工学校召开水利水电技工学校教育研究会主任扩大会议，会议确定了水利水电建筑施工、水电站机电运行与检修两个专业共18门课程教材的编写出版计划和主参编人员。

2月14日 水利部人事劳动教育司印发《关于进一步做好水利普通中等专业学校招收有实践经验人员工作的通知》（人学〔1997〕4号），要求各地水行政主管部门要加强对此项改革的领导，积极推动和引导水利中专学校进行招生制度改革。

年初 职教分会水利水电中专教学教研会在北京召开主任扩大会议，对修订的专业教学计划进行最后审定，并汇编成册。

4月23—25日 职教分会主任扩大会议在北京水利水电学校召开。水利部人事劳动教育司处长陈自强，职教分会常务副理事长邵平江参加会议。会议讨论审定了水利水电类专业教学计划的几点说明（报审稿）及制定和修订教学大纲的原则意见；确定了第三轮教材出版和第四轮教材规划；通过了1997年16个专业组与课程组的活动计划；提出了对教育教学课题研究的评选办法及今年的研究课题。

5月13—17日 职教分会德育研究会工作年会在湖北宜昌召开。会议交流了德育工作做法和精神文明建设的经验，开展了德育论文评选，深入课堂听了德育电化教学公开课。参加会议的有来自全国20所水利水电学校的36位代表。会议由湖北宜昌市水利电力学校承办。

5月19—23日 职教分会学生管理工作研讨会在广东省水利电力学校召开。来自全国24所水电学校的42位代表参加了会议。会议对新时期学生管理工作出现的新情况、新问题进行认真的分析和研讨，交流工作经验，确定今明两年学生管理工作的指导思想和努力方向。

6月3—6日 全国水利水电类第四轮第一批教材主编研讨会在陕西省水利学校召开。会议邀请中国水利水电出版社总编、编审金炎同志讲授了《教材编审管理办法》及有关文件。同时确定了《房屋建筑学》等教材的主编及参编人选。

6月16—18日 东北、内蒙古、天津及北京六省（自治区、直辖市）的水利类中专校片区协作会在北京水利水电学校召开。中国职教学会中专教育委员会主任谢幼琅，水利部人事劳动教育司副处长李肇杰和各水利水电学校的36位代表参加了会议。谢幼琅主任作了《中专教育改革的动态与发展趋势》的报告。

7月3日 水利部人事劳动教育司印发《关于印发〈1997—2000年技工学校水利水电类专业教材选题和编审出版规划（第一批）〉的通知》（人学〔1997〕33号）。本次技工教材编审出版工作是水电两部分开以后水利行业首次开展的技工学校水利水电类专业教材建设工作。

7月23—26日 职教分会技工学校教育研究会教材编审研讨会在黄河水利技工学校召开。会议传达并组织学习了有关技校两个示范性专业的教学计划、修订技校教学计划、教学大纲的原则意见、技校首批教材出版规划等三个水利部文件，研究确定了两个专业第二批教材选题规划。

10月3—7日 职教分会中专教研会施工建材课程组在山东曲阜召开。全国17所水利水电学校的26位代表参加了会议。会议交流了教研论文，研讨了社会主义市场经济条件下的学生能力培养和加强实践教学等方面的问题，对第四轮规划教材编写提出了建设性的意见。会议由山东省水利学校承办。

10月6—10日 职教分会水文水资源类专业组暨《陆地水文预报气象》《水文统计与水文水利计算》《测验整编水化学》三个课程组会议在福建水利电力学校召开。来自12所学校的26位代表参加了会议。会议对上年度专业组工作进行了总结，并对下年度工作提出了安排；各课程组就第四轮第二批教材规划提出了初步意见，准备着手制定与新的教学计划相适应的教学大纲。

10月13—17日 全国水利水电职教期刊编辑业务研讨会在山东省水利学校召开。黄河水利学校等20个学校和单位的23名代表参加会议。会议的主要议题是学习、贯彻中共中央办公厅、国务院办公厅和国家新闻出版署关于报刊治理整顿精神；交流办刊办报的经验；研讨内部报刊转化后如何办好内部资料问题；交流、评选优秀论文。

12月25日 国家教委、国家计划委员会发布《关于普通中等专业学校招生并轨改革的意见》（教职〔1997〕10号），提出了推进普通中等专业学校招生并轨改革的指导思想以及“实行学生缴费上学”和建立健全招生并轨改革的配套政策。国务院有关部委（行业）所属普通中等专业学校招生并轨后，其收费办法实行属地化原则，按照学校所在地标准执行。同时建立对经济困难学生的资助制度和改革毕业生就业制度。

本年 全国有水利水电中专学校65所，普通中等专业学校在校生42880名。在职职工培训基地200多个。

1998年

2月16日 国家教委印发《面向二十一世纪深化职业教育教学改革的原则意见》（教职〔1998〕1号），文件要求各地要认真贯彻党的十五大精神，深化职业教育教学改革，提高教学质量和办学效益，促进职业教育发展。

3月20日 国家教委批准在黄河水利学校、黄河职工大学的基础上建立黄河水利职业技术学院，黄河水利技工学校同时并入。该学院是全国水利行业第一所高等职业技术学院。

4月6—10日 职教分会在合肥召开分会会刊《水利职业技术教育》编委会二届一次会议。会议听取了工作报告，修订完善了编委会工作条例，并就保证和提高会刊质量制定了一系列措施。

4月 《水利职业技术教育》蝉联全国优秀职教期刊一等奖。

5月26—29日 职教分会在陕西省水利技工学校召开水利水电技工学校教学、德育研究研讨会，与会代表就有关教学改革和素质教育方面的热点难点问题进行了交流研讨。

6月20—26日 职教分会在辽宁省水利学校召开水利水电中专学校1998年德育年会。会议交流了精神文明建设、素质教育、职业道德教育、德育工作和政治课改革与建设等方面的做法和经验，传达了水利部人事劳动教育司召开的“水利职业道德（送审稿）”审稿会情况及修改意见。

7月17日 北京、天津、内蒙古等六市（区）水利学校协作年会在内蒙古临河水利学校召开。通过交流和研讨，达成以下共识：办学必须面向市场，以市场为导向，调整专业、设置课程、优化教学内容；必须加强师资队伍建设和教学管理；必须加强德育工作和学生管理工作，转变学生就业观念，培养职业技能，提高综合素质。

7月21日 职教分会教学管理研讨会及高职研讨会在内蒙古水利学校召开。来自全国22所学校的57名代表参加了会议。会议就教学管理及高职教育发展等问题进行了大会发言和分组讨论，并评选了优秀论文。

7月21—24日 全国水利水电高等职业技术教育教学研讨会在内蒙古水利学校召开。国家级重点专业、已办有高职班的水利水电中专学校等9所学校16位代表参加。会议探讨了高职人才培养的目标、办学特色，各学校介绍了高职专业设置情况以及专业建设、教学计划开发、课程内容改革、教学管理的做法和经验。

10 月 9—12 日 全国水利水电技工学校教材（第二批）编审研讨会在湖北省水利水电技工学校召开。职教分会常务副理事长邵平江提出了关于技校教材建设中“针对岗位、突出技能、深浅适度、注意更新”的原则要求。中国水利水电出版社奚广秀主任做了关于教材编写要求与教材出版知识的讲座。湖北省水利水电学校梅孝威同志对如何编好教材做了经验介绍。

10 月 21 日 职教分会中专教研会水土保持专业组会议在郑州水利学校召开，参加会议的有黄河、辽宁、内蒙古、甘肃、山西、陕西、郑州等地的 7 所水利学校的教师代表。与会人员学习了国家教委《面向 21 世纪深化职业教育教学改革的原则意见》，确定了《水保原理》等 16 门课程教学大纲汇编人员，推荐了第四轮教材规划的 6 门课程主编、参编及主审。

11 月 24—28 日 职教分会中专教研会《工程地质与土力学》课程组会议在广东省水利电力学校召开，17 所水利中专学校的 30 余位代表参加了会议。会议进一步论证了第四轮第二批教材，观摩交流了三所学校的《土力学试题库》（计算机软件），讨论确定了课程组今后两年教研活动的选题方向。

12 月 15 日 全国水利水电中专第四轮教材规划会议在北京召开，中专教研会领导、专业组正副组长和特邀课程组长共 25 人参加了会议。会前，各专业组共提出 55 门教材约 1500 万字的编写规划供教研会审批。会上确定了 27 门教材约 797 万字作为第四轮教材第二批的规划建议。

1999 年

5 月 19—23 日 职教分会技工学校管理工作研讨会在安徽省水利技工学校召开。会议代表就当前技工学校教育教学改革与校内管理上的问题进行了广泛交流和深入研讨；检查了第二批 6 门教材的编写进度情况；从各校推荐的论文中，评出获奖论文 10 篇。

6 月 13 日 中共中央、国务院颁布《关于深化教育改革全面推进素质教育的决定》（中发〔1999〕9 号）（简称《决定》）。《决定》指出，实施素质教育应当贯穿于幼儿教育、中小学教育、职业教育、成人教育、高等教育等各级各类教育，应当贯穿于学校教育、家庭教育和社会教育等各个方面。

6 月 15—18 日 中共中央、国务院在北京召开改革开放以来第三次全国教育工作会议。会议主题是：动员全党同志和全国人民，以提高民族素质和创新能力为重点，深化教育体制和结构改革，全面推进素质教育，振兴教育事业，实施科教兴国战略，为实现党的十五大确定的社会主义现代化建设宏伟目标而奋斗。江泽民出席会议并作重要讲话，指出教育必须以提高国民素质教育为根本宗旨。会后教育部根据会议精神，进一步扩大了当年全国高校的招生规模。

6 月 22 日 西北五省（区）、山西省水利学校、黄河水利职业技术学院联合体第十二届年会在青海水利学校召开，参加会议的有各水利学校的 20 余位代表。会议收到 14 篇经验交流材料，与会代表就素质教育和教学改革经验作了交流。

7 月 16—18 日 第三届全国水利水电职教期刊编辑业务研讨会在陕西省水利学校召开。会议专题研讨了面向 21 世纪，全面推进素质教育的背景下，水利职教期刊如何为水利职教发展服务等问题。

7月19—26日 职教分会中专教研会水利机电类继电保护、电气设备、电力网、自动装置课程组会议在四川省水利电力学校召开，16所水利学校的35位代表参加了会议。会议主要讨论骨干示范专业《水电站电力设备专业教学计划》《水电站电力设备专业建设标准》两个教学文件。

7月26日 教育部批准在广东省水利电力学校基础上建立广东水利电力职业技术学院，成为水利行业第二所独立设置的职业技术学院。

9月16日 教育部批准在陕西省农业学校、陕西省林业学校和陕西省水利学校3所学校合并的基础上组建杨凌职业技术学院，同时撤销原3所学校的建制。

11月9—13日 职教分会第二届理事代表大会暨全国水利职业教育教学指导委员会成立大会在昆明召开。会议通过了分会第一届理事会工作报告、《中国水利教育协会职业技术教育分会工作条例》，选举产生了分会第二届理事会领导成员，交流了水利企事业单位加强职业教育培训、提高人才队伍素质的经验。

2000年

2月12日 国务院办公厅印发《国务院办公厅转发教育部等部门关于调整国务院部门（单位）所属学校管理体制和布局结构实施意见的通知》（国办发〔2000〕11号）。根据该通知，常州水电机械制造职工大学并入河海大学；原由水利部主管的华北水利水电学院北京研究生部及邯郸分部、南昌水利水电高等专科学校、华北水利水电学院、黄河水利职业技术学院，以及原由电力公司主管的长春水利电力高等专科学校、武汉水利电力大学（宜昌校区）均调整为中央与地方共建、以地方管理为主；原由水利部主管的北京水利电力函授学院、长江职工大学（含长江水利水电学校）、丹江口工程管理局职工大学（含丹江口水利职工中专），原由电力公司主管的富春江水电职工大学、长江葛洲坝工程局职工大学（葛洲坝水电学校、葛洲坝水电技工学校、葛洲坝水电职工中专）、成都水利水电职工大学划转地方管理。

2月14日 教育部发布《关于印发划转地方管理的国务院部门（单位）所属中等专业学校和技工学校名单的通知》（教发〔2000〕15号），水利部主管划转地方管理的学校有松辽水利中专学校、长江水文职工中专学校、黄河水利技工学校；电力公司主管划转地方管理的水电学校有吉林水利水电学校、成都水力发电职工中专（成都水力发电学校）、水电六局技工学校、水电一局技工学校、水电十二局技工学校、水电十三局技工学校（水电十三局职工中专）、水电八局技工学校（水电八局职工中专）、水电五局技工学校（四川水电职工中专）、水电七局技工学校、水电九局技工学校、水电三局技工学校（水电三局职工中专）、水电四局技工学校；铁道部主管划转地方管理的水电学校有水电十一局技工学校。

5月31日 教育部印发《关于公布首批国家级重点中等职业学校名单的通知》（教职成〔2000〕6号），公布的960所首批国家级重点中等职业学校中，广西水电学校、山东省水利学校、福建水利电力学校、湖北省水利水电学校、郑州水利学校、山西省水利学校、四川省水利电力学校、辽宁省水利学校、葛洲坝水利水电学校、成都水力发电学校榜上有名。

6月7—10日 教育部"高职高专教育水利类专业人才培养规格和课程体系改革、建设的研究与实践"项目会议在广东水利电力职业技术学院召开。参加会议的有南昌水利水电高等专科学校等8所院校共20名代表。

6月18日 安徽水利电力学校、安徽水利职工大学、安徽省水利技工学校合并，正式成立安徽水利水电职业技术学院。同年，安徽省水利干部学校、安徽省水利职工中等专业学校迁入水利教育基地，与学院合署办学。

7—8月 职教分会高职各专业组开展了一系列教学活动。水利水电类工程专业组在陕西杨凌职业技术学院召开会议；农业水利技术类专业组在四川农业大学水利学院召开会议；公共课教学组在黄河水利职业技术学院召开会议；建筑工程类专业组会在陕西杨凌职业技术学院召开会议。这些会议的主要内容是制定示范性专业教学计划和教学大纲，研讨高职教材的编写，交流各校高职教育教学中的办学经验。

8月16—19日 西北五省（区）、山西省水利学校、黄河水利职业技术学院联合体第十三届年会在宁夏银川市召开，甘肃、山西、新疆、宁夏等水利学校，以及青海大学水利中专部、杨凌职业技术学院和会刊《水利职业技术教育》的代表参加了会议。会议一致认为：12年来，联合体对加强校间交流，增进相互了解，促进各校工作起了一定的推动作用，今后特别是在迎接西部大开发良好机遇中，应该进一步发展和加强这种横向联合。

9月 中国水利教育协会受水利部人事劳动教育司委托组织编写的《中国水利教育50年》正式出版。该书记载了新中国成立50年来，特别是改革开放20年来我国水利教育事业走过的光辉历程，其中包括"水利职业技术教育篇"。

10月17—22日 第21届中南、西南地区水利水电学校协作年会在湖北武汉召开。水利部人事劳动教育司、湖北省水利厅、湖北省教育厅有关领导出席了会议。会议由湖北水利水电学校承办。

2001年

5月14—19日 职教分会2001年精神文明建设专题会在四川省水利电力学校召开。河南省郑州水利学校校长杜平原汇报了两年来水利职教德育工作情况。参会代表根据水利学校面对社会主义市场经济的新形势，围绕加强和改进党建工作，增强党组织的凝聚力和战斗力，加强学校精神文明建设，提高"三育人"水平等问题进行研讨。

7月24日 职教分会第二届理事会第二次常务理事会在哈尔滨召开。黄自强理事长主持会议。会议审议通过了调整常务理事、副理事长、常务副理事长的议案；职教分会参加第二届中国水利教育协会第二次会员代表大会代表的议案；分会机构调整的议案。会议决定对原设机构进行调整，并对新机构的职能进行重新划分。会议还听取了秘书处关于职教分会2000—2001年工作的汇报和关于《水利职业技术教育》编辑出版工作的汇报。

8月17日 教育部办公厅印发《关于在职业学校进行学分制试点工作的意见》（教职成厅〔2001〕3号），指出推行弹性学习制度的目标是推动职业教育教学制度创新，要求各地组织有条件的职业学校进行学分制试点工作。

10月22—26日 职教分会德育教学研讨会在山西水利学校召开。研讨会就德育教学中实践"三个代表"和"以德治国"思想，结合实际做好新一轮德育课教材的使用，增强德育课教学的针对性和实效性，充分发挥德育课的育人功能，促进学校各项建设等问题进行了认真探讨和交流。

本年 教育部印发《关于公布第二批国家级重点中等职业学校名单的通知》（教职成〔2001〕5 号）。通知公布的 216 所第二批国家级重点中等职业学校中，河南省水利水电学校、长江水利水电学校、新疆水利水电学校榜上有名。

2002 年

3 月 27 日 教育部印发《关于进一步办好五年制高等职业技术教育的几点意见》（教职成〔2002〕2 号），指出实行五年一贯制的高等职业教育，是我国高等职业教育的重要形式。

4 月 职教分会常务理事会和二届二次理事会会议在河南开封召开。会议交流了工作经验，讨论通过了《职业技术教育分会 2001 年工作总结》《职业技术教育分会 2002 年工作计划要点》等文件。

8 月 24 日 国务院印发《关于大力推进职业教育改革与发展的决定》（国发〔2002〕16 号）（简称《决定》）。《决定》强调要推进管理体制和办学体制改革，促进职业教育与经济建设、社会发展紧密结合。明确了“十五”期间职业教育改革与发展的目标，要以中等职业教育为重点，保持中等职业教育与普通高中教育的比例大体相当，扩大高等职业教育的规模；力争在“十五”期间初步建立起适应社会主义市场经济体制，与市场需求和劳动就业紧密结合，结构合理、灵活开放、特色鲜明、自主发展的现代职业教育体系。

本年 教育部印发《关于公布备案的 67 所高等职业学校名单的函》（教发函〔2002〕138 号），在山西省水利职工大学、山西省水利学校基础上成立山西水利职业技术学院。

本年 教育部印发《关于公布备案的 32 所高等职业学校名单的通知》（教发函〔2002〕201 号），在湖北省水利水电学校基础上成立湖北水利水电职业技术学院。

本年 教育部印发《关于公布备案的 49 所高等职业学校名单的通知》（教发函〔2002〕321 号），在广西水电学校基础上成立广西水利电力职业技术学院。

2003 年

3 月 27 日 教育部印发《关于公布备案的 18 所高等职业学校名单的函》（教发函〔2003〕76 号），在福建水利电力学校基础上成立福建水利电力职业技术学院。

5 月 14—16 日 职教分会教学管理与教育创新研讨会在广州召开。会议由广东水利电力职业技术学院承办。

6 月 26 日 教育部印发《关于公布备案的 45 所高等职业学校名单的函》（教发函〔2003〕178 号），在长江职工大学的基础上成立了长江工程职业技术学院；在四川水利电力学校的基础上成立了四川水利职业技术学院；四川省水利经济管理学校并入南充职业技术学院。

8 月 7—10 日 职教分会水利高职高专协作会议在太原召开。会议就水利高职高专的改革发展进行了交流研讨，调整组建了高职 6 个专业组和 30 个课程组，成立了水利水电高职高专教材编审委员会，制定了《水利水电高职高专教材建设指导委员会工作办法》。

9 月 25—27 日 职教分会管理研究工作会在湖北武汉召开，会议交流了 17 所院校的改革发展情况，着重围绕学校内部管理体制改革进行了深入探讨。会议由湖北水利水电职业技术学院承办。

10 月 22—25 日 职教分会在合肥召开学生德育工作研讨会。会议交流研讨了加强学生道德教育、做好学生思想政治教育及校风学风建设等方面的经验和做法。

10 月 25—28 日 职教分会中职教学研究会议在长江工程职业技术学院召开。会议研究确定了 5 个专业组和 20 个课程组的负责人。

2004 年

3 月 15 日 教育部办公厅印发《公布新调整认定的首批国家级重点中等职业学校名单的通知》(教职成厅〔2004〕1 号)，共 1076 所，其中水利水电类 7 所，分别是浙江水利水电学校、郑州水利学校、河南省水利水电学校、贵州省水利电力学校、甘肃省水利水电学校、中国水利水电第四工程局职工中等专业学校、新疆水利水电学校。

4 月 2 日 教育部印发《关于以就业为导向深化高等职业教育改革的若干意见》(教高〔2004〕1 号)(简称《意见》)。《意见》指出要以就业为导向，切实深化高等职业教育改革，努力满足我国社会发展和经济建设需要，促进高等职业教育持续健康发展，办人民满意教育。

4 月 26—29 日 全国水利类高职高专学校校长论坛在广西南宁召开，南昌水利水电高等专科学校、湖北水利职业技术学院、杨凌职业技术学院等 17 所学校的领导及代表参加了会议。会议由广西水利电力职业技术学院承办。

6 月 15—20 日 职教分会第二届理事会常务理事会议暨第三次会员代表大会在昆明召开。会议审议通过了第二届理事会工作报告和分会工作条例，选举产生了分会第三届理事会领导成员。

7 月 9—13 日 职教分会高职教学研究专业组组长扩大会议在四川都江堰召开。会议就如何推动水利高职教育向更高水平发展进行了研讨，对修订专业教学计划、制订教学大纲、开发现代化教材等具体工作进行了安排。

12 月 13—15 日 职教分会中职工作会议在浙江水利水电学校召开。会议就中职学校改革与发展的有关问题进行了研讨，总结 2004 年工作，并提出了 2005 年工作计划。

2005 年

1 月 12 日 教育部办公厅印发《关于公布新调整认定的第二批国家级重点中等职业学校名单的通知》(教职成厅〔2005〕1 号)，共 428 所，其中水利水电类 5 所：北京水利水电学校、葛洲坝水利水电学校、重庆市三峡水利电力学校、绵阳水利电力学校、四川省水利电力机械工程学校。

2 月 由宁夏水利电力工程学校牵头、宁夏全区 16 个市县的 24 家初高级中学、职业高中和民办学校组成的宁夏水电职业教育集团在银川组建。

2 月 24 日 教育部印发《关于进一步推进高职高专院校人才培养工作水平评估的若干意见》(教高〔2005〕4 号)，对高职高专院校人才培养工作做出安排，提出通过评估达到“以评促建、以评促改、以评促管”的目的。

10月28日 周保志理事长参加郑州水利学校建校50周年和华北水利水电学院水利职业学院成立3周年庆祝大会。

10月28日 国务院印发《关于大力发展职业教育的决定》(国发〔2005〕35号)，全面部署加快发展现代职业教育，明确了今后一个时期加快发展现代职业教育的指导思想、基本原则、目标任务和政策措施，提出“到2020年，形成适应发展需求、产教深度融合、中职高职衔接、职业教育与普通教育相互沟通，体现终身教育理念，具有中国特色、世界水平的现代职业教育体系”。

12月13日 水利部副部长周英在人事劳动教育司司长刘雅鸣、副司长陈自强陪同下，到中国水利教育协会调研指导工作。周英副部长对教育协会围绕水利中心任务，在水利人才培养和推动水利教育事业发展方面取得的成绩给予了充分肯定，并对教育协会的长远发展提出希望。

2006年

2月28日 中国水利教育协会原有《水利职工教育》《水利高等教育》《水利职业技术教育》三个刊物调整合并，正式创办了《中国水利教育与人才》期刊。

3月25—28日 职教分会中职教学研究工作会议在浙江杭州召开。会议商议了全国水利中等职业学校职业技能竞赛事宜，决定于本年11月在浙江水利水电学校举办首届全国水利中等职业学校职业技能竞赛。会议由浙江水利水电学校承办。

5月27日 职教分会理事扩大会议和教育部高职高专水利水电工程、水资源与水环境两个专业教学指导委员会成立大会在开封召开。会议由黄河水利职业技术学院承办。

6月2日 中国水利教育协会向浙江、甘肃、云南、贵州四省水利厅印发《关于开展农业水利技术专业(函授)大学专科学历教育有关事项的函》。

9月28日 水利部人事劳动教育司司长刘雅鸣一行到中国水利教育协会就搭建水利院校毕业生就业信息平台、贯彻落实职业教育意见等问题进行调研。

9月28日 教育部印发《关于建立中等职业学校教师到企业实践制度的意见》(教职成〔2006〕11号)(简称《意见》)。《意见》对于创新和完善职教教师继续教育制度，优化教师的能力素质结构，建设高水平的“双师型”教师队伍，促进职业教育教学改革和人才培养模式的转变都具有十分积极的意义。

10月27日 水利部副部长周英，人事劳动教育司司长刘雅鸣、巡视员陈自强一行到中国水利教育协会调研听取当前水利教育有关问题的情况汇报。

11月3日 教育部、财政部印发《关于实施国家示范性高等职业院校建设计划加快高等职业教育改革与发展的意见》(教高〔2006〕14号)，提出通过实施国家示范性高等职业院校建设计划，以提高高等职业教育质量，增强高等职业院校服务经济社会发展的能力。

12月6日 中国水利教育协会在浙江省水利水电学校举办首届全国水利中等职业学校职业技能竞赛。周保志理事长，水利部人事劳动教育司副司长侯京民、处长孙晶辉，协会副会长兼秘书长彭建明等领导出席开幕式，来自15个院校的100多名选手参加了制图员、工程测量、维修电工3个赛项的比赛。本次竞赛是探索技能人才培养新途径的有效实践，开创了举办全国性行业职业教育技能竞赛的先河，具有重要的创新和奠基意义。

12 月 8 日 黄河水利职业技术学院、杨凌职业技术学院被教育部确定为首批“国家示范性高等职业院校建设计划”立项建设单位。

2007 年

1 月 5 日 为深入实施科教兴水战略和水利人才战略，进一步加强技能型、实用型人才培养工作，促进水利事业全面、协调、可持续发展，根据《国务院关于大力发展职业教育的决定》《中共中央国务院关于进一步加强高技能人才工作的意见》精神，结合水利现代化建设需要和水利人才队伍状况，水利部印发《关于大力发展水利职业教育的若干意见》（水人教〔2006〕583 号），指导水利职业教育大力发展。

4 月 20 日 教育部印发《关于备案的高等职业学校名单的通知》（教发函〔2007〕66 号），浙江同济科技职业学院设立备案。

6 月 4—6 日 职教分会在广州举办“水利类高职高专院校长论坛”。论坛主题是水利类高职高专院校内涵建设及工学结合人才培养模式探讨。中国水利教育协会周保志会长、陈自强副会长、副会长兼秘书长彭建明出席，全国 20 多所水利高职高专院校的 40 位院校领导和代表参加论坛。论坛由广东水利电力职业技术学院承办。

6 月 19 日 职教分会第三届西部水利职业教育发展论坛在昆明召开。会议研究如何落实水利部《关于大力发展水利职业教育的若干意见》，以及开展水利职业教育示范院校和示范专业建设有关问题。

11 月 30 日 中国水利教育协会组织举办的“全国水利院校学生水利知识竞赛活动报告会”在北京召开。水利部副部长胡四一、人事劳动教育司司长刘雅鸣出席会议。此次活动共有 84 所院校参加，收到答题卡 82428 份。水利知识竞赛活动受到水利院校师生和社会各界的高度关注。

11 月 30 日 水利部部长陈雷在中国水利教育协会呈报的《〈水利部关于大力发展水利职业教育的若干意见〉贯彻落实的情况反映》上批示：“水利职业教育工作要引起重视，纳入水利人才培养的重要日程。”

12 月 4—5 日 中国水利教育协会在黄河水利职业技术学院举办第一届全国水利高职院校“黄河杯”技能大赛。竞赛共设置全站仪测量、CAD 水利工程应用、工程读图及概预算、电子器件制作 4 个赛项。全国 21 所水利高职院校的 330 余名优秀选手参赛。本次竞赛是全国水利高职院校举办的第一届大赛，也是全国行业类高等职业院校最早开展的技能大赛之一。

本年 安徽水利水电职业技术学院被教育部确定为“国家示范性高等职业院校建设计划”立项建设单位。

2008 年

3 月 4 日 教育部办公厅印发《关于公布 2007 年认定的国家级重点中等职业学校名单的通知》（教职成厅〔2008〕1 号），共 115 所学校，其中水利水电类学校 1 所，为黑龙江省水利水电学校。

3月26日 水利部人事劳动教育司发布《关于建设水利院校毕业生就业信息平台的通知》（人教培函〔2008〕114号），委托中国水利教育协会建设水利院校毕业生就业信息平台，负责平台的日常管理和运行维护，了解人才需求状况和毕业生情况，收集、发布信息资料，为促进毕业生到水利单位特别是基层就业做好服务。5月平台正式开通运行。

4月3日 教育部发布《关于印发高等职业院校人才培养工作评估方案的通知》（教高〔2008〕5号），颁布高等职业院校人才培养工作评估方案，发布高等职业院校人才培养工作状态数据结构和评估指标体系。

7月22日 职教分会学校管理工作研讨会在广西南宁召开。来自全国12所水利职业院校的代表参加了会议。会议由广西水利电力职业技术学院承办。

8月7日 中国水利教育协会印发《关于开展水利职业教育示范院校建设工作的通知》（水教协〔2008〕16号）和《关于开展水利职业教育示范专业建设工作的通知》（水教协〔2008〕17号）。各水利职业院校高度重视，积极响应，9所高职高专院校、5所中职学校申报示范院校建设项目；11所高职学院申报了29个示范专业点建设项目；4所中职学校申报了9个专业点建设项目。经材料初审、专家网评、专家组实地考察评估，形成了第一批水利职业教育示范院校、示范专业建设初步方案，报水利部主管部门审核。

11月12—13日 中国水利职业教育集团成立大会在黄河水利职业技术学院召开。中国水利职业教育集团是在水利部主管部门和中国水利教育协会指导下，联合水利职业院校和行业企业组建的首个全国性行业职教集团。会议确定第一届理事会秘书处设在黄河水利职业技术学院。会议选举产生了集团领导成员及理事，审议通过了《中国水利职教集团章程》。经选举，黄河水利职业技术学院党委书记、院长刘宪亮为第一届理事会理事长，全国17所水利职业院校和83个企业成为集团首批会员单位。

11月15—16日 中国水利教育协会在杨凌职业技术学院举办第二届全国水利高职院校"杨凌杯"技能大赛。竞赛共设置水利工程CAD、全站仪控制与放样测量、建筑施工图预算编制、电子产品装配与调试、PLC电机控制技术、GPS测量技术应用6个项目，来自全国水利高职院校的270名优秀选手参加了理论和实操比赛。

11月21日 职教分会高职"工程测量课程组"课程改革交流会在陕西杨凌召开。会议由杨凌职业技术学院承办。

本年 2008年5月12日汶川大地震发生后，中国水利教育协会发出对口支援受灾水利院校倡议书，通过会刊、网站等多种渠道及时报道受灾水利院校情况，组织会员单位为受灾院校积极捐款、捐物，帮助受灾水利院校顺利开展灾后重建工作并复课。水利部胡四一副部长、协会领导、秘书处工作人员和20多个水利院校、会员单位等共向受灾水利院校对口捐款110多万元。中国水利教育协会高等教育分会、职业技术教育分会、职工教育分会均及时对口开展慰问、捐赠和救援活动，并组织有关院校对口选派专业教师赴川援教，积极筹备实验仪器设备援助受灾院校。

2009年

1月4日 教育部办公厅印发《关于公布2008年认定的国家级重点中等职业学校名单的通知》（教职成厅〔2009〕1号），共110所学校，其中水利水电类学校有2所，分别为成都水电工程学校、宁夏水利学校。

4月13日 中国水利教育协会印发《关于遴选全国水利院校学生实习基地的函》（水教协〔2009〕4号），通过遴选工作促进实践教学资源整合和推广，搭建水利水电企业单位与水利院校沟通联系的桥梁，为水利院校人才培养提供服务。

5月11日 水利部办公厅印发《关于公布全国水利职业教育示范院校建设单位和示范专业建设点的通知》（办人事〔2009〕144号），共有11所中高等职业教育示范建设单位、31个示范专业建设点。首批建设单位正式开始示范建设工作，中国水利教育协会予以检查指导。

5月18日 职教分会中职教学研讨会和西部发展研讨会在贵阳召开。会议安排部署了2009年西部水利水电精品课程建设和推广工作，通过了水利水电工程专业教学改革和教材建设方案，商定了教材编写和举办水利中职学生技能竞赛等事宜。

6月1—4日 教育部高职高专水利水电工程专业教学指导委员会（以下简称水工教指委）2009年度工作会议在武汉召开。会议由湖北水利水电职业技术学院承办。

6月27日 水工教指委专业建设研讨会在黄河水利职业技术学院召开。受教育部委托，水工教指委组织全国水利类高职院校开展专业规划文件的制订工作，该项修订编写工作由3所国家示范性高职院校建设单位（黄河水利职业技术学院、杨凌职业技术学院和安徽水利水电职业技术学院）牵头，旨在以国家示范院校建设为契机，大力推广建设成果。

6月 职教分会研究确定了水利专业中职教材建设方案和工作计划，形成了14种拟开发教材的编写要求、时间进度计划、编写程序和指导性教学计划（征求意见稿）等，并召开教材编写会议，正式启动教材编写工作。

7月4—6日 在中国水利教育协会支持下，中国水利职业教育集团在山东水利职业学院召开就业工作经验交流与研讨会，部分院校做了就业工作经验典型发言。会议邀请专家做“高职院校职业发展与就业指导课程教学设计”讲座，并进行了论文评选。

7月7—9日 职教分会德育工作交流会在杭州召开。与会人员就德育工作和思政工作的情况进行了交流，其间还进行了论文评选。

11月7—8日 中国水利教育协会在湖北水利水电职业技术学院举办第三届全国水利高等职业院校“楚天杯”技能大赛。竞赛共设置水利工程CAD、全站仪控制与放样测量、建筑工程施工图预算编制、电子产品装配与调试、PLC电机控制技术5个竞赛项目，全国20所水利水电类高职高专院校的260余名学生参赛。

11月21日 中国水利教育协会在河南省郑州水利学校举行第二届全国水利中等职业学校“中原杯”技能竞赛。竞赛设水利工程CAD、水利工程测量、土工试验3个赛项，来自全国12所水利中等职业学校的113名学生参加竞赛。

11月26日 教育部、财政部印发《关于公布“国家示范性高等职业院校建设计划”2006年度立项建设院校项目验收结果的通知》（教高〔2009〕13号）。教育部和财政部组织专家对2006年度立项建设的28所国家示范性高等职业院校进行了项目建设验收评审，黄河水利职业技术学院、杨凌职业技术学院顺利通过国家示范性高等职业院校项目建设验收评审。

11月29日—12月1日 职教分会第四次会员代表大会在山西水利职业技术学院召

开，中国水利教育协会周保志会长出席会议并讲话。会议选举产生了分会新一届理事会领导成员，其间还举办了水利职业教育示范建设一周年成果展。

12月18日 云南省水利水电学校牵头成立了云南水利水电职业教育集团，该集团有55个理事单位。

2010年

3月19日 中国水利教育协会遴选出一批水利院校学生实习基地，报水利部主管部门审核批准后，水利部办公厅正式印发《关于公布全国水利院校学生实习基地名单的通知》（办人事〔2010〕56号），确定了嫩江尼尔基水利枢纽工程、黄河万家寨水利枢纽工程等50个全国水利院校学生实习基地，为水利院校学生实习实训提供了资源和渠道。

3月19日 水利部办公厅印发《关于公布第二批全国水利职业教育示范院校建设单位和示范专业建设点的通知》（办人事〔2010〕57号），公布1所示范院校建设单位，9个中高等职业教育示范专业建设点名单。

3月22日 中国水利教育协会印发《关于公布全国水利院校学生实习基地双方权益义务和院校联系人的通知》（水教协〔2010〕4号），进一步为水利院校学生实习实训提供服务。

5月11日 中国水利教育协会在北京召开水利人才队伍建设"十二五"规划课题研讨会，对《院校水利后备人才培养研究》《以人才资源能力建设为中心，完善水利教育培训体系》和《水利中等职业教育支撑现代农业提升计划研究报告》进行研究讨论。周保志会长、彭建明秘书长和有关水利厅局、流域机构、院校的领导及专家等近20人参加会议。

7月1日 教育部、财政部印发《关于公布"国家示范性高等职业院校建设计划"2007年度立项建设院校项目验收结果的通知》（教高〔2010〕6号），在综合考虑各地先期验收情况和专家意见的基础上，同意安徽水利水电职业技术学院等42所院校通过验收。

7月8日 中共中央、国务院颁布《国家中长期教育改革和发展规划纲要（2010—2020年）》（国发〔2010〕12号）（简称《规划》）。《规划》强调要大力发展职业教育，到2020年，形成适应经济发展方式转变和产业结构调整要求、体现终身教育理念、中等和高等职业教育协调发展的现代职业教育体系，满足人民群众接受职业教育的需求，满足经济社会对高素质劳动者和技能型人才的需要。

7月13—14日 中共中央、国务院在北京召开第四次全国教育工作会议。胡锦涛出席会议并发表重要讲话，指出大力发展教育事业，是全面建设小康社会，加快推进社会主义现代化、实现中华民族伟大复兴的必由之路。会议强调优先发展教育事业，提高教育现代化水平，对满足人民群众接受良好教育需求，实现全面建设小康社会奋斗目标、建设富强民主文明和谐的社会主义现代化国家具有决定性意义。

8月 由广西水利电力职业技术学院牵头组建的广西水利电力职业教育集团正式成立，集团共有成员单位96家，其中行业协会3家，院校成员单位8所，企事业单位85家。

10月23—24日 职教分会在合肥召开院校学生思想政治教育工作交流会。会议评选了德育工作优秀论文，审议了水利院校校园文化建设优秀成果评选方案。

10月27日 教育部印发《关于中等职业教育改革创新行动计划（2010—2012年）的通知》（教职成〔2010〕13号），深入推进中等职业教育改革创新，加快培养高素质劳动者和技能型人才，切实提升中等职业教育服务经济社会发展的能力和水平。

11月2日 山东省人民政府向省水利厅发文（鲁政字〔2010〕270号），批准“山东省水利技术学院”改建为“山东水利技师学院”。

11月9日 水利部办公厅印发《关于公布第三批全国水利职业教育示范专业建设点的通知》（办人事〔2010〕463号），公布了11个中高等职业教育示范专业建设点。

12月3—5日 职教分会在广州从化召开校企合作研讨会。会议对校企合作进行了研讨，并评选了校企合作优秀论文。会议由广东水利电力职业技术学院承办。

12月4—5日 中国水利教育协会在广东水利电力职业技术学院举办第四届全国水利高等职业院校“南粤杯”技能大赛。竞赛共设置水利工程CAD、施工图预算编制、三等水准测量、全站仪控制与放样测量、单片机快速开发系统、PLC电机控制技术6个竞赛项目。来自全国19所院校的317名选手参加竞赛，并首次尝试邀请用人单位到竞赛现场进行招聘。

2011年

5月25日 水利部印发《落实中央一号文件任务分工实施方案》，明确了由水利部人事司指导中国水利教育协会等有关单位开展学科建设、教材建设、人才实训基地建设；委托中国水利教育协会组织开展大中专院校水利类专业教材建设等任务。

5—11月 中国水利教育协会组织开展全国水利职业院校校园文化建设优秀成果评选，从23所院校申报的28个水利职业院校校园文化建设成果中评选出15项优秀成果。

6月23日 教育部印发《关于充分发挥行业指导作用 推进职业教育改革发展的意见》（教职成〔2011〕6号），提出加快建立健全政府主导、行业指导、企业参与的办学机制，推动职业教育适应经济发展方式转变和产业结构调整要求，培养大批现代化建设需要的高素质劳动者和技能型人才。

8月30日 教育部印发《关于推进中等和高等职业教育协调发展的指导意见》（教职成〔2011〕9号），提出以科学发展观为指导，探索系统培养技能型人才制度，增强职业教育服务经济社会发展、促进学生全面发展的能力，推进中等和高等职业教育协调发展。

10月20—21日 中国水利教育协会在甘肃省水利水电学校举办第三届全国水利中等职业学校“敦煌杯”技能竞赛。竞赛设水利工程CAD、水利工程测量、土工试验3个赛项，全国13所水利中等职业学校的240多名师生参加竞赛。

10月25日 教育部等九个部门印发《关于加快发展面向农村的职业教育的意见》（教职成〔2011〕13号），形成全社会重视、支持面向农村的职业教育的良好社会环境和舆论氛围。

11月5—6日 中国水利教育协会在浙江水利水电专科学校举办第五届全国水利高等职业院校“钱江杯”技能大赛。竞赛共设置水工监测工、水工建筑测量工、制图员（水利工程CAD）、单片机快速开发系统、PLC电机控制、施工图预算编制6个竞赛项目（工种），来自全国21所院校的309名选手参加了竞赛。本届竞赛设计了大赛徽标，开发了竞赛会务报名管理和竞赛赛务管理系统。在水利部人事司的大力支持下，水工监测工、水工建筑测量工、制图员（水利工程CAD）3个工种获特等奖的学生获得技师职业资格证书。

11月8日 教育部、财政部印发《关于实施职业院校教师素质提高计划的意见》（教职成〔2011〕14号），提出完成培训一大批“双师型”教师、聘任（聘用）一大批有实践经验和技能的专兼职教师的工作要求，进一步推动和加强职业院校教师队伍建设，促进职业教育科学发展。

2012年

1月9日 在中国水利教育协会对第三批水利职业教育示范建设单位的申报材料进行专家评议，并对第一批建设单位进行评估验收的基础上，将结果报送水利部。水利部办公厅印发《关于公布全国水利职业教育示范院校建设单位的通知》（办人事〔2012〕6号），确定了5所院校为第三批全国水利职业教育示范院校建设单位；印发《关于公布全国水利职业教育示范院校建设单位和示范专业建设点验收结果的通知》（办人事〔2012〕7号），公布了通过验收的12所示范院校建设单位和30个示范专业建设点。

2月22—23日 中国水利教育协会在北京召开水利职业教育工作座谈会，围绕修订《水利部　教育部关于进一步推进水利职业教育改革发展的意见》进行研讨，明确并分解落实全国水利职业教育工作会议的前期准备工作。周保志会长，水利部人事司副司长侯京民、教育培训处处长孙晶辉，以及有关水利院校领导等40余人出席了会议。

3月1日 在水利部人事司的指导下，中国水利教育协会与中国水利水电出版社就共同加强水利类教育培训教材建设达成共识，签署《关于合作组织出版水利教育培训教材的框架协议》。

6—9月 中国水利教育协会组织开展全国水利职业院校优秀德育工作者评选活动，从30所院校报送的候选教师中评选出38名“全国水利职业院校优秀德育工作者”。

6月19日 水利部部长陈雷在中国水利教育协会报送的《水利院校贯彻落实2011年中央一号文件精神概况》简报上批示：“中国水利教育协会围绕中心、服务大局，结合中央水利工作会议精神和中央一号文件的落实，积极主动地做了大量卓有成效的工作。要充分发挥水利院校的优势，为水利改革发展提供更加有力的支持”。

10月12日 为继续推进职业教育示范建设，中国水利教育协会印发了《关于报送2012年度全国水利职业教育示范建设总结的通知》（水教协〔2012〕21号），要求第二、第三批示范院校建设单位和示范专业建设点认真总结示范建设工作。

11月16—18日 中国水利教育协会在安徽水利水电职业技术学院举办第六届全国水利高等职业院校“江淮杯”技能大赛。竞赛共设置水工监测工、水工建筑测量工、制图员（水利工程CAD）、水利施工图预算编制、单片机快速开发系统、水环境监测工6个竞赛项目（工种），全国22所院校的303名选手参加了竞赛。

11月27—28日 中国水利职业教育集团第二届理事大会在广州召开。根据《中国水利职业教育集团章程》有关规定，确定第二届理事会秘书处设在广东水利电力职业技术学院。会议审议并通过了《第一届理事会工作报告》和《中国水利职业教育集团章程》，选举产生了新一届理事会领导成员，中国水利教育协会会长周保志、水利部原人事司巡视员陈自强担任名誉理事长，广东省水利厅副厅长王春海担任新一届理事会理事长。

12月26日 教育部印发《关于调整和增设全国行业职业教育教学指导委员会的通知》（教职成〔2012〕9号），公布了53个行指委组成人员名单。水利职业教育教学指导委员会主任委员为孙高振；副主任委员为彭建明、陈荣仲、刘国际、李兴旺、符宁平、赵高潮；秘书长为骆莉。

2013年

1月5日 水利部办公厅发布《关于确认第二批全国水利职业教育示范院校和示范专业的通知》（办人事函〔2013〕5号），确认北京水利水电学校为第二批全国水利中等职业教育示范院校，河北工程高等专科学校水利工程施工技术专业等7个专业为第二批全国水利高等职业教育示范专业，北京水利水电学校水利水电工程技术专业等2个专业为第二批全国水利中等职业教育示范专业。

2月28日 水利部、教育部印发《关于进一步推进水利职业教育改革发展的意见》（水人事〔2013〕121号）（简称《意见》）。《意见》分析了水利职业教育的战略定位，提出了水利职业教育改革发展的指导思想、总体目标、重点环节和主要任务。

3月15日 中国水利教育协会根据教育部启动中等职业学校专业教学标准制定工作要求，成立中等职业学校水利专业教学标准领导小组，按教育部有关要求开展专业教学标准制定工作。

4月24日 中国水利教育协会与全国水利职业教育教学指导委员会正式启动了水利水电建筑工程、水利工程、水利水电工程管理3个水利类高职核心专业和水利水电工程施工、水利工程测量2个水利类中职核心专业的人才培养标准、人才培养指导方案和专业设置标准（简称“两标准一方案”）的编制工作。

5月15日 教育部印发《关于同意专科学历教育高等学校备案的函》（教发函〔2013〕97号），在华北水利水电学院水利职业学院基础上设立河南水利与环境职业学院，在沈阳农大高等职业技术学院基础上设立辽宁水利职业学院，设立江西水利职业学院。

6—11月 中国水利教育协会组织开展第二届全国水利职业院校校园文化建设优秀成果评选，从各院校申报的校园文化建设项目中评选出13项优秀成果。

7月19日 为总结水利职业教育校企合作、工学结合、资源共享的经验与做法，中国水利职业教育集团印发《关于征集水利职业教育“产教融合”典型案例的通知》（中水职教集团〔2013〕3号），组织征集汇编工作。

7月23日 教育部印发《关于确定职业教育专业教学资源库2013年度立项建设项目的通知》（教职成函〔2013〕9号），决定2013年立项建设“作物生产技术”等14个职业教育专业教学资源库。水利行业“水利水电建筑工程”专业教学资源库被确定为立项建设的国家级专业教学资源库。“水利水电建筑工程”专业教学资源库由黄河水利职业技术学院、安徽水利水电职业技术学院、杨凌职业技术学院共同主持，联合全国18所职业院校和十余家企事业单位联合建设，项目获教育部、财政部专项资金600万元，自筹资金1100万元，建设期两年。

8月6—7日 职教分会四届二次理事扩大会暨全国水利职业教育教学指导委员会工

作会议在黄河水利职业技术学院召开。会议审议通过了分会及行指委工作报告、分会理事会成员名单，部署了职教名师、职教教学新星评选方案及水利类5个核心专业“两标准一方案”制定工作，交流了贯彻落实《水利部　教育部关于进一步推进水利职业教育改革发展的意见》的情况。

8月22—23日　由黄河水利职业技术学院、安徽水利水电职业技术学院和杨凌职业技术学院3所国家示范院校共同主持，全国18所水利高职院校参与的2013年职业教育水利水电建筑工程专业教学资源库通过教育部专家评审，成为全国水利行业第一个立项建设的国家级专业教学资源库。

9月13日　为圆满完成第三批示范院校建设工作各项任务，中国水利教育协会印发《关于报送2013年度全国水利职业教育示范建设总结的通知》（水教协〔2013〕21号），要求第三批示范院校建设单位和示范专业建设点认真总结示范建设工作。

10—12月　中国水利教育协会组织开展第二届全国水利职教名师、职教教学新星评选活动，从33所院校报送的候选教师中评选出水利职教名师32名、教学新星22名。

10月16日　全国水利职业教育工作视频会议在北京召开。水利部副部长胡四一、教育部副部长鲁昕到会讲话，教育部职业教育与成人教育司司长葛道凯主持会议。主会场和分会场共1000余人参加会议。其间，安徽省、湖北省教育厅，浙江省、湖南省水利厅，黄河水利职业技术学院、中国水利职业教育集团和水利部汉江集团7个单位分别作了典型发言。

10月24—26日　中国水利教育协会在山东水利职业学院举办第七届全国水利高等职业院校“齐鲁杯”技能大赛。竞赛共设置工程测量工、制图员（水利工程CAD）、水利施工图预算编制、单片机快速开发系统、水环境监测工、坝工土料试验工（常规土工检测）6个竞赛项目（工种）。来自全国22所院校的333名选手参加了竞赛。

11月15—16日　中国水利教育协会在江西水利水电学校举办第四届全国水利中等职业学校“赣鄱杯”技能竞赛。竞赛设水利工程测量、水利工程CAD、工程算量、土工试验4个赛项，来自全国14所水利中等职业学校的130名选手参加了竞赛。

12月17日　中国水利职业教育集团理事长扩大会议在北京召开。会议听取了集团2013年工作报告，研究了下一步工作计划；研究讨论水利职业教育“产教融合”典型案例征集进展和推动方案。其间组织专家论证审查集团研发的《校企无忧实习就业跟踪管理系统》软件，审查认为该系统设计合理，技术先进，管理有效，可正式推广使用。

本年　独立设置的水利高职高专院校22所。其中已通过国家示范高职院校验收3所；正在建设中的国家骨干高职院校建设单位2所；通过全国水利高等职业教育示范院校验收8所。另有其他31所普通本科院校和高职高专院校办有高职类水利专业。

独立设置的水利中职学校42所（含中专学校30所、技工学校12所）。其中有国家重点中职学校11所；国家示范中职学校建设单位3所；已通过全国水利中等职业示范学校验收5所。另有其他120多所中职学校（含职业高中）办有水利水电类专业。

2014年

1月13—14日　职业教育水利水电建筑工程专业国家教学资源库建设第三次会议在

杨凌职业技术学院召开。会议研究确定了各子项目主持院校、主持人和参与院校及参与教师。来自全国21所水利高职院校的100余位代表参加了会议。

2月17日 水利部办公厅发布《关于公布第三批全国水利职业教育示范专业建设点验收结果的通知》（办人事〔2014〕34号），同意长江工程职业技术学院水利水电建筑工程专业等22个专业为第三批全国水利职业教育示范专业。

2月18日 中国水利教育协会在北京召开高等职业学校水利类专业目录修订专家评审会。周保志会长担任专家组组长，水利部人事司副司长、全国水利职业教育教学指导委员会主任委员孙高振，水利部水资源司、建管司等业务司局及有关企事业单位、水利院校的代表、专家、业务主管参加会议。

5月2日 国务院印发《关于加快发展现代职业教育的决定》（国发〔2014〕19号）（简称《决定》）。《决定》明确了今后一个时期加快发展现代职业教育的指导思想、基本原则、目标任务和政策措施，提出“到2020年，形成适应发展需求、产教深度融合、中职高职衔接、职业教育与普通教育相互沟通，体现终身教育理念，具有中国特色、世界水平的现代职业教育体系。”

6月16日 教育部、国家发展改革委、财政部、人力资源社会保障、农业部、国务院扶贫办印发《现代职业教育体系建设规划（2014—2020年）》（教发〔2014〕6号），明确了现代职业教育体系基本构架、重点任务、建设目标。

6月23—24日 全国职业教育工作会议在北京召开，习近平总书记就加快职业教育发展作出重要指示。他强调，职业教育是国民教育体系和人力资源开发的重要组成部分，是广大青年打开通往成功成才大门的重要途径，肩负着培养多样化人才、传承技术技能、促进就业创业的重要职责，必须高度重视、加快发展。

6月 由中国水利教育协会指导，中国水利职业教育集团征集汇编的《中国水利职业教育“产教融合”典型案例集》正式印发，共收录典型案例50篇。

6—10月 中国水利教育协会组织开展第二届全国水利职业院校优秀德育工作者评选活动，从25所中高职院校申报的候选人中评选出24名优秀德育工作者。

7月10日 教育部、财政部发文《关于公布“国家示范性高等职业院校建设计划”骨干高职院校建设项目2014年验收结果的通知》（教职成函〔2014〕11号），广东水利电力职业技术学院、内蒙古机电职业技术学院、兰州资源环境职业技术学院验收结果为优秀。

8月2—4日 职教分会在杭州召开职业教育德育工作和西部发展工作交流会。会议交流了各院校德育工作和西部发展工作的经验做法，以及创新职业教育模式的成果做法，拓宽了工作视野，巩固了德育教育和西部发展研究工作的成效。会议由浙江同济科技职业学院承办。

8月25日 教育部印发《关于开展现代学徒制试点工作的意见》（教职成〔2014〕9号），对在职业院校中开展现代学徒制试点工作做出安排。

9—12月 中国水利教育协会组织开展第三届全国水利职教名师、职教教学新星评选活动，评出水利职教名师30名、职教教学新星31名。

9月27—28日 职教分会在开封召开高职教学研讨会暨中国水利职业教育集团专业

建设委员会工作会议。来自全国水利高职院校的领导、老师和相关出版社负责人等共90余人参加。会议总结前期工作，并以全国职教会议精神和《国务院关于加快发展现代职业教育的决定》《水利部　教育部关于进一步推进水利职业教育改革发展的意见》等文件精神为指导，结合水利行业发展需求和水利高职教育改革发展的实际，研究安排了下一阶段工作。会议由黄河水利职业技术学院承办。

10月9—11日　职教分会理事扩大会议暨全国水利职业教育教学指导委员会工作会议、中国水利职业教育集团理事会议在陕西杨凌召开，中国水利教育协会会长周保志、水利部人事司副司长孙高振出席会议并讲话。会议学习贯彻了全国职教会议精神和《水利部　教育部关于进一步加快水利职业教育的意见》，总结了分会第四届理事会、水利职教集团、水利行指委工作成果，选举了职教分会第五届理事、常务理事及正、副会长和秘书长，研究讨论了下一阶段工作计划。黄河水利职业技术学院刘国际院长再次当选职教分会第五届理事会会长。

12月13—14日　中国水利教育协会在广西水利电力职业技术学院举办第八届全国水利高等职业院校“红水河杯”技能大赛。竞赛共设置工程测量、水利工程造价、制图员（水利工程CAD）、水环境监测工、水利工程结构设计、坝工土料试验工（常规土工检测）6个竞赛项目。来自全国22所高等职业院校的329名选手参赛。

12月17—21日　中国水利教育协会与黄河水利职业技术学院在开封联合举办了全国水利职业院校师资培训班。来自全国38所水利中高等职业院校的94名一线教师参加了培训。

2015年

1月17日　职业教育水利水电建筑工程专业国家级教学资源库建设推进会在黄河水利职业技术学院召开，来自全国22所参建院校的90余名代表参会。

2月28日　黄河水利职业技术学院、浙江同济科技职业学院被授予“全国水利文明单位”荣誉称号。

6月8日　教育部印发《关于公布全国行业职业教育教学指导委员会（2015—2019年）组成人员的通知》（教职成函〔2015〕9号），其中水利职业教育教学指导委员会主任委员为水利部人事司副司长孙高振，副主任委员为彭建明、张文彪、刘国际、李兴旺、符宁平、于纪玉、赵高潮、杨言国，秘书长为孙斐。

6月23日　教育部办公厅印发《关于建立职业院校教学工作诊断与改进制度的通知》（教职成厅〔2015〕2号），提出逐步在全国职业院校推进建立教学工作诊断与改进制度，全面开展教学诊断与改进工作。

6—9月　中国水利教育协会组织开展第三届全国水利职业院校校园文化建设优秀成果评选。从20项候选材料中评选出11项校园文化建设优秀成果。

6—11月　中国水利教育协会组织开展第四届全国水利职教名师、职教教学新星评选活动。从31所水利中高等职业院校报送的71名候选人中评出职教名师31名，职教教学新星24名。

6—12月　中国水利教育协会组织开展水利类重点专业优秀实习实训基地评选，从20

所水利职业院校报送的36项候选材料中评出15个优秀实习实训基地。

6—12月 中国水利教育协会开展水利类骨干（特色）专业评选，从院校报送的51项候选材料中评出骨干专业14个、特色专业11个。

7—12月 中国水利教育协会举办水利专业青年教师微课大赛。从水利职业院校推荐的135项参赛作品中评出77项获奖作品，探索师资队伍建设新载体和展示交流新平台。

7—12月 中国水利教育协会组织开展水利职业教育教学成果评选。从报送的92项研究项目中遴选出55项予以立项并发文公布。

8月5日 教育部办公厅印发《关于公布首批现代学徒制试点单位的通知》（教职成厅函〔2015〕29号），有165家单位被确定作为首批现代学徒制试点单位和行业试点牵头单位。其中，我会会员单位内蒙古机电职业技术学院、兰州资源环境职业技术学院、酒泉职业技术学院入选。

8月12日 职教分会理事会议暨全国水利职业教育教学指导委员会工作会议在贵阳市召开。水利部人事司副司长孙高振，中国水利教育协会副会长兼秘书长彭建明，贵州省委教育工委副书记赵廷昌和全国30余所水利水电职业院校负责人共96名代表参加会议。

9月21—25日 中国水利教育协会在黄河水利职业技术学院举办水利职业院校师资培训，30多所水利中高等职业院校的87名教师参加学习。

10月14—16日 中国水利教育协会在宁夏水利电力工程学校举办第五届全国水利中等职业学校“西夏杯”技能竞赛。竞赛设水利工程CAD、工程测量、土工试验、工程算量4个赛项。来自全国14所水利中等职业学校的136名选手参加了竞赛。

10月19日 教育部印发《关于印发〈高等职业教育创新发展行动计划（2015—2018年）〉的通知》（教职成〔2015〕9号）（简称《行动计划》)。《行动计划》是今后一个时期高等职业教育战线深入推进改革发展的路线图。

10月26日 教育部印发《关于印发〈普通高等学校高等职业教育（专科）专业设置管理办法〉和〈普通高等学校高等职业教育（专科）专业目录（2015年）〉的通知》（教职成〔2015〕10号）。这次新修订的专业目录将水利作为独立大类，共设水文水资源、水利工程与管理、水利水电设备、水土保持与水环境4类16个专业。

11月4—6日 中国水利教育协会在福建水利电力职业技术学院举办了第八届全国水利高等职业院校“闽水杯”技能大赛。竞赛共设置工程测量工、制图员（水利工程CAD）、坝工土料试验工（常规土工检测）、水利工程造价、工业产品创新设计与3D快速成型5个竞赛项目。来自全国20所高等职业院校的267名选手参赛。

11月27—29日 职教分会高职公共课教学专业组2015年年会在辽宁沈阳召开，来自全国15所水利高职院校和2家出版社的50余名代表参会。会议由辽宁水利职业学院承办。

本年 全国高职院校水利类专业2015年招生数12748人，在校生数38253人；毕业生数8994人，就业率96.3%，对口率71.7%。全国中职院校水利类专业2015年招生数5209人，在校生数16281人；毕业生数4372人，就业率96.9%，对口率78.5%。

2016年

2月1日 教育部、财政部印发《关于公布“国家示范性高等职业院校建设计划”骨干高职院校建设项目2015年验收结果的通知》(教职成函〔2016〕1号),广西水利电力职业技术学院通过验收。

4月27日 教育部印发《关于公布实施专科教育高等学校备案名单的函》(教发厅函〔2016〕41号),贵州水利水电职业技术学院和云南水利水电职业学院设立备案。

5—12月 中国水利教育协会开展水利职业教育专业试点评估,选择水利水电建筑工程、水利工程、水利水电工程管理3个专业制定评估方案和评估指标体系,在黄河水利职业技术学院、杨凌职业技术学院、山东水利职业学院3所水利高职院校进行试点评估,经自评、专家评审,评估结果均为优秀。

6—8月 中国水利教育协会组织开展第三届全国水利职业院校优秀德育工作者评选活动,从26所水利中高等职业院校的58名候选教师中评出23名优秀德育工作者。

6月22日 为展示全国水利职业院校技能大赛10周年取得的成就,总结技能大赛在创新人才培养模式、提高人才培养质量方面发挥的作用,中国水利教育协会组织编写出版了《2006—2016全国水利职业院校技能大赛十年风采录》。

7月11日 中国水利教育协会印发《关于公布全国水利行业"十三五"规划教材名单的通知》(水教协〔2016〕16号),遴选出154本普通高等教育、职业技术教育、职工培训教材作为水利行业"十三五"规划教材,其中57本为水利职业教育教材。

8月23日 水利部印发《关于公布首批水利行业高技能人才培养基地名单的通知》(水人事〔2016〕298号),共有6所水利职业院校和4个水利部直属企事业单位入选。

9月 因黄河水利职业技术学院院长刘国际职务变动,不再担任中国水利教育协会副会长、职教分会会长,由黄河水利职业技术学院党委书记许琰接任职教分会会长职务。

9月20日 中国水利职业教育集团理事会议暨2016年水利职业教育与产业对话活动在广州举行。水利部人事司副司长孙高振、教育部职业教育与成人教育司副司长王扬南出席会议并讲话。中国水利教育协会会长彭建明、广东省水利厅副厅长王春海、广东省教育厅副巡视员李亚娟、水利部珠江水利委员会副主任王秋生、中国电力建设股份有限公司工会主席王禹及企事业单位的领导和代表120余人参加会议。60多个水利主管部门、企事业单位与职业院校直接对话,促进产教深度融合,汇编产教融合典型案例,集中展示水利职业教育在合作育人、合作就业、合作发展中的成效。

10月21日 教育部职业教育与成人教育司印发《关于做好〈中等职业学校专业目录〉修订有关工作的通知》(教职成司函〔2016〕142号)。全国水利职业教育教学指导委员会、中国水利教育协会组织修订水利中等职业教育专业目录。

9—12月 中国水利教育协会首次开展水利职业院校专业带头人评选。经校内自评、职教分会初审、组织专家评选,评出水利类专业带头人14名。

10月 全国水利职业教育教学指导委员会、中国水利教育协会组织申报实施高等职业教育创新发展行动计划。根据教育部《高等职业教育创新发展行动计划(2015—2018年)》有关要求,组织申报修订一批专科高等职业教育专业教学标准和实验实训装备技术标准、研制"示范性职业教育集团建设方案与管理办法"、建立产业结构调整驱动专业设置与改革,产业技术进步驱动课程改革的机制、扩大与"一带一路"沿线国家的职业教育合作、促进职业技能培养与职业精神养成相融合、落实《教育部、人力资源社会保障部关于推进职业院校服务经济转型升级面向行业企业开展职工继续教育的意见》6项创新发展任务和骨干专业建设、校企共建的生产性实训基地建设、建成职业能力培养虚拟仿真实训中心、建设骨干职业教育集团、开展现代学徒制试点，校企共建以现代学徒制培养为主的特色学院、多方共建应用技术协同创新中心6个建设项目，编制并上报总体实施方案，制定建设规划方案，完成2016年执行绩效和年度总结，引导院校通过任务（项目）实施进一步提升办学水平。

11月2—4日 中国水利教育协会主办的第十届全国水利高等职业院校“浙江围海杯”技能大赛在浙江同济科技职业学院举行。大赛设制图员（水利工程CAD）、工程测量工、水环境监测工、水利工程造价、混凝土设计与检测5个项目，来自全国26所水利高职院校的296名选手参加了比赛。

11月2—4日 2016年正值全国水利职业院校技能大赛举办十周年，在浙江同济科技职业学院积极配合下，大赛期间同步举办全国水利职业院校技能大赛十周年成果展，回顾了大赛初创到逐步成熟的发展历程，图文并茂展示了师生们的精神风貌和教育教学成果，展现了大赛对提高职业院校教学质量发挥的积极作用。

11月2日 教育部办公厅印发《关于做好〈高等职业学校专业教学标准〉修（制）订工作的通知》（教职成厅函〔2016〕46号），要求对现行高等职业学校专业教学标准进行全面修订，研究制订《目录》新增设专业的教学标准，全面提升职业教育人才培养专业化、规范化水平。水文水资源类、水利工程与管理类10个专业列入第一批计划。

12月7—8日 全国高校思想政治工作会议在北京召开，中共中央总书记、国家主席、中央军委主席习近平出席会议并发表重要讲话。他强调，高校思想政治工作关系高校培养什么样的人、如何培养人以及为谁培养人这个根本问题。要坚持把立德树人作为中心环节，把思想政治工作贯穿教育教学全过程，实现全程育人、全方位育人，努力开创我国高等教育事业发展新局面。

12月19日 为进一步规范和指导水利职业院校水利类核心专业人才培养和专业设置有关文件，中国水利教育协会组织编制完成了水利水电工程施工、水利水电工程管理、水利工程3个水利类高职核心专业和水利水电工程施工、水利工程测量2个水利类中职核心专业的人才培养标准、人才培养指导方案和专业设置标准，并发文公布。

本年 高职院校水利类专业招生数12453人，在校生数39191人；毕业生数9657人，就业率95.7%，对口率72.8%。中职校水利类专业招生数5047人，在校生数15373人；毕业生数3460人，就业率97.6%，对口率76.7%。

2017年

4月8日 水利部人事司印发《关于充分发挥全国水利行业首席技师培养水利技能后备人才作用的通知》（人事培〔2017〕2号），决定在水利职业院校开展聘用全国水利行业首席技师担任技能导师工作。

4月11日 水利部办公厅印发《关于公布全国水利行业首席技师担任技能导师的通知》（办人事〔2017〕59号），公布18所水利职业院校聘用30名第二批全国水利行业首席技师担任技能导师。

4月12日 水利部在北京召开全国水利行业高技能人才培养工作座谈会，研究分析水利技能人才培养开发工作面临的新形势新任务，广泛交流总结经验，大力弘扬工匠精神，进一步推动水利行业技能人才队伍建设工作。水利部副部长田学斌出席会议并讲话，总工程师汪洪宣读第二批全国水利行业首席技师、首批水利行业高技能人才培养基地和全国水利职业院校聘任技能导师名单。教育部、人力资源社会保障部和全国总工会有关部门负责同志应邀到会并讲话，座谈会由水利部人事司司长侯京民主持。

5月10日 教育部办公厅印发《关于公布实施专科教育高等学校备案名单的函》（教发厅函〔2017〕53号），吉林水利电力职业学院设立备案。

5月19日 职教分会理事会扩大会议暨全国水利职业教育教学指导委员会工作会议在黄河水利职业技术学院举行。来自全国49所院校及企事业单位的136名专家和代表参加了会议。职教分会会长、黄河水利职业技术学院党委书记许琰作了职教分会工作报告，中国水利教育协会会长彭建明就职教分会今后的工作提出了工作要求。

6—8月 中国水利教育协会组织开展第四届全国水利职业院校校园文化建设优秀成果评选活动，从22所院校申报的24项成果中评出校园文化建设优秀成果13项。

6—11月 中国水利教育协会组织开展第五届全国水利职教名师、职教教学新星评选，从86名候选人中评选出全国水利职教名师16名、职教教学新星20名。

6—11月 中国水利教育协会开展全国水利职业教育优秀教材评选工作，从229种申报教材中评选出112种优秀教材为全国水利职业教育优秀教材。

6—12月 中国水利教育协会、中国水利职业教育集团开展首届水利行业“双师型”教师遴选，从933名推荐人中遴选290位教师入选首批水利行业“双师型”教师。

6—12月 中国水利教育协会、全国水利职业教育教学指导委员会组织开展水利类高职专业教学标准修（制）订，完成第一批10个专业教学标准送审稿。组织开展水利类中职专业目录调整论证，组织编写《中等职业学校专业设置优化调整方案论证报告》并按要求提交。

6—12月 中国水利教育协会与全国水利职业教育教学指导委员会对已提交的50个水利职业教育教学成果项目组织了网络评审和专家现场评审，评出优秀教学成果28项，其中特等奖5个、一等奖8个、二等奖15个，并发文公布。

7月29日 职教分会高职教育工作研讨会暨中国水利职业教育集团专业建设委员会2017年年会在山西水利职业技术学院召开。职教分会会长许琰，中国水利教育协会秘书长王韶华，山西省水利厅、教育厅领导等出席会议。22所水利高职院校领导、有关企事业单位负责人共110余名代表参加了会议。

8月1日 中共中央办公厅、国务院办公厅印发《关于深化教育体制机制改革的意见》（中办发〔2017〕46号）（简称《意见》）。《意见》要求完善提高职业教育质量的体制机制、健全促进高等教育内涵发展的体制机制、创新教师管理制度；全面深化教育综合改革，全面落实立德树人根本任务，着力培养德智体美全面发展的社会主义建设者和接班人，为实现“两个一百年”奋斗目标、实现中华民族伟大复兴的中国梦奠定坚实基础。

8月23日 教育部办公厅印发《关于公布第二批现代学徒制试点和第一批试点年度

检查结果的通知》（教职成厅函〔2017〕35号），黄河水利职业技术学院、杨凌职业技术学院、辽宁水利职业学院入选。

10月13日 中国水利职业教育集团2017年理事长扩大会议在江西南昌召开，会议由江西水利职业学院承办。中国水利教育协会会长黄河、江西省水利厅厅长罗小云、江西省教育厅职成处处长汤泾洪出席会议并讲话。集团正副理事长、部分水利院校及中国电力建设股份有限公司、黄河水利委员会人劳局等企事业单位领导和代表60余人参加了会议。会议以“产教融合、校企合作与现代水利职业教育发展”为题进行了研讨。

11月10—11日 在四川水利职业技术学院举办第十一届全国水利职业院校“蜀水杯”技能大赛。本届大赛首次由水利部人事司、中国水利教育协会联合主办，水利部副部长田学斌，四川省党委、省委农工委主任曲木史哈出席开幕式。水利部人事司司长侯京民宣读陈雷部长对大赛的批示。开幕式由中国水利教育协会会长黄河主持。大赛首次将高职和中职比赛合并举行，共设竞赛项目7个，来自全国43所职业院校的近千名师生参赛，比赛项目、参赛人数均创历届之最。

12月5日 国务院办公厅印发《关于深化产教融合的若干意见》（国办发〔2017〕95号），提出深化产教融合，促进教育链、人才链与产业链、创新链有机衔接，建立紧密对接产业链、创新链的学科专业体系。深化“引企入教”改革，支持引导企业深度参与职业学校、高等学校教育教学改革。

本年 全国67所高职院校开设水文与水资源工程、水利工程、水电站动力设备、水土保持技术等16个水利类专业。全国82所中职学校中，共开设水文与水资源勘测、水电厂机电设备安装与运行、水泵站机电设备安装与运行、水利水电工程施工等4个水利类专业。

本年 高职院校水利类专业招生数12317人，在校生数39614人；毕业生数12935人，就业率96.5%，对口率73.4%。全国中职校水利类专业招生数3582人，在校生数12133人；毕业生数5388人，就业率97.0%，对口率75.7%。

2018年

1月4日 教育部发布实施《高等职业学校水利工程专业仪器设备装备规范》（JYT 0601—2017)、《中等职业学校农业与农村用水专业仪器设备装备规范》（JYT 0600—2017)。

6月4日 中共吉林省委办公厅印发《中共吉林省委办公厅、吉林省人民政府办公厅关于印发〈吉林省关于完善湖长制的实施意见〉的通知》（吉厅字〔2018〕19号），8月10日，吉林省机构编制委员会印发《关于吉林水利电力职业学院加挂吉林河湖长学院牌子的批复》（吉编发〔2018〕5号），同意吉林水利电力职业学院加挂吉林河湖长学院牌子，相应增加“负责河湖长培训、河湖长制相关政策理论研究及学术研究”职能。

6月28日 水利部办公厅印发《关于公布全国优质水利高等职业院校建设单位的通知》（办人事函〔2018〕747号）。7月20日，水利部办公厅印发《关于公布全国优质水利高等职业院校建设单位和全国优质水利专业建设点的通知》（办人事函〔2018〕868号）。共公布16所院校为优质高职建设单位、40个专业为优质专业建设点。

6 月 29 日 职教分会 2018 年理事会扩大会议在山东日照召开，会议由山东水利职业技术学院承办。中国水利教育协会会长黄河，山东水利厅副厅长曹金萍，职教分会会长、黄河水利职业技术学院党委书记许琰，中国水利教育协会秘书长王韶华，以及 41 个水利职业院校及企事业单位的近百名代表参加了会议。会议全面总结了这一届职教分会工作，深入分析了当前职业教育改革发展面临的新形势、新任务，对进一步努力的方向达成了共识。会议讨论了全国水利职业教育教学指导委员会章程，讨论决定编辑《水利职业教育改革与发展 40 年》，审议通过了编写框架。

7 月 12 日 中国水利职业教育集团 2018 年理事会议在吉林长春市召开，中国水利教育协会会长黄河、吉林省水利厅副厅长张和出席会议并讲话。80 多名集团理事参加了会议，会议由吉林水利电力职业学院承办。

7—11 月 中国水利教育协会、中国水利职业教育集团开展水利行业第二批“双师型”教师遴选工作。从 555 名侯选人中遴选出 403 人入选第二批水利行业“双师型”教师。

7—12 月 中国水利教育协会组织开展第二届水利类专业带头人评选工作，从 21 所职业院校申报的 29 名候选人中，评出专业带头人 20 名（其中高职院校 14 名，中职学校 6 名）。

8 月 1 日 教育部办公厅印发《关于公布第三批现代学徒制试点单位的通知》（教职成厅函〔2018〕41 号），公布第三批 194 个现代学徒制试点。广东水利电力职业技术学院、安徽水利水电职业技术学院、山东水利职业学院、重庆水利电力职业技术学院、浙江同济科技职业学院、山西水利职业技术学院、广西水利电力职业技术学院、江西水利职业学院、河南水利与环境职业学院、三峡电力职业学院名列其中。

8—11 月 中国水利教育协会组织开展第四届全国水利职业院校优秀德育工作者评选工作，从 26 所中高职院校申报的 42 名候选人中评选出优秀德育工作者 24 名。

8 月 28 日 教育部办公厅印发《关于举办 2018 年全国职业院校技能大赛职业院校教学能力比赛的通知》（教职成厅函〔2018〕45 号），提出为推动信息化教学应用的常态化，提高职业院校教师教学能力和信息素养，促进教师综合素质、专业化水平和创新能力全面提升，从 2018 年起将原全国职业院校信息化教学大赛调整为职业院校教学能力比赛，纳入全国职业院校技能大赛赛事体系。

9 月 10 日 全国教育大会在北京召开，习近平总书记出席会议并发表重要讲话。习近平强调，要以凝聚人心、完善人格、开发人力、培育人才、造福人民为工作目标，培养德智体美劳全面发展的社会主义建设者和接班人；要加快推进教育现代化，建设教育强国，办好人民满意的教育。

10 月 19 日 教育部办公厅印发《关于开展职业教育校企深度合作项目建设工作的通知》（教职成厅函〔2018〕55 号），推动一批行业龙头企业与一大批优质职业院校强强联手、互利共赢，带动更多企业借鉴合作模式、深化校企合作。经全国水利职业教育教学指导委员会遴选推荐，山东水利职业学院与中国电建市政建设集团有限公司申报的水利工程专业“‘大禹工匠’后备人才培养”项目入选。

10 月 19—20 日 第十二届全国水利职业院校“鲁水杯”技能大赛在山东水利技师学

院举办。大赛由水利部人事司、中国水利教育协会主办。水利部副部长田学斌、山东省副省长于国安出席闭幕式并讲话，水利部人事司司长侯京民主持闭幕式。水利部人事司副司长王新跃、山东省水利厅厅长刘中会、淄博市副市长王可杰出席开幕式并讲话。中国水利教育协会会长黄河主持开幕式。本届大赛设置河道修防工、工程测量、水利工程成图技术、水利工程造价、混凝土设计与检测五个赛项，来自全国33所高职院校的420位选手参加了大赛。

11月9日 中国水利教育协会召开2018年职业教育德育工作会议。会长黄河、浙江省水利厅蒋如华副厅长出席会议并讲话。全国26所院校的50余名代表参加会议，职教分会会长、黄河水利职业技术学院党委书记许琰主持会议。7所院校围绕贯彻落实全国高校思想政治工作会议精神等方面做了交流发言。会议评出第四届全国水利职业院校优秀德育工作者24名，会议由浙江同济科技职业学院承办。

12月 教育部职业技术教育研究中心研究所发布《关于开展〈行业人才需求与职业院校专业设置指导报告〉研制工作的通知》（教职所〔2018〕26号），对水利、农业、机械等13个行指委申请的14个项目予以立项。全国水利职业教育教学指导委员会和中国水利教育协会首次参与研制工作，经过将近一年的调研、分析、研制和修改工作，完成了《水利行业人才需求与职业院校专业设置指导报告》和《水利行业人才供需谱系图》绘制工作。

12月1—2日 中国水利教育协会在安徽水利水电职业技术学院举办首届全国水利职业院校青年教师讲课竞赛，共有63名教师参赛。竞赛分高职5个组，中职1个组进行现场比赛，评选出一、二、三等奖共37名（其中高职院校30名，中职学校7名）。

12月17日 中国水利教育协会在北京组织召开水利高等职业院校水利工程与管理类专业评审会议。专业评估针对水利部办公厅7月公布的40个全国优质水利专业建设点中水利工程与管理类专业进行。经过筛选和初审，有35个专业符合要求，最后评选出5个专业为A，29个专业为B。

12月17日 黄河水利职业技术学院、广东水利电力职业技术学院、安徽水利水电职业技术学院、杨凌职业技术学院支持新疆水利水电学校发展在北京签署备忘录。水利部人事司副司长王新跃、中国水利教育协会会长黄河、新疆维吾尔自治区水利厅政治部副主任沙拉木·沙比提，以及来自水利院校、企事业单位的负责人和代表60余人共同见证了签署备忘录。6月，新疆维吾尔自治区水利厅致函水利部，希望支持新疆水利水电学校发展。人事司指导教育协会协调有关水利职业院校，结合新疆水利水电学校需求，发出倡议。

12月17日 全国水利职业教育教学指导委员会全体会议在北京召开。水利部人事司副司长、水利行指委主任委员王新跃出席并讲话。来自水利院校、企事业单位的38位水利行指委委员及代表共60余人出席了会议。会议宣读了教育部职业教育与成人教育司关于调整王新跃副司长兼任水利行指委主任委员的函。王新跃主任宣布了水利部人事司关于黄河、张文彪、许琰、周银平、王周锁、江洧、于纪玉、陈军武8人担任副主任委员及王韶华担任秘书长的通知，并颁发聘书。秘书长王韶华作了水利行指委工作报告和章程制订说明，与会委员审议通过了章程。

12月24日 教育部办公厅发布征求新版《中等职业学校专业目录》意见的函（教职成厅函〔2018〕69号）。土木水利类中水利类专业由原有的一个“水利水电工程施工”专业调整、新增后共有9个水利专业，形成较为完备的水利专业体系。水利类专业目录调整由全国水利职业教育教学指导委员会、中国水利教育协会牵头组织协调各有关职业院校和企事业单位，经过深入调研论证，编制了扎实可靠的申报书。

附录一　水利职业学校办学主体变化情况

新中国成立后，中等职业教育作为一种重要的教育形式，培养了大量的技术技能型人才，支持了中国经济社会的快速发展，为新中国的经济建设提供了人才支撑。我国水利行业技术技能人才培养是根据水利事业发展需要发展起来的，中等水利学校正是伴随着水利工程建设的发展而发展的。新中国成立初期百废待兴，水利工程全面恢复与发展，技术人才力量严重不足，水利专门人才严重匮乏。1950年起，毛泽东主席相继对治理黄河、海河和淮河做了亲笔题词和号召，全国相继掀起了防治水害，兴修水利，开展大江大河治理的热潮，我国的许多水利水电类中等专业学校正是在这一时期蓬勃发展起来的。至“文化大革命”开始前的1966年，经过17年的发展，从教育规模、教育质量等指标看，都取得了显著的成绩。1966—1976年，许多水利中等专业学校或关、停、并、转、停止招生或被迫迁移校址，只有部分学校得以整建制保留。1973年8月，根据国家规定“自愿报名、群众推荐、领导批准、学校复审”的招生办法，一些学校开始招收工农兵学员并根据水利企事业单位的需要，举办各类短训班。

1977年高考制度恢复后，水利中等专业学校迅速恢复办学并相继开始招生。1978年党的十一届三中全会确立了以经济建设为中心，实行改革开放的方针，我国社会主义经济建设进入了新的历史时期。1978年4月，教育部在北京召开全国教育工作会议，做出大力发展职业技术教育的战略部署，水电部在北京召开教育工作会议，制定《水利电力部关于认真办好中等专业学校的几点意见》及《关于1978—1985年中等专业学校专业规划（草案）》，水利水电中等专业学校逐步走上正常办学的轨道。据统计，1978年恢复招生的水利中等专业学校已达到26所，招生人数5186人，在校生数达到11914人。

1983—1985年，为适应水利事业发展需要，江西水利水电学校、黑龙江水利工程学校、扬州水利学校、山东省水利学校、浙江水利水电学校、东北水利水电学校先后升格为专科学校。

1985年，中共中央印发的《关于教育体制改革的决定》提出“调整中等教育结构，大力发展职业技术教育”，此后遍及全国的中等专业学校成为国家职业技术教育发展的重点。据1988年年底统计，全国有水利水电中等专业学校46所。其中属水利部管理的2所，其他中央部委管理的5所，其余39所分别由26个省、自治区、直辖市管理。1988年，全国水利中专学校共有毕业生5583人，招生8234人，在校学生20974人。1990年，全国水利水电类专科学校7所，水利水电中等专业学校49所（含两所水利发电学校），技工学校29所，还有部分学校办有职工大学和职工中专。

从1990—1995年，职业教育进入规范办学和质量提升期，水利中等教育和技工教育成为发展历史上最为辉煌的一个时期。1995年，全国水利系统初步形成了一个比较完善的水利教育培训体系。全国普通高等院校拥有水利水电类学科、专业的共有56所，水利水电中等专业学校48所，水利水电技工学校44所，职工高等学校16所，职工中等专业学校36所，管理干部学院1所，各类培训中心（职工学校）116所。

1995—1998年，随着我国社会主义市场经济体制的逐步建立，职业教育逐渐失去了原有的“计划”基础，职业院校毕业生开始实行“双向选择、自主就业”。学生自主就业政策对职业学校招生生源产生了较大影响，水利水电类中等职业学校和技工学校办学遇到前所未有的困难。这一时期，部分学校被并入本地区其他学校；部分学校（大部分为技工学校）停止办学（如四川省水利技工学校、河南南阳水利技工学校等），水利中等职业学校和技工学校在数量上整体出现萎缩。同时，为服务经济社会发展，赢得更广阔的生存空间，水利中职学校招生专业也在传统水利水电大类专业的基础上有了广泛的扩展，就业面向更广阔的领域。

1998年3月，国家教委、国家经贸委、劳动部联合印发《关于实施〈职业教育法〉加快发展职业教育的若干意见》强调，“三改一补”是大力推进我国高等职业教育规模发展的重要方针，主要通过对现有高等专科学校、职业大学、独立设置的成人高校改革办学模式、调整专业方向和培养目标以及改组、改制来发展高等职业学校教育。在尚不能满足对高职人才需求时，根据地方和行业需求以及学校的办学条件，经国家教委审批，可以利用重点中专学校举办高职班或转制来补充。这是我国高等教育结构改革的一项重大措施，对教育事业的发展产生了深远的影响。就在这一年，国家教委批准在黄河水利学校、黄河职工大学的基础上建立黄河水利职业技术学院，这成为全国水利行业第一所高等职业技术学院。

1999年，全国拥有水利水电高职院校2所、水利水电中专学校38所，在校生63046人；水利水电技工学校23所，在校生5289人；职工大学7所，在校生3445人；职工中专7所，4999人。

1999年5月，国家计划发展委员会和教育部的联合通知，将大幅度扩大高等教育招生规模。2000年《国务院办公厅关于国务院授权省、自治区、直辖市人民政府审批设立高等职业学校有关问题的通知》（国办发〔2000〕3号）明确规定，国务院授权省、自治区、直辖市人民政府审批设立在本地区范围内实施职业技术教育的专科层次的高等职业院校，至此，高职教育在我国迅猛发展起来，水利高等职业教育也顺应时代潮流得以迅速发展。1999—2005年期间，多数水利中职学校升格为高职院校。

2011年，我国有独立设置的水利高职高专院校22所，另有其他31所普通本科院校和高职高专院校办有专科层次水利专业。水利高职高专在校生6.90万人，其中水利水电类专业招生1.29万人；在校生18.80万人，其中水利水电类专业在校生3.08万人。独立设置的水利中职学校42所（含中职学校30所，技工学校12所），另有120多所中职学校（含职业高中）办有水利水电类专业。2011年，水利类中职院校招生2.86万人，其中水利类专业1.33万人；加上其他中职学校所办水利类专业，共招3.09万人；在校生达到8.04万人，其中水利专业在校生3.66万人。

据2017年12月统计，水利高职院校（含技师学院2所）22所，在校生190593人，其中水利类专业在校生29938人；独立设置的水利中专学校7所，在校生16359人，水利类专业在校生 3672 人。由于独立设置的水利水电专科学校均已升入本科院校，在校生数不再列入职业教育系列进行统计。从总体上，虽然独立设置的水利水电职业院校数量减少，但在校生数量并未减少，且培养层次有显著提升。水利职业教育由中等职业教育转为高等职业教育成为必然。

附录二　历届水利职业技术教育分会机构设置及人员名单

全国水利职业技术教育学会

理事长、副理事长、常务理事、正副秘书长及顾问名单

（1990.5—1994.12）

理 事 长：武韶英

副理事长：邵平江　吴光文　陆义宗　谭方正　问兰芝

常务理事：（按姓氏笔画排序）

问兰芝　陆义宗　李小白　李序量　张文良　邵平江　吴光文　周凤瑞　郑金全　武韶英　袁正中　陶国安　谭方正

秘 书 长：问兰芝（兼）

副秘书长：黄　新　殷国瑶

顾　　问：王秀成　张　猷　杨俊杰　吴增栋　周文哲

学会各研究会及刊物编辑部负责人名单

中等专业学校教学研究会

主任：邵平江　副主任：陶国安　李小白　秘书：黄　新

水利工程建筑类专业研究组

组长：陆德民　副组长：徐焕文

水文水资源类专业研究组

组长：曹贵才　副组长：梅小文　曾庆生

水利经济与管理类专业研究组

组长：王恩润　副组长：吴一匡　王敦美

水利机电类专业研究组

组长：周宝銮　副组长：游永锋　佘家锐

水利勘测类专业研究组

组长：袁开先　副组长：廖文化　娄海清

水土保持专业研究组

组长：郑合英　副组长：解爱国　辛永隆

学校管理研究会

主任：陆义宗　　副主任：袁正中　郑金全　　秘书：陈再平

学校行政管理研究组

组长：蒋行健　　副组长：周华范

学校管理研究组

组长：李兴旺　　副组长：蒋正德

后勤管理研究组

组长：张大鹏　　副组长：蒋时中

教学管理研究组

组长：汪　进　　副组长：郑文礼

德育研究会

主任：吴光文　　副主任：张文良　李序量　　秘书：唐小勇

政治理论研究组

组长：陈文定　　副组长：穆毅中

道德品质研究组

组长：白济民

《水利职业技术教育》编委会

主任委员：周文哲　　副主任委员：谭方正

委　　员：（按姓氏笔画排序）

王成会　王树培　刘永超　孙道宗　李　湘　周文哲

郑怀哲　谭方正　熊道树

主　　编：谭方正

副 主 编：李　湘

全国水利职业技术教育学会理事名单

（按姓氏笔画排序）

姓　名	单　位	职务
王文祥	青海水利学校	副校长
王业伟	四川涪陵水电学校	校长
王仲文	黑龙江水利专科学校	校长
王经权	浙江水利水电专科学校	校长
冯玉梅	天津市水利学校	校长
问兰芝	水利部科教司学校教育处	副处长
李小白	成都水力发电学校	副校长
李兴旺	安徽省水利电力学校	副校长
李序量	陕西省水利学校	校长

姓　名	单　位	职务
李源泽	湖南省水利水电学校	校长
陆义宗	长江水利水电学校	副校长
邵平江	黄河水利学校	副校长
吴光文	广西水电学校	副校长
吴伟贤	广东省水利电力学校	校长
杨诚芳	江苏水利专科学校	副校长
余家锐	贵州省水利水电学校	校长
郑文礼	云南省水利电力学校	副校长
张文良	内蒙古水利学校	副校长
张祖铭	宁夏水利学校	校长
周凤瑞	水利部科教司学校教育处	处长
周华范	新疆水利水电学校	副校长
周忠一	江西省水利水电学校	副校长
武韶英	水利部科教司	副司长
唐才钰	湖北省水利水电学校	校长
袁正中	山西省水利学校	校长
陶国安	辽宁省水利学校	副校长
徐彬彬	武警水电学校训练处	副处长
黄玉堂	甘肃省水利水电学校	校长
康成梧	黄河水利学校	校长、党委书记
崔成岷	东北水利水电专科学校水利系	系主任
蒋正德	山东省水利学校	副校长
蒋行健	郑州水利学校	校长、党委书记
廖文化	四川省水利电力学校	校长
谭方正	北京水利水电学校	校长

中国水利教育协会职业技术教育分会

第一届常务理事及顾问名单

（1994.12—1999.11）

理 事 长： 邵平江

副理事长： 吴光文 陆义宗 郑金全 陶国安 侯 墉 方春生 李肇桀 黄 新

常务理事：（按姓名笔画排序）

方春生 王 威 王智永 史 毅 刘润祺 吉 仁
孙晶辉 李小白 李肇桀 宋建中 何庆平 陆义宗
邵平江 吴光文 吴伟贤 沈文藻 郑金全 张广德
张良成 袁 征 陶国安 侯 墉 黄玉璋 黄 新

秘 书 长： 李肇桀（兼）

副秘书长： 孙晶辉 王民洲 余爱民

顾　　问：（按姓名笔画排序）

王秀成 张 猷 杨俊杰 吴增栋 周文哲 谭方正

分会各研究会及刊物编辑部负责人名单

中专德育研究会

主任：吴光文　　副主任：何庆平 杜平原

中专学校管理研究会

主任：陆义宗　　副主任：郑金全 史 毅

中专教学研究会

主任：黄 新　　副主任：陶国安 李小白 李兴旺

技工学校教育研究会

主任：方春生　　副主任：张良成 刘良峰

刊物编辑部

主任：侯 墉　　副主任：王民洲 李 湘（常务）

中国水利教育协会职业技术教育分会第一届理事会理事名单

姓　名	单　位	职务
方春生	黄河水利技工学校	校长、书记
王文祥	青海水利学校	校长
王立仁	陕西省水利技工学校	校长
王业伟	四川涪陵水电学校	校长、书记
王仲文	黑龙江水利专科学校	副校长
王　威	水利部松辽委科教处	科长
王智永	水利部人劳司科干处	干部
史　毅	陕西省水利学校	校长、书记
刘东亚	宁夏水利学校	副校长
刘良峰	丰满水电技术学校	副校长
刘润祺	陕西省水电工程局	纪委书记
吉　仁	内蒙古水利学校	党委书记
孙晶辉	水利部科教司学校处	干部
关　静	新疆水利水电学校	副校长
李小白	成都水力发电学校	副校长
李兴旺	安徽省水利电力学校	副校长
李金生	浙江水利水电技工学校	校长
李肇桀	水利部科教司学校处	副处长
李效栋	甘肃省水利学校	校长
何庆平	山东省水利学校	校长
陈远威	四川省水利电力学校	校长
陆义宗	长江水利水电学校	副校长、副书记
邵平江	黄河水利学校	校长
吴光文	广西水电学校	校长、书记
吴伟贤	广东省水利电力学校	校长
沈文藻	水利部长江水利委员会科教局	处长
余家锐	贵州省水利电力学校	校长
郑金全	福建水利电力学校	校长、书记
张广德	山西省水利学校	校长、书记
张良成	山东省水利技工学校	校长
袁　征	水利部黄河水利委员会科教局	副处长
宋建中	辽宁省大伙房水库管理局	副局长
陶国安	辽宁省水利学校	校长
唐　望	郑州水利学校	校长
唐　涛	四川省水利水电技工学校	校长
侯　墉	北京水利水电学校	校长
谈炳忠	湖北省水利水电学校	校长
黄玉璋	北京市水利局科教处	处长
黄　新	黄河水利学校	副校长
黄世钧	浙江水利水电专科学校	校长
章仲虎	江西省水利水电学校	副校长
潘斌生	湖南省水利水电学校	副校长

中国水利教育协会职业技术教育分会
第二届理事会常务理事名单

（1999.11—2004.6）

理　事　长： 黄自强
常务副理事长： 孙纯淇
副 理 事 长： 余国成　李效栋　彭建明　李兴旺　陈再平　杜平原　徐传清　邱国强　周德育
常 务 理 事：（按姓名笔画排序）
王育阳　王其文　丛培新　白景富　孙纯淇　李兴旺
李国学　李开勤　李效栋　杜平原　余国成　余爱民
邱国强　吴曾生　周德育　陈再平　陈永忠　张　霆
张朝晖　孟振兴　赵振普　徐传清　黄自强　遇桂春
彭建明　曾志军　简浩华　董雅平　廖文化　潘斌生
秘　书　长： 余爱民
副 秘 书 长： 张建国　孙晶辉

中国水利教育协会职业技术教育分会
第二届理事会理事名单

姓　名	单　位	职务	职称
黄自强	黄河水利委员会	副主任	教授级高工
黄海江	黄河水利委员会教育处	副处长	
彭建明	水利部人教司	调研员	高级经济师
孙晶辉	水利部人教司教育处	主任科员	工程师
余国成	四川省水电厅	副厅长	高级工程师
陈一兵	四川省水电厅科教处	处长	
李效栋	甘肃省水利厅	副厅长	高级工程师
孙纯淇	黄河水利职业技术学院	院长	高级讲师
余爱民	黄河水利职业技术学院	科研办主任	高级讲师
李兴旺	安徽省水利电力学校	校长	高级讲师
陈再平	长江水利水电学校	常务副校长	高级讲师
杜平原	郑州水利学校	校长、党委书记	高级讲师
邱国强	广东水利电力职业技术学院	副院长	高级讲师

姓　名	单　位	职务	职称
徐传清	山东省水利高级技工学校	党委书记	
周德育	北京水利水电学校	校长	政工师
曾志军	广西水电学校	副校长	高级讲师
廖文化	浙江水电技工学校	校长	高级讲师
莫以祯	广西水利电力技工学校	党委书记、校长	高级讲师
古全胜	重庆市水利电力学校	校长	高级讲师
曾风发	宁夏回族自治区水利技工学校	校长	高级讲师
谢　林	黑龙江省水利工程技术学校	党委书记、校长	副教授
简浩华	福建水利电力学校	校长	讲师
刘玉堂	中国人民武装警察部队水电学校	副校长	
马全毅	漯河水利技工学校	教务科长	
董雅平	长江水利委员会教育处	处长	副教授
刘治映	湖南省水利水电工程学校	校长	高级讲师
张　霆	四川省水利电力学校	校长	高级讲师
陈永忠	湖北省水利水电学校	副校长	高级讲师
丛培新	内蒙古水利学校	校长	高级讲师
伊辉鹏	水利部东北水利干部教育中心	主任	高级讲师
李开勤	成都水力发电学校	副校长	副教授
杨正宏	四川省内江水电学校	党委书记、校长	
王育阳	陕西省水电工程局	总工	高级工程师
张　伟	河南省水利水电学校	校长	高级讲师
李书杰	云南省水利水电学校	校长、书记	
肖顺奇	四川省水利机电学校	校长	
李继忠	吉林省水利水电学校	党委书记、校长	
李宝英	吉林省水利水电学校	副校长	高级讲师
李巧霞	山西省水利技工学校	校长	高级讲师
潘斌生	湖南省水利水电学校	校长	高级讲师
陈俊华	贵州黔西南水电学校	教务科副科长	
赵振普	山西省水利学校	校长	高级经济师
张建国	山西省水利学校	校长助理	高级讲师
孟振兴	江西省水利水电学校	校长、书记	高级讲师
陈后敏	湖北黄冈水利水电学校	党委书记、校长	高级讲师
遇桂春	山东省水利学校	校长	高级讲师
潘起来	青海水利学校	副校长	高级讲师
王利泽	内蒙古临河水利学校	校长	高级讲师
张朝晖	杨凌职业技术学院	院长	高级讲师

姓　名	单　位	职务	职称
宋恒义	陕西省水利技工学校	校长	
刘幼凡	贵州省水利水电学校	培训部副主任	
刘国俊	甘肃省水利学校	党委书记	高级讲师
游尤平	贵州毕节水电技工学校	校长	高级讲师
王其文	新疆喀什水利水电学校	党委书记	高级政工师
兰　林	四川省水利经济管理学校	校长	
李国学	辽宁省大伙房水库管理局	局长	高级工程师
白景富	辽宁省水利学校	校长	高级讲师
黎　明	新疆水利水电学校	书记	高级讲师
杨顶甲	四川达川水电学校	校长	高级讲师
赵铁庚	湖南衡阳水电技校	校长	讲师
魏清和	四川省水产学校	校长	高级讲师
吴曾生	黄河水利职业技术学院	副院长	副教授
马树宇	四川省绵阳水利电力学校	党委书记、校长	高级讲师
张乃禾	天津市水利学校	副校长	高级讲师

中国水利教育协会职业技术教育分会

第三届理事会常务理事名单

（2004.6—2009.11）

理 事 长： 刘宪亮

副理事长： 李兴旺 陈再平 杜平原 茜 平 张朝晖 刘建林 丁坚钢 赵惠新

常务理事： 彭建明 孙晶辉 李继忠 赵惠新 白景富 郭 军 张朝晖 解爱国 买买提江·夏克尔 李兴旺 遇桂春 张 忠 袁国荣 江 勇 刘宪亮 余爱民 孙兴民 杜平原 韩洪建 陈再平 刘治映 茜平一 李海峰 李开勤 熊昌健 刘建林 张荣平 阮卫军 李国学 丁坚钢 张 伟

秘 书 长： 余爱民

中国水利教育协会职业技术教育分会 第三届理事会理事名单

姓　名	工作单位	职务	职称
彭建明	中国水利教育协会	秘书长	研究员
孙晶辉	水利部人教司教育处	副处长	高级工程师
李继忠	吉林省水利水电学校	校长	高级工程师
赵惠新	黑龙江水利工程专科学校	党委书记	教授级高工
李宝英	丰满水电技术学校	校长、书记	高级讲师
白景富	沈阳农大高职学院	院长	副教授
王利泽	内蒙古临河水利学校	校长	
郭　军	北京水利水电学校	校长	高级讲师
张长贵	北京水利水电学校	党委书记	高级政工师
张朝晖	杨凌职业技术学院	院长	教授
解爱国	山西水利职业技术学院	院长	高级讲师
刘国俊	甘肃省水利学校	党委书记	高级讲师
曾风发	宁夏水利学校	校长	高级经济师
买买提江·夏克尔	新疆水利水电学校	校长	高级讲师
苟国君	新疆喀什水利水电学校	党委书记	高级政工师

姓 名	工作单位	职务	职称
李兴旺	安徽水利水电职业技术学院	院长	副教授
遇桂春	山东水利职业学院	党委书记	副教授
张 忠	山东省水利技术学院	院长	研究员
袁国荣	江西省水利水电学校	校长	高级讲师
黄世钧	浙江水利水电专科学校	校长	教授
江 勇	福建水利电力职业技术学院	书记、院长	副教授
刘宪亮	黄河水利职业技术学院	院长	教授
余爱民	黄河水利职业技术学院	主任	副教授
孙兴民	河北工程技术高等专科学校	副校长	副教授
杜平原	郑州水利学校	校长、书记	高级讲师
张 伟	河南省水利水电学校	校长	高级讲师
马全毅	漯河水利技工学校	副校长	
韩洪建	湖北水利水电职业技术学院	院长	高级工程师
张业发	宜昌市水利电力学校	党委书记	教授级高工
陈再平	长江工程职业技术学院	院长	副教授
刘治映	湖南水利水电职业技术学院（筹）	院长	高级讲师
茜平一	广东水利电力职业技术学院	书记、院长	教授
邱国强	广东水利电力职业技术学院	副院长	副教授
刘幼凡	贵州省水利电力学校	副校长	高级讲师
李海峰	广西水利电力职业技术学院	党委书记	研究员
郭小清	武警水电学校	校长	高级工程师
陈俊华	贵州黔西南州水电学校	副校长	高级讲师
李开勤	四川电力职业技术学院	副院长	副教授
熊昌健	四川水利职业技术学院	院长	副教授
陶桦铭	涪陵职业技术学院	副院长	高级讲师
范松康	四川绵阳水利电力学校	校长	高级讲师
刘建林	云南省水利水电学校	校长	高级讲师
张荣平	重庆水利电力职业技术学院	院长	高级讲师
阮卫军	陕西省水工局培训中心	主任	高级工程师
李国学	辽宁大伙房水库管理局	局长	高级工程师
游尤平	贵州省毕节水电技校	校长	高级讲师
吴 刚	陕西省水电技校	校长	高级讲师
丁坚钢	浙江水利水电学校	校长	高级政工师
杨 辉	丹江口职工大学	副校长	副教授
谢 林	黑龙江省水利工程学校	校长、书记	副教授
李巧霞	山西水利技工学校	校长	高级讲师

姓　名	工作单位	职务	职称
兰　林	四川省水利经济管理学校	校长	
肖顺奇	四川省水利机电学校	校长	
杨顶甲	四川达川水电学校	校长	
赵铁庚	湖南衡阳水电技校	校长	
杨正宏	四川内江水电学校	校长	

中国水利教育协会职业技术教育分会

第四届理事会常务理事名单

（2009.11—2014.10）

理 事 长： 刘宪亮（2009.11—2010.10）　刘国际（2010.11—2014.10）

副理事长： 李兴旺　杜平原　茜平一　陈再平　张朝晖　刘建林
丁坚钢　遇桂春　符宁平　解爱国

常务理事：（按姓名笔画排序）
白景富　郭　军　张朝晖　解爱国　买买提江·夏克尔
李兴旺　遇桂春　张　忠　江　勇　孙兴民　杜平原
陈再平　茜平一　李开勤　熊昌健　刘建林　丁坚钢
刘宪亮　余爱民　杨言国　张超英　韩　臣　戴金华
王春明　彭　锋　陈绍金　刘延明　吴　松　刘彦君
符宁平　陈海梁　柳钧正

秘 书 长： 余爱民

副秘书长： 焦爱萍　刘国发　赵向军　陈玉阳　赵　景　苏景军

中国水利教育协会职业技术教育分会
第四届理事会理事名单

姓　名	工作单位	职务	职称
白景富	沈阳农业大学高职学院	院长	副教授
郭　军	北京水利水电学校	校长	高级讲师
张朝晖	杨凌职业技术学院	院长	教授
解爱国	山西水利职业技术学院	院长	副教授
买买提江·夏克尔	新疆水利水电学校	校长	高级讲师
李兴旺	安徽水利水电职业技术学院	院长	教授
遇桂春	山东水利职业学院	党委书记	教授
张　忠	山东省水利技术学院	书记、院长	研究员
江　勇	福建水利电力职业技术学院	书记、院长	副教授
刘宪亮	黄河水利职业技术学院	书记、院长	教授
孙兴民	河北工程技术高等专科学校	副校长	教授
杜平原	郑州水利学校	校长、书记	高级讲师
陈再平	长江工程职业技术学院	党委书记	副教授

姓　名	工作单位	职务	职称
茜平一	广东水利电力职业技术学院	党委书记	教授
郭小清	武警水电学校	校长	高级工程师
李开勤	四川电力职业技术学院	副院长	副教授
熊昌健	四川水利职业技术学院	党委书记	副教授
刘建林	云南省水利水电学校	校长	高级讲师
吴　刚	陕西省水利技工学校	校长	高级讲师
丁坚钢	浙江同济科技职业学院	党委书记	高级政工师
杨　辉	丹江口职工大学	副校长	副教授
陈小康	重庆市三峡水利电力学校	校长	高级讲师
余爱民	黄河水利职业技术学院	主任	副教授
王利泽	内蒙古临河水利学校	校长	
兰　林	南充职业技术学院	副院长	
肖顺奇	四川省水利机电学校	校长	
杨顶甲	四川达川水电学校	校长	
赵铁庚	湖南衡阳水电技校	校长	
杨正宏	四川内江水电学校	校长	
韩　臣	东北电力技师学院	院长	高级工程师
杨言国	甘肃省水利水电学校	校长	高级讲师
柳钧正	宁夏水利电力工程学校	校长	工程师
吐尔逊·塞美提	新疆喀什水利水电学校	校长	高级讲师
戴金华	江西省水利水电学校	校长	高级讲师
符宁平	浙江水利水电专科学校	校长	教授级高工
王春明	河南省水利水电学校	党委书记	高级讲师
王志凯	河南省漯河水利技工学校	校长	高级讲师
彭　锋	湖北水利水电职业技术学院	院长	高级工程师
游伙松	宜昌市水利电力学校	党委书记	高级讲师
陈绍金	湖南水利水电职业技术学院	党委书记	教授级高工
陈海梁	贵州省水利电力学校	校长	副教授
刘延明	广西水利电力职业技术学院	院长	教授级高工
姜紫勤	贵州黔西南州民族职业学院	院长	教授
吴　松	重庆水利电力职业技术学院	院长	副教授
颜　勇	贵州省毕节水电技校	书记、校长	高级讲师
张超英	长春水利电力学校	校长	教授
张茂林	内蒙古机电职业技术学院水利系	系主任	副教授
商碧辉	四川绵阳水利电力学校	校长	高级工程师
刘润生	山西省水利技工学校	校长	高级讲师

姓　名	工作单位	职务	职称
刘彦君	黑龙江省水利水电学校	校长、书记	教授级高工
石尚书	四川水电高级技工学校	校长	高级讲师
程金夫	河南省信阳水利技工学校	书记、校长	
吕洪予	黄河水利出版社	副社长	
孙春亮	中国水利水电出版社教材分社	常务副社长	
刘捍民	内蒙古水利技工学校	校长	
吴正有	湘西民族职业技术学院	党委书记	
王宏伟	三峡电力职业学院	副院长	副教授
焦爱萍	黄河水利职业技术学院	分会副秘书长	教授
刘国发	郑州水利学校	分会副秘书长	副教授
赵向军	安徽水利水电职业技术学院	分会副秘书长	高级讲师
陈玉阳	浙江同济科技职业学院	分会副秘书长	
赵　景	云南省水利水电学校	分会副秘书长	工程师
苏景军	广东水利电力职业技术学院	分会副秘书长	副教授

中国水利教育协会职业技术教育分会

第五届理事会常务理事名单

（2014.10至今）

会　　长：刘国际（2014.10—2016.6）　许　琰（2016.7至今）

副 会 长：李兴旺　邓振义　符宁平　江　洧　丁坚钢　于纪玉　赵高潮　刘建林　王正英　杨言国

常务理事：白景富　郭　军　邓振义　丁坚钢　孙西欢　买买提江·夏克尔　李兴旺　于纪玉　孙桐传　江　勇　韩会玲　赵高潮　冯中朝　符宁平　刘国际　刘建明　刘建林　江　洧　石尚书　杨言国　王　蓉　张　俊　王彧杲　余爱民

秘 书 长：余爱民

副秘书长：焦爱萍　王朝林　赵向军　吴敏启　赵　景　王树勇　刘儒博

中国水利教育协会职业技术教育分会第五届理事会理事名单

姓名	工作单位	职务
白景富	辽宁水利职业学院	院长
郭　军	北京水利水电学校	校长
王周锁	杨凌职业技术学院	院长
孙西欢	山西水利职业技术学院	院长
买买提江·夏克尔	新疆水利水电学校	校长
李兴旺	安徽水利水电职业技术学院	院长
于纪玉	山东水利职业学院	院长
孙桐传	山东水利技师学院	院长
江　勇	福建水利电力职业技术学院	院长
刘国际	黄河水利职业技术学院	院长
韩会玲	河北工程技术高等专科学校	校长
冯中朝	长江工程职业技术学院	院长
赵高潮	河南水利与环境职业学院	院长
江　洧	广东水利电力职业技术学院	院长
郭小清	武警水电学校	校长
王　蓉	四川电力职业技术学院	副院长

姓名	工作单位	职务
刘建明	四川水利职业技术学院	院长
刘建林	云南省水利水电学校	党委书记
吴 刚	陕西省水利技工学校	校长
丁坚钢	浙江同济科技职业学院	党委书记
唐国雄	重庆市三峡水利电力学校	校长、书记
余爱民	黄河水利职业技术学院高教研究室	主任
兰 林	南充职业技术学院	副院长
肖顺奇	四川省水利机电学校	校长
杨顶甲	四川达川水电学校	校长
赵铁庚	湖南衡阳水电技校	校长
杨正宏	四川内江水电学校	校长
王秀清	东北电力技师学院培训部	主任
陈军武	甘肃省水利水电学校	校长
柳钧正	宁夏水利电力工程学校	校长
马合木提	新疆喀什水利水电学校	校长
吴海真	江西水利职业学院	院长
符宁平	浙江水利水电学院	党委书记
王 辉	河南省水利水电学校	校长
王志凯	河南省漯河水利技工学校	校长
彭 锋	湖北水利水电职业技术学院	院长
游伙松	宜昌市水利电力学校	党委书记
陈绍金	湖南水利水电职业技术学院	党委书记
陈海梁	贵州省水利电力学校	校长
刘延明	广西水利电力职业技术学院	院长
姜紫勤	贵州黔西南州民族职业学院	院长
吴 松	重庆水利电力职业技术学院	院长
颜 勇	贵州省毕节水电技校	书记、校长
王彧杲	长春水利电力学校	校长
张茂林	内蒙古机电职业技术学院水利系	系主任
商碧辉	四川省绵阳水利电力学校	校长
李智慧	山西省水利技工学校	校长
刘彦君	黑龙江省水利水电学校	校长、书记
石尚书	四川水电高级技工学校	校长
张相银	河南省信阳水利技工学校	校长
王正英	中国电建集团人力资源部	副部长
王路平	黄河水利出版社	副社长

姓名	工作单位	职务
王　丽	中国水利水电出版社教育分社	社长
刘捍民	内蒙古水利技工学校	校长
吴正有	湘西民族职业技术学院	党委书记
张　俊	三峡电力职业学院	书记、院长
时宁国	兰州资源环境职业技术学院	院长
崔砚青	北京农业职业技术学院	党委书记
程　媛	重庆工贸职业技术学院	建工系书记
黄建国	江苏联合职业技术学院苏州建设交通分院	系主任
陈文贤	酒泉职业技术学院	院长
王卫东	黄河水利职业技术学院	副书记、副院长
孙敬华	安徽水利水电职业技术学院	副院长
陈登文	杨凌职业技术学院	副院长
鲁怀民	青海省水电职业技术学校	校长
曾志军	广东省水利电力技工学校	校长
苗继承	山东黄河职工中等专业学校	校长
曹建民	中国水利水电第十一工程局有限公司技工学校	校长
黄　建	成都水电工程学校	校长
张连耀	河北工程大学成教学院	副院长
焦爱萍	黄河水利职业技术学院	分会副秘书长
王朝林	甘肃省水利水电学校	分会副秘书长
赵向军	安徽水利水电职业技术学院	分会副秘书长
吴敏启	浙江同济科技职业学院	分会副秘书长
赵　景	云南省水利水电学校	分会副秘书长
王树勇	广东水利电力职业技术学院	分会副秘书长

附表一　2015—2017年中职学校水利专业学生情况

2015年中职院校水利专业学生情况

专业类别	专业名称	专业代码	毕业生数/人	招生数/人	在校学生数/人
能源与新能源类	水泵站机电设备安装与运行	031100	36	39	66
能源与新能源类	水电厂机电设备安装与运行	031000	438	415	1162
土木水利类	水利水电工程施工	041500	5129	4709	14796
资源环境类	水文与水资源勘测	021100	70	46	257
合　计			5673	5209	16281

2016年中职院校水利专业学生情况

专业类别	专业名称	专业代码	毕业生数/人	招生数/人	在校学生数/人
能源与新能源类	水泵站机电设备安装与运行	031100	0	0	66
能源与新能源类	水电厂机电设备安装与运行	031000	482	277	924
土木水利类	水利水电工程施工	041500	5341	4718	14124
资源环境类	水文与水资源勘测	021100	83	52	259
合　计			5906	5047	15373

2017年中职院校水利专业学生情况

专业类别	专业名称	专业代码	毕业生数/人	招生数/人	在校学生数/人
能源与新能源类	水泵站机电设备安装与运行	031100	28	0	37
能源与新能源类	水电厂机电设备安装与运行	031000	307	337	998
土木水利类	水利水电工程施工	041500	4927	3245	11011
资源环境类	水文与水资源勘测	021100	126	0	87
合　计			5388	3582	12133

附表二　2015—2017年高职院校水利专业学生情况

2015年高职院校水利专业学生情况

专业类别	专业名称	专业代码	毕业生数/人	招生数/人	在校学生数/人
水文与水资源类	水文与水资源	570101	219	272	854
	水信息技术	570103	8	6	11
	水政水资源管理	570104	99	313	694
水利工程与管理类	水利工程	570201	2369	2820	8555
	水利工程施工技术	570202	843	896	2432
	水利水电建筑工程	570203	5072	4947	16250
	灌溉与排水技术	570204	56	70	149
	港口航道与治河工程	570205	49	53	183
	城市水利	570207	454	476	1136
	水利水电工程管理	570208	914	1147	3166
	水利工程监理	570210	32	385	959
	农业水利技术	570211	58	41	141
	水利工程造价管理	570212	0	32	206
	水利工程实验与检测技术	570213	97	92	245
	水利水电工程造价管理	570214	98	79	289
	农业水利工程技术	570215	88	48	249
水利水电设备类	水电站动力设备与管理	570301	232	284	723
	机电设备运行与维护	570302	563	267	1149
	机电排灌设备与管理	570303	16	4	9
	水电站设备与管理	570304	0	91	208
水土保持与水环境类	水土保持	570401	147	310	810
	水环境监测与分析	570402	56	68	166
	防沙治沙工程	570403	30	21	69
合　计			11500	12722	38653

2016年高职院校水利专业学生情况

专业类别	专业名称	专业代码	毕业生数/人	招生数/人	在校学生数/人
水文水资源类	水文与水资源工程	550101	181	283	606
	水文测报技术	550102	28	7	52
	水政水资源管理	550103	197	135	506
	水文水资源类专业	550199	93	0	157
水利工程与管理类	水利工程	550201	3846	3500	11350
	水利水电工程技术	550202	503	1079	2385
	水利水电工程管理	550203	815	1136	3069
	水利水电建筑工程	550204	5464	4728	17034
	机电排灌工程技术	550205	68	3	79
	港口航道与治河工程	550206	44	55	190
	水务管理	550207	169	203	391
	水利工程与管理类专业	550299	217	443	980
水利水电设备类	水电站动力设备	550301	139	123	443
	水电站电气设备	550302	8	0	128
	水电站运行与管理	550303	0	186	186
	水利机电设备运行与管理	550304	2	56	64
	水利水电设备类专业	550399	62	73	163
水土保持与水环境类	水土保持技术	550401	217	183	776
	水环境监测与治理	550402	73	43	161
	水土保持与水环境类专业	550499	37	0	57
合　计			12163	12236	38777

2017年高职院校水利专业学生情况

专业类别	专业名称	专业代码	毕业生数/人	招生数/人	在校学生数/人
水文水资源类	水文与水资源工程	550101	148	293	775
	水文测报技术	550102	5	2	16
	水文水资源类专业	550199	242	243	824
水利工程与管理类	水利工程	550201	4208	3895	12830
	水利水电工程技术	550202	928	1383	3405
	水利水电工程管理	550203	1055	1121	3473
	水利水电建筑工程	550204	5170	3871	14005
	机电排灌工程技术	550205	10	0	66
	港口航道与治河工程	550206	39	96	197
	水务管理	550207	87	226	523
	水利工程与管理类专业	550299	272	535	1353

续表

专业类别	专业名称	专业代码	毕业生数/人	招生数/人	在校学生数/人
水利水电设备类	水电站动力设备	550301	46	50	227
	水电站电气设备	550302	83	0	48
	水电站运行与管理	550303	1	215	396
	水利水电设备类专业	550399	45	45	139
水土保持与水环境类	水土保持技术	550401	526	186	1010
	水环境监测与治理	550402	41	140	283
	水土保持与水环境类专业	550499	29	16	44
合　计			12935	12317	39614

附表三　2017 年开设水利类专业的教育机构名单

一、高职院校

序号	学校名称	专业类别	专业名称
1	北京农业职业学院	水利工程与管理类	水利水电工程技术
2	山西水利职业技术学院	水文水资源类	水文与水资源工程
		水文水资源类	水文测报技术
		水利工程与管理类	水利工程
		水利工程与管理类	水利水电工程管理
		水利工程与管理类	水利水电建筑工程
		水利水电设备类	水利机电设备运行与管理
3	内蒙古机电职业技术学院	水利工程与管理类	水利水电工程技术
		水利工程与管理类	水利水电建筑工程
		水土保持与水环境类	水土保持技术
4	锡林郭勒职业学院	水土保持与水环境类	水土保持技术
5	辽宁水利职业学院	水利工程与管理类	水利工程
		水文水资源类	水文与水资源工程
		水利水电设备类	水电站动力设备
		水土保持与水环境类	水土保持技术
		水利工程与管理类	水利水电建筑工程
6	吉林水利电力职业学院	水利工程与管理类	水利水电建筑工程
7	黑龙江农业职业技术学院	水利工程与管理类	水利水电建筑工程
8	哈尔滨铁道职业技术学院	水利工程与管理类	水利水电建筑工程
9	黑龙江农业经济职业学院	水利工程与管理类	水利工程
10	黑龙江农垦科技职业学院	水利工程与管理类	水利水电建筑工程
11	江苏建筑职业技术学院	水利工程与管理类	水利工程
12	浙江同济科技职业学院	水利工程与管理类	水利工程
		水利工程与管理类	水利水电工程管理
		水利工程与管理类	水利水电建筑工程
13	温州科技职业学院	水利工程与管理类	水利工程
14	安徽水利水电职业技术学院	水文水资源类	水文与水资源工程
		水利工程与管理类	水利工程
		水利工程与管理类	水利水电工程技术
		水利工程与管理类	水利水电工程管理

续表

序号	学校名称	专业类别	专业名称
14	安徽水利水电职业技术学院	水利工程与管理类	水利水电建筑工程
		水利工程与管理类	水务管理
15	福建水利电力职业技术学院	水文水资源类	水文与水资源工程
		水利工程与管理类	水利工程
		水利工程与管理类	水利水电工程管理
		水利工程与管理类	水务管理
		水利水电设备类	水电站动力设备
		水利工程与管理类	水利水电建筑工程
16	江西环境工程职业学院	水土保持与水环境类	水土保持技术
17	江西水利职业学院	水利工程与管理类	水利水电建筑工程
		水文水资源类	水文与水资源工程
		水利工程与管理类	水利工程
18	山东水利职业学院	水利工程与管理类	水务管理
		水利工程与管理类	水利工程
		水利工程与管理类	水利水电工程管理
		水利工程与管理类	水利水电建筑工程
19	黄河水利职业技术学院	水利水电设备类	水利水电设备类专业
		水土保持与水环境类	水土保持技术
		水土保持与水环境类	水土保持与水环境类专业
		水利工程与管理类	水利水电工程技术
		水利工程与管理类	水利工程
		水利工程与管理类	水利水电建筑工程
		水利工程与管理类	港口航道与治河工程
		水利工程与管理类	水利工程与管理类专业
		水文水资源类	水文水资源类专业
		水文水资源类	水文与水资源工程
20	河南水利与环境职业学院	水文水资源类	水文与水资源工程
		水文水资源类	水政水资源管理
		水利工程与管理类	水利工程
		水土保持与水环境类	水环境监测与治理
		水土保持与水环境类	水土保持技术
		水利工程与管理类	水利水电建筑工程
21	湖北水利水电职业技术学院	水利工程与管理类	水利工程
		水利工程与管理类	水利水电建筑工程
		水利水电设备类	水电站电气设备
		水利水电设备类	水电站运行与管理

续表

序号	学校名称	专业类别	专业名称
22	长江工程职业技术学院	水利工程与管理类	水利水电工程技术
		水利工程与管理类	水利水电工程管理
		水利工程与管理类	水利水电建筑工程
		水文水资源类	水文与水资源工程
		水利工程与管理类	水利工程
		水利工程与管理类	水利水电建筑工程
23	三峡电力职业学院	水利工程与管理类	水利水电建筑工程
		水利水电设备类	水电站运行与管理
24	长沙环境保护职业技术学院	水土保持与水环境类	水环境监测与治理
25	湖南水利水电职业技术学院	水文水资源类	水政水资源管理
		水土保持与水环境类	水土保持技术
		水利工程与管理类	水利水电建筑工程
		水利工程与管理类	水利工程
		水利工程与管理类	水利水电工程技术
		水利工程与管理类	水利水电工程管理
26	广东水利电力职业技术学院	水文水资源类	水政水资源管理
		水利工程与管理类	水利工程
		水利工程与管理类	水利水电建筑工程
		水利工程与管理类	港口航道与治河工程
27	广西水利电力职业技术学院	水文水资源类	水文与水资源工程
		水利工程与管理类	水利工程
		水利工程与管理类	水利水电工程管理
		水利工程与管理类	水利水电建筑工程
		水利水电设备类	水利机电设备运行与管理
		水土保持与水环境类	水土保持技术
28	百色职业学院	水利工程与管理类	水利水电建筑工程
29	重庆工贸职业技术学院	水利工程与管理类	水利水电建筑工程
30	重庆水利电力职业技术学院	水利工程与管理类	水利水电建筑工程
		水利工程与管理类	机电排灌工程技术
		水利工程与管理类	水务管理
		水土保持与水环境类	水土保持技术
		水文水资源类	水政水资源管理
		水土保持与水环境类	水环境监测与治理
		水利工程与管理类	水利工程
		水利工程与管理类	水利水电工程技术
		水利工程与管理类	水利水电工程管理

续表

序号	学校名称	专业类别	专业名称
31	重庆交通职业学院	水利工程与管理类	水利水电工程技术
32	四川电力职业技术学院	水利工程与管理类	水利水电建筑工程
		水利水电设备类	水电站动力设备
33	四川水利职业技术学院	水文水资源类	水文与水资源工程
		水文水资源类	水政水资源管理
		水利工程与管理类	水利工程
		水利工程与管理类	水利水电工程技术
		水利工程与管理类	水利水电工程管理
		水利工程与管理类	水利水电建筑工程
		水土保持与水环境类	水土保持技术
34	南充职业技术学院	水利工程与管理类	水利水电建筑工程
35	内江职业技术学院	水利工程与管理类	水利水电建筑工程
36	绵阳职业技术学院	水利工程与管理类	水利水电工程技术
37	四川建筑职业技术学院	水利工程与管理类	水利水电工程技术
		水利工程与管理类	水利工程
38	达州职业技术学院	水利工程与管理类	水利水电建筑工程
39	贵州电子信息职业技术学院	水利工程与管理类	水利水电工程管理
40	黔东南民族职业技术学院	水利工程与管理类	水利水电工程管理
41	铜仁职业技术学院	水利工程与管理类	水利水电建筑工程
42	黔西南民族职业技术学院	水利工程与管理类	水利水电建筑工程
43	毕节职业技术学院	水利工程与管理类	水利工程
44	贵州工商职业学院	水利工程与管理类	水利水电建筑工程
45	贵州建设职业技术学院	水利工程与管理类	水利水电工程技术
		水利工程与管理类	水利工程与管理类专业
46	贵州水利水电职业技术学院	水利工程与管理类	水利水电建筑工程
47	云南农业职业技术学院	水利工程与管理类	水利工程
48	云南能源职业技术学院	水利水电设备类	水电站动力设备
49	云南城市建设职业学院	水利工程与管理类	水利水电建筑工程
50	云南工程职业学院	水利工程与管理类	水利水电建筑工程
51	云南经贸外事职业学院	水利工程与管理类	水利水电建筑工程
		水利工程与管理类	水利水电工程管理
52	云南现代职业技术学院	水利工程与管理类	水利水电建筑工程
53	云南外事外语职业学院	水利工程与管理类	水利水电建筑工程
54	大理农林职业技术学院	水利工程与管理类	水利工程

续表

序号	学校名称	专业类别	专业名称
55	云南水利水电职业学院	水利水电设备类	水电站运行与管理
		水利工程与管理类	水利工程
		水利工程与管理类	水利水电工程技术
		水利工程与管理类	水利水电工程管理
56	西藏职业技术学院	水土保持与水环境类	水土保持技术
57	杨凌职业技术学院	水利工程与管理类	水利工程
		水利工程与管理类	水利水电建筑工程
		水利水电设备类	水利机电设备运行与管理
		水土保持与水环境类	水环境监测与治理
58	陕西铁路工程职业技术学院	水利工程与管理类	水利水电建筑工程
59	兰州石化职业技术学院	水利工程与管理类	水利水电工程技术
60	甘肃建筑职业技术学院	水利工程与管理类	水利水电建筑工程
		水利工程与管理类	水利水电工程管理
61	酒泉职业技术学院	水利工程与管理类	水利工程
		水利工程与管理类	水利水电工程管理
		水利工程与管理类	水利水电建筑工程
62	甘肃林业职业技术学院	水土保持与水环境类	水土保持技术
		水文水资源类	水文水资源类专业
		水利工程与管理类	水利工程
63	兰州资源环境职业技术学院	水利工程与管理类	水利水电工程技术
		水利工程与管理类	水利工程
64	宁夏葡萄酒与防沙治沙职业技术学院	水利工程与管理类	水利水电工程技术
		水土保持与水环境类	水土保持技术
65	新疆农业职业技术学院	水利工程与管理类	水利工程
66	伊犁职业技术学院	水利工程与管理类	水利工程
67	新疆石河子职业技术学院	水利工程与管理类	水利工程
		水利工程与管理类	机电排灌工程技术

二、中职学校（开设水利水电工程施工专业）

序号	学校名称	学校类型	隶属关系
1	北京水利水电学校	中等技术学校	省级其他部门
2	长春水利电力学校	中等技术学校	省级其他部门
3	黑龙江省水利水电学校	中等技术学校	省级其他部门
4	山东水利职业中等专业学校	职业高中学校	省级其他部门
5	河南省水利水电学校	中等技术学校	省级其他部门

续表

序号	学校名称	学校类型	隶属关系
6	葛洲坝水利水电学校	中等技术学校	国务院国资委
7	湖南省水利水电建设工程学校	中等技术学校	省级其他部门
8	广东水利电力职业技术学院（中职）	其他中职机构	地级教育部门
9	南宁水电中等职业学校	调整后中等职业学校	地级教育部门
10	重庆市三峡水利电力学校	中等技术学校	县级教育部门
11	四川省绵阳水利电力学校	中等技术学校	省级其他部门
12	贵州省水利电力学校	中等技术学校	省级其他部门
13	云南省水利水电学校	中等技术学校	省级其他部门
14	青海省水电职业技术学校	调整后中等职业学校	地方企业
15	宁夏水利电力工程学校	中等技术学校	省级其他部门
16	新疆喀什水利水电学校	中等技术学校	地级其他部门
17	新疆水利水电学校	中等技术学校	省级其他部门
18	山西水利职业技术学院	附设中职班	省级其他部门
19	江西水利职业学院	附设中职班	省级其他部门
20	河南水利与环境职业学院	附设中职班	省级其他部门
21	长江工程职业技术学院	附设中职班	省级教育部门
22	四川水利职业技术学院	附设中职班	省级其他部门
23	迁安市迁安镇成人学校	职业高中学校	县级教育部门
24	卢龙电大进校	成人中等专业学校	县级教育部门
25	吕梁市农业学校	中等技术学校	地级其他部门
26	洮南市中等职业技术学校	职业高中学校	县级教育部门
27	吉林省农业广播电视学校	成人中等专业学校	省级其他部门
28	哈尔滨航运学校	中等技术学校	省级其他部门
29	景宁畲族自治县职业高级中学	职业高中学校	县级教育部门
30	祁门县中等职业技术学校	职业高中学校	县级教育部门
31	福建省三明市农业学校	调整后中等职业学校	省级其他部门
32	福建省尤溪职业中专学校	调整后中等职业学校	县级教育部门
33	莆田东庄职业中专学校	调整后中等职业学校	县级教育部门
34	福建省建瓯职业中专学校	调整后中等职业学校	县级教育部门
35	福建省福州建筑工程职业中专学校	调整后中等职业学校	地级教育部门
36	南平市武夷旅游商贸学校	调整后中等职业学校	地级教育部门
37	莆田工程学校	调整后中等职业学校	民办
38	福建省仙游华侨职业中专学校	调整后中等职业学校	县级教育部门
39	河南省交通职业中等专业学校	职业高中学校	省级其他部门
40	南阳建筑工程学校	中等技术学校	中国建筑工程总公司

续表

序号	学校名称	学校类型	隶属关系
41	兴山县职业教育中心	调整后中等职业学校	县级教育部门
42	汉江科技学校	调整后中等职业学校	县级教育部门
43	宜昌市三峡中等专业学校	调整后中等职业学校	地级教育部门
44	张家界树人职业学校	职业高中学校	民办
45	汕头潮阳建筑职业技术学校	调整后中等职业学校	县级教育部门
46	重庆市农业机械化学校	中等技术学校	省级其他部门
47	重庆市石柱土家族自治县职业教育中心	职业高中学校	县级教育部门
48	四川省绵阳职业技术学校	职业高中学校	县级教育部门
49	凉山州农业学校	中等技术学校	地级其他部门
50	毕节市工业学校	中等技术学校	地级教育部门
51	铜仁市中等职业学校	职业高中学校	地级教育部门
52	云南省曲靖农业学校	中等技术学校	地级其他部门
53	云南省玉溪工业财贸学校	中等技术学校	地级教育部门
54	腾冲县第一职业高级学校	职业高中学校	县级教育部门
55	昌宁县职业技术学校	职业高中学校	县级教育部门
56	普洱林业学校	中等技术学校	地级教育部门
57	临沧市农业学校	中等技术学校	地级教育部门
58	云南省楚雄州工业学校	中等技术学校	地级教育部门
59	红河州农业学校	中等技术学校	地级其他部门
60	迪庆州民族中等专业学校	中等技术学校	地级教育部门
61	保山市隆阳区职业技术学校	职业高中学校	县级教育部门
62	怒江州民族中等专业学校	中等技术学校	地级教育部门
63	拉萨市第二中等职业技术学校	中等技术学校	地级教育部门
64	靖远县职业中等专业学校	调整后中等职业学校	县级教育部门
65	平凉理工中等专业学校	中等技术学校	县级教育部门
66	固原市农业学校	中等技术学校	地级教育部门
67	第七师奎屯职业技术学校	中等技术学校	县级其他部门
68	第六师五家渠职业技术学校	中等技术学校	县级其他部门
69	内蒙古机电职业技术学院	附设中职班	省级教育部门
70	黑龙江农业职业技术学院	附设中职班	省级其他部门
71	黑龙江农垦科技职业学院	附设中职班	省级其他部门
72	四川中医药高等专科学校	附设中职班	地级教育部门
73	黔西南民族职业技术学院	附设中职班	地级教育部门
74	保山学院	附设中职班	省级教育部门
75	云南经济管理学院	附设中职班	民办

续表

序号	学校名称	学校类型	隶属关系
76	云南城市建设职业学院	附设中职班	民办
77	云南工程职业学院	附设中职班	民办
78	德宏师范高等专科学校	附设中职班	省级教育部门
79	云南经贸外事职业学院	附设中职班	民办
80	云南现代职业技术学院	附设中职班	民办
81	大理农林职业技术学院	附设中职班	地级教育部门
82	巴音郭楞职业技术学院	附设中职班	地级教育部门

附表四　水利类职业技术教育院校及专业建设情况表

序号	院校名称	高等职业院校教育部备案情况	国家级示范骨干（通过验收）	国家级重点中等职业学校	水利部示范院校（通过验收）	水利部示范专业（通过验收）	水利部优质高职院校（建设单位）	水利部优质水利专业（建设点）
1	黄河水利职业技术学院	在黄河职工大学、黄河水利学校基础上设立（教计〔1998〕23号）	国家示范（教高〔2009〕13号）①	黄河水利学校[(80)教专字011号]⑤、（教职〔1994〕10号）⑥	第一批（办人事〔2012〕7号）⑫	水利水电建筑工程、工程测量技术、水务管理、水利工程监理（第一批，办人事〔2012〕7号）	办人事函〔2018〕747号⑲	水文与水资源工程、水利水电工程技术、水利水电建筑工程（办人事函〔2018〕868号）⑳
2	杨凌职业技术学院	在陕西省农业学校、陕西省林业学校和陕西省水利学校基础上设立（教发〔1999〕133号）	国家示范（教高〔2009〕13号）	陕西省水利学校[(80)教专字011号]、（教职〔1994〕10号）	第一批	水利水电建筑工程、水利工程、机电设备运行与维护（第一批，办人事〔2012〕7号）	办人事函〔2018〕747号	水利工程、水利水电建筑工程、水利机电设备运行与管理、水环境监测与治理（办人事函〔2018〕868号）
3	安徽水利水电职业技术学院	在安徽水利职工大学、安徽水利电力学校、安徽水利技工学校三校合并的基础上设立（皖政秘〔2000〕123号）	国家示范（教高〔2010〕6号）②	安徽省水利电力学校[(80)教专字011号]	第一批	水利水电建筑工程、机电设备运行与维护（第一批，办人事〔2012〕7号）	办人事函〔2018〕747号	水文与水资源工程、水利水电工程技术、水利水电工程管理、水利水电建筑工程（办人事函〔2018〕868号）
4	广东水利电力职业技术学院	在广东省水利电力学校基础上设立（教发〔1999〕96号）	国家骨干（教职成函〔2014〕11号）③		第一批	电厂设备运行与维护、工程测量技术、给排水工程（第一批，办人事〔2012〕7号）	办人事函〔2018〕747号	水政水资源管理、水利工程、水利水电建筑工程、港口航道与治河工程（办人事函〔2018〕868号）

续表

序号	院校名称	高等职业院校教育部备案情况	国家级示范骨干（通过验收）	国家级重点中等职业学校	水利部示范院校（通过验收）	水利部示范专业（通过验收）	水利部优质高职院校（建设单位）	水利部优质水利专业（建设点）
5	广西水利电力职业技术学院	在广西水电学校基础上设立（教发函〔2002〕321号）	国家骨干（教职成函〔2016〕1号）④	广西水电学校［(80)教专字011号］、（教职〔1994〕10号）、（教职成〔2000〕6号）⑰	第一批	水利水电建筑工程、发电厂及电力系统（第一批，办人事〔2012〕7号）	办人事函〔2018〕747号	水利工程、水利水电建筑工程、水利机电设备运行与管理（办人事函〔2018〕868号）
6	山东水利职业学院	在山东省水利学校基础上设立（教发函〔2002〕138号）		山东省水利学校［(80)教专字011号］、（教职〔1994〕10号）、（教职成〔2000〕6号）	第一批	建筑工程技术、水利工程（第一批，办人事〔2012〕7号）	办人事函〔2018〕868号	水利工程、水利水电工程管理、水利水电建筑工程（办人事函〔2018〕868号）
7	山西水利职业技术学院	在山西省水利职工大学、山西省水利学校基础上设立（教发函〔2002〕138号）		山西省水利学校（教职成〔2000〕6号）	第一批	水利水电建筑工程、城市水利（第一批，办人事〔2012〕7号）	办人事函〔2018〕868号	水利工程、水利水电工程管理（办人事函〔2018〕868号）
8	湖北水利水电职业技术学院	在湖北省水利水电学校基础上设立（教发函〔2002〕201号）		湖北省水利水电学校（教职成〔2000〕6号）	第一批	水利水电建筑工程、工程测量技术（第一批，办人事〔2012〕7号）	办人事函〔2018〕868号	水电站运行与管理（办人事函〔2018〕868号）
9	福建水利电力职业技术学院	在福建水利电力学校基础上设立（教发函〔2003〕76号）		福建水利电力学校［(80)教专字011号、教职〔1994〕10号］、（教职成〔2000〕6号）		水电站动力设备与管理（第一批，办人事〔2012〕7号）	办人事函〔2018〕868号	水电站动力设备（办人事函〔2018〕868号）
10	四川水利职业技术学院	在四川水利电力学校基础上设立（教发函〔2003〕178号）		四川省水利电力学校［(80)教专字011号］、（教职〔2000〕6号）	第三批（办人事〔2015〕7号）⑮	水利水电建筑工程、水电站电力设备、水文与地质工程（第三批，办人事〔2014〕34号）⑭	办人事函〔2018〕868号	水利工程、水利水电工程技术、水利水电建筑工程（办人事函〔2018〕868号）

续表

序号	院校名称	高等职业院校教育部备案情况	国家级示范骨干（通过验收）	国家级重点中等职业学校	水利部示范院校（通过验收）	水利部示范专业（通过验收）	水利部优质高职院校（建设单位）	水利部优质水利专业（建设点）
11	长江工程职业技术学院	在长江职工大学（含长江水利水电学校）基础上设立（教发函〔2003〕178号）		长江水利水电学校（教职成〔2001〕5号）⑱	第三批	水利水电建筑工程、发电厂及电力系统（第三批，办人事〔2014〕34号）	办人事函〔2018〕868号	水利水电工程管理（办人事函〔2018〕868号）
12	重庆水利电力职业技术学院	在重庆水利电力学校基础上（教发函〔2004〕76号）			第三批	水利水电建筑工程、水务管理（第一批，办人事〔2012〕7号）	办人事函〔2018〕868号	水利水电工程技术、水利水电建筑工程（办人事函〔2018〕868号）
13	湖南水利水电职业技术学院	在湖南省水利水电工程学校基础上设立（教发函〔2005〕46号）		湖南省水利学校［(80)教专字011号］	第三批	工程造价、电力系统自动化技术（第二批，办人事函〔2013〕5号）⑬ 水利水电建筑工程、供用电技术（第三批，办人事〔2014〕34号）	办人事函〔2018〕868号	水利工程、水利水电建筑工程（办人事函〔2018〕868号）
14	浙江同济科技职业学院	新建（教发函〔2007〕66号）		浙江水利水电学校（第一批，教职成厅〔2004〕1号）⑦	第三批	设施农业技术、建筑设计技术（水利建筑）（第三批，办人事〔2014〕34号）	办人事函〔2018〕868号	水利工程、水利水电工程管理、水利水电建筑工程（办人事函〔2018〕868号）
15	河南水利与环境职业学院	在华北水利水电学院水利职业学院基础上设立（教发函〔2013〕97号）		郑州水利学校（教职〔1994〕10号、教职成〔2000〕6号、教职成厅〔2004〕1号）	第一批中职（河南省郑州水利学校）	水利水电工程技术、工业与民用建筑（第一批，中职，办人事〔2012〕7号）	办人事函〔2018〕868号	水利工程（办人事函〔2018〕868号）
16	江西水利职业学院	新建，(教发函〔2013〕97号)		江西省水利水电学校（教职成厅〔2006〕1号）⑨	第一批中职（江西省水利水电学校）（办人事〔2012〕7号）		办人事函〔2018〕868号	水文与水资源工程（办人事函〔2018〕868号）

续表

序号	院校名称	高等职业院校教育部备案情况	国家级示范骨干（通过验收）	国家级重点中等职业学校	水利部示范院校（通过验收）	水利部示范专业（通过验收）	水利部优质高职院校（建设单位）	水利部优质水利专业（建设点）
17	辽宁水利职业学院	在沈阳农大高等职业技术学院基础上设立（教发函〔2013〕97号） 2018年并入辽宁生态工程职业学院		辽宁省水利学校［（80）教专字011号］、（教职〔1994〕10号）、（教职成〔2000〕6号）		工程测量技术、供用电技术（第三批，办人事〔2014〕34号）		水利水电建筑工程（办人事函〔2018〕868号）
18	云南水利水电职业学院	新建（教发函〔2016〕41号）		云南省水利水电学校（教职成厅〔2006〕1号）	第一批中职（云南省水利水电学校）	水利水电工程技术、水电站电力设备（第一批，中职，办人事〔2012〕7号）		
19	贵州水利电力职业技术学院	新建（教发函〔2016〕41号）		贵州省水利电力学校（第一批，教职成厅〔2004〕1号）		工程勘察技术（第三批，中职，办人事〔2014〕34号）		
20	吉林水利电力职业学院	新建（教发厅函〔2017〕53号）				水电站运行与检修（第三批，中职，办人事〔2014〕34号）		
21	内蒙古机电职业技术学院	在内蒙古工业学校基础上设立（教发函〔2003〕178号） 2006年内蒙古水利学校并入	国家骨干（教职成函〔2014〕11号）			水利水电建筑工程、工程测量与监理（第三批，办人事〔2014〕34号）		
22	四川电力职业技术学院	在成都水力发电学校基础上设立（教发函〔2001〕146号）		（80）教专字011号、教职〔1994〕10号、教职成〔2000〕6号				

续表

序号	院校名称	高等职业院校教育部备案情况	国家级示范骨干（通过验收）	国家级重点中等职业学校	水利部示范院校（通过验收）	水利部示范专业（通过验收）	水利部优质高职院校（建设单位）	水利部优质水利专业（建设点）
23	三峡电力职业学院	在葛洲坝职工大学基础上设立（教发函〔2006〕115号）						
24	山东水利技师学院	在山东水利技术学院基础上改建（鲁政字〔2010〕270号）		山东省淄博水利技工学校（劳部发〔1994〕45号）⑯		工程造价、工程测量技术（第三批，办人事〔2014〕34号）		
25	四川水利水电技师学院			四川省水利电力机械工程学校（教职成厅〔2005〕1号）⑧				
26	甘肃省水利水电学校			第一批（教职成厅〔2004〕1号）	第一批中职	水利水电工程技术、工程测量技术（第一批，办人事〔2012〕7号）		
27	河南省水利水电学校			教职成〔2001〕5号、第一批（教职成厅〔2004〕1号）				
28	新疆水利水电学校（新疆水利水电高级技工学校）			教职成〔2001〕5号、第一批（教职成厅〔2004〕1号）				
29	北京水利水电学校			第二批（教职成厅〔2005〕1号）	第二批（办人事函〔2013〕5号）	水利水电工程技术、机电技术应用（第二批，办人事函〔2013〕5号）		

续表

序号	院校名称	高等职业院校教育部备案情况	国家级示范骨干（通过验收）	国家级重点中等职业学校	水利部示范院校（通过验收）	水利部示范专业（通过验收）	水利部优质高职院校（建设单位）	水利部优质水利专业（建设点）
30	重庆市三峡水利电力学校			第二批（教职成厅〔2005〕1号）				
31	黑龙江省水利学校（黑龙江水利高级技工学校）			黑龙江省水利水电学校，2007年认定（教职成厅〔2008〕1号）⑩				
32	宁夏水利电力工程学校（宁夏水电技师学院）			宁夏水利学校2008年认定（教职成厅〔2009〕1号）⑪				
33	四川省绵阳水利电力学校			第二批（教职成厅〔2005〕1号）		水利水电工程施工、发电厂及变电站电气设备（第三批，办人事〔2014〕34号）		
34	葛洲坝水利水电学校			教职成〔2000〕6号、第二批（教职成厅〔2005〕1号）				
35	宜昌市水利电力学校			2005年认定（教职成厅〔2006〕1号）				
36	成都水电工程学校			2008年认定（教职成厅〔2009〕1号）				

续表

序号	院校名称	高等职业院校教育部备案情况	国家级示范骨干（通过验收）	国家级重点中等职业学校	水利部示范院校（通过验收）	水利部示范专业（通过验收）	水利部优质高职院校（建设单位）	水利部优质水利专业（建设点）
37	扬州水利学校			（80）教专字 011 号				
38	东北水利水电学校			（80）教专字 011 号				

① 教育部　财政部关于公布“国家示范性高等职业院校建设计划”2006 年度立项建设院校项目验收结果的通知（教高〔2009〕13 号）。
② 教育部　财政部关于公布“国家示范性高等职业院校建设计划”2007 年度立项建设院校项目验收结果的通知（教高〔2010〕6 号）。
③ 教育部　财政部关于公布“国家示范性高等职业院校建设计划”骨干高职院校建设项目 2014 年验收结果的通知（教职成函〔2014〕11 号）。
④ 教育部　财政部关于公布“国家示范性高等职业院校建设计划”骨干高职院校建设项目 2015 年验收结果的通知（教职成函〔2016〕1 号）。
⑤ 教育部印发《关于确定和办好全国重点中等专业学校的意见》的通知 [（80）教专字 011 号]。
⑥ 国家教委关于公布国家级重点普通中等专业学校名单的通知（教职〔1994〕10 号）。
⑦ 教育部办公厅公布新调整认定的首批国家级重点中等职业学校名单的通知（教职成厅〔2004〕1 号）。
⑧ 教育部办公厅关于公布新调整认定的第二批国家级重点中等职业学校名单的通知（教职成厅〔2005〕1 号）。
⑨ 教育部办公厅关于公布 2005 年新调整认定的国家级重点中等职业学校名单的通知（教职成厅〔2006〕1 号）。
⑩ 教育部办公厅关于公布 2007 年认定的国家级重点中等职业学校名单的通知（教职成厅〔2008〕1 号）。
⑪ 教育部办公厅关于公布 2008 年认定的国家级重点中等职业学校名单的通知（教职成厅〔2009〕1 号）。
⑫ 水利部办公厅关于公布全国水利职业教育示范院校单位和示范专业建设点验收结果的通知（办人事〔2012〕7 号）。
⑬ 水利部办公厅关于确认第二批全国水利职业教育示范院校和示范专业的通知（办人事函〔2013〕5 号）。
⑭ 水利部办公厅关于公布第三批全国水利职业教育示范专业建设点验收结果的通知（办人事〔2014〕34 号）。
⑮ 水利部办公厅关于确认第三批全国水利职业教育示范院校的通知（办人事〔2015〕7 号）。
⑯ 关于公布国家级重点技工学校名单的通知（劳部发〔1994〕45 号）。
⑰ 教育部关于公布首批国家级重点中等职业学校名单的通知（教职成〔2000〕6 号）。
⑱ 教育部关于公布第二批国家级重点中等职业学校名单的通知（教职成〔2001〕5 号）。
⑲ 水利部办公厅关于公布全国优质水利高等职业院校建设单位的通知（办人事函〔2018〕747 号）。
⑳ 水利部办公厅关于公布全国优质水利高等职业院校建设单位和全国优质水利专业建设点的通知（办人事函〔2018〕868 号）。